新时代全国高等院校教学精品课程规划教材

应用数学——微积分

郑　佳　董秀娟　于海鸥　主　编

中国商业出版社

图书在版编目(CIP)数据

应用数学. 微积分 / 郑佳，董秀娟，于海鸥主编.
北京 ：中国商业出版社，2025. 8. -- ISBN 978-7-5208-3519-0

Ⅰ. O29;O172

中国国家版本馆 CIP 数据核字第2025KA1826号

责任编辑:蔡　凯

中国商业出版社出版发行

（www.zgsycb.com　100053　北京广安门内报国寺 1 号）

总编室:010－63180647　编辑室:010－83114579

发行部:010－83120835/8286

新华书店经销

北京荣泰印刷有限公司印刷

*

787 毫米×1092 毫米　16 开　20.5 印张　450 千字

2025 年 8 月第 1 版　2025 年 8 月第 1 次印刷

定价:58.00 **元**

*　*　*　*

（如有印装质量问题可更换）

前　言

本书是在中国商业出版社2013年出版的《应用数学——微积分》一书的基础上重新编写的。根据教育部关于高等教育教材建设的精神,为加快学科专业体系和教材教学体系建设,以提升教材的生命力和影响力,我们组织教学经验丰富的学科骨干教师对"应用数学系列教材"进行完善。为适应新时代高等教育教学内容和课程体系改革的总目标,培养具有新时代创新能力的高素质人才,我们经过统一策划、共同研讨,在充分吸收广大读者意见的基础上编写了本书。

本书力求实现基础性与应用性相结合、科学性与通俗性相结合,着力体现加强基础、重视应用、培养创新能力的教学理念。在保留微积分基本内容的基础上,将微积分知识与经管实际问题相联系,突出微积分的基本思想和应用背景。

各章配有两组习题,(A)组习题为基本题型,(B)组习题有一定难度,习题参考答案可以帮助学生通过系统训练培养利用数学知识分析和解决实际问题的能力。

书中带"*"号部分可酌情选讲。

本书分10章,内容包括函数、极限与连续、导数与微分、微分中值定理与导数的应用、不定积分、定积分、多元函数微分学、二重积分、无穷级数、微分方程与差分方程。第1章、第2章、第3章、第10章由郑佳编写,第4章 、第5章、第6章由董秀娟编写,第7章、第8章、第9章由于海鸥编写。全书由郑佳负责结构安排、统稿定稿。李秀玲对全书进行了审阅。

因编者水平有限,本书难免存在疏漏之处,敬请广大读者批评指正。

编　者

2025年7月

目 录

第1章 函数

函数是微积分学中最重要的基本概念之一，是现实世界中各种变量之间相互依赖关系的一种抽象，是微积分学研究的主要对象. 在本章中，将介绍函数的概念及其基本性质，总结在中学已学过的一些函数，并介绍一些经济学中的常用函数.

§1.1 集合

集合是一个基本概念，作为数学中的最原始的概念之一，它是整个现代数学的基础.

一、集合的概念

一般地，把具有某种属性的事物集体称为**集合**(简称集). 比如实数集. 集合中的每个个体称为**元素**. 集合具有无序性(给定集合中的元素之间无序)、确定性(给定集合中的元素必须是确定的)和互异性(给定集合中的元素是互不相同的). 比如“年龄较小的人”不能构成集合，因为它的元素不是确定的.

通常用大写拉丁字母 $A,B,C,\cdots$ 表示集合，用小写拉丁字母 $a,b,c,\cdots$ 表示集合中的元素. 如果 a 是集合 A 中的元素，则称 a 属于 A，记作：$a\in A$. 否则称 a 不属于 A，记作：$a\notin A$.

下面列举几个常用集合：

(1)全体实数组成的集合称为**实数集**，记作 $\mathbf{R}$；

(2)全体有理数组成的集合称为**有理数集**，记作 $\mathbf{Q}$；

(3)全体整数组成的集合称为**整数集**，记作 $\mathbf{Z}$；

(4)全体非负整数组成的集合称为**非负整数集**(或**自然数集**)，记作 $\mathbf{N}$.

二、集合的表示方法

(1) 列举法：把集合的元素一一列举出来，并用“$\{\}$”括起来表示集合. 例如集合 A 由元素 a,b,c 组成，记为 $A=\{a,b,c\}$；自然数集 N 表示为 $N=\{0,1,2,\cdots\}$，这种表示方法一般适用于有限集或可数集.

(2) 描述法：用所有元素的共同特征来表示集合. 例如，方程 $x^2-2x-3=0$ 的解集，记为

$M=\{x \mid x^2-2x-3=0\}$.

三、集合间的基本关系

一般地，对于两个集合 A,B，如果集合 A 中的所有元素都是集合 B 的元素，就说 A,B 有包含关系，称集合 A 为集合 B 的**子集**，记作 $A \subseteq B$，称 A 包含于 B，或 $B \supseteq A$，称 B 包含 A. 并且，如果集合 A 是集合 B 的子集，但至少存在一个元素属于 B 但不属于 A，称集合 A 是集合 B 的**真子集**，记作 $A \subset B$.

把不包含任何元素的集合叫作**空集**，记作 Φ. 并规定，空集是任何集合的子集.

如果 $A \subseteq B$ 且 $B \subseteq A$，此时集合 A 中的元素与集合 B 中的元素完全相同，因此集合 A 与集合 B **相等**，记作 $A=B$.

由上述集合之间的基本关系，可以得到下面的结论：

(1) 反身性：任何一个集合是它本身的子集，即 $A \subseteq A$；

(2) 传递性：对于集合 A,B,C，如果 A 是 B 的子集，且 B 是 C 的子集，则 A 是 C 的子集，即若 $A \subseteq B, B \subseteq C$，则 $A \subseteq C$.

四、集合的基本运算

把由所有属于集合 A 或属于集合 B 的元素组成的集合称为 A 与 B 的**并集**. 记作 $A \cup B$ 或 $A+B$(在求并集时，它们的公共元素在并集中只能出现一次). 记作 $A \cup B=\{x \mid x \in A$ 或 $x \in B\}$，如图 1.1 所示.

一般地，由所有属于集合 A 且属于集合 B 的元素组成的集合称为 A 与 B 的**交集**. 记作 $A \cap B$ 或 AB. 即 $A \cap B=\{x \mid x \in A$ 且 $x \in B\}$，如图 1.2 所示.

一般地，由所有属于 A 且不属于 B 的元素组成的集合称为 A 与 B 的**差集**，记作 $A \setminus B$ 或 $A-B$，即 $A \setminus B=\{x \mid x \in A$ 且 $x \notin B\}$，如图 1.3 所示.

有时把研究领域的问题限定在一个大的集合 I 中进行，所研究的集合 A 都是 I 的子集，此时，我们称集合 I 为**全集**或**基本集**，称 $I \setminus A$ 为 A 的**余集**或**补集**，记作 $\overline{A}$，如图 1.4 所示.

集合的运算满足下列法则：

(1) 交换律 $A \cup B=B \cup A$，　$A \cap B=B \cap A$；

(2) 结合律 $(A \cup B) \cup C=A \cup (B \cup C)$，　$(A \cap B) \cap C=A \cap (B \cap C)$；

(3) 分配律 $(A \cup B) \cap C=(A \cap C) \cup (B \cap C)$，

$(A \cap B) \cup C=(A \cup C) \cap (B \cup C)$；

(4) 对偶律 $\overline{(A \cup B)}=\overline{A} \cap \overline{B}$，　$\overline{(A \cap B)}=\overline{A} \cup \overline{B}$.

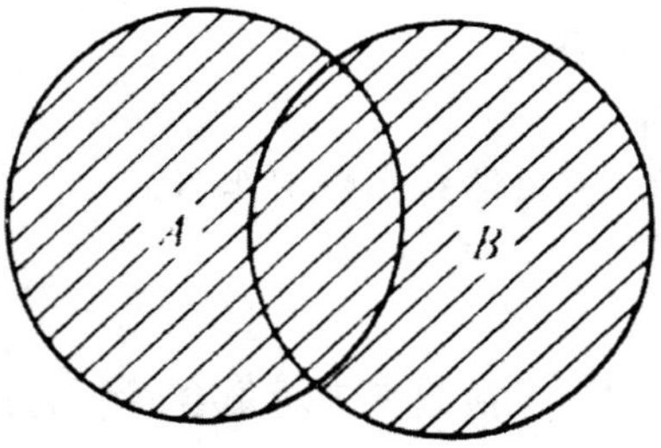

图 1.1

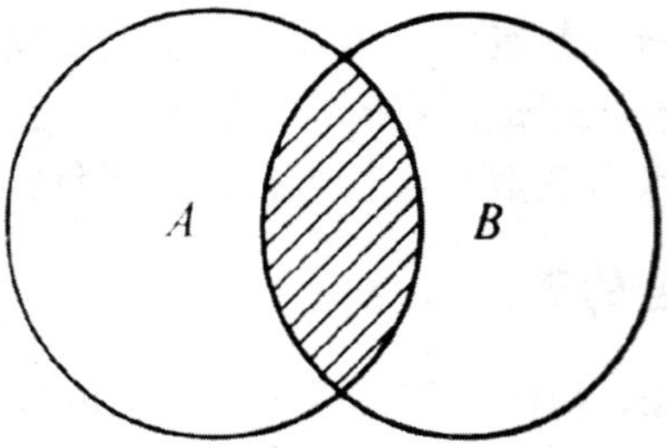

图 1.2

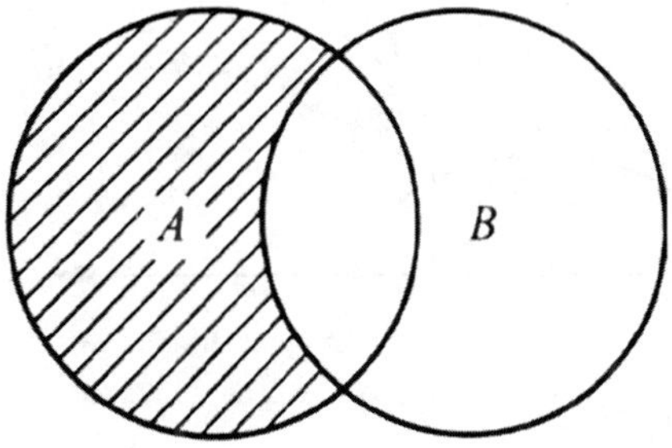

图 1.3

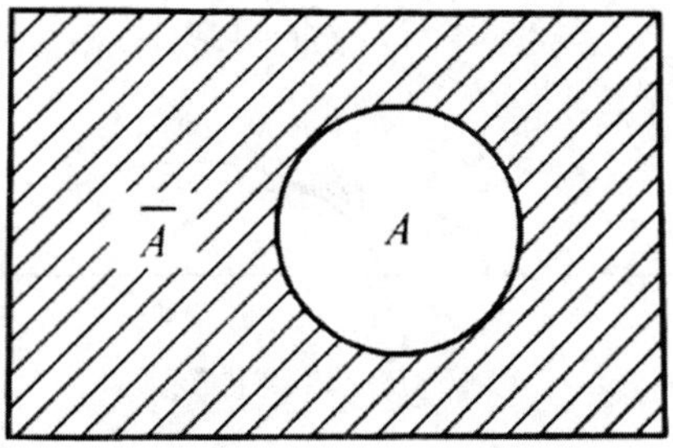

图 1.4

五、区间与邻域

定义 1.1 介于某两个实数之间的全体实数集合称为**区间**. 这两个实数称为**区间端点**. 两个端点间的距离(线段长度)称为**区间长度**.

区间是微积分常用的实数集,根据区间长度是否有限,分为**有限区间**与**无限区间**. 设 $a,b \in R$,且 $a<b$, 则有

有限区间

闭区间 $[a,b]=\{x \mid a \leqslant x \leqslant b\}$; **开区间** $(a,b)=\{x \mid a<x<b\}$;

半开区间 $(a,b]=\{x \mid a<x \leqslant b\}$, $[a,b)=\{x \mid a \leqslant x<b\}$;

无限区间 $(-\infty,b]=\{x \mid -\infty<x \leqslant b\}$; $(-\infty,b)=\{x \mid -\infty<x<b\}$;

$[a,+\infty)=\{x \mid a \leqslant x<+\infty\}$; $(a,+\infty)=\{x \mid a<x<+\infty\}$;

$R=(-\infty,+\infty)$.

在今后的讨论中,有时需要考虑由某点 x_0 附近的所有点构成的集合. 为此,引入邻域的概念.

定义 1.2 设 δ 为某个正数,称开区间 $(x_0-\delta,x_0+\delta)$ 为点 x_0 的**邻域**,记作 $U(x_0,\delta)$,即

$$U(x_0,\delta)=\{x \mid x_0-\delta<x<x_0+\delta\},$$

称 x_0 为该**邻域的中心**,δ 为该邻域的**半径**,如图 1.5 所示. 其中$(x_0-\delta,x_0)$ 称为点 x_0 的**左邻域**,$(x_0,x_0+\delta)$ 称为点 x_0 的**右邻域**.

由于 $x_0-\delta<x<x_0+\delta$ 相当于 $|x-x_0|<\delta$,因此邻域又可以表示为

$$U(x_0,\delta)=\{x \mid |x-x_0|<\delta\},$$

此邻域表示与点 x_0 距离小于 δ 的一切实数的全体.

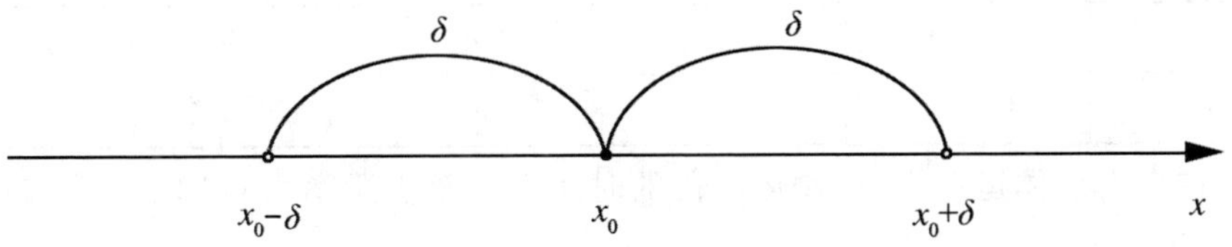

图 1.5

有时需要把邻域中心去掉,$U(x_0,\delta)$ 去掉中心 x_0 后,记作

$$\overset{0}{U}(x_0,\delta)=\{x \mid (x_0-\delta,x_0+\delta)\backslash\{x_0\}\},$$

称为点 x_0 的**空心邻域(或去心邻域)**,如图 1.6 所示.

由于$(x_0-\delta,x_0+\delta)\backslash\{x_0\}$ 相当于 $0<|x-x_0|<\delta$,因此点 x_0 的空心邻域又可以表示为

$$\overset{0}{U}(x_0,\delta)=\{x \mid 0<|x-x_0|<\delta\}.$$

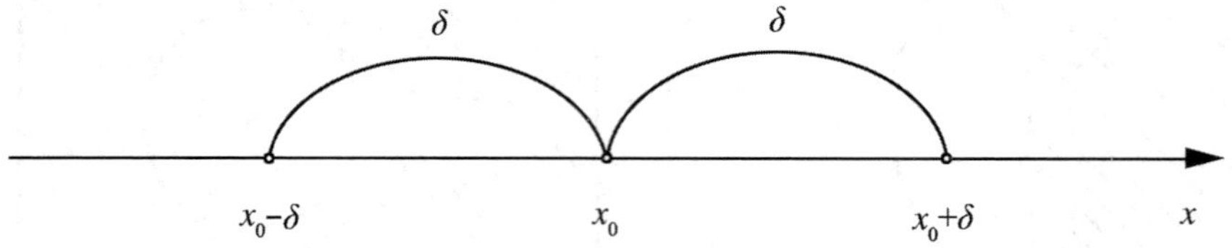

图 1.6

§1.2 函数关系

一、常量与变量

在我们周围的所有活动中，经常会遇到各种不同的量，例如时间、产量、速度、需求、成本、收益、利润等. 其中有的量在过程中不变化，我们称为之**常量**，在数轴上表示为一个定点；有的量则在过程中是变化的，可以取不同的数值，我们称之为**变量**，在数轴上表示为一个动点. 而常量与变量经常在变化过程中相互转化，并不是一成不变的。

如果将变量看成在一个非空数集内任意取值的量，常量则可看成在单元素集合中取值的变量，因此常量就是变量的特例. 如果变量的变化是连续的，则其变化范围常用区间来表示.

二、函数概念及其表示方法

任何变量都不是孤立存在的，一个量的变化总会引起其他量的变化，或者随着其他变量的变化而变化，而这种依赖关系正是我们最关心的. 比如：路程、人口、销售量总是依赖于时间、价格之类的变量.

微积分是以函数关系为研究对象的. 而函数关系粗略地讲就是两个或者多个变量之间的依赖关系.

例 1.1 表 1.1 简单明了地反映了利率与时间变量之间的依存关系. 每一个期限都有一个确定的利率与之对应，可以根据利率表算出存款利息.

表 1.1 存款基准利率表

日期 t	3 个月	6 个月	1 年	2 年	3 年
利率 r	1.10%	1.30%	1.50%	2.10%	2.75%

例 1.2 在自由落体运动中，设物体下落的时间为 t，落下距离为 s. 则变量 s 与 t 之间的相依关系为数学模型

$$s=\frac{1}{2}gt^2,$$

其中，g 是重力加速度.

在以上的例子中，它们各自研究的对象不同，变量之间的表达形式也不同，但是它们的本质是相同的，即在某个过程中的两个变量是相互联系的，当其中一个变量在某一范围内每取一

个值时，另一个变量就按照一定的对应规则，有唯一确定的值与之对应. 将变量之间的这种相互依赖关系加以抽象概括，就得到下面的定义.

定义 1.3 设 x 和 y 是两个变量，D 为一个非空的实数集合，如果存在一个对应规则 f，对于 $\forall x \in D$，按照对应法则，f 总有唯一确定的值 y 与之相对应，这个值称为函数 f 在 x 处的函数值，则称对应规则 f 为定义在实数集合 D 上的**函数**. 记作

$$y=f(x), \quad x \in D_f .$$

称数集 D 为函数 f 的**定义域**，记作 D_f，其中 x 为**自变量**，y 为**因变量**.

全体函数值所构成的集合，称为函数的**值域**，记为 Z 或 Z_f，即

$$Z=Z_f=\{y \mid y=f(x),\ x \in D_f\}.$$

在实际问题中应根据问题的实际意义具体确定函数的定义域. 如果讨论的是纯数学问题，则往往取使函数的表达式有意义的一切实数所构成的集合作为该函数的定义域，这种定义域称为**自然定义域**.

例 1.3 求 $f(x)=\dfrac{\ln(x+1)}{\sqrt{x-1}}$ 的自然定义域.

解 由 $x+1>0$ 且 $x-1>0$，可得函数的定义域为$(1,+\infty)$.

注意 (1) 函数的定义域与对应法则称为**函数的两个要素**. 两个函数相等的充要条件是它们的定义域和对应法则均相同. 例如，函数 $y=x+1$ 的自然定义域为$(-\infty,+\infty)$；而函数$y=\dfrac{x^2-1}{x-1}$的自然定义域为$(-\infty,1)\cup(1,+\infty)$，由于定义域不同，因此这是两个不同的函数.

(2) 函数的定义域和值域必须是非空集合，否则集合中没有元素就不可能构成映射，函数也就不存在了.

函数表示方法一般有三种：表格法、图解法、解析法(公式法).

以上三种函数表示方法各有优缺点：表格法一目了然，图解法形象直观，公式法便于推导. 在研究具体问题时，常常是将三种方法结合起来使用.

在中学数学已经讨论过许多函数，如幂函数、指数函数、对数函数、三角函数、反三角函数等，这些函数在以后的讨论中将反复出现. 下面再举几个函数的例子.

例 1.4 **绝对值函数**

$$y=|x|=\begin{cases} x, & x \geqslant 0, \\ -x, & x<0. \end{cases}$$

它的定义域 $D_f=(-\infty,+\infty)$，值域 $Z_f=[0,+\infty)$，如图 1.7 所示.

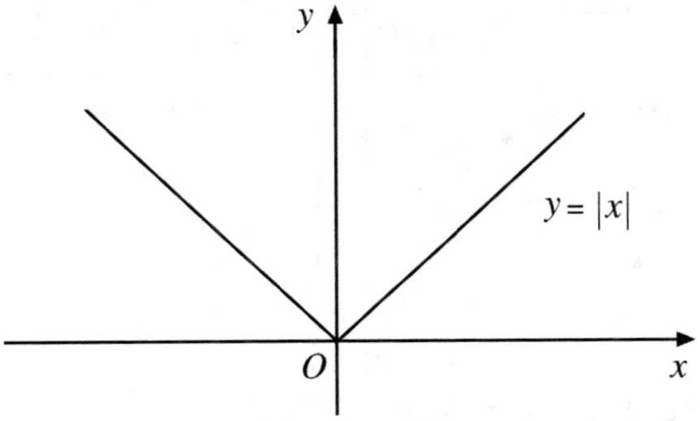

图 1.7

例 1.5 **符号函数**

$$y=\operatorname{sgn} x=\begin{cases}1, & x>0,\\ 0, & x=0,\\ -1, & x<0.\end{cases}$$

对于任意实数 x，都有 $x=\operatorname{sgn} x\cdot|x|$. 它的定义域 $D_f=(-\infty,+\infty)$，值域 $Z_f=\{-1,0,1\}$，如图 1.8 所示.

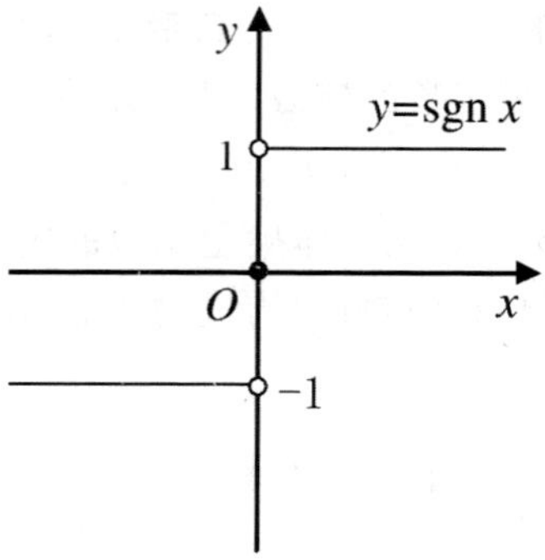

图 1.8

例 1.6 **取整函数**

$$y=[x]=n,\quad n\leqslant x<n+1,\quad n=0,\pm1,\pm2\cdots.$$

其中 $[x]$ 表示不超过 x 的最大整数，称为 x 的**整数部分**. 例如 $[\pi]=3$，$\left[\frac{2}{3}\right]=0$，$[-2.6]=-3$. 可以证明，对任意实数 x，有不等式 $[x]\leqslant x<[x]+1$ 成立. 它的定义域 $D_f=(-\infty,+\infty)$，值域 Z_f 为整数集，如图 1.9 所示，这个图形称为**阶梯曲线**，在 x 为整数值处，图形发生了跳跃，跃度为 1.

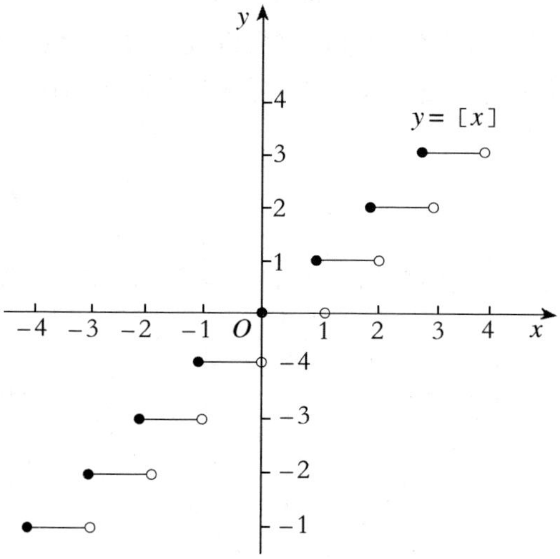

图 1.9

这三个函数在其定义域的不同部分，对应法则由不同的算式表达，这样的函数称为**分段**

函数.分段函数在其整个定义域上是一个函数,不是多个函数.用几个式子来表示一个函数,不仅与函数的定义不矛盾,而且在现实问题,特别是经济学中经常会遇到这种情形.

例 1.7 国际投寄信函的费用与信函重量有关,如表 1.2 所示.

表 1.2 国际投寄信函的收费标准(1999 年 3 月 1 日)

信函重量	投寄费用
20 克及 20 克以下	4.40 元
20 克以上至 50 克	8.20 元
50 克以上至 100 克	10.40 元
100 克以上至 250 克	20.80 元
250 克以上至 500 克	39.80 元

那么收费 $f(x)$ 与信函重量 x 之间的函数关系为

$$y=f(x)=\begin{cases}4.40, & x\leqslant 20,\\ 8.20, & 20<x\leqslant 50,\\ 10.40, & 50<x\leqslant 100,\\ 20.80, & 100<x\leqslant 250,\\ 39.80, & 250<x\leqslant 500.\end{cases}$$

要解决实际问题,先要将实际问题量化,学会建立数学模型.首先要抽象出实际问题中的函数关系,先分清哪些是常量,哪些是变量,然后确定自变量与因变量,最后建立函数关系,同时给出函数定义域.

例 1.8 火车站行李收费规定:当行李不超过 50kg 时,按每千克 0.15 元收费,当超过 50kg 时,超重部分按每千克 0.25 元,那么行李收费 $f(x)$ 元与行李重量 x 之间的函数关系为

$$y=f(x)=\begin{cases}0.15x, & 0<x\leqslant 50,\\ 7.5+0.25(x-50), & x>50.\end{cases}$$

其中定义域为$(0,+\infty)$.

§1.3 函数的基本特性

本节将介绍函数的单调性、有界性、奇偶性及周期性等几何特性.

一、有界性

定义 1.4 设函数 $y=f(x)$ 在集合 D 内有定义.

(1) 如果存在常数 $M>0$,使得对任意的 $x\in D$,恒有 $|f(x)|\leqslant M$,则称函数 $f(x)$ 在 D 上**有界**,若这样的 M 不存在,则称函数 $f(x)$ 在 D 上**无界**.

(2) 如果存在常数 M(或 m),使得对任意的 $x\in D$,恒有 $f(x)\leqslant M$(或 $f(x)\geqslant m$),则称函数 $f(x)$ 在 D 上**有上界**(或**有下界**).显然,有界函数必有上界和下界.

有界函数的图形完全落在两条平行于 x 轴的直线之间,如图 1.10 所示.

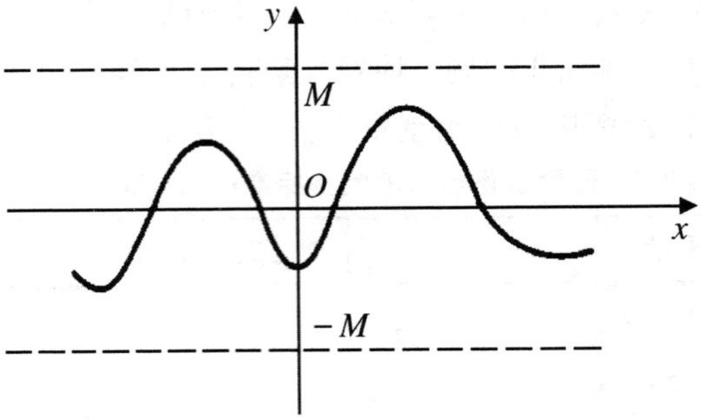

图 1.10

例如，函数 $y=\sin x$ 在 $(-\infty,+\infty)$ 内有界，这是因为在 $(-\infty,+\infty)$ 内，$|\sin x|\leqslant 1$ 恒成立.

而函数 $y=x^2$ 在 $(-\infty,+\infty)$ 内有下界，但无上界，因此 $y=x^2$ 在 $(-\infty,+\infty)$ 内是无界函数. 不过，函数 $y=x^2$ 在 $[-1,1]$ 上是有界函数. 此例表明，一个函数 $f(x)$ 是否有界，与所给区间有关.

二、单调性

定义 1.5 设函数 $y=f(x)$ 在实数集 D 上有定义，对任意的 $x_1,x_2\in D$，不妨设 $(x_1<x_2)$，若恒有 $f(x_1)<f(x_2)$ 成立，则称 $f(x)$ 在 D 内是**单调增加**函数，几何图形上曲线是沿 x 轴正向单调上升；若恒有 $f(x_1)>f(x_2)$ 成立，则称 $f(x)$ 在 D 内是**单调减少**函数，在几何图形上曲线是沿 x 轴正向单调下降. 单调增加和单调减少函数统称为**单调函数**.

例如，函数 $y=x^3$ 在 $(-\infty,+\infty)$ 内是单调增加的，如图 1.11(a) 所示. 函数 $y=x^2$ 在 $(-\infty,0)$ 内是单调减少函数，在 $(0,+\infty)$ 内为单调增加函数. 但在整个定义域 $(-\infty,+\infty)$ 内不是单调函数，如图 1.11(b) 所示.

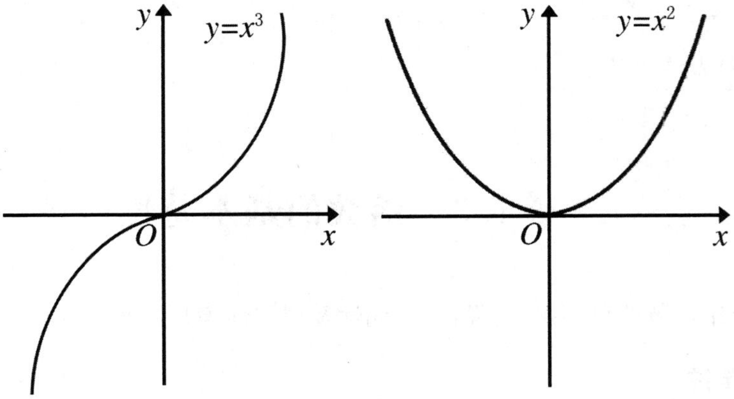

(a) (b)

图 1.11

三、奇偶性

定义 1.6 设函数 $f(x)$ 在一个关于原点对称的实数集合 D 上，如果对任意的 $x\in D$ 都有 $f(-x)=f(x)$，则称函数 $f(x)$ 为**偶函数**；如果对任意的 $x\in D$ 都 $f(-x)=-f(x)$，则

称函数 $f(x)$ 为**奇函数**；既不是偶函数也不是奇函数的函数，称为**非奇非偶函数**.

由定义1.6可知，偶函数的图形关于 y 轴对称，如图1.12(a)所示. 奇函数的图形关于原点对称，如图1.12(b)所示. 函数具有奇偶性时，其定义域一定是关于原点对称的，而且它们的各种性态都可以由对称性从一方面推知对称的另一方面. 反之，如果函数的定义域不是关于原点对称的，则它必定是非奇非偶函数.

例如，$y=\sin x$ 是奇函数，$y=\cos x$ 是偶函数，$y=C$（C 为非零常数）是偶函数，$y=0$ 既是奇函数又是偶函数，$y=x^2+x^3$ 是非奇非偶函数.

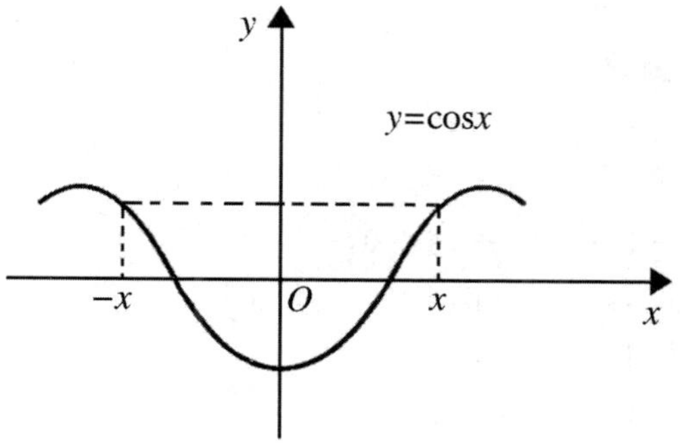

(a)

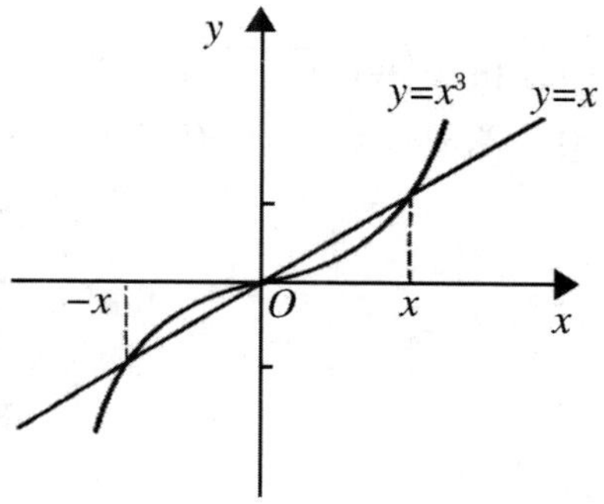

(b)

图 1.12

四、周期性

定义 1.7　设函数 $f(x)$ 在集合 D 内有定义，如果存在常数 $T>0$，使得对任意的 $x\in D$，恒有 $x+T\in D$，且

$$f(x+T)=f(x)$$

成立，则称 $f(x)$ 为**周期函数**. 不为零的常数 T 称为 $f(x)$ 的**周期**. 满足上式的最小正数 T_0，称为 $f(x)$ 的**最小正周期**.

显然，若函数 $f(x)$ 是周期为 T 的周期函数，则在长度为 T 的两个相邻的区间上，函数 $f(x)$ 的图形有相同的形状. 只要知道了周期函数在一个周期内的性态就可以推知它的全部.

自然界中许多现象，从一年四季春夏秋冬周而复始到钟表表针不停转动都呈现出周期性的特点. 周期性可以使我们由局部推知全局，由现在推知未来.

例如，三角函数 $y=\sin x$，$y=\cos x$，$x\in(-\infty,+\infty)$ 是以 2π 为周期的周期函数；$y=\tan x$，$x\neq k\pi+\dfrac{\pi}{2}$ 是周期为 π 的周期函数.

例 1.9　判断下列函数的奇偶性：

(1) $f(x)=(x^2+1)\cos x$；　　(2) $f(x)=\ln(x+\sqrt{1+x^2})$；

(3) $g(x)=\begin{cases}1-e^{-x}, & x\leqslant 0,\\ e^{x}-1, & x>0.\end{cases}$

解　(1) 对任意的 $x\in R$，恒有

$$f(-x)=[(-x)^2+1]\cos(-x)=(x^2+1)\cos x=f(x),$$

故 $f(x)=(x^2+1)\cos x$ 是 R 上的偶函数.

(2) 对任意的 $x \in R$,恒有

$$\begin{aligned} f(-x) &= \ln(-x+\sqrt{1+(-x)^2}) \\ &= \ln(-x+\sqrt{1+x^2}) \\ &= \ln\frac{1}{x+\sqrt{1+x^2}} \\ &= -\ln(x+\sqrt{1+x^2}) \\ &= -f(x). \end{aligned}$$

所以 $f(x)=\ln(x+\sqrt{1+x^2})$ 是 R 上的奇函数.

(3) 对任意的 $x \in R$,恒有

$$\begin{aligned} g(-x) &= \begin{cases} 1-e^{-(-x)}, & -x \leqslant 0, \\ e^{-x}-1, & -x > 0, \end{cases} \\ &= \begin{cases} 1-e^{x}, & x \geqslant 0, \\ e^{-x}-1, & x < 0, \end{cases} \\ &= \begin{cases} e^{-x}-1, & x \leqslant 0, \\ 1-e^{x}, & x > 0, \end{cases} \\ &= -g(x). \end{aligned}$$

因此 $g(x)=\begin{cases} 1-e^{-x}, & x \leqslant 0, \\ e^{x}-1, & x > 0, \end{cases}$ 是 R 上的奇函数.

§1.4 初等函数

一、反函数

函数关系的实质就是从定量分析的角度来描述运动过程中变量之间的相互依赖关系. 而函数中的自变量与因变量的确定,是由实际问题决定的.

例如,已知某商品的单价为 p,则收益 R 是销售量 q 的函数:

$$R = pq,$$

这里 q 是自变量,R 是因变量(函数).

若已知收益 R,求销售量 q,则有

$$q = \frac{R}{p},$$

这里 R 是自变量,q 是因变量(函数).

从函数观点来看,它们是两个不同的函数,互为反函数.

定义 1.8 设函数 $y=f(x)$ 定义域为 D_f,值域为 Z_f. 如果对值域中任意一个 y,在定义域中有唯一的 x 与 y 对应,且满足 $y=f(x)$,则 x 是定义在 Z_f 上的以 y 为自变量的函数,记

此函数为 $x=f^{-1}(y)$，$y\in Z_f$，并称其为 $y=f(x)$ 的**反函数**，称 $y=f(x)$ 为**直接函数**.

注意 (1) 一一对应是一个函数存在反函数的充要条件，故单调函数一定存在反函数.

(2) $y=f(x)$ 的反函数 $x=f^{-1}(y)$ 的定义域为 $y=f(x)$ 的值域 Z_f，值域为 $y=f(x)$ 的定义域 D_f. 它们在图形上是以直线 $y=x$ 为轴对称图形，如图 1.13 所示.

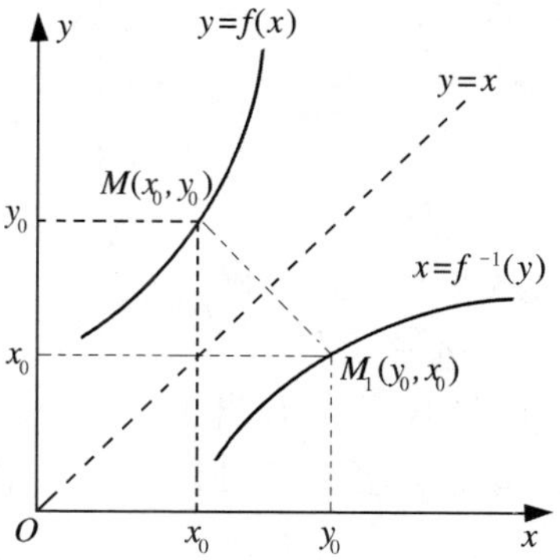

图 1.13

例如，函数 $y=x^2$，定义域为 $(-\infty,+\infty)$，值域为 $[0,+\infty)$. 在 $(-\infty,+\infty)$ 上不存在反函数，但是，在 $(-\infty,0)$ 上 $y=x^2$ 单调减少，存在反函数 $x=-\sqrt{y}$；在 $(0,+\infty)$ 上 $y=x^2$ 单调增加，存在反函数 $x=\sqrt{y}$.

二、基本初等函数

常值函数、幂函数、指数函数、对数函数、三角函数与反三角函数这六类函数称为**基本初等函数**.

1. **常值函数** $y=C$ （C 为常数）.

其定义域为 $(-\infty,+\infty)$，值域为 $Z_f=\{C\}$，图形是一条与 x 轴平行的直线，如图 1.14 所示.

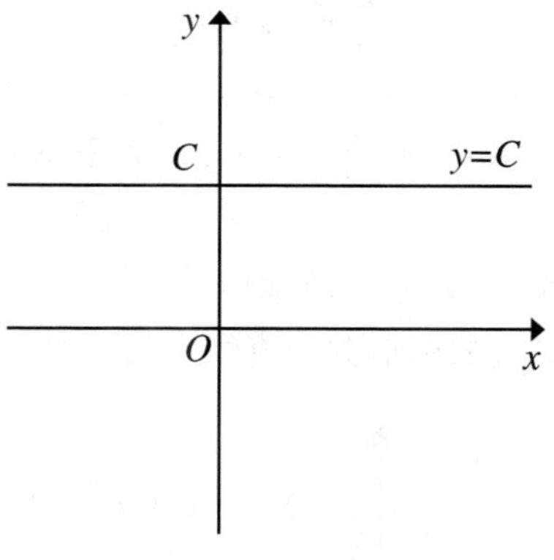

图 1.14

2. **幂函数** $y=x^\alpha$ （α 为常数，$\alpha\neq 0$）.

幂函数的定义域随 α 值的不同而相异，但不论 α 取何值，$y=x^\alpha$ 在区间 $(0,+\infty)$ 内总有定义，并且图形都经过 $(1,1)$ 点. 若 $\alpha>0$，则 $y=x^\alpha$ 在区间 $(0,+\infty)$ 内单调增加，其图形过 $(0,0)$ 和 $(1,1)$ 两点，如图 1.15(a) 所示；若 $\alpha<0$，则 $y=x^\alpha$ 在区间 $(0,+\infty)$ 内单调减少，如图 1.15(b) 所示.

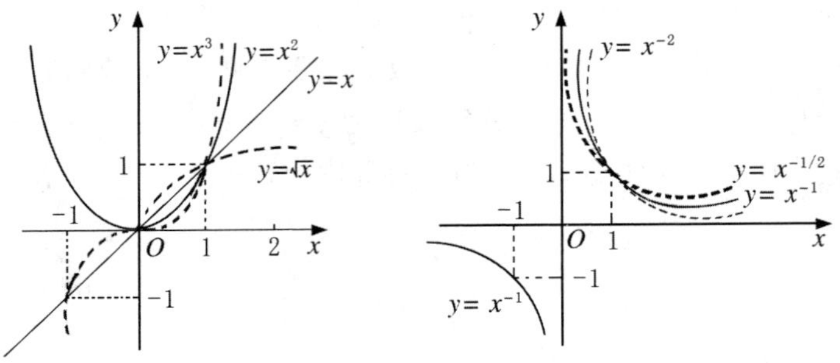

（a）　　　　　　　　　　（b）

图 1.15

3. **指数函数**　$y=a^x$　$(a>0,a\neq 0)$.

其定义域为$(-\infty,+\infty)$，值域为$(0,+\infty)$. 当$0<a<1$时，$y=a^x$为单调减少函数；$a>1$时，$y=a^x$为单调增加函数. 指数函数的图形位于x轴上方，且经过点$(0,1)$. 由于$y=\left(\frac{1}{a}\right)^x=a^{-x}$，所以$y=a^x$的图形与$y=\left(\frac{1}{a}\right)^x$的图形是关于$y$轴对称的，如图 1.16 所示.

在实际应用中，常出现以 e 为底的指数函数$y=\mathrm{e}^x$，其中$\mathrm{e}=2.71828\cdots$是一个无理数.

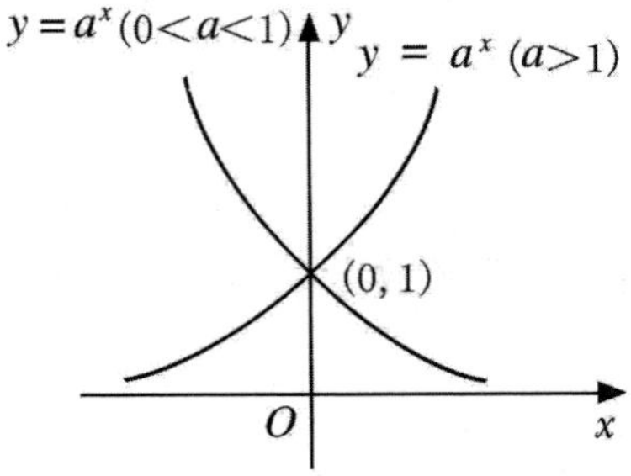

图 1.16

4. **对数函数**　$y=\log_a x$　$(a>0,a\neq 1)$.

其定义域为$(0,+\infty)$，当$0<a<1$时，$y=\log_a x$为单调减少函数；当$a>1$时，$y=\log_a x$为单调增加函数.

对数函数的图形位于y轴的右边，且经过点$(1,0)$，如图 1.17 所示，对数函数$y=\log_a x$与指数函数$y=a^x$互为反函数，二者的图形关于直线$y=x$对称.

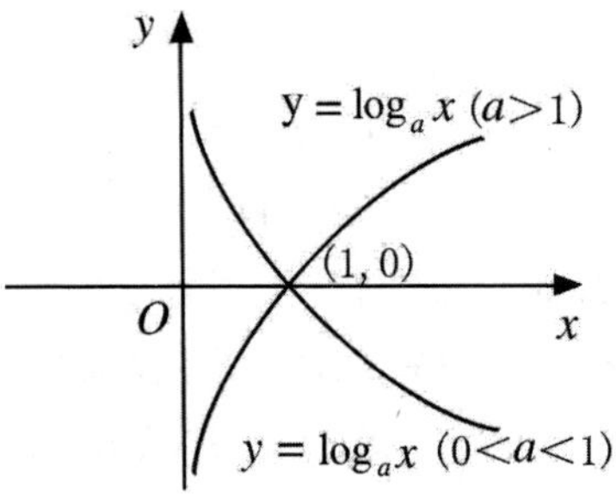

图 1.17

通常，以 10 为底的对数函数记为 $y=\lg x$，称为**常用对数函数**；以 e 为底的对数函数记为 $y=\ln x$，称为**自然对数函数**.

5. **三角函数**

(1) $y=\sin x$（**正弦函数**） $y=\cos x$（**余弦函数**）.

二者均是以 2π 为周期的周期函数，定义域都为 $(-\infty,+\infty)$，值域都为 $[-1,1]$. $y=\sin x$ 是奇函数，$y=\cos x$ 是偶函数. 因为 $y=\cos x=\sin\left(x+\frac{\pi}{2}\right)$，所以把正弦曲线 $y=\sin x$ 沿 x 轴向左移动 $\frac{\pi}{2}$ 个单位，就得到了余弦曲线 $y=\cos x$，如图 1.18 所示.

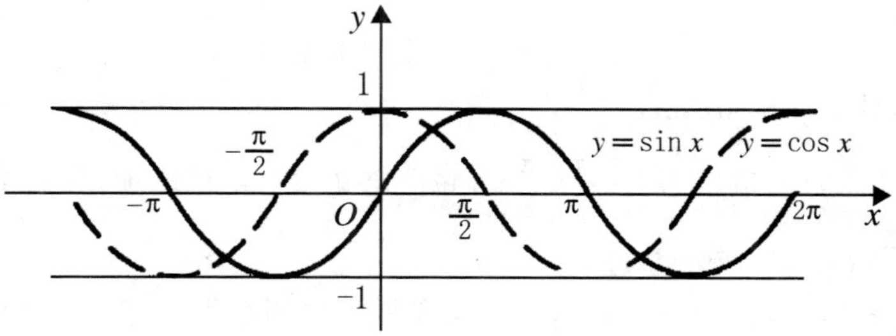

图 1.18

(2) $y=\tan x$（**正切函数**） $y=\cot x$（**余切函数**）

二者均是以 π 为周期的周期函数，都是奇函数. $y=\tan x$ 的定义域为 $\left\{x \mid x\in R, x\neq k\pi+\frac{\pi}{2}, k\in Z\right\}$，$y=\cot x$ 的定义域为 $\{x \mid x\in R, x\neq k\pi, k\in Z\}$，如图 1.19 所示.

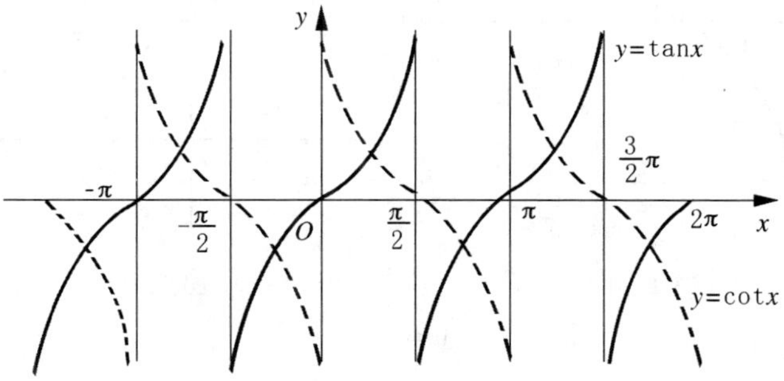

图 1.19

(3) $y=\sec x$（**正割函数**） $y=\csc x$（**余割函数**）

二者都是以 2π 为周期的周期函数，正割函数 $y=\sec x$ 的定义域为 $\left\{x \mid x\in R, x\neq k\pi+\frac{\pi}{2}, k\in Z\right\}$，值域为 $(-\infty,-1]\cup[1,+\infty)$，且有 $\sec x=\frac{1}{\cos x}$. 如图 1.20(a) 所示；余割函数 $y=\csc x$ 的定义域为 $\{x \mid x\in R, x\neq k\pi, k\in Z\}$，值域为 $(-\infty,-1]\cup[1,+\infty)$，且有 $\csc x=\frac{1}{\sin x}$. 如图 1.20(b) 所示.

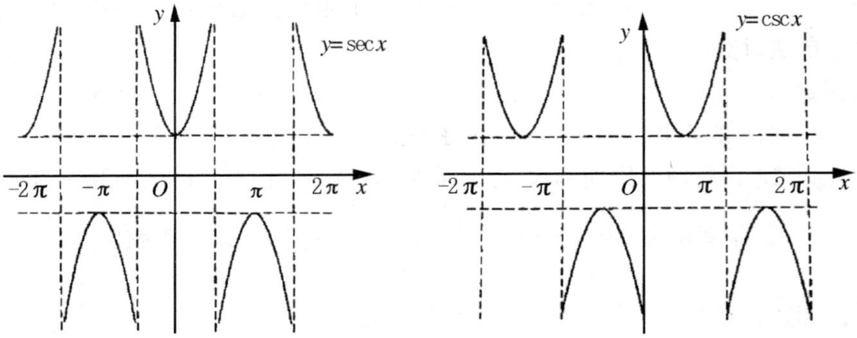

(a)　　　(b)

图 1.20

6. 反三角函数

(1)**反正弦函数**　$y=\arcsin x$.

其定义域为$[-1,1]$,值域为$\left[-\frac{\pi}{2},\frac{\pi}{2}\right]$,并在定义域上单调增加,如图 1.21 所示.

(2) **反余弦函数**　$y=\arccos x$.

其定义域为$[-1,1]$,值域为$[0,\pi]$,并在定义域上单调减少,如图 1.22 所示.

(3) **反正切函数**　$y=\arctan x$.

其定义域为$(-\infty,+\infty)$,值域为$\left(-\frac{\pi}{2},\frac{\pi}{2}\right)$,并在定义域上单调增加,如图 1.23 所示.

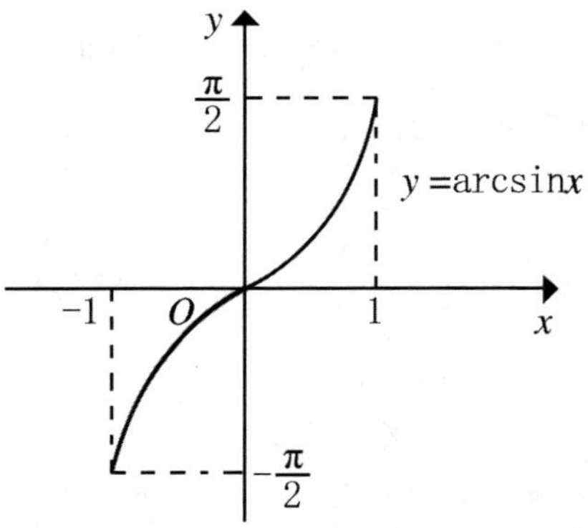

图 1.21

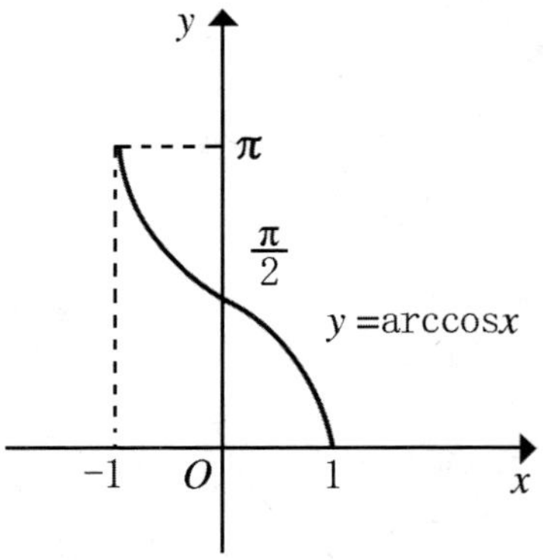

图 1.22

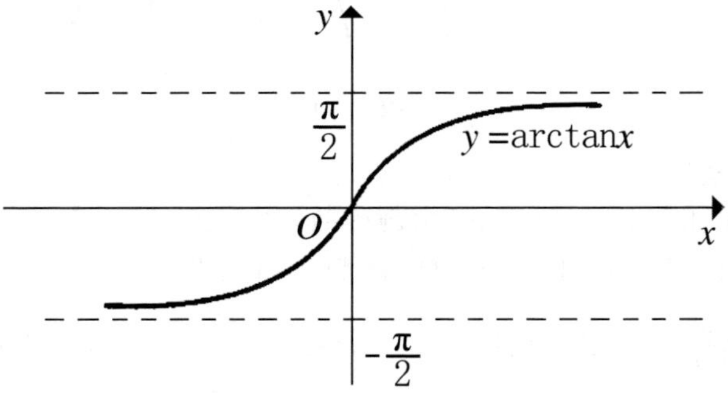

图 1.23

(4) **反余切函数** $y=\text{arccot}x$.

其定义域为$(-\infty,+\infty)$,值域为$(0,\pi)$,并在定义域上单调减少,如图1.24所示.

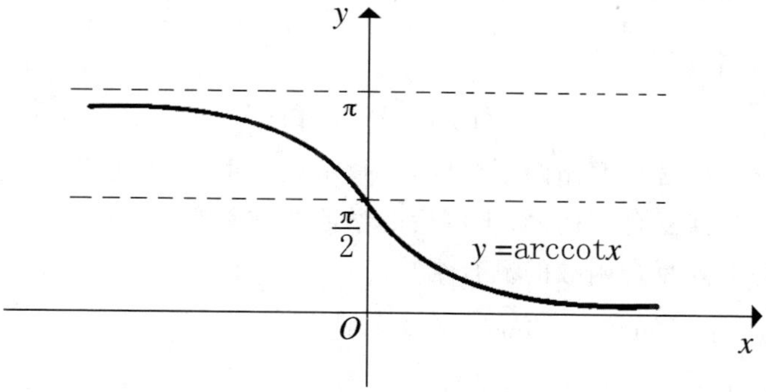

图1.24

三、简单函数

基本初等函数经过有限次四则运算形成的函数,称为**简单函数**.例如,$y=x^2\sin x$,$y=\mathrm{e}^x+x^2$,$y=\frac{\ln x}{x}$等都是简单函数.

四、复合函数

定义1.9 设函数$y=f(u)$的定义域为D_f,而函数$u=\varphi(x)$,值域为Z_φ,如果$D_f\cap Z_\varphi\neq\Phi$(空集),则称函数$y=f[\varphi(x)]$为**复合函数**.定义域为集合$\{x\mid\varphi(x)\in D_f\}$其中,$y$为**因变量**,$x$为**自变量**,$u$称为**中间变量**.

例如,$y=\mathrm{e}^u$与$u=\sqrt{x}$构成复合函数$y=\mathrm{e}^{\sqrt{x}}$,$D_f=[0,+\infty)$.

注意 不是任何两个函数都可以复合成一个复合函数的,例如$y=\arcsin u$和$u=2+x^2$就不能构成一个复合函数,因为前者的定义域$[-1,1]$与后者的值域$[2,+\infty)$的交集为空集,从而复合函数不存在.

例1.10 设$f(x)=\frac{1-x}{1+x}$,求$f[1+f(x)]$.

解 $f[1+f(x)]=\frac{1-[1+f(x)]}{1+[1+f(x)]}=\frac{-f(x)}{2+f(x)}=-\frac{1-x}{1+x}\Big/\left(2+\frac{1-x}{1+x}\right)=\frac{x-1}{x+3}$.

例1.11 已知$f(x)=\begin{cases}1+x^2, & x<0,\\ 1-x, & x\geqslant 0,\end{cases}$,$\varphi(x)=3-x$,求$f[\varphi(x)]$.

解

$$f[\varphi(x)]=\begin{cases}1+\varphi^2(x), & \varphi(x)<0,\\ 1-\varphi(x), & \varphi(x)\geqslant 0,\end{cases}$$
$$=\begin{cases}1+(3-x)^2, & 3-x<0,\\ 1-(3-x), & 3-x\geqslant 0,\end{cases}$$
$$=\begin{cases}x^2-6x+10, & x>3,\\ x-2, & x\leqslant 3.\end{cases}$$

例 1.12 设 $f(1+\sqrt{x})=x$，求 $f(x)$.

解 令 $u=1+\sqrt{x}$，则 $x=(u-1)^2$. 于是

$$f(u)=(u-1)^2,$$

即

$$f(x)=(x-1)^2.$$

在分解复合结构时，必须遵循两个原则：一是由表及里，逐层分解；二是分解到每一层都不再是复合函数为止. 分清复合结构，对于以后的学习非常重要.

例 1.13 分解下列复合函数的复合结构.

(1) $y=\arctan e^{\sqrt{x}}$；　　(2) $y=\ln\cos\sqrt{x^2+1}$.

解 (1) $y=\arctan u, u=e^v, v=\sqrt{x}$.

(2) $y=\ln u, u=\cos v, v=\sqrt{w}, w=x^2+1$.

把形如 $f(x)^{g(x)}$ 的函数称为**幂指函数**，其中 $f(x)>0$，$f(x)$ 与 $g(x)$ 是简单函数或复合函数.

由 $f(x)^{g(x)}=e^{g(x)\ln f(x)}$ 可知，$f(x)^{g(x)}$ 是一种特殊的复合函数.

例如，$x^x=e^{x\ln x}$，$x^{\sin x}=e^{\sin x\ln x}$，$(1+x)^{\frac{1}{x}}=e^{\frac{1}{x}\ln(1+x)}$ 等都是幂指函数.

五、初等函数与非初等函数

由基本初等函数经过有限次四则运算和有限次复合，并且在其定义域内具有一个统一的解析表达式，这样的函数统称为**初等函数**.

注意 基本初等函数经过无限次复合和四则运算得到的函数和分段函数等都是非初等函数. 例如，$y=x+x^2+x^3+\cdots$ 和 $y=\sqrt{x\sqrt{x\sqrt{x\cdots}}}$.

§1.5 简单经济函数介绍

一、总成本函数、总收益函数、总利润函数

总成本函数是指在一定时期内，生产产品时所消耗的生产费用之总和. 常用 C 表示，可以看作产量 x 的函数，记作

$$C=C(x).$$

总成本包括固定成本和可变成本两部分，其中固定成本 FC 指在一定时期内不随产量变动而支出的费用，如厂房、设备的固定费用和管理费用等；可变成本 VC 是指随产品产量变动而变动的支出费用，如税收、原材料、电力燃料等.

固定成本和可变成本是相对于某一过程而言的. 在短期生产中，固定成本 FC 是不变的，可变成本 VC 是产量 x 的函数，所以 $C(x)=FC+VC(x)$. 在实际应用中，产量 x 为正数，所以总成本函数是产量 x 的单调增加函数，常用线性初等函数

$$C = a + bx$$

来表示,其中 $b > 0$ 为常数.

平均成本:每个单位产品的成本,即 $\overline{C} = \dfrac{C(x)}{x}$.

总收益函数是指生产者出售一定产品数量 x 所得到的全部收入,常用 R 表示,即

$$R = R(x),$$

其中 x 为销售量. 显然,$R(0) = 0$,即未出售商品时,总收益为 0.

平均收益:$\overline{R} = \dfrac{R(x)}{x}$,若单位产品的销售价格为 p,则 $R = p \cdot x$,且 $\overline{R} = p$.

总利润函数是指生产中获得的纯收入,为总收益与总成本之差,常用 L 表示,即

$$L(x) = R(x) - C(x).$$

二、需求函数与供给函数

需求量指的是在一定时间内,在一定价格条件下,消费者对某商品愿意而且有支付能力购买的商品数量.

需求量不等于实际购买量,消费者对商品的需求受多种因素影响,例如,季节、收入、人口分布、价格等. 其中影响的主要因素是商品的价格,所以,我们经常将需求量 Q_d 看作价格 p 的函数,称为**需求函数**,记为

$$Q_d = Q_d(p).$$

一般来说,降价使需求量增加,价格上涨需求量反而会减少,即需求函数是价格 p 的单调减少函数. 常用线性函数

$$Q_d = -ap + b$$

来表示,其中 $a, b > 0$ 为常数.

供给量是指在一定时期内生产者愿意生产并可向市场提供出售的商品量,供给价格是指生产者为提供一定量商品愿意接受的价格,将供给量 Q_s 也看作价格 p 的函数,称为**供给函数**,记为

$$Q_s = Q_s(p).$$

一般来说,价格上涨刺激生产者向市场提供更多的商品,使供给量增加,价格下跌使供给量减少,即供给函数是价格 p 的单调增加函数. 常用线性函数

$$Q_s = ap - b$$

来表示,其中 $a, b > 0$ 为常数.

三、均衡理论

当市场上需求量 Q_d 与供给量 Q_s 一致时,即 $Q_d = Q_s$,商品的数量称为均衡数量,记为 Q_e;商品的价格称为均衡价格,记为 P_e. 例如,由线性需求和供给函数构成的市场均衡模型可以写成

$$Q_d = -ap + b \quad (a > 0, b > 0),$$
$$Q_s = cp - d \quad (c > 0, d > 0),$$
$$Q_d = Q_s,$$

解方程,可得均衡价格 P_e 和均衡数量 Q_e:

$$P_e=\frac{b+d}{a+c},\quad Q_e=\frac{bc-ad}{a+c}.$$

由于 $Q_e>0, a+c>0$,因此有 $bc>ad$.

当市场价格高于 P_e 时,需求量减少而供给量增加;反之,当市场价格低于 P_e 时,需求量增加而供给量减少. 市场价格的调节就是利用供需均衡来实现的,如图 1.25 所示.

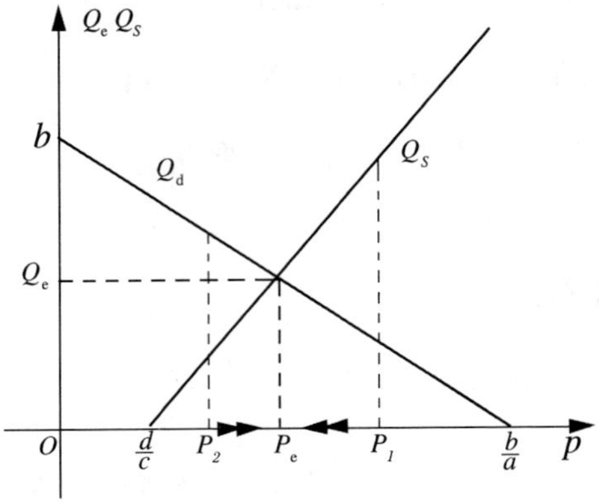

图 1.25

经济学中常见的还有生产函数(生产中的投入与产出关系)、消费函数(国民消费总额与国民生产总值即国民收入之间的关系)、投资函数(投资与银行利率之间的关系)等.

例 1.14 已知某商品的需求函数和供给函数分别为

$$Q_d=14-1.5p,\quad Q_s=-5+4p,$$

求该商品的均衡价格.

解 由均衡条件 $Q_d=Q_s$ 可知

$$14-1.5p=-5+4p$$
$$19=5.5p,$$

所以均衡价格为 $p_e=3.45$.

例 1.15 已知某产品的价格为 p 元,需求函数为 $Q=50-5p$,成本函数为 $C=50+2Q$ 元,求产量 Q 为多少时利润 L 最大? 最大利润是多少?

解 因为需求函数为 $Q=50-5p$, $p=10-\frac{Q}{5}$,所以收益函数为

$$R=p\cdot Q=10Q-\frac{Q^2}{5}.$$

利润函数为

$$L=R-C=8Q-\frac{Q^2}{5}-50$$
$$=-\frac{1}{5}(Q-20)^2+30.$$

因此,$Q=20$ 时利润最大,且最大利润是 30 元.

例 1.16 设生产某种产品 x 件的总成本为 $C(x)=4x+600$ (单位为元),

(1) 求平均成本函数和当 $x=200$ 时的平均成本；

(2) 假若每天至少能卖出 200 件产品，为了不亏本，该产品的单位售价至少应定为多少元？

(3) 假若生产厂家计划总利润为总成本的 20%，问每天卖出 x 件产品的单位售价应为多少元？

解 (1) 平均成本函数为 $\overline{C}(x)=\dfrac{C(x)}{x}=4+\dfrac{600}{x}$，当 $x=200$ 时，平均成本为 $\overline{C}(200)=7$ 元.

(2) 为了不亏本，必须每天售出 200 件产品的总收入与总成本相等. 设此时的单位售价为 p，则有

$$200p=4\times200+600=1400,$$

由此解得 $p=7$(元). 因此，为了不亏本，单位售价至少应定为 7 元.

(1) 和(2) 的结果表明，平均成本等于最低不亏本价格.

(3) 设单位售价为 p，则总利润函数为

$$L(x)=px-C(x),$$

根据假设，总利润为 $0.2C(x)$. 于是得

$$0.2C(x)=px-C(x),$$

由此得

$$px=1.2C(x)=1.2(4x+600),$$

解得

$$p=4.8+\frac{720}{x}.$$

习 题 一

(A)

1. 求下列函数的定义域.

(1) $y=\sqrt{x^2-2x-15}$；

(2) $y=\begin{cases}x+3, & 2<|x|\leqslant4,\\ 2x^2+1, & |x|\leqslant2;\end{cases}$

(3) $y=\lg(x-1)+\dfrac{1}{x-2}$；

(4) $y=\sqrt{1-\left(\dfrac{x-1}{x+1}\right)^2}$；

(5) $y=e^{\frac{1}{\sqrt{x}}}+\dfrac{1}{1-\ln x}$；

(6) $y=\arcsin\dfrac{x-1}{2}$.

2. 已知函数 $f(x)$ 满足 $2f(x)+f(-x)=3x+4$，求 $f(x)$.

3. 已知 $f(x)=\dfrac{4x}{x-1}$，求 $f^{-1}(3)$.

4. 讨论下列函数的单调性(指出其单调增加区间和单调减少区间).

(1) $y=x^3+1$；　　(2) $y=2x+\ln x$.

5. 函数 $f(x)$ 在 $[0,+\infty)$ 上是单调递减函数，求 $f(1-x^2)$ 的单调区间.

6. 判别下列函数的奇偶性.

(1) $f(x)=x^3\cos x$；　　(2) $f(x)=\lg\dfrac{1-x}{1+x}$；

(3) $f(x)=\dfrac{e^x+e^{-x}}{e^x-e^{-x}}$；　　(4) $f(x)=\begin{cases}\cos x-x, & -\pi\leqslant x<0,\\ \cos x+x, & 0\leqslant x<\pi.\end{cases}$

7. 设 $f(x)$ 在 $(-\infty,+\infty)$ 内有定义，证明：函数 $f(x)+f(-x)$ 为偶函数，而 $f(x)-f(-x)$ 为奇函数.

8. 判断下列函数是否为周期函数，如果是周期函数，求其周期.

(1) $y=\sin(3x-2)$；　　(2) $y=\cos^2 x$；

(3) $y=\pi+|\sin 3x|$；　　(4) $y=x\cos x$.

9. 在下列各题中，求由给定函数复合而成的复合函数，并确定定义域.

(1) $y=10^u$，$u=1+x^2$；　　(2) $y=\sqrt{u}$，$u=e^x-1$；

(3) $y=u^2+1$，$u=\sin v$，$v=\ln x$；

(4) $y=\arctan u^2$，$u=\tan v$，$v=\sqrt{a^2+x^2}$.

10. 设 $f(e^x)=a^x(x^2-1)$，求 $f(x)$.

11. 已知 $f(x)=\begin{cases}x^2+2, & x\leqslant 0,\\ x-1, & x>0,\end{cases}$ 求 $f(x+1)$ 及 $f(x)+f(-x)$.

12. 已知 $f(x)=\begin{cases}-x^2, & x\geqslant 0,\\ e^x, & x<0,\end{cases}$ $\varphi(x)=\ln x$，求 $f[\varphi(x)]$，$\varphi[f(x)]$.

13. (1) 已知 $f\left(x+\dfrac{1}{x}\right)=x^2+\dfrac{1}{x^2}$，求 $f(x)$.

(2) 已知 $f(x^2-1)=\ln\dfrac{x^2}{x^2-2}$，且 $f[\varphi(x)]=\ln x$，求 $\varphi(x)$.

14. 指出下列各函数是由哪些简单函数复合而成的.

(1) $y=\log_a\sqrt{x}$；　　(2) $y=\arctan(e^{x^2})$；

(3) $y=\sin^2\sqrt{1-x-x^2}$；　　(4) $y=\arcsin^2\left(\dfrac{2x}{1-x^2}\right)$.

15. 求下列反函数及反函数的定义域.

(1) $y=\lg(1-2x)$，$D_f=(-\infty,0)$；　　(2) $y=\sqrt{4-x^2}$，$D_f=[0,2]$；

(3) $y=\begin{cases}\dfrac{x}{2}, & -2<x<1,\\ x^2, & 1\leqslant x\leqslant 2,\\ 2^x, & 2<x\leqslant 4;\end{cases}$　　(4) $y=\dfrac{e^x}{e^x+1}$.

16. 某玩具厂每天生产 60 个玩具的成本为 300 元，每天生产 80 个玩具的成本为 340 元，求其线性成本函数，并求每天的固定成本和生产一个玩具的可变成本.

17. 某公司全年需购某商品 2000 台，每台购进价为 5000 元，分若干批进货. 每批进货台数相同，一批商品售完后马上进下一批. 每进货一次需消耗费用 1000 元，商品均匀投放市场(即平均年库存量为批量的一半)，该商品每年每台库存费为进货价格的 4%，试将公司全年在该商品上的投资总额表示为批次的函数.

18. 某产品每件售价为 90 元,成本为 60 元.厂方为鼓励经销商大量采购,决定凡是订购量超过 100 件以上的,每多订一件售价就降低 1 元,但最低价为每台 75 元.

(1) 将每件的实际售价 p 表示为订购量 x 的函数;

(2) 将厂方所获收益用 q 表示订购量 x 的函数;

(3) 某一商行订购了 1000 件,厂方可获利多少?

19. 已知下列需求函数和供给函数,求相应的市场均衡价格.

(1)$Q_d=\frac{100}{3}-\frac{2}{3}p, Q_s=-10+5p$;

(2)$Q_d{}^2+p^2=58, p=Q_s+4$.

(B)

1. 设 $f\left(\frac{x+1}{2x-1}\right)-2f(x)=x$,求 $f(x)$.

2. 设函数 $f(x)$ 与 $g(x)$ 的定义域是$\{x \mid x\in R$,且 $x\neq\pm 1\}$,$f(x)$ 是偶函数,$g(x)$ 是奇函数,且 $f(x)+g(x)=\frac{1}{x-1}$,求 $f(x)$ 与 $g(x)$ 的解析表达式.

3. 设函数 $f(x)$ 在$[-a,a](a>0)$ 上有定义,证明:$f(x)$ 等于一个奇函数与一个偶函数的和.

4. 求函数 $g(x)=f(x+a)\cdot f(x-a)(-\frac{1}{2}<a\leqslant 0)$ 的定义域,其中函数 $f(x)$ 的定义域是$(0,1]$.

5. 函数 $f(x)=\begin{cases} x^2, & x\leqslant 0, \\ -x^3, & x>0, \end{cases}$ 求 $f^{-1}(3)$.

6. 设函数 $f(x)$ 和 $g(x)$ 在 D 上有界,试证:函数 $f(x)\pm g(x)$ 和 $f(x)\cdot g(x)$ 在 D 上也有界.

7. 证明:函数 $y=x\sin x$ 在$(0,+\infty)$ 上无界.

8. 设函数 $f(x)=\begin{cases} \frac{1}{x}, & x<0, \\ x, & x\geqslant 0, \end{cases}$ 求 $f[f(x)]$.

9. 已知函数 $f(x)$ 满足如下方程,

$$af(x)+bf(\frac{1}{x})=\frac{c}{x}, \quad x\neq 0,$$

其中 a,b,c 为常数,且$|a|\neq|b|$,求 $f(x)$,并讨论 $f(x)$ 的奇偶性.

第2章 极限与连续

微积分是从研究“变化”开始的，与“变化”紧密相关的就是逼近问题，求一个不能直接计算的量通常采用逼近的方法，为了提高计算精度，我们不得不大幅度地增加计算次数，而极限克服了这个弊端，它能把近似误差缩小为零. 微积分中一些重要概念如微分、积分、级数等都是建立在极限概念的基础上的. 因此，有关极限的概念、理论与方法，自然成为微积分学的理论基石. 本章将讨论数列极限与函数极限的定义、性质及基本计算方法，并在此基础上讨论函数的连续性.

§2.1 数列的极限

变量的变化趋势始终是人们关心的一个重要问题. 例如，随着时间的推移，人口的数量是不是无限增长，GDP 的变化趋势是否能一直延续着单调递增等，这些实际问题都需要一个研究变量变化趋势的工具——极限.

用一个例子来说明极限的思想. 首先在圆内作内接正六边形，把它的面积记为 A_1；再作圆的内接正十二边形，其面积记为 A_2；再作圆的内接正二十四边形，其面积记为 A_3；依次进行下去，把内接正 $6\times 2^{n-1}$ 边形的面积记为 A_n，可得一系列内接正多边形的面积：$A_1, A_2, A_3, \cdots, A_n, \cdots$，它们就构成一个序数列. 可以发现，当内接正多边形的边数无限增加时，A_n 也无限趋近于某一确定的数值(圆的面积)，这个确定的数值在数学上被称为数列 $A_1, A_2, A_3, \cdots, A_n, \cdots$，当 $n\to+\infty$(读作 n 趋近于无穷大)时的**极限**，这就是我国古代数学家刘徽在公元前 3 世纪提出的最早的极限思想.

一、数列的概念

按一定次序排列的无穷多个数：

$$u_1, u_2, \cdots, u_n, \cdots$$

称为**数列**，记为 $\{u_n\}$，正整数 n 称为数列的**下标**. 数列 $\{u_n\}$ 中的数称为**数列的项**，u_n 称为**数列**

的第 n 项,通常也称为数列的**一般项**或**通项**.

下面给出几个数列的例子：

(1) $\left\{1+\frac{1}{n}\right\}$： $2,\frac{3}{2},\frac{4}{3},\cdots,\frac{n+1}{n},\cdots$；

(2) $\left\{1-\frac{1}{n}\right\}$： $0,\frac{1}{2},\frac{2}{3},\cdots,\frac{n-1}{n},\cdots$；

(3) $\left\{1+(-1)^n\frac{1}{n}\right\}$： $0,\frac{3}{2},\frac{2}{3},\cdots,1+(-1)^n\frac{1}{n},\cdots$；

(4) $\{n\}$： $1,2,\cdots,n,\cdots$；

(5) $\{(-1)^n\}$： $-1,1,-1,1,\cdots,(-1)^n,\cdots$.

注意　(1) 在几何上,数列可以看作数轴上的一个动点,它在数轴上依次取值

$$u_1,u_2,\cdots,u_n,\cdots.$$

(2) 数列 $\{u_n\}$ 可视为定义在正整数集 Z^+ 上的函数：

$$u_n=f(n),\quad n\in Z^+.$$

当自变量 n 依次取正整数时,相应的函数值就排成数列 $\{u_n\}$,由于其各项的取值由其下标唯一确定,故也称作**下标函数**.

二、数列的极限

在平面直角坐标系中,观察上述五个数列,当下标 n 无限增大时,其动点 (n,u_n) 的运动趋势如图 2.1 所示.

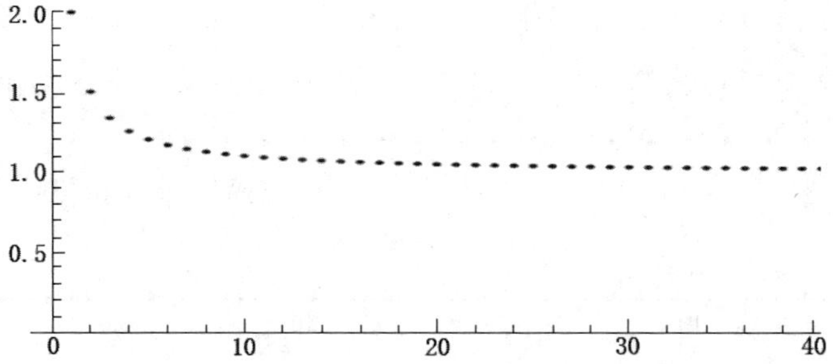

$\left\{1+\frac{1}{n}\right\}$： $2,\frac{3}{2},\frac{4}{3},\cdots,\frac{n+1}{n},\cdots$

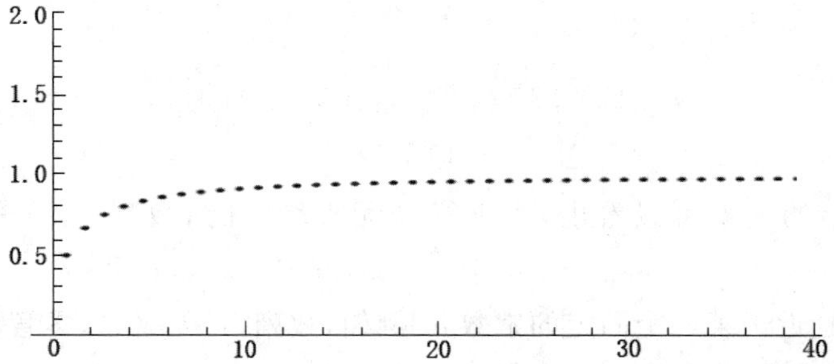

$\left\{1-\frac{1}{n}\right\}$： $0,\frac{1}{2},\frac{2}{3},\cdots,\frac{n-1}{n},\cdots$

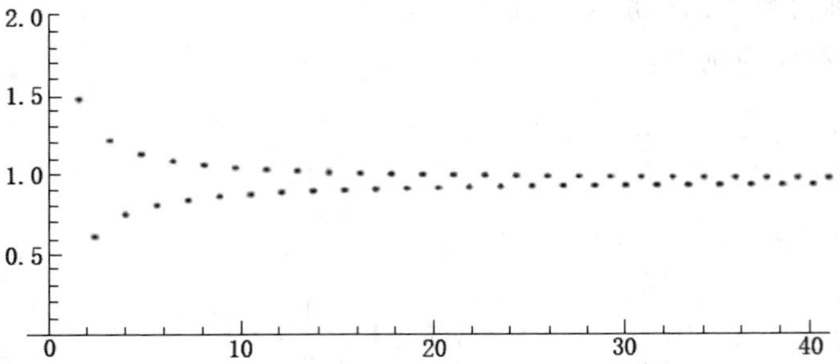

$\left\{1+(-1)^n\dfrac{1}{n}\right\}$：$0,\dfrac{3}{2},\dfrac{2}{3},\cdots,1+(-1)^n\dfrac{1}{n},\cdots$

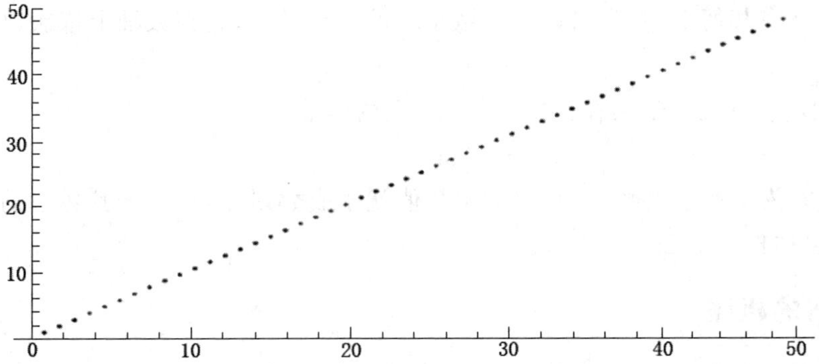

$\{n\}$：$1,2,\cdots,n,\cdots$

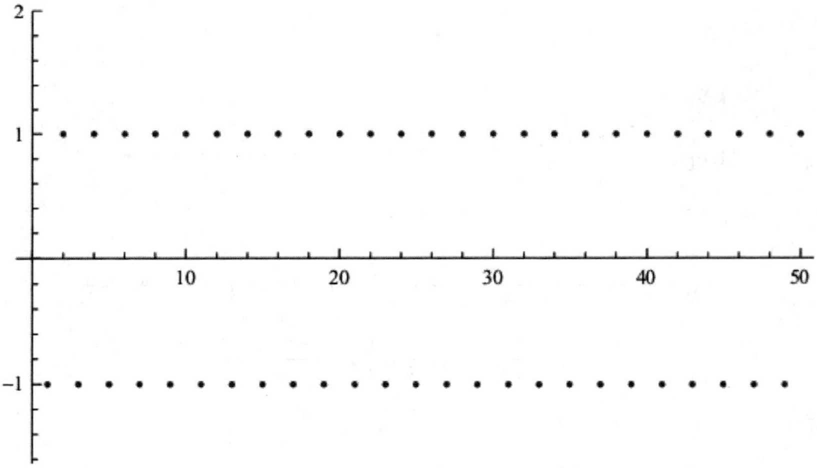

$\{(-1)^n\}$：$-1,1,-1,1,\cdots,(-1)^n,\cdots$

图 2.1

通过对图 2.1 的观察可以看出，当下标 n 无限增大时，数列 $\{u_n\}$ 的变化趋势有以下三种情况：

(1) $\{u_n\}$ 无限趋近于某一个固定的常数 a. 例如，数列(1) ～ (3)，尽管动点 (n,u_n) 的变化轨迹不尽相同，但是 $\{u_n\}$ 都与固定的常数无限趋近.

(2) $\{u_n\}$ 的绝对值无限增大. 例如，数列 $\{n\}$ 单调地趋于无穷远.

(3) $\{u_n\}$ 的值上下摆动，振荡不停. 例如，数列 $\{(-1)^n\}$ 在 -1 和 1 来回跳动.

对于第一种变化趋势，即当下标 n 无限增大时，数列$\{u_n\}$都是无限地趋近某一个固定的常数 A，称数列的极限存在；第二种和第三种变化趋势，即数列$\{u_n\}$不趋近于某个固定的常数，称为极限不存在.

由于数列的这两种变化趋势，对于研究一般变量的变化趋势至关重要，因此我们将它概括成下面的定义：

定义 2.1(描述性定义) 对于数列$\{u_n\}$，存在一个常数 A，如果当 n 无限增大时，u_n 无限趋近于确定的常数 A，则称 $n \to +\infty$ 时，**数列$\{u_n\}$的极限为** A. 或称 A 为数列$\{u_n\}$的极限. 记作

$$\lim_{n\to+\infty} u_n = A \quad 或 \quad u_n \to A(n \to +\infty).$$

此时，称$\{u_n\}$为**收敛数列**，反之，称$\{u_n\}$为**发散数列**，或称数列$\{u_n\}$**没有极限**.

显然数列(1)－(3)的极限都存在，而且它们的极限值都是 1，即

$$\lim_{n\to+\infty} u_n = 1 \quad 或 \quad u_n \to 1(n \to +\infty).$$

而数列$\{n\}$和$\{1+(-1)^n\}$的极限不存在.

根据图 2.1 可以得到如下结论：

(1)极限与变化的方式无关：从数列(1)～(3)可以看出，尽管它们趋于 1 的形式不同，但它们的极限都相同，这说明极限与变化方式无关.

(2)极限与有限项的数值无关：我们关心的是 $n \to +\infty$ 时，数列$\{u_n\}$的变化趋势，任何有限项都不会影响到这个趋势，去掉或改变有限项的数值，它们的变化趋势都不会改变.

定义中所谓数列$\{u_n\}$无限趋近于 A，含义为当 n 充分大时，数列$\{u_n\}$与 A 之间的距离可以达到任意的小，要多小就能够达到多小.

通过观察发现数列$\left\{1+\frac{1}{n}\right\}$的极限是 1. 意味着此数列会无限趋近于 1，所谓无限趋近，就是指数列与常数 1 的距离即$|u_n - 1|$可以达到任意小，要多小就能够达到多小. 用 ε 表示一个任意小的正数，即对任意的 $\varepsilon > 0$，从数列的某一项开始，之后的所有项均满足$|u_n - 1| < \varepsilon$. 所谓的数列与常数的距离能够达到任意小，并不是指数列的所有项与常数之间的距离都能够达到任意小，而是数列中去掉有限项之外的所有项与常数的距离都能小于给定的距离. 举例说明：不妨任意给出一个距离 $\varepsilon = 0.1$，通过解不等式$|u_n - 1| = \left|1+\frac{1}{n}-1\right| = \frac{1}{n} < 0.1$，可以解得当项数 $n > 10$ 时，都会满足$|u_n - 1| = \frac{1}{n} < 0.1$，即数列$\{u_n\}$从 u_{10} 开始，以后的所有项 $u_{11}, u_{12}, \cdots$ 都能满足$\left|1+\frac{1}{n}-1\right| < 0.1$. 显然能在数列$\left\{1+\frac{1}{n}\right\}$中找到一项，从这项开始，数列的每一项与 1 的距离都小于 0.1，即数列中除去有限项后的所有项与常数距离都小于给定的距离 0.1. 如果给定更小的距离为 $\varepsilon = 0.01$，要使$|u_n - 1| = \frac{1}{n} < 0.01$，则当 $n > 100$ 时，u_n 都能满足与 1 的距离小于 0.01，即对于 u_{100} 以后的任一项 $u_{101}, u_{102}, \cdots$ 都能满足$\left|1+\frac{1}{n}-1\right| < 0.01$，即数列中去掉有限项后的所有项与常数距离都小于给定的距离 0.01. 一般地，对于任意给定的正数 ε，都有类似的结论.

由此可见，对于数列$\left\{1+\frac{1}{n}\right\}$，无论给定多么小的正数 ε，在 n 无限增大的变化过程中，一定存在一项，在那项之后的所有项，即 n 充分大以后，$|u_n - 1|$都小于给定的正数 ε，即数列中去掉

有限项后的所有项与常数距离都小于给定的距离 ε. 这也正是"无限趋近"的数学含义.

有了上面的分析,利用观察法可以得到一些简单数列的极限.例如:

$$\lim_{n\to\infty} c = c,\quad \lim_{n\to\infty}\frac{1}{n}=0,\quad \lim_{n\to\infty}\left(2+\frac{1}{2^n}\right)=2\,.$$

由此引进数列极限的精确性定义.

定义 2.2($\varepsilon - N$ 分析定义) 设有数列 $\{u_n\}$ 和常数 A,如果对任意给定的 $\varepsilon>0$,存在正整数 N,使当 $n>N$ 时,恒有

$$|u_n - A| < \varepsilon$$

成立,则称**常数 A 为数列 $\{u_n\}$ 的极限**,记为

$$\lim_{n\to+\infty} u_n = A \quad 或 \quad u_n \to A\,(n\to+\infty).$$

为了简便,上述定义可用下列记号:

$\forall\varepsilon>0$, $\exists N\in Z^+$,当 $n>N$ 时,恒有 $|u_n - A|<\varepsilon$ 成立,则 $\lim\limits_{n\to+\infty} u_n = A$. 这里的记号"$\forall$"表示"任意的","$\exists$"表示"存在".

数列极限定义并未给出求极限的方法,只给出了论证数列 $\{u_n\}$ 的极限为 A 的方法,常称为 $\varepsilon - N$ 论证法,其论证步骤为:

(1) $\forall\varepsilon>0$,只有任意给定,不等式 $|u_n - A|<\varepsilon$ 才能表达出 $\{u_n\}$ 与 A 无限趋近的意思;

(2) 由 $|u_n - A|<\varepsilon$ 开始分析倒推,推出 $n>\varphi(\varepsilon)$;

(3) 取 $N\geqslant[\varphi(\varepsilon)]$,再用 $\varepsilon - N$ 语言按顺序叙述结论.

注意 定义中的 ε 用来刻画 u_n 与常数 A 的趋近程度,ε 越小,u_n 与常数 A 越趋近;N 用来刻画 n 充分大的程度;N 是随 ε 而确定的正整数.

例 2.1 用定义证明 $\lim\limits_{n\to\infty}\dfrac{n+(-1)^n}{n}=1$.

证明 $\forall\varepsilon>0$,要使

$$|u_n - 1| = \left|\frac{n+(-1)^n}{n}-1\right| = \frac{1}{n}<\varepsilon,$$

只需 $n>\dfrac{1}{\varepsilon}$ 成立. 因此,取 $N=\left[\dfrac{1}{\varepsilon}\right]$,则当 $n>N$ 时,必有

$$|u_n - 1| = \frac{1}{n}<\varepsilon,$$

于是有

$$\lim_{n\to\infty}\frac{n+(-1)^n}{n}=1.$$

数列的极限的几何解释 将常数 A 及数列 $\{u_n\}$ 在数轴上用它们的对应点表示出来,再在数轴上作点 A 的 ε 邻域即开区间 $(A-\varepsilon, A+\varepsilon)$. 因不等式 $|u_n - A|<\varepsilon$ 与不等式 $A-\varepsilon<u_n<A+\varepsilon$ 等价,故当 $n>N$ 时,所有的点 u_n 都落在开区间 $(A-\varepsilon, A+\varepsilon)$ 内,而只有有限个(至多只有 N 个)u_n 在此区间以外.

定义 2.3 对于数列 $\{u_n\}$,若存在着正数 M,使得一切 u_n 都满足不等式 $|u_n|\leqslant M$,则称

数列$\{u_n\}$是**有界**的,若正数M不存在,则称数列$\{u_n\}$是**无界**的.

定理 2.1 如果数列$\{u_n\}$收敛,那么数列$\{u_n\}$一定有界.

注意 有界的数列不一定收敛,即数列有界是数列收敛的必要条件,但不是充分条件.例如,数列$1,-1,1,-1,\cdots,(-1)^{n+1},\cdots$是有界的,但它是发散的.

§2.2 函数的极限

某些函数的自变量连续变化时其因变量也连续变化——自变量的变化越小,因变量的变化也越小.对于另一些函数,无论我们怎样去控制自变量的变化,它们的函数值可能会有跳跃或者变化非常不规则.函数极限这一概念给出了区别这些性态的一种精确方法.

上节介绍了数列极限的概念.数列$\{u_n\}$可以看作定义在正整数集上的函数,因此它的极限就是一种特殊函数的极限.根据数列的极限可以知道,考察函数$f(x)$的极限,就是考查在自变量x的某个变化过程中,相应的函数值$f(x)$的变化趋势.可见这个极限是与自变量的变化过程密切相关的,由于自变量的变化过程不同,函数的极限就表现为不同的形式.数列$\{u_n\}$的定义域是正整数集,其自变量n只有一种变化形式,即$n\to+\infty$.而函数的自变量一般都是在某个实数子集上连续取值,所以自变量有几种不同的变化方向.

下面分别在自变量这几种不同的变化形式下讨论函数的极限.

一、自变量趋近于有限值时函数$f(x)$的极限

在给出定义前,我们先看一个例子.

例 2.2(一点附近函数的性态) 讨论函数$f(x)=\dfrac{x^2-1}{x-1}$在点$x=1$处的性态.

解 函数的定义域是除了点$x=1$之外的所有实数,即

$$f(x)=\frac{x^2-1}{x-1}=x+1,\quad x\neq 1.$$

函数$f(x)=\dfrac{x^2-1}{x-1}$的图形(如图2.2所示),就是函数$f(x)=x+1$的图形去掉点$(1,2)$,即使没有$f(1)$,我们也可以让自变量$x\to 1$,即自变量x从1点的左右两侧沿x轴向1无限趋

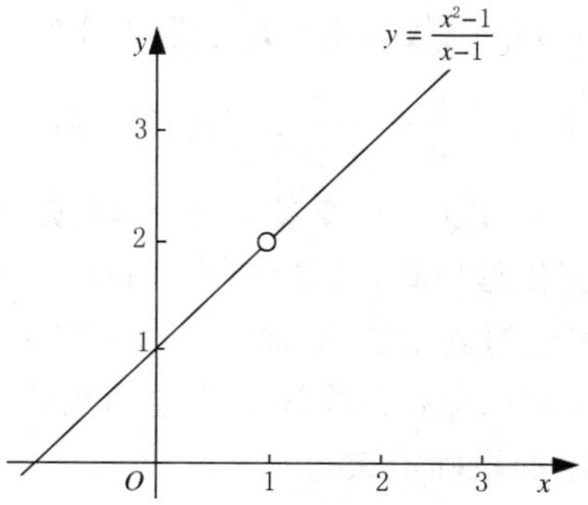

图 2.2

近，如表 2.1，此时观察得到，函数 $f(x)=\dfrac{x^2-1}{x-1}$ 的值无限趋近于 2.

表 2.1　函数 $f(x)$ 的变化趋势

x 无限趋近 1	0.9	1.1	0.99	1.01	0.999	1.001	0.999999	…
$f(x)=\dfrac{x^2-1}{x-1}$	1.9	2.1	1.99	2.01	1.999	2.001	1.999999	…

这样，我们从直观上得出 2 就是 $f(x)=\dfrac{x^2-1}{x-1}$ 当 $x\to1$ 时的极限. 我们把这个过程记作

$$\lim_{x\to1}f(x)=\lim_{x\to1}\frac{x^2-1}{x-1}=2.$$

设函数 $y=f(x)$ 在点 $x=x_0$ 的某去心邻域内有定义. 仿照数列的极限，给出函数极限的描述性定义.

定义 2.4(描述性定义)　设函数 $f(x)$，如果对充分趋近 x_0 的 x，$f(x)$ 能无限趋近于确定的常数 A，那么我们就说当 x 趋于 x_0 时函数 $f(x)$ 以 A 为极限，并记作

$$\lim_{x\to x_0}f(x)=A.$$

例 2.3　当 $x\to0$ 时，求函数 $y=\dfrac{1}{x}$ 的极限.

解　$x\to0$ 时，函数 y 的绝对值无限增大，不趋近于任何实数，所以 $x\to0$ 时，$y=\dfrac{1}{x}$ 无极限.

例 2.4　讨论下列函数当 $x\to0$ 时的性态.

(1)$U(x)=\begin{cases}1, & x<0,\\ 2, & x\geqslant0;\end{cases}$

(2)$g(x)=\sin\dfrac{1}{x}$.

解　(1) 函数跳跃：$x\to0$ 时，单位阶梯函数 $U(x)$ 没有极限. 因为函数值在点 $x=0$ 处有跳跃，对任意趋近 0 的 x 负值，$U(x)=1$；对任意趋近 0 的 x 正值，$U(x)=2$. 不存在固定的值 A，使得当 $x\to0$ 时 $U(x)$ 趋近于 A.

(2) 函数值不断振荡：$x\to0$ 时，$g(x)=\sin\dfrac{1}{x}$ 没有极限. 因为在包含 0 的任意开区间内，函数值在 -1 和 1 之间振荡，$x\to0$ 时函数值不可能趋近于任何确定的实数.

从例 2.2 中看出，$\lim\limits_{x\to1}f(x)=\lim\limits_{x\to1}\dfrac{x^2-1}{x-1}=2$. 但 $f(1)$ 不存在，说明 $f(x)$ 在 $x=1$ 处的极限与在 $x=1$ 点有无定义无关. 由此说明，自变量 $x\to x_0$，是指 x 无限趋近 x_0，但是不等于 x_0. 因此，在考虑 $x\to x_0$，$f(x)$ 的变化趋势时，只要在点 x_0 的某一个空心邻域内考虑即可. 因为我们只关心函数 $f(x)$ 在 x_0 点附近的变化趋势，而与 $f(x)$ 在 x_0 点有无定义是无关的.

这个定义足够清楚，能使我们识别和计算许多特定函数的极限，但是“非正式的”. 由此我们需要给出 $x\to x_0$ 时函数极限的精确定义.

定义 2.5($\varepsilon-\delta$ 分析定义)　设函数 $f(x)$ 在 x_0 的某空心邻域内有定义，A 为常数，如果对 $\forall\varepsilon>0$(不论 ε 多么小)，$\exists\delta>0$，使当 $0<|x-x_0|<\delta$ 时，恒有

$$|f(x)-A|<\varepsilon,$$

则称常数 A 为 $x\to x_0$ 时函数 $f(x)$ 的极限，或称 $x\to x_0$ 时函数 $y=f(x)$ 的极限为 A，记为

$$\lim_{x\to x_0} f(x)=A \quad 或 \quad f(x)\to A(x\to x_0).$$

注意 定义中的 ε 是任意给定的正数，用来刻画 $f(x)$ 与常数 A 的趋近程度；δ 是随 ε 而确定的正数，用来刻画 x 与 x_0 的趋近程度.

$\lim\limits_{x\to x_0} f(x)=A$ 的几何意义是 $\forall\varepsilon>0$，作直线 $y=A+\varepsilon$ 和 $y=A-\varepsilon$. $\exists\delta>0$，使得 $0<|x-x_0|<\delta$ 时，曲线 $y=f(x)$ 上的点 $P(x,f(x))$ 必落在两条直线 $y=A-\varepsilon$ 和 $y=A+\varepsilon$ 之间的带状区域内，如图 2.3 所示.

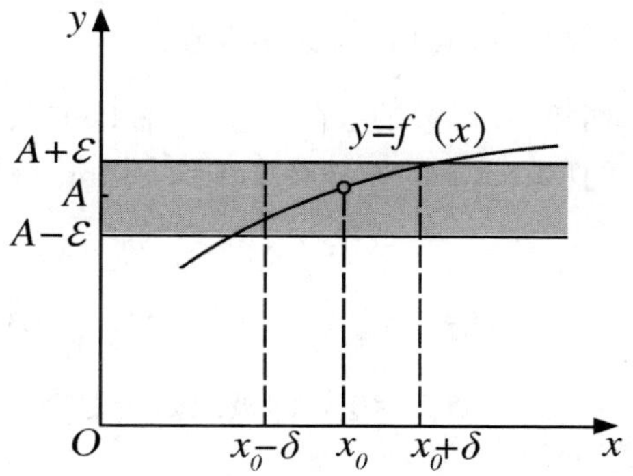

图 2.3

例 2.5 利用定义证明 $\lim\limits_{x\to\frac{1}{2}}\dfrac{1-4x^2}{2x-1}=-2$.

证明 对 $\forall\varepsilon>0$，有

$$|f(x)-(-2)|=\left|\frac{1-4x^2}{2x-1}+2\right|=|1-2x|<\varepsilon,$$

所以，对 $\forall\varepsilon>0$，要使 $|f(x)-(-2)|<\varepsilon$，只要取 $\delta=\dfrac{\varepsilon}{2}$，则当 $0<\left|x-\dfrac{1}{2}\right|<\delta$ 时，就有

$$\left|\frac{1-4x^2}{2x-1}-(-2)\right|<\varepsilon,$$

故 $\lim\limits_{x\to\frac{1}{2}}\dfrac{1-4x^2}{2x-1}=-2$.

二、左、右极限

在 $x\to x_0$ 时函数 $f(x)$ 的极限概念中，为使 $x\to x_0$ 时有极限 A，则函数 $f(x)$ 必须在 x_0 的某个空心邻域内有定义，而且当 x 从 x_0 的双侧趋近于 x_0 时，函数值 $f(x)$ 必须都趋近于 A. 如果在 x_0 的双侧极限不存在，仍有可能存在单侧极限，即只从一侧趋近的极限. 若考虑 x 仅从 x_0 的左侧趋于 $x_0(x\to x_0^-)$ 的情形，或 x 仅从 x_0 的右侧趋近于 $x_0(x\to x_0^+)$ 的情形. 该极限就分别称为**左、右极限**. 例如，在函数定义区间的端点或分段函数的分段点处，就需要考虑这种情形，下面我们就给出这两种情形下函数 $f(x)$ 的极限定义.

定义 2.6(单侧极限) 函数 $f(x)$ 在 x_0 的某个左邻域(或右邻域)内有定义，当 $x\to$

x_0^-(或 $x \to x_0^+$)时,如果函数 $f(x)$ 无限趋近于某一个常数 A,则称常数 A 为 $x \to x_0^-$(或 $x \to x_0^+$)时,函数 $f(x)$ 的**左极限**(或**右极限**).记作

$$\lim_{x \to x_0^-} f(x) = A \quad (\text{或} \lim_{x \to x_0^+} f(x) = A),$$

$$f(x) \to A(x \to x_0^-) \quad (\text{或 } f(x) \to A(x \to x_0^+)),$$

或者简记为

$$f(x_0 - 0) = A \quad (\text{或 } f(x_0 + 0) = A).$$

其中 $x \to x_0^-$ 表示 $x < x_0$ 且 x 趋近于 x_0,$x \to x_0^+$ 表示 $x > x_0$ 且 x 趋近于 x_0.

例 2.6　讨论 $\lim\limits_{x \to 0^+} \ln x$ 是否存在.

解　当 $x \to 0^+$ 时,$\ln x$ 无限减少,故 $\lim\limits_{x \to 0^+} \ln x$ 不存在.

左极限和右极限统称为**单侧极限**.函数的极限与左、右极限的关系如下.

定理 2.2　$\lim\limits_{x \to x_0} f(x)$ 存在且等于 A 的充分必要条件是 $\lim\limits_{x \to x_0^-} f(x)$ 和 $\lim\limits_{x \to x_0^+} f(x)$ 都存在且都等于 A,即

$$\lim_{x \to x_0} f(x) = A \Leftrightarrow \lim_{x \to x_0^-} f(x) = \lim_{x \to x_0^+} f(x) = A.$$

例 2.7　讨论函数 $f(x) = |x|$ 在点 $x = 0$ 处的极限是否存在.若存在,求其极限值.

解

$$\lim_{x \to 0^+} f(x) = \lim_{x \to 0^+} x = 0,$$

$$\lim_{x \to 0^-} f(x) = \lim_{x \to 0^-} (-x) = 0,$$

因为

$$\lim_{x \to 0^-} f(x) = \lim_{x \to 0^+} f(x) = 0,$$

所以

$$\lim_{x \to 0} f(x) = 0.$$

例 2.8　讨论函数 $f(x) = \begin{cases} e^x, & x > 0, \\ 0, & x = 0, \\ x - 1, & x < 0 \end{cases}$ 在点 $x = 0$ 处的极限是否存在.若存在,求其极限值.

解

$$\lim_{x \to 0^+} f(x) = \lim_{x \to 0^+} e^x = 1,$$

$$\lim_{x \to 0^-} f(x) = \lim_{x \to 0^-} (x - 1) = -1,$$

因为

$$\lim_{x \to 0^-} f(x) \neq \lim_{x \to 0^+} f(x),$$

所以 $\lim\limits_{x \to 0} f(x)$ 不存在.

三、自变量趋近无穷大时函数 $f(x)$ 的极限

观察函数 $f(x) = \dfrac{1}{x}$ 当 $x \to \infty$ 时的变化趋势.从函数 $f(x) = \dfrac{1}{x}$ 的图形,如图 2.4 所示.可

知，当 $|x|$ 越大，函数值就越来越趋近于 0. 因为只要 $|x|$ 足够大，$\left|\dfrac{1}{x}\right|$ 就可以小于任意给定的正数，或者说，当 $|x|$ 无限增大，$f(x)=\dfrac{1}{x}$ 就无限趋近于常数0. 从直观上可知，0 就是 $f(x)=\dfrac{1}{x}$ 当 $x\to\infty$ 时的极限. 下面给出 $x\to\infty$ 时函数极限的定义.

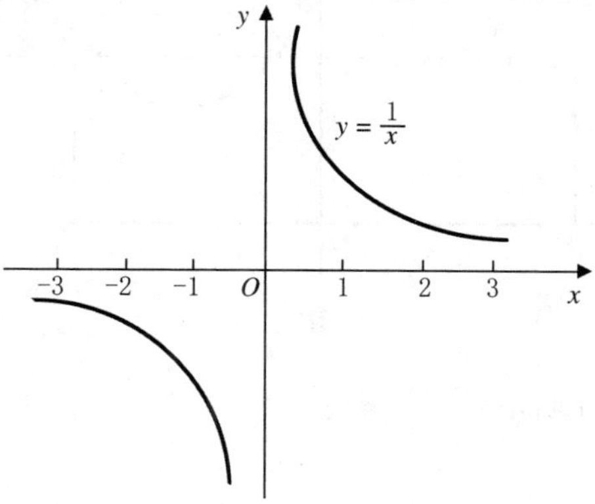

图 2.4

定义 2.7(描述性定义) 对于函数 $f(x)$，当 $|x|$ 无限增大(记作 $x\to\infty$)，如果函数 $f(x)$ 无限趋近于一个确定的常数 A，则称**当 $x\to\infty$ 时，函数 $f(x)$ 的极限存在**，且称 A **为当 $x\to\infty$ 时，函数 $f(x)$ 的极限**. 记作

$$\lim_{x\to\infty} f(x)=A \quad 或 \quad f(x)\to A(x\to\infty).$$

由定义可知，$\lim\limits_{x\to\infty}\dfrac{1}{x}=0$.

例 2.9 讨论极限 $\lim\limits_{x\to\infty}x^2$ 是否存在.

解 当 x 的绝对值无限增大时，x^2 也无限增大，不趋近于一个确定常数，因此 $\lim\limits_{x\to\infty}x^2$ 不存在. 但是由于 x^2 此时也有确定的变化趋势，为了便于叙述这种变化趋势，我们借用数列极限的记法，记作 $\lim\limits_{x\to\infty}x^2=\infty$.

例 2.10 讨论极限 $\lim\limits_{x\to\infty}\sin x$ 是否存在.

解 当 x 的绝对值无限增大时，$\sin x$ 始终振荡，不趋近于一个确定常数，因此 $\lim\limits_{x\to\infty}\sin x$ 不存在.

定义 2.8($\varepsilon-M$ 分析定义) 设函数 $f(x)$ 在 $|x|>a$(a 为正的常数)时有定义，如果存在常数 A，对 $\forall\varepsilon>0$(不论 ε 多么小)，$\exists M>0$，使当 $|x|>M$ 时，恒有

$$|f(x)-A|<\varepsilon.$$

则称**常数 A 为 $x\to\infty$ 时函数 $f(x)$ 的极限**，或称 **$x\to\infty$ 时函数 $f(x)$ 的极限为 A**，记为

$$\lim_{x\to\infty} f(x)=A \quad 或 \quad f(x)\to A(x\to\infty).$$

注意 定义中的 ε 是任意给定的正数，用来刻画 $f(x)$ 与常数 A 的趋近程度. ε 越小，$f(x)$ 与常数 A 越趋近；M 用来刻画 $|x|$ 无限增大的程度，是随 ε 而确定的正数.

$\lim\limits_{x\to\infty} f(x)=A$ 的几何意义是，作直线 $y=A+\varepsilon$ 与 $y=A-\varepsilon$，$\exists M>0$，使得当 $|x|>M$ 时，曲线 $y=f(x)$ 上的点 $P(x,f(x))$ 必落在两条直线 $y=A-\varepsilon$ 与 $y=A+\varepsilon$ 之间

的带形区域之内，如图 2.5 所示.

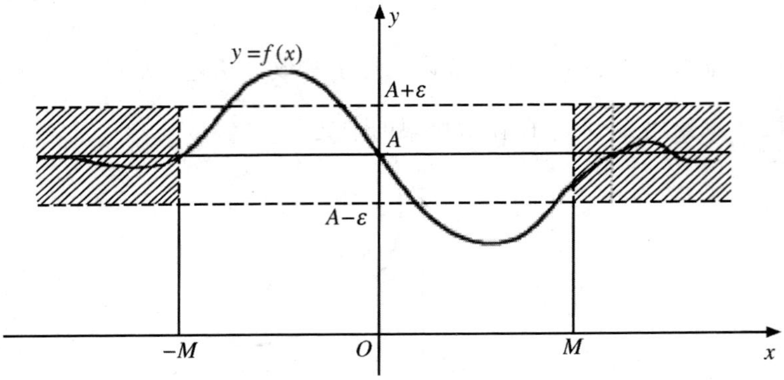

图 2.5

例 2.11 用极限定义证明 $\lim\limits_{x\to\infty}\dfrac{\sin x}{x}=0$.

证明 $\forall\varepsilon>0$，要使

$$|f(x)-0|=\left|\frac{\sin x}{x}\right|\leqslant\frac{1}{|x|}<\varepsilon$$

成立，只需 $|x|>\dfrac{1}{\varepsilon}$. 因此取 $M=\dfrac{1}{\varepsilon}$，则当 $|x|>M$ 时，有

$$\left|\frac{\sin x}{x}-0\right|<\varepsilon,$$

故

$$\lim_{x\to\infty}\frac{\sin x}{x}=0.$$

如果将 $x>0$ 且 $|x|$ 无限增大记作 $x\to+\infty$，$x<0$ 且 $|x|$ 无限增大记作 $x\to-\infty$. 类似地，我们可以分别给出 $x\to+\infty$ 和 $x\to-\infty$ 时函数 $f(x)$ 的极限定义.

定义 2.9(描述性定义) 对于函数 $f(x)$，当 $x\to+\infty(x\to-\infty)$ 时，如果函数 $f(x)$ 无限趋近于某一个确定的常数 A，则称当 $x\to+\infty(x\to-\infty)$ 时，函数的极限存在，且称 A 为 $x\to+\infty(x\to-\infty)$ 时函数的极限，记作

$$\lim_{x\to+\infty}f(x)=A\left(\lim_{x\to-\infty}f(x)=A\right)\text{ 或 }f(x)\to A(x\to+\infty)(f(x)\to A(x\to-\infty)).$$

例 2.12 求 $\lim\limits_{x\to-\infty}e^{x}$.

解 当 $x<0$ 且 $|x|$ 无限增大，即 x 沿数轴负方向趋于无穷大时，e^{x} 无限趋近于 0，故 $\lim\limits_{x\to-\infty}e^{x}=0$.

例 2.13 求 $\lim\limits_{x\to+\infty}\left(\dfrac{1}{2}\right)^{x}$.

解 当 $x>0$ 且 $|x|$ 无限增大，即 x 沿数轴正方向趋于无穷大时，$\left(\dfrac{1}{2}\right)^{x}$ 无限趋近于 0，故

$$\lim_{x\to+\infty}\left(\frac{1}{2}\right)^{x}=0.$$

$\lim\limits_{x\to\infty}f(x)$ 与 $\lim\limits_{x\to+\infty}f(x)$ 和 $\lim\limits_{x\to-\infty}f(x)$ 三者之间有如下结论.

定理 2.3 $\lim\limits_{x\to\infty}f(x)=A$ 的充分必要条件是 $\lim\limits_{x\to-\infty}f(x)$ 与 $\lim\limits_{x\to+\infty}f(x)$ 都存在并且都等于 A，即

$$\lim_{x\to\infty}f(x)=A\Leftrightarrow \lim_{x\to-\infty}f(x)=\lim_{x\to+\infty}f(x)=A.$$

例 2.14 求 $\lim\limits_{x\to\infty}\arctan x$.

解 因为 $\lim\limits_{x\to+\infty}\arctan x=\dfrac{\pi}{2}$，$\lim\limits_{x\to-\infty}\arctan x=-\dfrac{\pi}{2}$，$\lim\limits_{x\to+\infty}\arctan x\neq\lim\limits_{x\to-\infty}\arctan x$，所以 $\lim\limits_{x\to\infty}\arctan x$ 不存在.

四、函数极限的性质

性质 1(唯一性) 若 $\lim f(x)$ 存在，则极限值唯一.

性质 2(局部有界性) 若 $\lim\limits_{x\to x_0}f(x)$ 存在，则函数 $f(x)$ 在 x_0 的某个空心邻域内有界.

性质 3(局部保号性) $\lim\limits_{x\to x_0}f(x)=A$，

(1) 若 $A>0$(或 $A<0$)，则函数 $f(x)$ 在点 x_0 的某个空心邻域内恒有

$$f(x)>0\quad(\text{或 } f(x)<0).$$

(2) 若在点 x_0 的某个空心邻域内恒有 $f(x)\geqslant 0$(或 $f(x)\leqslant 0$)，则有

$$A\geqslant 0\quad(\text{或 } A\leqslant 0).$$

性质 4(保序性) 若 $\lim\limits_{x\to x_0}f(x)=A$，$\lim\limits_{x\to x_0}g(x)=B$，且在点 x_0 的某空心邻域内恒有 $f(x)\geqslant g(x)$，则 $A\geqslant B$.

注意 性质 1～4 对数列的极限也成立.

§2.3 无穷大量与无穷小量

求函数 $f(x)$ 极限，就是在自变量某个变化过程中，尽可能地把 $f(x)$ 化简成我们所熟知的极限. 可是有些函数结构很复杂，这时我们必须对 $f(x)$ 每一部分的变化情况进行分析，以便得出 $f(x)$ 的总体变化趋势. 为此，介绍无穷大量与无穷小量的概念.

一、无穷小量

定义 2.10 极限为零的变量称为**无穷小量**，记为 $\lim f(x)=0$.

例如，$\lim\limits_{x\to 0}\sin x=0$，所以函数 $\sin x$ 是当 $x\to 0$ 时的无穷小量；$\lim\limits_{x\to\infty}\dfrac{1}{x}=0$，所以函数 $\dfrac{1}{x}$ 是当 $x\to\infty$ 时的无穷小量；$\lim\limits_{n\to\infty}\dfrac{(-1)^n}{n}=0$，所以变量 $\dfrac{(-1)^n}{n}$ 是当 $n\to\infty$ 时的无穷小量.

注意 (1) 根据定义，无穷小量的本质上是这样一个变量(函数)，它在某个自变量变化过程中，该变量的绝对值能小于任意给定的正数 ε. 无穷小量是个极限为零的变量，不能与绝对值很小很小的常量相混淆.

(2)定义中所说的极限包括数列极限和所有类型的函数极限.

(3)无穷小量是相对于自变量的某一变化过程而言的,不能脱离自变量的变化过程,例如 $x \to \infty$ 时,变量 $\frac{1}{x}$ 是无穷小量,而当 $x \to 2$ 时,变量 $\frac{1}{x}$ 就不是无穷小量.

(4)因 $\lim 0=0$,故常数 0 在自变量的所有变化过程中都是无穷小量.但是,无穷小量却不一定是零.

有极限的变量与无穷小量之间有着密切的联系.

定理 2.4 $\lim f(x)$ 存在且等于 A 的充分必要条件是 $f(x)=A+\alpha$,其中 α 与 $\lim f(x)=A$ 同一个自变量变化过程中的无穷小量.

在这里,使用了一个省略符号 lim,而没有涉及具体的自变量的变化过程,lim 表示在 x 的所有变化形式下都可以.

定理 2.4 说明,"$f(x)$ 以 A 为极限"与"$f(x)$ 与 A 之差是无穷小量"是两个等价的说法,直观上这是显然的.下面针对 $x \to x_0$ 时的情形对定理给出严格的证明,x 的其他变化形式类似可证.

证明 必要性

设 $\lim\limits_{x \to x_0} f(x)=A$,则对 $\forall \varepsilon>0$,$\exists \delta>0$,当 $0<x-x_0<\delta$ 时,恒有

$$|f(x)-A|=|(f(x)-A)-0|<\varepsilon.$$

于是,由函数极限的定义可知

$$\lim_{x \to x_0}(f(x)-A)=0.$$

因此,$x \to x_0$ 时,$f(x)-A$ 为无穷小量.

充分性

设 $f(x)=A+a(x)$,且 $\lim\limits_{x \to x_0} a(x)=0$,则对 $\forall \varepsilon>0$,$\exists \delta>0$,当 $0<|x-x_0|<\delta$ 时,恒有

$$|a(x)|=|f(x)-A|<\varepsilon.$$

于是,根据极限定义有

$$\lim_{x \to x_0} f(x)=A.$$

定理 2.4 的结论将函数的极限计算问题转化为常数与无穷小的代数运算问题.

二、无穷小量的运算性质

性质 1 有限个无穷小量的代数和仍为无穷小量.

性质 2 有限个无穷小量的乘积仍为无穷小量.

性质 3 无穷小量与有界变量的乘积仍为无穷小量.

性质 4 无穷小量除以极限不为零的变量,其商仍为无穷小量.

例 2.15 求极限 $\lim\limits_{x \to 0} x\sin\frac{1}{x}$.

解 $x \to 0$ 时,x 为无穷小量,$\sin\frac{1}{x}$ 是有界变量,于是由性质 3 可知 $\lim\limits_{x \to 0} x\sin\frac{1}{x}=0$.

利用性质 3 还可以得到以下结论:常数与无穷小量的乘积仍然是无穷小量.

注意 无穷个无穷小量之和(或乘积)不一定是无穷小量.如

$$\lim_{n\to\infty}\underbrace{\left(\frac{1}{n}+\frac{1}{n}+\frac{1}{n}+\frac{1}{n}+\cdots+\frac{1}{n}\right)}_{n}.$$

当 $n\to\infty$ 时,这是无穷个无穷小量之和,但是由于

$$\lim_{n\to\infty}\underbrace{\left(\frac{1}{n}+\frac{1}{n}+\frac{1}{n}+\frac{1}{n}+\cdots+\frac{1}{n}\right)}_{n}=\lim_{n\to\infty}1=1,$$

所以无穷多个无穷小量之和(或者乘积)未必还是无穷小量.

三、无穷大量

如果在自变量的某个变化过程中,对应的 $|f(x)|$ 无限增大,可以大于任何正数,则称函数 $f(x)$ 是在这个自变量变化过程中的无穷大量.

定义 2.11　在自变量的某一变化过程中,若函数 $f(x)$ 的绝对值无限地增大,则称 $f(x)$ 为**无穷大量**,记为

$$\lim f(x)=\infty.$$

若 $f(x)>0$ 且无限增大,则称 $f(x)$ 为**正无穷大**,记为

$$\lim f(x)=+\infty.$$

若 $f(x)<0$ 且绝对值无限增大,则称 $f(x)$ 为**负无穷大**,记为

$$\lim f(x)=-\infty.$$

例如,当 $x\to 0$ 时,$y=\dfrac{1}{x}$ 是无穷大量;当 $x\to+\infty$ 时,$y=e^x$ 是正无穷大;当 $x\to 0^+$ 时,$y=\ln x$ 是负无穷大.

注意　(1) 无穷大量 $f(x)$,在自变量的某个变化过程中的极限是不存在的,但为了叙述方便,记为 $\lim f(x)=\infty$,其含义是极限不存在,且在自变量的这个变化过程中,$|f(x)|$ 无限地增大.

(2) 关于无穷大量的定义,对数列也适用,例如 $\lim\limits_{n\to+\infty} n^2=+\infty$.

(3) 无穷大量是相对于自变量的某一变化过程而言的,不能脱离自变量的变化过程. 如 $x\to 0$ 时,$y=\dfrac{1}{x}$ 是无穷大量,而当 $x\to 1$ 时,$y=\dfrac{1}{x}$ 就不是无穷大量.

(4) 无穷大量是指自变量的某个变化过程中,其绝对值无限增大的变量,而不是绝对值很大很大的常量.

下面给出 $x\to x_0$ 时,无穷大量的严格的数学定义.

定义 2.12　$\forall M>0$(不论 M 多么大),$\exists\delta>0$,使得,当 $0<|x-x_0|<\delta$ 时,恒有 $|f(x)|>M$($f(x)>M$ 或 $f(x)<-M$),则称 $x\to x_0$ 时 $f(x)$ 是**无穷大量**(正无穷大量或负无穷大量).

无穷大量具有如下性质:

性质 1　一个无穷大量与一个有界变量之和仍是无穷大量.

性质 2　两个无穷大量的乘积仍是无穷大量.

性质 3　两个正(负)无穷大量之和仍为正(负)无穷大量.

四、无穷大量与无穷小量的关系

在自变量的同一变化过程中，无穷大量的倒数是无穷小量，无穷小量（不取零值）的倒数是无穷大量，即有

（1）若 $\lim f(x)=\infty$，则 $\lim \dfrac{1}{f(x)}=0$；

（2）若 $\lim f(x)=0$，且 $f(x)\neq 0$，则 $\lim \dfrac{1}{f(x)}=\infty$.

例如，当 $x\to\infty$ 时，$\dfrac{1}{x^2}$ 是无穷小量，x^2 是无穷大量；当 $x\to-\infty$ 时，e^x 是无穷小量，e^{-x} 是无穷大量.

例 2.16 求极限 $\lim\limits_{x\to+\infty} e^{-x}$.

解

$$\lim_{x\to+\infty} e^{-x}=\lim_{x\to+\infty}\frac{1}{e^x},$$

由于

$$\lim_{x\to+\infty} e^{x}=\infty,$$

根据无穷小与无穷大的关系，有

$$\lim_{x\to+\infty} e^{-x}=0.$$

例 2.17 求极限 $\lim\limits_{n\to\infty}(\sqrt{n+1}-\sqrt{n})$.

解

$$\begin{aligned}\lim_{n\to\infty}(\sqrt{n+1}-\sqrt{n})&=\lim_{n\to\infty}\frac{(\sqrt{n+1}-\sqrt{n})(\sqrt{n+1}+\sqrt{n})}{\sqrt{n+1}+\sqrt{n}}\\&=\lim_{n\to\infty}\frac{1}{\sqrt{n+1}+\sqrt{n}}.\end{aligned}$$

由于

$$\lim_{n\to\infty}(\sqrt{n+1}+\sqrt{n})=\infty,$$

根据无穷小与无穷大的关系有

$$\lim_{n\to\infty}(\sqrt{n+1}-\sqrt{n})=0.$$

与无穷小量不同的是，在自变量的同一变化过程中，两个无穷大量相加减的结果是不确定的，须具体问题具体分析.

无穷大量和无穷小量（零除外），既然是变量，它们就有变化快慢即变化速度的问题.

五、无穷小量与无穷大量的阶

有时在自变量的同一个变化过程中，几个变量都趋近于零. 尽管它们都是无穷小量，但是它们趋近于零的速度却未必是相同的.

例如，当 $x\to 0^+$ 时，x，$3x$，x^2，x^2+x，$\sqrt{x}$ 都是无穷小量，它们趋近于零的速度见表 2.2，

从表中可以看出，当 $x\to0^+$ 时，x 与 x^2+x 趋于零的速度几乎相等，x 与 $3x$ 的速度差不多，x^2 是最快的，$\sqrt{x}$ 的速度是最慢的.

表 2.2 趋近于零的速度

x	0.01	0.0001	0.000001	…
$3x$	0.03	0.0003	0.000003	…
x^2	0.0001	0.00000001	0.000000000001	…
x^2+x	0.0101	0.00010001	0.000001000001	…
$\sqrt{x}$	0.1	0.01	0.001	…

可以由两个无穷小量比值的极限来比较它们的变化速度.由此给出如下的定义.

定义 2.13 设 α 与 β 是同一变化过程中的两个无穷小量，

(1) 如果 $\lim\dfrac{\alpha}{\beta}=0$，则称 α **是比** β **高阶的无穷小量**，记作 $\alpha=o(\beta)$；

(2) 如果 $\lim\dfrac{\alpha}{\beta}=\infty$，则称 α **是比** β **低阶的无穷小量**；

(3) 如果 $\lim\dfrac{\alpha}{\beta}=A\neq0$，则称 α **是与** β **同阶的无穷小量**；

特别地，如果 $\lim\dfrac{\alpha}{\beta}=1$，则称 α **是与** β **等价的无穷小量**，记为 $\alpha\sim\beta$；

(4) 如果 $\lim\dfrac{\alpha}{\beta^k}=A\neq0,k>0$，则称 α **是关于** β **的** k **阶无穷小量**.

例如，$\lim\limits_{x\to0^+}\dfrac{2x}{x}=2$，所以 $x\to0^+$ 时，$2x$ 是与 x 同阶的无穷小量；$\lim\limits_{x\to0^+}\dfrac{x^2}{x}=0$，所以 $x\to0^+$ 时，x^2 是比 x 高阶的无穷小量；$\lim\limits_{x\to0^+}\dfrac{x^2+x}{x^2}=\infty$，所以 $x\to0^+$ 时，x^2 是比 x^2+x 高阶的无穷小量；$\lim\limits_{x\to0^+}\dfrac{x^2+x}{x}=1$，所以 $x\to0^+$ 时，x^2+x 与 x 是等价的无穷小量；$\lim\limits_{x\to0^+}\dfrac{\sqrt{x}}{x}=\infty$，所以 $x\to0^+$ 时，$\sqrt{x}$ 是比 x 低阶的无穷小量.

注意 并不是任意两个无穷小量都可以进行比较.例如，当 $x\to\infty$ 时，$\dfrac{1}{x}$ 与 $\dfrac{1}{x}\sin x$ 都是无穷小量，但是 $\dfrac{1}{x}\sin x/\dfrac{1}{x}=\sin x$，当 $x\to\infty$ 时极限不存在，且也不为无穷大，所以 $\dfrac{1}{x}$ 与 $\dfrac{1}{x}\sin x$ 不能进行比较.

在极限计算中，经常会遇到一些复杂的无穷小量，此时，等价无穷小量就有了很重要的意义.关于等价无穷小量，有如下比较常用的几条性质.

定理 2.5 如果在同一极限过程中，α,β,γ 均为无穷小量，那么

(1) 若 $\alpha\sim\alpha$，即任何一个无穷小量，总是和它本身等价；

(2) 若 $\alpha\sim\beta,\beta\sim\gamma$，则 $\alpha\sim\gamma$，即等价关系具有传递性；

(3) 若 $\alpha\sim\beta$，则 $\alpha\cdot\gamma\sim\beta\cdot\gamma$，即两个等价无穷小量分别乘同一无穷小量后，仍为等价无穷小量；

(4) 若 $\alpha \sim \alpha_1$，$\beta \sim \beta_1$，则 $\alpha \cdot \beta \sim \alpha_1 \cdot \beta_1$，即两个无穷小量之积等价于各自的等价无穷小量之积.

类似地，无穷大量也可以进行阶的比较.

§2.4 极限的运算法则

为了解决函数极限的计算问题，本节要建立极限的四则运算法则和复合函数的极限运算法则. 在下面的讨论中记作 lim，没有标明自变量的变化过程，是指对 $x \to \infty$ 与 $x \to x_0$ 以及单侧极限均适用.

定理 2.6　如果 $\lim f(x)$ 和 $\lim g(x)$ 都存在(极限过程相同)，则 $\lim[f(x) \pm g(x)]$ 与 $\lim[f(x)g(x)]$ 和 $\lim \dfrac{f(x)}{g(x)}$ 也都存在，且有

$$\lim[f(x) \pm g(x)] = \lim f(x) \pm \lim g(x),$$
$$\lim[f(x)g(x)] = [\lim f(x)][\lim g(x)],$$

特别地

$$\lim[cf(x)] = c[\lim f(x)],$$
$$\lim \frac{f(x)}{g(x)} = \frac{\lim f(x)}{\lim g(x)}, \text{其中 } \lim g(x) \neq 0.$$

证明　设 $\lim f(x) = A$，$\lim g(x) = B$，根据定理 2.4 有

$$f(x) = A + \alpha(x), \quad g(x) = B + \beta(x), \tag{2.1}$$

其中 $\alpha(x)$ 与 $\beta(x)$ 是同一变化过程中的无穷小量. 于是有

$$f(x) \pm g(x) = (A \pm B) + [\alpha(x) \pm \beta(x)],$$
$$f(x)g(x) = AB + [A\beta(x) + B\alpha(x) + \alpha(x)\beta(x)].$$

当 $\lim g(x) = B \neq 0$ 时，有

$$\frac{f(x)}{g(x)} = \frac{A}{B} + \frac{B\alpha(x) - A\beta(x)}{B[B + \beta(x)]}.$$

由无穷小量的性质可知，

$$\alpha(x) \pm \beta(x)、A\beta(x) + B\alpha(x) + \alpha(x)\beta(x) \text{ 与 } \frac{B\alpha(x) - A\beta(x)}{B[B + \beta(x)]},$$

都是无穷小量. 因此，由定理 2.4 可得

$$\lim[f(x) \pm g(x)] = A \pm B = \lim f(x) \pm \lim g(x),$$
$$\lim[f(x)g(x)] = AB = [\lim f(x)][\lim g(x)],$$
$$\lim \frac{f(x)}{g(x)} = \frac{A}{B} = \frac{\lim f(x)}{\lim g(x)}, B \neq 0.$$

上述两个函数和、差、积的极限运算法则，可以推广到有限个函数的情形.

推论 2.1　设 $\lim f_1(x), \cdots, \lim f_n(x)$ 都存在，$c_1, \cdots, c_n$ 为常数，则有

$$\lim [c_1 f_1(x) + \cdots + c_n f_n(x)] = c_1 \lim f_1(x) + \cdots + c_n \lim f_n(x),$$

即有限个函数线性组合的极限等于函数极限的线性组合.

推论 2.2 设 $\lim f_1(x),\cdots,\lim f_n(x)$ 都存在,则有

$$\lim[f_1(x)\cdot f_2(x)\cdot\cdots\cdot f_n(x)]=\lim f_1(x)\cdot\lim f_2(x)\cdot\cdots\cdot\lim f_n(x),$$

则有限个函数乘积的极限等于函数极限的乘积.

特别地,若 $\lim f(x)$ 存在,n 为正整数,则有 $\lim[f(x)]^n=[\lim f(x)]^n$,即极限存在的函数正整数次幂的极限等于函数极限的正整数次幂.

例如,$\lim\limits_{x\to 0}(2e^x)^n=(\lim\limits_{x\to 0}2e^x)^n=2^n$,其中 n 为正整数.

推论 2.3 设 $\lim f(x)$ 存在,且 $\lim f(x)\neq 0$,n 为正整数,则有

$$\lim[f(x)]^{-n}=[\lim f(x)]^{-n},$$

即极限存在的函数负整数次幂的极限等于函数极限的负整数次幂.

例如,$\lim\limits_{x\to+\infty}(\arctan x)^{-n}=(\lim\limits_{x\to+\infty}\arctan x)^{-n}=\left(\dfrac{\pi}{2}\right)^{-n}$,其中 n 为正整数.

在求函数的极限时,利用上述定理及推论可把一个复杂的函数转化为若干个简单的函数来求极限.

例 2.18 设有 n 次多项式函数:

$$P_n(x)=a_0x^n+a_1x^{n-1}+\cdots+a_{n-1}x+a_n,$$

其中 $a_0,a_1,\cdots,a_{n-1},a_n$ 为常数,且 $a_0\neq 0$.求 $\lim\limits_{x\to x_0}P_n(x)$.

解 由定理 2.7 及推论得

$$\begin{aligned}\lim_{x\to x_0}P_n(x)&=a_0\lim_{x\to x_0}x^n+a_1\lim_{x\to x_0}x^{n-1}+\cdots+a_{n-1}\lim_{x\to x_0}x+a_n\\&=a_0x_0{}^n+a_1x_0{}^{n-1}+\cdots+a_{n-1}x_0+a_n\\&=P_n(x_0).\end{aligned}$$

由例 2.18 可见,$x\to x_0$ 时多项式函数 $P_n(x)$ 的极限等于函数在点 x_0 的函数值 $P_n(x_0)$.

例 2.19 求极限 $\lim\limits_{x\to 2}\dfrac{x^3-1}{x^2+5x+2}$.

解 因为

$$\lim_{x\to 2}(x^3-1)=7,$$

$$\lim_{x\to 2}(x^2+5x+2)=16,$$

根据定理 2.7,所以有

$$\lim_{x\to 2}\frac{x^3-1}{x^2+5x+2}=\frac{7}{16}.$$

例 2.20 求 $\lim\limits_{x\to\infty}\dfrac{x^2+1}{2x^2+x-2}$.

解 当 $x\to\infty$ 时分子分母都是无穷大,所以不能直接用商的极限的运算法则,这种两个

无穷大的比值的极限通常记为“$\frac{\infty}{\infty}$”，由于这种形式的极限可能存在，也可能不存在，因此这种极限通常称为**未定式**. 此时可采用所谓的“抓大头”方法，即用分子、分母关于 x 的最高次幂 x^2，去除分子、分母，以分出无穷小，再取极限，得

$$\lim_{x\to\infty}\frac{x^2+1}{2x^2+x-2}=\lim_{x\to\infty}\frac{1+\left(\frac{1}{x}\right)^2}{2+\frac{1}{x}-2\left(\frac{1}{x}\right)^2}=\frac{1}{2}.$$

所谓的“大头”就是分子、分母中趋近于无穷速度最快的那项.

例 2.21 求 $\lim\limits_{x\to\infty}\frac{x^3+3x-5}{3x^4+2x^2+1}$.

解 这依然是一个$\frac{\infty}{\infty}$型的未定式求极限的问题，应用“抓大头”的方法，用 x 的最高次项 x^4 同时去除分子、分母然后取极限，得

$$\lim_{x\to\infty}\frac{x^3+3x-5}{3x^4+2x^2+1}=\lim_{x\to\infty}\frac{\frac{1}{x}+3\left(\frac{1}{x}\right)^3-5\left(\frac{1}{x}\right)^4}{3+2\left(\frac{1}{x}\right)^2+\left(\frac{1}{x}\right)^4}=0.$$

例 2.22 求 $\lim\limits_{x\to\infty}\frac{x^3-3x^2+9}{7x^2+6}$.

解 $\lim\limits_{x\to\infty}\frac{7x^2+6}{x^3-3x^2+9}=\lim\limits_{x\to\infty}\frac{\frac{7}{x}+6\left(\frac{1}{x}\right)^3}{1-\frac{3}{x}+9\left(\frac{1}{x}\right)^3}=0$，

根据无穷小量和无穷大量之间的关系有

$$\lim_{x\to\infty}\frac{x^3-3x^2+9}{7x^2+6}=\infty.$$

例 2.20、例 2.21、例 2.22 的求解方法，可推广到一般情形. 设 $P_n(x)$ 和 $Q_m(x)$ 是两个多项式函数

$$P_n(x)=a_0x^n+a_1x^{n-1}+\cdots+a_{n-1}x+a_n,$$

$$Q_m(x)=b_0x^m+b_1x^{m-1}+\cdots+b_{m-1}x+b_m,$$

则有如下结论：

$$\lim_{x\to\infty}\frac{P_n(x)}{Q_m(x)}=\begin{cases}\frac{a_0}{b_0}, & n=m,\\ 0, & n<m,\\ \infty, & n>m.\end{cases}$$

以上结论对数列也适用.

例 2.23 若$\lim\limits_{x\to\infty}\left(\frac{x^2+1}{x-1}-ax-b\right)=3$，求 a,b 的值.

解 由于

$$\begin{aligned}\lim_{x\to\infty}\left(\frac{x^2+1}{x-1}-ax-b\right)&=\lim_{x\to\infty}\frac{x^2+1-ax^2+ax-bx+b}{x-1}\\&=\lim_{x\to\infty}\frac{(1-a)x^2+(a-b)x+b+1}{x-1}\\&=3.\end{aligned}$$

可知，分子的多项式次数应该为一次且一次项系数应为 3，故有 $a=1,a-b=3$，由此解得

$$a=1,b=-2.$$

例 2.24 求 $\lim\limits_{x\to3}\frac{x^2-2x-3}{x-3}$.

解 当 $x\to3$ 时，分子和分母的极限都等于零. 因此不能用商的极限的运算法则，这种两个无穷小比值的极限也是一种未定式，记为“$\frac{0}{0}$”. 可以利用约去分子、分母中零因式（以零为极限的因式）的方法来求解.

$$\lim_{x\to3}\frac{x^2-2x-3}{x-3}=\lim_{x\to3}\frac{(x-3)(x+1)}{x-3}=\lim_{x\to3}(x+1)=4.$$

例 2.25 求 $\lim\limits_{x\to5}\frac{\sqrt{x+4}-3}{\sqrt{x-1}-2}$.

解 当 $x\to5$ 时，由于分子和分母的极限都等于零，这个极限是“$\frac{0}{0}$”型的未定式. 但由于二者均含有无理式，一般先进行“有理化”，然后约去公共零因式$(x-5)$.

$$\begin{aligned}\lim_{x\to5}\frac{\sqrt{x+4}-3}{\sqrt{x-1}-2}&=\lim_{x\to5}\frac{(\sqrt{x+4}-3)(\sqrt{x+4}+3)(\sqrt{x-1}+2)}{(\sqrt{x-1}-2)(\sqrt{x-1}+2)(\sqrt{x+4}+3)}\\&=\lim_{x\to5}\frac{(x-5)(\sqrt{x-1}+2)}{(x-5)(\sqrt{x+4}+3)}\\&=\lim_{x\to5}\frac{\sqrt{x-1}+2}{\sqrt{x+4}+3}=\frac{2}{3}.\end{aligned}$$

例 2.26 若 $\lim\limits_{x\to3}\frac{x^2-2x+k}{x-3}=4$，求 k 的值.

解 因为 $x\to3$ 时，分母的极限

$$\lim_{x\to3}(x-3)=0,$$

所以分子极限必为零，即

$$\lim_{x\to3}(x^2-2x+k)=0.$$

由此

$$\lim_{x\to 3}(x^2-2x+k)=3^2-2\times 3+k=0,$$

解得

$$k=-3.$$

下面给出极限的复合运算法则.

定理 2.8 设 $y=f(u)$ 与 $u=\varphi(x)$ 构成复合函数 $y=f[\varphi(x)]$，若 $\lim\limits_{u\to u_0}f(u)=A$，$\lim\limits_{x\to x_0}\varphi(x)=u_0$，且在点 x_0 的某个空心邻域内 $\varphi(x)\neq u_0$，则有复合函数 $y=f[\varphi(x)]$ 当 $x\to x_0$ 时极限也存在，且

$$\lim_{x\to x_0}f[\varphi(x)]=\lim_{u\to u_0}f(u)=A. \tag{2.2}$$

注意 由式(2.2)可知，求 $\lim\limits_{x\to x_0}f[\varphi(x)]$，可令 $u=\varphi(x)$，则极限 $\lim\limits_{x\to x_0}f[\varphi(x)]$ 就转化为求 $\lim\limits_{u\to u_0}f(u)$，即将复合函数转化为简单函数求极限.

例 2.27 求极限 $\lim\limits_{x\to 1}\dfrac{\sqrt[4]{x}-1}{\sqrt[3]{x}-1}$.

解 作变量替换，设 $\sqrt[12]{x}=t$，则有

$$\sqrt[4]{x}=t^3,\sqrt[3]{x}=t^4,\text{且}\lim_{x\to 1}t=\lim_{x\to 1}\sqrt[12]{x}=1,$$

由定理可知

$$\lim_{x\to 1}\frac{\sqrt[4]{x}-1}{\sqrt[3]{x}-1}=\lim_{t\to 1}\frac{t^3-1}{t^4-1}=\lim_{t\to 1}\frac{(t-1)(t^2+t+1)}{(t^2+1)(t+1)(t-1)}=\frac{3}{4}.$$

本例通过变量替换转换化为整式求极限.

例 2.28 求极限 $\lim\limits_{x\to 1}\ln\left[\dfrac{x^2-1}{2(x-1)}\right]$.

解 由于

$$\lim_{x\to 1}\left[\frac{x^2-1}{2(x-1)}\right]=\lim_{x\to 1}\frac{x+1}{2}=1,$$

令 $u=\dfrac{x^2-1}{2(x-1)}$，由定理 2.8 可知

$$\lim_{x\to 1}\ln\left[\frac{x^2-1}{2(x-1)}\right]=\lim_{u\to 1}\ln u=\ln 1=0.$$

例 2.29 求 $\lim\limits_{x\to 0}\dfrac{\sqrt[n]{1+x}-1}{\frac{1}{n}x}$，$n$ 为正整数.

解 首先，设 $n\geqslant 2$，作变换 $u=\sqrt[n]{1+x}$，则有 $x=u^n-1$，且 $x\to 0$ 时，$u\to 1$. 由于

$$x=u^n-1=(u-1)(u^{n-1}+u^{n-2}+\cdots+u+1),$$

故由式(2.2)可得

$$\lim_{x\to 0}\frac{\sqrt[n]{1+x}-1}{x}=\lim_{u\to 1}\frac{(u-1)}{(u-1)(u^{n-1}+u^{n-2}+\cdots+u+1)}$$
$$=\lim_{u\to 1}\frac{1}{u^{n-1}+u^{n-2}+\cdots+u+1}$$
$$=\frac{1}{n}.$$

当 $n=1$ 时,上式也成立.因此,

$$\lim_{x\to 0}\frac{\sqrt[n]{1+x}-1}{\frac{1}{n}x}=1, n\text{ 为正整数},$$

即 $x\to 0$ 时,$\sqrt[n]{1+x}-1\approx\frac{1}{n}x$.

§2.5 极限存在准则与两个重要极限

一、极限存在准则

定理 2.9(数列的夹逼准则) 设数列$\{x_n\}$, $\{y_n\}$, $\{z_n\}$, 如果存在正整数 n_0,使当 $n\geqslant n_0$ 时,恒有 $x_n\leqslant y_n\leqslant z_n$,且 $\lim\limits_{n\to+\infty}x_n=\lim\limits_{n\to+\infty}z_n=A$,则 $\lim\limits_{n\to+\infty}y_n$ 存在,且 $\lim\limits_{n\to+\infty}y_n=A$.

利用夹逼准则的关键在于构造出数列$\{x_n\}$与$\{z_n\}$,且两者的极限均与数列$\{y_n\}$相同,并且容易求得.

例 2.30 利用夹逼准则求极限

$$\lim_{n\to+\infty}\left(\frac{n}{n^2+a}+\frac{n}{n^2+2a}+\cdots+\frac{n}{n^2+na}\right),\text{其中 } a>0.$$

解 由于

$$\frac{n\cdot n}{n^2+na}\leqslant\frac{n}{n^2+a}+\frac{n}{n^2+2a}+\cdots+\frac{n}{n^2+na}\leqslant\frac{n\cdot n}{n^2+a},$$

且有

$$\lim_{n\to+\infty}\frac{n\cdot n}{n^2+na}=\lim_{n\to+\infty}\frac{n\cdot n}{n^2+a}=1,$$

于是,由夹逼定理得

$$\lim_{n\to+\infty}\left(\frac{n}{n^2+a}+\frac{n}{n^2+2a}+\cdots+\frac{n}{n^2+na}\right)=1.$$

上述关于数列极限的夹逼准则可以推广到函数情形.

函数的夹逼准则 假设在点 x_0 的某空心邻域$(x_0-\delta_0,x_0)\cup(x_0,x_0+\delta_0)$内,恒有

$$g(x)\leqslant f(x)\leqslant h(x),$$

其中 $\delta_0>0$,且有

$$\lim_{x \to x_0} g(x) = \lim_{x \to x_0} h(x) = A,$$

则极限 $\lim\limits_{x \to x_0} f(x)$ 存在,则

$$\lim_{x \to x_0} f(x) = A.$$

例 2.31 利用夹逼准则求极限 $\lim\limits_{x \to 0} \cos x$.

解 因为 $0 < 1 - \cos x = 2\sin^2 \dfrac{x}{2} < 2 \cdot \left(\dfrac{x}{2}\right)^2 < \dfrac{x^2}{2}$,且

$$\lim_{x \to 0} \frac{x^2}{2} = 0,$$

故由夹逼准则,得

$$\lim_{x \to 0}(1 - \cos x) = 0 \text{ 即 } \lim_{x \to 0} \cos x = 1.$$

而对于其他函数极限的情形,也有类似结果.

定义 2.14 设有数列$\{u_n\}$,(1) 如果$|u_n| \leqslant M(n \in Z^+, M > 0)$,则称数列$\{u_n\}$是有界的;

(2) 如果 $u_n \leqslant u_{n+1} (n \in Z^+)$,则称数列$\{u_n\}$是单调增加的;如果 $u_n \geqslant u_{n+1} (n \in Z^+)$,则称数列$\{u_n\}$是单调减少的,单调增加数列与单调减少数列统称为单调数列.

数列$\left\{1 + \dfrac{1}{n^2}\right\}$单调减少,而其值又不会小于常数 1,即有界. 因而数列$\left\{1 + \dfrac{1}{n^2}\right\}$的变化趋势必然要无限趋近于一个确定的常数,否则会一直单调减少下去,那样势必会小于任何一个数而无界了. 所以我们可以得到一个判别极限存在的重要准则.

定理 2.10(单调有界定理) 单调有界数列必有极限.

在 2.1 节数列极限中曾指出,收敛数列一定有界,有界数列未必收敛. 定理 2.10 则表明,如果数列不仅有界,而且单调,那么数列的极限必定存在,即数列是收敛的.

定理 2.10 的几何解释,如图 2.6 所示,从数轴上看,对于单调数列的点 x_n 只可能向一个方向移动,所以只有两种可能情形:或者点 x_n 沿着数轴移向无穷远($x_n \to +\infty$ 或 $x_n \to -\infty$);或者点 x_n 无限趋近于某一个定点A,也就是数列$\{x_n\}$趋于一个极限. 但如果数列是有界的,而有界数列的点 x_n 都落在数轴上的某个区间$[-M, M]$内,那么上述第一种情形就不可能发生了,这就表示这个数列趋于一个极限,并且这个极限的绝对值不超过 M.

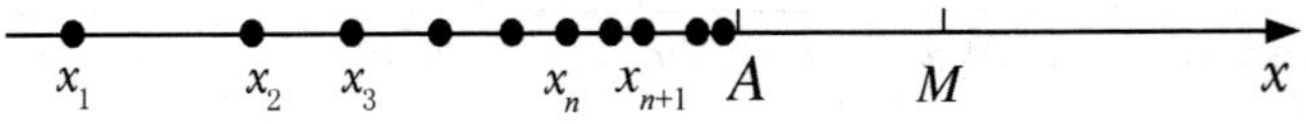

图 2.6

二、第一个重要极限

$$\lim_{x \to 0} \frac{\sin x}{x} = 1. \tag{2.3}$$

证明 如图 2.7 所示,作单位圆,设圆心角 $\angle AOB = x$(弧度),$x \in \left(0, \dfrac{\pi}{2}\right)$;过点 A 的切线与 OB 延长线相交于点 D;$AC \perp OB$;由图 2.7 可知

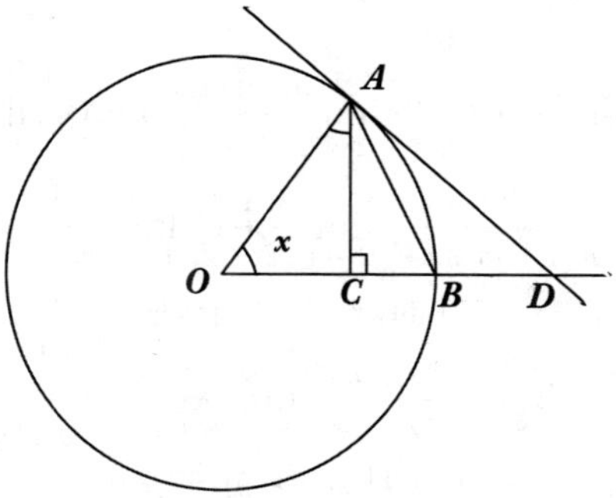

图 2.7

而 $$\triangle AOB\text{ 的面积} < \text{扇形 } AOB\text{ 的面积} < \triangle AOD\text{ 的面积}$$

$$\triangle AOB\text{ 的面积} = \frac{1}{2}\sin x,$$

$$\text{扇形 } AOB\text{ 的面积} = \frac{x}{2},$$

$$\triangle AOD\text{ 的面积} = \frac{1}{2}\tan x,$$

于是，$\forall x \in (0,\frac{\pi}{2})$ 有

$$\frac{1}{2}\sin x < \frac{1}{2}x < \frac{1}{2}\tan x\text{，即有}$$

$$\sin x < x < \tan x.$$

不等号各边都除以 $\sin x$ ，就有

$$1 < \frac{x}{\sin x} < \frac{1}{\cos x},$$

或

$$\cos x < \frac{\sin x}{x} < 1.$$

因为 $\cos x$ 与 $\frac{\sin x}{x}$ 均为偶函数，所以 $x = -t, t \in (-\frac{\pi}{2}, 0)$，二者不变，有

$$\cos(-t) < \frac{\sin(-t)}{-t} < 1,$$

即

$$\cos t < \frac{\sin t}{t} < 1.$$

上式对于开区间$\left(-\frac{\pi}{2}, 0\right)$内的一切 x 也成立.

由夹逼准则得

$$\lim_{x\to 0}\frac{\sin x}{x} = 1.$$

注意 在上面的讨论中，同时得到了下列结论：

(1) $|\sin x| < |x|, x \neq 0$；

(2) 第一个重要极限是一个“$\frac{0}{0}$”型未定式，当 $x \to 0$ 时，$\sin x \sim x$.

例 2.32 求下列极限：

(1) $\lim\limits_{x\to0}\frac{\tan x}{x}$； (2) $\lim\limits_{x\to0}\frac{\arcsin x}{x}$； (3) $\lim\limits_{x\to0}\frac{\arctan x}{x}$； (4) $\lim\limits_{x\to0}\frac{\sin ax}{ax}(a\neq0)$.

解 (1) $\lim\limits_{x\to0}\frac{\tan x}{x}=\lim\limits_{x\to0}\frac{\sin x}{x}\cdot\frac{1}{\cos x}=\lim\limits_{x\to0}\frac{\sin x}{x}\cdot\lim\limits_{x\to0}\frac{1}{\cos x}=1$；

(2) 令 $t=\arcsin x, x=\sin t, x\to0$ 时，$t\to0$. 于是

$$\lim_{x\to0}\frac{\arcsin x}{x}=\lim_{t\to0}\frac{t}{\sin t}=1;$$

(3) 令 $t=\arctan x, x=\tan t$，$x\to0$ 时，$t\to0$. 于是

$$\lim_{x\to0}\frac{\arctan x}{x}=\lim_{t\to0}\frac{t}{\tan t}=1;$$

(4) 令 $t=ax, x=\frac{t}{a}$，$x\to0$ 时，$t\to0$. 于是

$$\lim_{x\to0}\frac{\sin ax}{ax}=\lim_{t\to0}\frac{\sin t}{t}=1.$$

由此可知，当 $x\to0$ 时，$\tan x\sim x$，$\arcsin x\sim x$，$\arctan x\sim x$，$\sin ax\sim ax$.

上述等价形式还可以进行推广，在自变量的某个变化过程中，若

$$\varphi(x)\to0,\text{则 }\sin\varphi(x)\sim\varphi(x).\tag{2.4}$$

例 2.33 求极限 $\lim\frac{x-\sin2x}{x+\sin3x}$.

解 $\lim\limits_{x\to0}\frac{x-\sin2x}{x+\sin3x}=\lim\limits_{x\to0}\frac{1-2\frac{\sin2x}{2x}}{1+3\frac{\sin3x}{3x}}=-\frac{1}{4}$.

利用变量替换法可以证出此结论成立. 同理可知，在自变量的某个变化过程中，若 $\varphi(x)\to0$，则

$$\tan\varphi(x)\sim\varphi(x),\arcsin\varphi(x)\sim\varphi(x),\arctan\varphi(x)\sim\varphi(x).$$

定理 2.11(无穷小量等价代换定理) 如果 $\alpha_1\sim\beta_1,\alpha_2\sim\beta_2$，且极限 $\lim\frac{\beta_1}{\beta_2}$ 存在，则有

$$\lim\frac{\alpha_1}{\alpha_2}=\lim\frac{\beta_1}{\beta_2}.$$

证明 $\lim\frac{\alpha_1}{\alpha_2}=\lim\frac{\alpha_1}{\beta_1}\cdot\frac{\beta_1}{\beta_2}\cdot\frac{\beta_2}{\alpha_2}=\lim\frac{\alpha_1}{\beta_1}\lim\frac{\beta_1}{\beta_2}\lim\frac{\beta_2}{\alpha_2}=\lim\frac{\beta_1}{\beta_2}$.

定理 2.11 表明，求两个无穷小量比的极限时，若分子、分母的等价无穷小量存在，那么就可以用它们各自的等价无穷小量来替换，使原问题简化.

例 2.34 求下列极限：

(1) $\lim\limits_{x\to0}\frac{1-\cos x}{x^2}$；

(2) $\lim\limits_{x\to0}\frac{\tan x-\sin x}{x^3}$.

解 (1) $\lim\limits_{x\to0}\frac{1-\cos x}{x^2}=\lim\limits_{x\to0}\frac{2\sin^2\left(\frac{x}{2}\right)}{x^2}=\lim\limits_{x\to0}\frac{2\left(\frac{x}{2}\right)^2}{x^2}=\frac{1}{2}$，即当 $x\to0$ 时，$1-\cos x\sim\frac{1}{2}x^2$；

(2) $\lim\limits_{x\to0}\dfrac{\tan x-\sin x}{x^3}=\lim\limits_{x\to0}\dfrac{\tan x(1-\cos x)}{x^3}=\lim\limits_{x\to0}\dfrac{x\cdot\frac{1}{2}x^2}{x^3}=\dfrac{1}{2}$.

注意 利用乘除求极限时,用等价无穷小替换不改变其极限,而在利用和差求极限时,务必慎用.因为此时经替换后,往往会使无穷小量之比的(阶数)发生变化,而导致计算错误.

三、第二个重要极限

$$\lim_{x\to\infty}\left(1+\frac{1}{x}\right)^x=\mathrm{e}.$$

证明* 先考虑 x 取正整数 n 且 $n\to\infty$ 的情形.

第一步:先证明数列 $u_n=\left(1+\dfrac{1}{n}\right)^n$ 单调增加且有界.

首先,由著名的平均值不等式

$$(a_1a_2\cdots a_m)^{1/m}\leqslant\frac{1}{m}(a_1+a_2+\cdots+a_m),$$

(其中 $a_i\geqslant0,i=1,2,\cdots,m$),令 $m=n+1$,则有

$$\begin{aligned}u_n&=1\cdot\left(1+\frac{1}{n}\right)\cdot\cdots\cdot\left(1+\frac{1}{n}\right)\\&\leqslant\left\{\frac{1}{n+1}\left[1+\left(1+\frac{1}{n}\right)+\cdots+\left(1+\frac{1}{n}\right)\right]\right\}^{n+1}\\&=\left(\frac{n+2}{n+1}\right)^{n+1}=\left(1+\frac{1}{n+1}\right)^{n+1}=u_{n+1},\quad n\geqslant1,\end{aligned}$$

可知 $\{u_n\}$ 为单调增加数列.

其次,由二项式定理

$$(a+b)^n=\sum_{k=0}^{n}C_n^ka^kb^{n-k},$$

有

$$\begin{aligned}u_n=\left(1+\frac{1}{n}\right)^n&=1+C_n^1\frac{1}{n}+C_n^2\frac{1}{n^2}+\cdots+C_n^n\frac{1}{n^n}\\&=1+1+\frac{1}{2!}\cdot\frac{n(n-1)}{n^2}+\cdots+\frac{1}{n!}\cdot\frac{n!}{n^n}\\&\leqslant1+1+\frac{1}{2!}+\cdots+\frac{1}{n!}\\&\leqslant1+1+\frac{1}{2}+\cdots+\frac{1}{2^{n-1}}\\&=1+\frac{1-\left(\frac{1}{2}\right)^n}{1-\frac{1}{2}}\\&=1+2\left[1-\left(\frac{1}{2}\right)^n\right]\\&=3-\left(\frac{1}{2}\right)^{n-1}<3,\quad n\geqslant1,\end{aligned}$$

可知 $\{u_n\}$ 为有界数列.

于是，由定理 2.10 可知，$\{u_n\}$ 收敛，以 e 记为 $\{u_n\}$ 的极限，即

$$e=\lim_{n\to+\infty}\left(1+\frac{1}{n}\right)^n, \tag{2.5}$$

其中，e 为一无理数，$e\approx 2.71828$.

可以证明，对于一般的实数 x 仍有

$$\lim_{x\to\infty}\left(1+\frac{1}{x}\right)^x=e. \tag{2.6}$$

注意　若令 $u=\frac{1}{x}$，则 $x\to\infty$ 时，$u\to 0$，于是

$$\lim_{u\to 0}(1+u)^{\frac{1}{u}}=\lim_{x\to\infty}\left(1+\frac{1}{x}\right)^x=e,$$

即第二个重要极限的另一种形式为

$$\lim_{x\to 0}(1+x)^{\frac{1}{x}}=e.$$

由上述公式可以得出下列结论：

(1) 第二个重要极限是“1^∞”型未定式.

(2) 在极限过程中，如果这个未定式具体表现为“$(1+0)^\infty$”型，且指数部分和底数中的无穷小量互为倒数，则此极限值为 e.

第二个重要极限公式对于解决幂指函数的极限具有重要作用.

例 2.35　求 $\lim\limits_{x\to\infty}\left(1-\frac{3}{x}\right)^x$.

解　令 $t=-\frac{3}{x}$，则 $x=-\frac{3}{t}$，且当 $x\to\infty$ 时，$t\to 0$. 于是

$$\lim_{x\to\infty}\left(1-\frac{3}{x}\right)^x=\lim_{x\to\infty}\left[\left(1-\frac{3}{x}\right)^{-\frac{x}{3}}\right]^{-3}$$
$$=\lim_{t\to 0}\left[(1+t)^{\frac{1}{t}}\right]^{-3}=e^{-3}.$$

由例 2.35 可知，第二个重要极限可推广为

$$[1+\varphi(x)]^{\frac{1}{\varphi(x)}}\to e,\ (\varphi(x)\to 0). \tag{2.7}$$

例 2.36　求 $\lim\limits_{x\to 1}\sqrt[x-1]{x}$.

解　$\lim\limits_{x\to 1}\sqrt[x-1]{x}=\lim\limits_{x\to 1}(1+x-1)^{\frac{1}{x-1}}=e$.

例 2.37　求 $\lim\limits_{x\to\infty}\left(\frac{x-2}{x+1}\right)^x$.

解　$\lim\limits_{x\to\infty}\left(\frac{x-2}{x+1}\right)^x=\lim\limits_{x\to\infty}\left(1-\frac{3}{x+1}\right)^x=\lim\limits_{x\to\infty}\left(1-\frac{3}{x+1}\right)^{-\frac{x+1}{3}\cdot(-3)-1}=e^{-3}$.

四、连续复利

设初始本金为 A_0，年利率为 r，则一年后的本利和为

$$A_1=A_0(1+r),$$

二年后的本利和为

$$A_2=A_1(1+r)=A_0(1+r)^2,$$

k 年后的本利和为

$$A_k = A_0(1+r)^k,$$

如果一年分 n 期计息,年利率仍为 r ,则每期利率为$\frac{r}{n}$,于是一年后的本利和为

$$A_1 = A_0\left(1+\frac{r}{n}\right)^n,$$

k 年后的本利和为

$$A_k = A_0\left(1+\frac{r}{n}\right)^{nk}.$$

此式称为 t 年末本利和的离散复利公式.

如果计息期数 $n \to \infty$,即每时每刻计算复利(称为连续复利),则 k 年后的本利和为

$$\lim_{n\to\infty}A_k = \lim_{n\to\infty}A_0\left(1+\frac{r}{n}\right)^{nk} = \lim_{n\to\infty}A_0\left[\left(1+\frac{r}{n}\right)^{\frac{n}{r}}\right]^{rk} = A_0\mathrm{e}^{rk},$$

此式称为 t 年末本利和的连续复利公式.

连续复利模型在人口增长、林木增长、细菌繁殖、放射性元素衰变等许多实际问题中,都有广泛的应用,因此,连续复利模型具有十分重要的意义.

§2.6 函数的连续与间断

一、函数的连续性

我们生活中的许多事物与现象都是连续地变化着,比如岁月流逝,斗转星移,植物萌芽,江河流动,等等.例如,就气温的变化轨迹来看,在很短的时间内,温度的变化是极其不易察觉的.这种特性称为**连续性**.具有这种性态的函数称为**连续函数**.

连续函数不仅普遍存在,同时它也是微积分重要研究内容之一.很多定义、定理、法则中都要求函数具有连续性.

为描述函数的连续性,先介绍增量的概念.

定义 2.15 设变量 u 从初值 u_0 改变到终值 u_1,则称终值与初值之差 $u_1 - u_0$ 为变量 u 的**改变量**(亦称增量),记为 $\Delta u = u_1 - u_0$.

函数 $y=f(x)$ 在点 x_0 附近的某邻域内有定义,当自变量 x 在这个邻域内从初值 x_0 变到终值 $x_0+\Delta x$ 时,函数值从初值 $f(x_0)$ 变到终值 $f(x_0+\Delta x)$,则称

$$\Delta y = f(x_0+\Delta x) - f(x_0)$$

为**函数的改变量(增量)**.

注意 改变量可以是正数,可以是负数,也可以是零.

借助改变量的概念,我们给出连续性的定义.

定义 2.16 设函数 $y=f(x)$ 在点 x_0 的某个邻域内有定义,如果自变量 x 在 x_0 处的改变量 $\Delta x \to 0$ 趋于零时,函数相应的改变量 $\Delta y = f(x_0+\Delta x) - f(x_0)$ 也趋于零,即

$$\lim_{\Delta x\to 0}\Delta y = \lim_{\Delta x\to 0}[f(x_0+\Delta x) - f(x_0)] = 0, \tag{2.8}$$

则称函数 $y=f(x)$ 在点 x_0 处**连续**,并称 x_0 是函数 $y=f(x)$ 的**连续点**.反之,则称 x_0 是函数 $y=f(x)$ 的**间断点**或称函数 $y=f(x)$ 在点 x_0 处**间断**.

该定义表明,函数在一点处连续的本质特征是:自变量变化微小时,函数值的变化也是极

其微小的.

例 2.38 证明函数 $y=x^2$ 在点 $x_0=3$ 处连续.

证明 设 Δx 为 x 在 $x_0=3$ 处的改变量,则函数 $y=x^2$ 的相应改变量为

$$\Delta y=f(3+\Delta x)-f(3)=6\Delta x+(\Delta x)^2,$$

由于

$$\lim_{\Delta x\to 0}\Delta y=\lim_{\Delta x\to 0}[f(3+\Delta x)-f(3)]=\lim_{\Delta x\to 0}[6\Delta x+(\Delta x)^2]=0,$$

于是函数 $y=x^2$ 在点 $x_0=3$ 处连续.

若令 $x=x_0+\Delta x$,则由式(2.8)可得定义 2.16 的等价定义:

定义 2.17 设函数 $y=f(x)$ 在点 x_0 的某个邻域内有定义,若当 $x\to x_0$ 时函数 $y=f(x)$ 的极限存在,且等于它在点 x_0 处的函数值 $f(x_0)$,即

$$\lim_{x\to x_0}f(x)=f(x_0)=f(\lim_{x\to x_0}x),$$

则称函数 $y=f(x)$ 在点 x_0 处**连续**,并称 x_0 是函数 $y=f(x)$ 的**连续点**.

例 2.39 判断 $f(x)=\begin{cases}x\sin\dfrac{1}{x}, & x\neq 0,\\ 0, & x=0\end{cases}$ 在点 $x=0$ 处的连续性.

解 因为 $\lim\limits_{x\to 0}x\sin\dfrac{1}{x}=0$,且 $f(0)=0$,故有

$$\lim_{x\to 0}f(x)=f(0),$$

由定义 2.17 可知,函数 $f(x)$ 在点 $x=0$ 处连续.

利用单侧极限还可以定义单侧连续的概念.

定义 2.18 若函数 $y=f(x)$ 在点 x_0 的某左邻域(右邻域)内有定义,且 $\lim\limits_{x\to x_0^-}f(x)=f(x_0)\left(\lim\limits_{x\to x_0^+}f(x)=f(x_0)\right)$,则称 $f(x)$ 在点 x_0 **左连续(右连续)**.

定理 2.12 函数 $y=f(x)$ 在点 x_0 处连续的充分必要条件是函数 $y=f(x)$ 在点 x_0 处既左连续又右连续.

例 2.40 已知函数 $f(x)=\begin{cases}x^2+1, & x<0,\\ 2x-a, & x\geqslant 0\end{cases}$ 在点 $x=0$ 处连续,求 a 的值.

解 $\lim\limits_{x\to 0^-}f(x)=\lim\limits_{x\to 0^-}(x^2+1)=1$,$\lim\limits_{x\to 0^+}f(x)=\lim\limits_{x\to 0^+}(2x-a)=-a$,因为 $f(x)$ 在 $x=0$ 处连续,故

$$\lim_{x\to 0^-}f(x)=\lim_{x\to 0^+}f(x)=1,$$

即 $a=-1$.

由函数连续性的定义可知,函数 $f(x)$ 在点 x_0 处连续必须满足三个条件:(1) 函数 $f(x)$ 在点 x_0 处有定义,(2) $\lim\limits_{x\to x_0}f(x)$ 存在,(3) $\lim\limits_{x\to x_0}f(x)=f(x_0)$. 如果三个条件中至少有一个不满足,则 $f(x)$ 在点 x_0 处是不连续的,即间断的.

例 2.41 试讨论函数

$$f(x)=\begin{cases}1+\dfrac{x}{2}, & x\leqslant 0,\\ 1+x^2, & 0<x\leqslant 1,\\ 4-x, & x>1.\end{cases}$$

在点 $x=0$ 和点 $x=1$ 处的连续性.

解 在点 $x=0$ 处有

$$f(0)=1+\frac{0}{2}=1,$$

$$\lim_{x\to 0^-} f(x)=\lim_{x\to 0^-}(1+\frac{x}{2})=1,$$
$$\lim_{x\to 0^+} f(x)=\lim_{x\to 0^+}(1+x^2)=1,$$

由此可知,

$$\lim_{x\to 0} f(x)=f(0)=1,$$

故 $f(x)$ 在点 $x=0$ 处连续.

在点 $x=1$ 处有

$$f(1)=1+1^2=2,$$
$$\lim_{x\to 1^-} f(x)=\lim_{x\to 1^-}(1+x^2)=2,$$
$$\lim_{x\to 1^+} f(x)=\lim_{x\to 1^+}(4-x)=3.$$

由此可知,$\lim\limits_{x\to 1} f(x)$ 不存在,因而 $f(x)$ 在点 $x=1$ 处不连续,即间断.如图 2.8 所示.

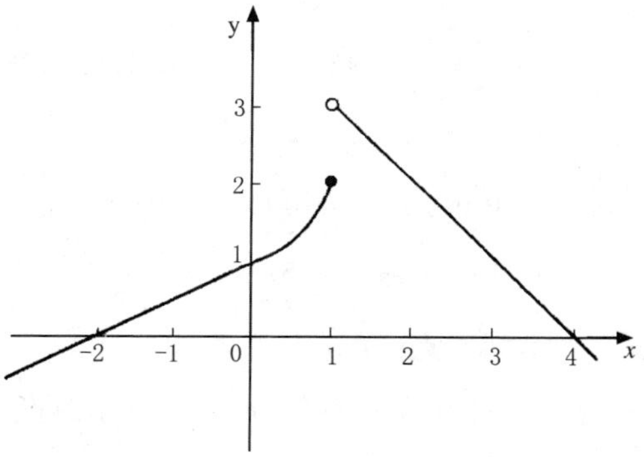

图 2.8

二、函数的间断点

所谓间断点就是不连续的点.例 2.40 中点 $x=1$ 就是函数的一个间断点.

由函数连续性的定义可知,若函数 $f(x)$ 在点 x_0 处满足下面三个条件之一,则 $f(x)$ 在点 x_0 处是间断的.

(1) $f(x)$ 在点 x_0 处无定义;

(2) $\lim\limits_{x\to x_0} f(x)$ 不存在;

(3) $\lim\limits_{x\to x_0} f(x)\neq f(x_0)$.

根据在点 x_0 处极限的情况,对函数的间断点可进行分类:

第一类间断点 若点 x_0 是 $f(x)$ 的间断点,且左、右极限 $\lim\limits_{x\to x_0^-} f(x)$,$\lim\limits_{x\to x_0^+} f(x)$ 皆存在.

常见的第一类间断点有:

若 $\lim\limits_{x\to x_0^-} f(x)\neq\lim\limits_{x\to x_0^+} f(x)$,则称点 x_0 为 $f(x)$ 的**跳跃间断点**.

若 $\lim\limits_{x\to x_0} f(x)=A\neq f(x_0)$ 或 $f(x)$ 在点 x_0 没有定义,则称点 x_0 为 $f(x)$ 的**可去间断点**.

第二类间断点　若点 x_0 是 $f(x)$ 的间断点，且左、右极限 $\lim\limits_{x \to x_0^-} f(x)$，$\lim\limits_{x \to x_0^+} f(x)$ 至少有一个不存在.

常见的第二类间断点有两类：

若 $f(x)$ 在点 x_0 处的左、右极限中至少有一个是 ∞，则称点 x_0 为 $f(x)$ 的**无穷间断点**；

若 $f(x)$ 在点 x_0 的左右极限均不为 ∞，则称点 x_0 为 $f(x)$ 的**非无穷间断点**.

例 2.42　求 $f(x)=x\sin\dfrac{1}{x}$ 的间断点并确定其类型.

解　$f(x)$ 在点 $x=0$ 处无定义，故点 $x=0$ 是函数的间断点. 又 $\lim\limits_{x\to 0} x\sin\dfrac{1}{x}=0$，故点 $x=0$ 是函数的可去间断点.

只要在可去间断点补充定义 $f(x_0)$ 或重新定义 $f(x_0)$，令 $f(x_0)=\lim\limits_{x\to x_0} f(x)$，则函数 $f(x)$ 将在点 x_0 处消去间断，化为连续，故称其为可去间断点. 例如，在本例中如果在点 $x=0$ 处补充定义 $f(0)=0$，则点 $x=0$ 即为连续点.

例 2.43　判断 $f(x)=\begin{cases} x^2, & x\leqslant 0, \\ e^x, & x>0 \end{cases}$ 在点 $x=0$ 处的连续性.

解　由

$$\lim_{x\to 0^-} f(x)=\lim_{x\to 0^-} x^2=0,$$
$$\lim_{x\to 0^+} f(x)=\lim_{x\to 0^+} e^x=1,$$

知 $\lim\limits_{x\to 0} f(x)$ 不存在，故点 $x=0$ 是间断点.

又因为 $\lim\limits_{x\to 0^-} f(x)$ 和 $\lim\limits_{x\to 0^+} f(x)$ 都存在且不等，故 $x=0$ 是跳跃间断点. 如图 2.9 所示.

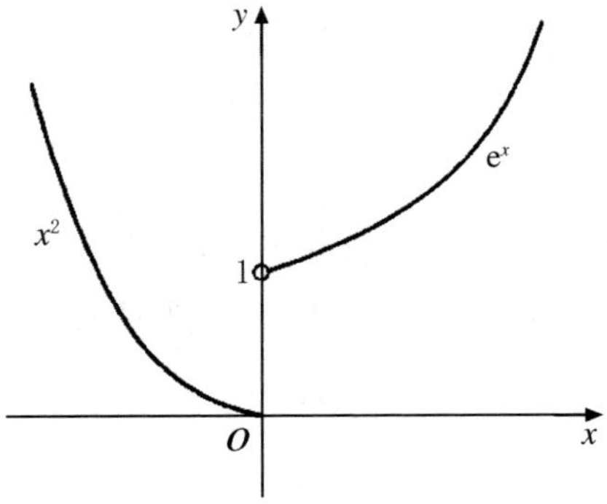

图 2.9

例 2.44　求函数 $f(x)=\dfrac{x^2-1}{x^2-3x+2}$ 的间断点并确定其类型.

解　因为当 $x^2-3x+2=(x-2)(x-1)=0$ 时，函数 $f(x)$ 无意义，所以点 $x_1=1$，$x_2=2$ 是 $f(x)$ 的间断点.

对于点 $x_1=1$，有

$$\lim_{x\to 1}\frac{x^2-1}{x^2-3x+2}=\lim_{x\to 1}\frac{x+1}{x-2}=-2,$$

故点 $x_1=1$ 是可去间断点.

对于点 $x_2=2$,有

$$\lim_{x\to 2}\frac{x^2-1}{x^2-3x+2}=\lim_{x\to 2}\frac{x+1}{x-2}=\infty,$$

故点 $x_2=2$ 是无穷间断点.

例 2.45 求函数 $f(x)=\sin\frac{1}{x}$ 的间断点并确定其类型.

解 $f(x)=\sin\frac{1}{x}$ 在点 $x=0$ 处无定义,故点 $x=0$ 是间断点.

又因为 $x\to 0$ 时,$f(x)=\sin\frac{1}{x}$ 是振荡的,不存在极限,故点 $x=0$ 是振荡间断点,如图 2.10 所示.

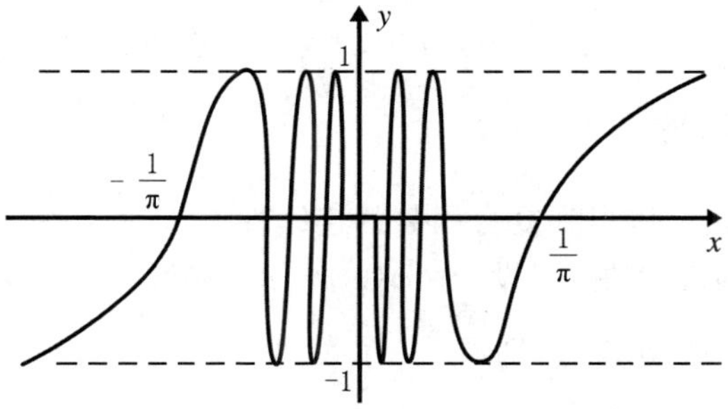

图 2.10

三、连续函数与连续区间

如果 $y=f(x)$ 在开区间 (a,b) 内每点都连续,则称函数 $f(x)$ **在 (a,b) 内连续**. (a,b) 为函数 $f(x)$ 的**连续区间**.

若函数 $f(x)$ 在闭区间 $[a,b]$ 上有定义,在开区间 (a,b) 内连续,且在点 a 右连续,在点 b 左连续,则称函数 $f(x)$ **在闭区间 $[a,b]$ 上连续**,称 $[a,b]$ 为函数 $f(x)$ 的**连续区间**.

例 2.41 中,区间 $(-\infty,1]$ 和 $(1,+\infty)$ 为函数的连续区间. 函数在连续区间内的图象是一条连续不断的曲线.

例 2.46 证明:函数 $y=\sin x$ 在 $(-\infty,+\infty)$ 内连续.

证明 设 x_0 为 $(-\infty,+\infty)$ 内的任意一点,Δx 为自变量 x 在点 x_0 处的改变量,则函数 $y=\sin x$ 的相应改变量为

$$\Delta y=\sin(x_0+\Delta x)-\sin x_0=2\sin\frac{\Delta x}{2}\cdot\cos\left(x_0+\frac{\Delta x}{2}\right).$$

由 $\cos\left(x_0+\frac{\Delta x}{2}\right)\leqslant 1$ 可知,$\cos\left(x_0+\frac{\Delta x}{2}\right)$ 为有界变量,而当 $\Delta x\to 0$ 时,$\sin\frac{\Delta x}{2}$ 又为无穷小量. 因此,当 $\Delta x\to 0$ 时,Δy 也是无穷小量,即

$$\lim_{\Delta x\to 0}\Delta y=\lim_{\Delta x\to 0}2\sin\frac{\Delta x}{2}\cdot\cos\left(x_0+\frac{\Delta x}{2}\right)=0.$$

于是,函数 $y=\sin x$ 在点 x_0 处连续.

由 x_0 的任意性可知，函数 $y=\sin x$ 在 $(-\infty,+\infty)$ 内连续.

§2.7 连续函数的运算与性质

一、连续函数的四则运算

根据极限的四则运算法则，可立即得到连续函数的四则运算法则.

定理 2.13(连续函数的四则运算法则) 设 $f(x)$ 与 $g(x)$ 在点 x_0(或区间 D 上) 处连续，则

(1) $f(x)\pm g(x)$ 在点 x_0 处(或区间 D 上) 也连续.

(2) $f(x)g(x)$ 在点 x_0 处(或区间 D 上) 也连续.

(3) $f(x)/g(x)$ $[g(x_0)\neq 0$ 或 $g(x)\neq 0, x\in D]$ 在点 x_0 处(或区间 D 上) 也连续.

二、复合函数的连续性

由复合函数极限的性质可以得到复合函数的连续性.

定理 2.14(复合函数的连续性) 设 $\lim\limits_{x\to x_0}\varphi(x)=u_0$，函数 $y=f(u)$ 在点 u_0 处连续，则复合函数 $y=f[\varphi(x)]$ 在点 x_0 处连续，即有

$$\lim_{x\to x_0} f[\varphi(x)]=f[\lim_{x\to x_0}\varphi(x)]=f(u_0).$$

定理同时表明，函数 $f(x)$ 在点 x_0 处连续时，函数符号"f"和极限符号"lim"可以交换.

例 2.47 求下列极限：

(1) $\lim\limits_{x\to 0}\dfrac{\ln(1+x)}{x}$；

(2) $\lim\limits_{x\to 0}\dfrac{a^x-1}{x}(a>0, a\neq 1)$；

(3) $\lim\limits_{x\to 0}\dfrac{(1+x)^a-1}{x}(a\neq 0)$.

解 (1) $\lim\limits_{x\to 0}\dfrac{\ln(1+x)}{x}=\lim\limits_{x\to 0}\ln(1+x)^{\frac{1}{x}}=\ln\lim\limits_{x\to 0}(1+x)^{\frac{1}{x}}=\ln e=1$；

(2) 令 $u=a^x-1, x=\dfrac{\ln(u+1)}{\ln a}$，$x\to 0$ 时，$u\to 0$. 由(1) 有

$$\lim_{x\to 0}\frac{a^x-1}{x}=\lim_{u\to 0}\frac{u\ln a}{\ln(u+1)}=\ln a；$$

(3)
$$\begin{aligned}\lim_{x\to 0}\frac{(1+x)^a-1}{x}&=\lim_{x\to 0}\frac{e^{a\ln(1+x)}-1}{x}\\&=\lim_{x\to 0}\left[\frac{a\ln(1+x)}{x}\cdot\frac{e^{a\ln(1+x)}-1}{a\ln(1+x)}\right]\\&=a.\end{aligned}$$

由此例得到，当 $x\to 0$ 时，$\ln(1+x)\sim x$，$a^x-1\sim x\ln a(a>0$，且 $a\neq 1)$. 特别地，$e^x-1\sim x$，$(1+x)^a-1\sim ax$.

同样地,上述结论将 x 换成 $\varphi(x)(\varphi(x)\to 0)$ 依然成立.

至此,就得到了下面这些比较常用的等价无穷小量.

当 $x\to 0$ 时,$\sin x\sim x$;$\tan x\sim x$;$\arcsin x\sim x$;$\arctan x\sim x$;$e^x-1\sim x$;$1-\cos x\sim \frac{1}{2}x^2$;$\ln(1+x)\sim x$;$a^x-1\sim x\ln a$;$(1+x)^a-1\sim ax$.

定理 2.15(反函数的连续性) 设函数 $y=f(x)$ 在区间$[a,b]$上单调、连续,且 $f(a)=\alpha$,$f(b)=\beta$,则其反函数 $y=f^{-1}(x)$ 在区间$[\alpha,\beta]$或$[\beta,\alpha]$上单调、连续.

三、初等函数的连续性

下面利用上述定理研究初等函数的连续性. 讨论基本初等函数的连续性.

(1) 常函数 $y=C$(C 为常数)处处连续.

(2) 指数函数 $y=a^x$($a>0$ 且 $a\neq 1$)的连续性.

首先,由极限定义可以证明$\lim\limits_{x\to 0}e^x=1$. 于是,对任意给定的 $x_0\neq 0$,由复合函数的连续性有

$$\lim_{x\to x_0}e^x=\lim_{x\to x_0}e^{x_0}e^{x-x_0}=e^{x_0}\lim_{x\to x_0}e^{x-x_0}=e^{x_0},$$

因此,e^x 在$(-\infty,+\infty)$内连续.

其次,若 $a>0$ 且 $a\neq 1$,则由 $a^x=e^{x\ln a}$ 和复合函数连续性可知 $y=a^x$ 在$(-\infty,+\infty)$内连续.

(3) 对数函数的连续性.

由指数函数的连续性和反函数连续性可知,对数函数在其定义域$(0,+\infty)$内连续.

(4) 幂函数的连续性.

首先,$f(x)=x^n$(n 为正整数)是在$(-\infty,+\infty)$内的连续函数. 事实上,设 x_0 为$(-\infty,+\infty)$内的任意一点,则当 $x\to x_0$ 时,有

$$\lim_{x\to x_0}f(x)=\lim_{x\to x_0}x^n=\lim_{x\to x_0}x\cdot\lim_{x\to x_0}x\cdot\cdots\cdot\lim_{x\to x_0}x=x_0^n=f(x_0).$$

其次,由反函数的连续性可知,若 n 为偶数,则$\sqrt[n]{x}$ 在$[0,+\infty)$内连续;若 n 为奇数,则$\sqrt[n]{x}$ 在$(-\infty,+\infty)$内连续.

最后,对任意实数 a,由 $x^a=e^{a\ln x}$ 和复合函数的连续性可知,x^a 在$(0,+\infty)$内连续.

(5) 三角函数的连续性.

前面证明了 $y=\sin x$ 在$(-\infty,+\infty)$内的连续性.

$$\cos x=\sin\left(x+\frac{\pi}{2}\right),\quad \tan x=\frac{\sin x}{\cos x},\quad \cot x=\frac{\cos x}{\sin x},\quad \sec x=\frac{1}{\cos x},\quad \csc x=\frac{1}{\sin x},$$

由函数的四则运算法则和复合函数的连续性可知,这些函数在各自定义区间内连续.

(6)反三角函数的连续性.

由三角函数的连续性和反函数的连续性可知,反三角函数在其定义区间内连续.

由于初等函数是由基本初等函数经有限次四则运算与复合而得到的函数,故有如下定理.

定理 2.16 初等函数在其定义区间内连续.

注意 定义区间是指包含在定义域内的区间,初等函数在整个定义域内未必有此结论.

例如,函数 $y=\sqrt{x^2(x-2)}$ 的定义域为$\{0\}\cup[2,\infty)$,函数在 $x=0$ 点的邻域内没有定义,故函数在 $x=0$ 点不连续,但在定义区间$[2,\infty)$上连续.

例 2.48 求 $\lim\limits_{x\to 3}\dfrac{e^x}{2x+1}$.

解 因为 $y=\dfrac{e^x}{2x+1}$ 是初等函数，且 $x_0=3$ 是其定义区间内的点，所以函数在点 $x_0=3$ 处连续，于是

$$\lim_{x\to 3}\frac{e^x}{2x+1}=\frac{e^3}{2\times 3+1}=\frac{e^3}{7}.$$

对幂指函数的极限，有如下结论：

定理 2.17 设 $\lim f(x)=A(A>0)$，$\lim g(x)=B$，则有

$$\lim f(x)^{g(x)}=[\lim f(x)]^{\lim g(x)}=A^B.$$

证明 因 $f(x)^{g(x)}=e^{g(x)\ln f(x)}$，由指数函数的连续性，有

$$\begin{aligned}\lim f(x)^{g(x)}&=\lim e^{g(x)\ln f(x)}=e^{\lim[g(x)\ln f(x)]}\\&=e^{\lim g(x)\lim \ln f(x)}=e^{\lim g(x)\ln \lim f(x)}\\&=[\lim f(x)]^{\lim g(x)}=A^B.\end{aligned}$$

例 2.49 求 $\lim\limits_{x\to 0}(1-3x)^{x-\frac{2}{x}}$.

解

$$\begin{aligned}\lim_{x\to 0}(1-3x)^{x-\frac{2}{x}}&=\lim_{x\to 0}(1-3x)^{\frac{x^2-2}{x}}\\&=\lim_{x\to 0}(1-3x)^{-\frac{1}{3x}(-3x^2+6)}\\&=[\lim_{x\to 0}(1-3x)^{-\frac{1}{3x}}]^{\lim\limits_{x\to 0}(-3x^2+6)}\\&=e^6.\end{aligned}$$

分段函数是非初等函数，但是在各分段区间内，函数的表达式都是初等函数，因此可以利用初等函数的连续性，分段说明各分段区间内函数的连续性，然后按连续性定义，讨论函数在各分段点处的连续性，最后得出函数的连续区间.

例 2.50 讨论函数 $f(x)=\begin{cases}1-e^{\frac{1}{x-1}}, & x<1,\\ \sin\dfrac{\pi}{2x}, & x\geqslant 1\end{cases}$ 的连续性.

解 $f(x)$ 在其定义域 $(-\infty,+\infty)$ 内不是初等函数. 但在 $(-\infty,1)$ 内 $f(x)=1-e^{\frac{1}{x-1}}$ 为初等函数，在 $(1,+\infty)$ 内 $f(x)=\sin\dfrac{\pi}{2x}$ 也为初等函数，故 $f(x)$ 在 $(-\infty,1)\cup(1,+\infty)$ 内连续. 在分段点 $x=1$ 处，有

$$f(1)=\sin\frac{\pi}{2}=1,$$

$$\lim_{x\to 1^-}f(x)=\lim_{x\to 1^-}(1-e^{\frac{1}{x-1}})=1,$$

$$\lim_{x\to 1^+}f(x)=\lim_{x\to 1^+}\sin\frac{\pi}{2x}=1.$$

因为 $\lim\limits_{x\to 1}f(x)=\lim\limits_{x\to 1^-}f(x)=\lim\limits_{x\to 1^+}f(x)=1$，故 $f(x)$ 在分段点 $x=1$ 处连续.

综上所述，$f(x)$ 在其定义域$(-\infty,+\infty)$内连续.

例 2.51 确定常数 a,b，使函数 $f(x)=\begin{cases}\dfrac{\ln(1-2x)}{bx}, & x<0,\\ 3, & x=0,\\ \dfrac{e^{ax}-1}{x}, & x>0\end{cases}$ 在定义区间内连续.

解 在$(-\infty,0)$内，函数 $f(x)=\dfrac{\ln(1-2x)}{bx}$ 连续；在$(0,+\infty)$内，函数 $f(x)=\dfrac{e^{ax}-1}{x}$ 连续. 要使函数 $f(x)$ 在整个定义区间上连续，只需 $f(x)$ 在分段点 $x=0$ 处连续. 而

$$f(0)=3,$$

$$\lim_{x\to0^-}f(x)=\lim_{x\to0^-}\frac{\ln(1-2x)}{bx}=\lim_{x\to0^-}\frac{-2x}{bx}=-\frac{2}{b},$$

$$\lim_{x\to0^+}f(x)=\lim_{x\to0^+}\frac{e^{ax}-1}{x}=\lim_{x\to0^+}\frac{ax}{x}=a,$$

因此，若 $f(x)$ 在分段点 $x=0$ 处连续，则有

$$\lim_{x\to0^-}f(x)=\lim_{x\to0^+}f(x)=f(0),$$

即

$$-\frac{2}{b}=3=a,$$

解得

$$a=3,b=-\frac{2}{3}.$$

四、闭区间上连续函数的性质

定义 2.19 设函数 $f(x)$ 在区间 D 上有定义. 若存在 $x_0\in D$，使 $\forall x\in D$ 内的任意 x，恒有

$$f(x)\leqslant f(x_0)\quad(\text{或 } f(x)\geqslant f(x_0)),$$

则称 $f(x_0)$ 是 $f(x)$ 在 D 上的**最大值**(或**最小值**)，x_0 称为**最大值点**(或**最小值点**). 最大值与最小值统称为**最值**.

定理 2.18(**最值定理**) 闭区间上的连续函数一定有最大值和最小值.

注意 定理的条件如果不满足，则最大值与最小值就不一定存在了. 例如，$y=x^2$ 在开区间$(0,1)$内就不存在最小值和最大值；$y=\dfrac{1}{x}$ 在$[-1,1]$上不连续，也不存在最小值和最大值.

推论 闭区间上的连续函数一定在该区间上有界.

定理 2.19(**介值定理**) 设函数 $f(x)$ 在闭区间$[a,b]$上连续，且在这个区间的端点取不同的函数值 $f(a)=A$ 及 $f(b)=B$，则对于 A 和 B 之间的任意一个数 C，在开区间(a,b)内至少有一点 ξ，使得 $f(\xi)=C$.

如图 2.11 所示，闭区间$[a,b]$上的连续函数 $f(x)$ 的图象，是从点$(a,f(a))$到点$(b,f(b))$中间不断开的一条曲线，因此直线 $y=C$ 一定与这条曲线至少相交于一点(ξ,C).

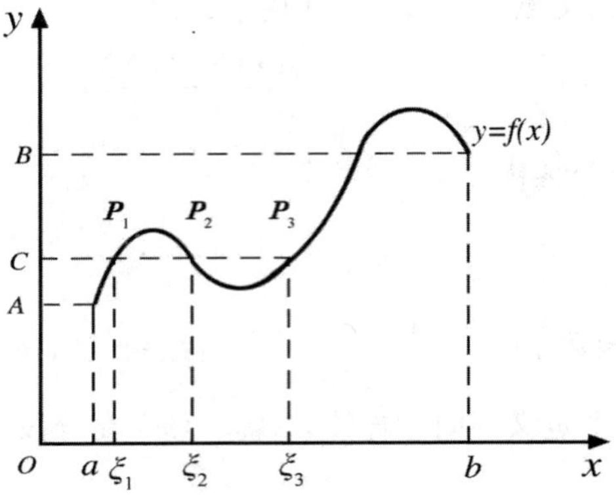

图 2.11

定理 2.19 说明，闭区间 $[a,b]$ 上的连续函数 $f(x)$，当 x 从 a 变到 b 时，对应的函数值要取遍 $f(a)$ 与 $f(b)$ 之间的一切值.

定理 2.20(零点定理) 设函数 $f(x)$ 在闭区间 $[a,b]$ 上连续，且 $f(a)f(b)<0$，则在开区间 (a,b) 内至少有函数 $f(x)$ 的一个零点，即至少存在一点 $\xi\in(a,b)$，使得

$$f(\xi)=0.$$

如图 2.12 所示，在闭区间 $[a,b]$ 上满足 $f(a)f(b)<0$ 的连续曲线 $y=f(x)$ 与 x 轴至少有一个交点.

定理 2.20 的结论表明方程 $f(x)=0$ 在 (a,b) 内至少有一个实根，因此零点定理常用于证明方程实根的存在性上.

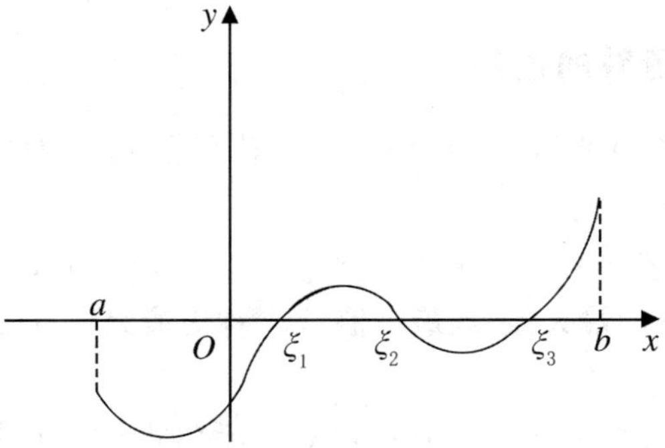

图 2.12

例 2.52 证明方程 $x^4-4x+1=0$ 在开区间 $(0,1)$ 内至少有一个实根.

证明 令 $f(x)=x^4-4x+1$，则函数 $f(x)$ 在闭区间 $[0,1]$ 上连续，又由于

$$f(0)=1>0, f(1)=-2<0.$$

根据零点定理，在开区间 $(0,1)$ 内至少存在一点 ξ，使得 $f(\xi)=0$，即方程 $x^4-4x+1=0$ 在 $(0,1)$ 内至少有一个实根 ξ.

习 题 二

(A)

1. 判别下列数列的敛散性;若收敛,求其极限值.

(1) $u_n=\frac{1}{e^n}$;　　(2) $u_n=\frac{n-1}{n+1}$;

(3) $u_n=2+\frac{1}{n^2}$;　　(4) $u_n=\frac{1}{n}\cos n\pi$;

(5) $u_n=\frac{n^2-1}{2n}$;　　(6) $u_n=a^n$;

(7) $u_n=(-1)^n n$;　　(8) $u_n=(-1)^n\frac{1}{n}$.

2. 利用数列极限的分析定义证明下列极限.

(1) $\lim\limits_{n\to+\infty}\frac{1}{\sqrt{n+1}}=0$;　　(2) $\lim\limits_{n\to+\infty}\frac{3n+1}{4n}=\frac{3}{4}$;

(3) $\lim\limits_{n\to+\infty}\frac{(-1)^n}{(n+1)^2}=0$;　　(4) $\lim\limits_{n\to+\infty}\frac{n+(-1)^{n-1}}{n}=1$.

3. 求下列数列的极限.

(1) $\lim\limits_{n\to\infty}(\sqrt{n-1}-\sqrt{n})$;　　(2) $\lim\limits_{n\to+\infty}\frac{\sqrt{9n^2+n}}{2n+5}$;

(3) $\lim\limits_{n\to+\infty}\sqrt{n}(\sqrt{n^2-1}-\sqrt{n^2+2})$;　　(4) $\lim\limits_{n\to+\infty}\frac{n\arctan n}{\sqrt{n^2+n}}$;

(5) $\lim\limits_{n\to+\infty}\left(1+\frac{1}{3}+\frac{1}{3^2}+\cdots+\frac{1}{3^n}\right)$;　　(6) $\lim\limits_{n\to+\infty}(1+2^n+3^n+4^n)^{\frac{1}{n}}$;

(7) $\lim\limits_{n\to+\infty}\left(\frac{1}{1\cdot3}+\frac{1}{3\cdot5}+\cdots+\frac{1}{(2n-1)(2n+1)}\right)$.

4. 设数列$\{x_n\}$有界,又$\lim\limits_{n\to\infty}y_n=0$,证明:$\lim\limits_{n\to\infty}x_ny_n=0$.

5. 利用函数极限的分析定义证明下列极限.

(1) $\lim\limits_{x\to3}\frac{x^2-4}{x+2}=1$;　　(2) $\lim\limits_{x\to1}\sqrt{x-1}=0$;

(3) $\lim\limits_{x\to-\infty}e^x=0$;　　(4) $\lim\limits_{x\to+\infty}\left(\frac{1}{2}\right)^x=0$.

6. 判断下列数列在n→∞时,是否为无穷小量.

(1) $y_n=\frac{1}{n^2}$;　　(2) $y_n=(-1)^{n+1}\frac{1}{2^n}$;

(3) $y_n=\frac{1+(-1)^n}{n}$;　　(4) $y_n=e^{\frac{1}{n}}$.

7. 求下列函数的极限.

(1) $\lim\limits_{x\to 1}(3x^2+4\sqrt{x}-5)$；

(2) $\lim\limits_{x\to 1}\dfrac{x^2+1}{x-2}$；

(3) $\lim\limits_{x\to 2}\dfrac{x-2}{2\sqrt[3]{x}+7\sqrt{x}+x^3}$；

(4) $\lim\limits_{x\to +\infty}\dfrac{\cos x}{e^x+e^{-x}}$；

(5) $\lim\limits_{x\to \infty}\dfrac{\arctan x}{x}$；

(6) $\lim\limits_{x\to 1}\dfrac{x^2+6x-7}{x^2-1}$；

(7) $\lim\limits_{h\to 0}\dfrac{(x+h)^2-x^2}{h}$；

(8) $\lim\limits_{x\to 1}\dfrac{x^m-1}{x^n-1}$ （m,n 为正整数）；

(9) $\lim\limits_{x\to 1}\dfrac{\sqrt{2x+7}-3}{\sqrt[3]{x}-1}$；

(10) $\lim\limits_{x\to 1}\dfrac{x+x^2+\cdots+x^n-n}{x-1}$；

(11) $\lim\limits_{x\to 0}\dfrac{x^2}{1-\sqrt{1+x^2}}$；

(12) $\lim\limits_{x\to 0}\dfrac{\sqrt{x^2+p^2}-p}{\sqrt{x^2+q^2}-q}$ （$p>0,q>0$）；

(13) $\lim\limits_{x\to \infty}\dfrac{2x}{\sqrt{1+x^2}}\arctan\dfrac{1}{x}$；

(14) $\lim\limits_{x\to \infty}\dfrac{2x+\cos x}{3x-\sin x}$；

(15) $\lim\limits_{x\to \infty}\dfrac{x^2+1}{2x^3-5x+8}(\cos x+3)$；

(16) $\lim\limits_{x\to \infty}\sqrt[3]{\dfrac{2+3x-27x^2}{1+8x^2}}$；

(17) $\lim\limits_{x\to \infty}\dfrac{(2x-1)^5}{(3x^2+2x-7)(x^3-9x)}$；

(18) $\lim\limits_{x\to +\infty}(\sqrt{x^2+ax}-\sqrt{x^2+bx})$；

(19) $\lim\limits_{x\to +\infty}\dfrac{e^x+e^{-x}}{e^x-e^{-x}}$；

(20) $\lim\limits_{x\to \infty}(x+\sqrt[3]{1-x^3})$；

(21) $\lim\limits_{x\to 0^+}\dfrac{1-e^{\frac{1}{x}}}{x+e^{\frac{1}{x}}}$；

(22) $\lim\limits_{x\to 1}\left(\dfrac{x}{x-1}-\dfrac{2}{x^2-1}\right)$.

8. 求下列各题中的常数 a 和 b.

(1) $\lim\limits_{x\to +\infty}(3x-\sqrt{ax^2+bx+1})=2$；

(2) $\lim\limits_{x\to +\infty}(\sqrt{2x^2+4x-1}-ax-b)=0$；

(3) $\lim\limits_{x\to \infty}\left(\dfrac{x^2+x+1}{x-1}-ax-b\right)=0$；

(4) $\lim\limits_{x\to 1}\dfrac{x^2+ax+b}{\sin(x^2-1)}=3$.

9. 求下列函数极限.

(1) $\lim\limits_{x\to 0}\dfrac{\arctan 4x}{\sin 3x}$；

(2) $\lim\limits_{x\to \infty}\dfrac{5x^2+1}{3x-1}\sin\dfrac{1}{x}$；

(3) $\lim\limits_{x\to 0}\dfrac{x^2}{\sin^2\left(\dfrac{x}{3}\right)}$；

(4) $\lim\limits_{x\to 0}\dfrac{e^{5x}-1}{x}$；

(5) $\lim\limits_{x\to 0}\dfrac{1-\cos 5x}{\sin^2 x}$；

(6) $\lim\limits_{x\to \infty}x^2\left(1-\cos\dfrac{1}{x}\right)$；

(7) $\lim\limits_{x\to 0}\dfrac{\sqrt{1+\tan x}-\sqrt{1+\sin x}}{x^3}$；

(8) $\lim\limits_{x\to 0}\dfrac{2x-\sin x}{3x+\sin x}$；

(9) $\lim\limits_{x\to 0^+}\dfrac{1-\sqrt{\cos x}}{x(1-\cos\sqrt{x})}$；

(10) $\lim\limits_{x\to 0}\dfrac{\tan 5x-\sin 2x}{x}$；

(11) $\lim\limits_{h\to 0}\dfrac{\sin(x+h)-\sin x}{h}$；　　(12) $\lim\limits_{x\to 0}\dfrac{\sin x^n}{(\sin x)^m}$.

10. 求下列函数极限.

(1) $\lim\limits_{x\to\frac{\pi}{2}}(1+\cos x)^{2\sec x}$；　　(2) $\lim\limits_{x\to 0}(1+xe^x)^{\frac{1}{x}}$；

(3) $\lim\limits_{x\to\infty}\left(\dfrac{2x-1}{2x+2}\right)^x$；　　(4) $\lim\limits_{x\to 0}(\cos x)^{1+\cot^2 x}$.

11. 求下列函数极限.

(1) $\lim\limits_{x\to\frac{\pi}{6}}\dfrac{1-2\sin x}{\sin\left(x-\dfrac{\pi}{6}\right)}$；　　(2) $\lim\limits_{x\to 0}\dfrac{\ln\sqrt{1+5x}}{2x}$；

(3) $\lim\limits_{x\to 0}\dfrac{\ln(x^2+e^x)}{\ln(x^4+e^{2x})}$；　　(4) $\lim\limits_{x\to 0}\dfrac{e^{\sin 2x}-e^{\sin x}}{x}$；

(5) $\lim\limits_{x\to 0}\dfrac{\sqrt{1-2x^2}-1}{x\ln(1-x)}$；　　(6) $\lim\limits_{x\to 0^+}\dfrac{1-e^{\frac{1}{x}}}{x+e^{\frac{1}{x}}}$；

(7) $\lim\limits_{x\to 0^+}(1+2\tan x)^{\frac{1}{x}}$；　　(8) $\lim\limits_{x\to 0}(x+e^x)^{\frac{1}{x}}$；

(9) $\lim\limits_{x\to 0}\dfrac{\ln(1+3x\sin x)}{\tan x^2}$；　　(10) $\lim\limits_{x\to\frac{\pi}{4}}\tan(2x)\cdot\tan\left(\dfrac{\pi}{4}-x\right)$；

(11) $\lim\limits_{x\to 0}\dfrac{x\ln(1+x)}{1-\cos x}$；　　(12) $\lim\limits_{x\to 0}\dfrac{e^{5x}-1}{x}$.

12. 证明：$\lim\limits_{n\to+\infty}\left(\dfrac{1}{\sqrt{n^2+1}}+\dfrac{1}{\sqrt{n^2+2}}+\cdots+\dfrac{1}{\sqrt{n^2+n}}\right)=1$.

13. 求下列函数的间断点，并判断类型.

(1) $f(x)=\dfrac{2^{\frac{1}{x}}-1}{2^{\frac{1}{x}}+1}$；　　(2) $f(x)=\dfrac{\ln(1-x^2)}{x}$；

(3) $f(x)=\begin{cases}\arctan\dfrac{1}{x^2}, & x\neq 0,\\ 1, & x=0;\end{cases}$　　(4) $f(x)=\cos^2\dfrac{1}{x}$.

14. 讨论下列函数的连续性.

(1) $f(x)=\begin{cases}e^{\frac{1}{x-1}}, & 0<x<1,\\ \ln(x+1), & -1<x\leqslant 0;\end{cases}$

(2) $f(x)=\begin{cases}e^{-\frac{1}{x}}, & x\neq 0,\\ 0, & x=0;\end{cases}$

(3) $f(x)=\begin{cases}\dfrac{\sin x}{|x|}, & x\neq 0,\\ 1, & x=0.\end{cases}$

15. 确定常数 a,b 使下列函数在 $(-\infty,+\infty)$ 上处处连续.

(1) $f(x)=\begin{cases} a+x^2, & x<0, \\ 1, & x=0, \\ \ln(b+x+x^2), & x>0; \end{cases}$

(2) $f(x)=\begin{cases} \dfrac{1}{x}\sin x, & x<0, \\ a-1, & x=0, \\ x\sin\dfrac{1}{x}+b, & x>0; \end{cases}$

(3) $f(x)=\begin{cases} \dfrac{\sin ax}{x}, & x<0, \\ 2, & x=0, \\ (1+bx)^{\frac{1}{x}}, & x>0. \end{cases}$

16. 试证方程 $x^5-3x=1$ 在区间(1,2)内至少有一个实根.

(B)

1. 求极限 $\lim\limits_{n\to+\infty}\left(1+\dfrac{2}{n}+\dfrac{2}{n^2}\right)^n$.

2. 求极限 $\lim\limits_{n\to\infty}\sqrt[n]{a_1{}^n+a_2{}^n+\cdots+a_m{}^n}$,其中 $a_1,a_2,\cdots,a_m$ 是 m 个正数.

3. 设数列 $\{u_n\}$:$\sqrt{2}$,$\sqrt{2+\sqrt{2}}$,$\sqrt{2+\sqrt{2+\sqrt{2}}}$,$\cdots$,$\sqrt{2+u_{n-1}}$,$\cdots$,证明:$\lim\limits_{n\to+\infty}u_n$ 存在,并求此极限值.

4. 讨论函数 $f(x)=\lim\limits_{n\to+\infty}\dfrac{x+x^2e^{\frac{n}{x}}}{1+e^{\frac{n}{x}}}$ 的连续性,若有间断点,判别其类型.

5. 已知 $\lim\limits_{x\to0}\left[\dfrac{f(x)-1}{x}-\dfrac{\sin x}{x^2}\right]=2$,求 $\lim\limits_{x\to0}f(x)$.

6. 已知 $\lim\limits_{x\to\infty}[f(x)-ax-b]=0$,求 $\lim\limits_{x\to\infty}\dfrac{f(x)}{x}$.

7. 求极限 $\lim\limits_{x\to\infty}\left(\dfrac{2^{\frac{1}{x}}+3^{\frac{1}{x}}}{2}\right)^x$.

8. 设函数 $f(x)=\lim\limits_{n\to+\infty}\dfrac{x^{2n}-1}{x^{2n}+1}x$,求函数 $f(x)$ 的连续区间和间断点,并对间断点分类.

9. 设函数 $f(x)=\lim\limits_{n\to\infty}(x-1)\arctan|x|^n$ 的表达式,求出其间断点,并对间断点分类.

10. 证明方程 $|x|^{\frac{1}{4}}+|x|^{\frac{1}{2}}-\dfrac{1}{2}\cos x=0$ 仅有两个实根.

11. 设函数 $f(x)$ 在闭区间 $[0,1]$ 上连续，且 $f(0)=f(1)$，证明：一定存在 $x_0\in\left[0,\frac{1}{2}\right]$，使得

$$f(x_0)=f\left(x_0+\frac{1}{2}\right).$$

12. 设 $f(x)$ 在闭区间 $[a,b]$ 上连续，$a<c<d<b$，证明：

(1) 在 (a,b) 内至少存在一点 ξ，使得 $f(c)+f(d)=2f(\xi)$；

(2) 在 (a,b) 内至少存在一点 ξ，使得

$$mf(c)+nf(d)=(m+n)f(\xi),$$

其中 m,n 为正数.

13. 已知函数 $f(x)=\frac{px^2-2}{x^2+1}+3qx+5$，当 $x\to\infty$ 时，p,q 取何值时，$f(x)$ 为无穷小量？

第3章 导数与微分

微分学是微积分的重要组成部分,它的基本概念是导数与微分. 导数主要讨论函数相对于自变量的变化率;微分主要讨论函数在自变量有微小变化时的改变量的问题. 二者在生产、生活以及其他学科中都有广泛的应用. 在本章中,我们主要讨论导数与微分的概念以及它们的计算方法.

§3.1 导数的概念

在15世纪欧洲文艺复兴时期,天文学、力学等自然科学的发展对数学提出的种种要求中,下列三类问题直接导致了微分学的产生:

(1)求变速直线运动物体的瞬时速度;

(2)求曲线上任意一点处的切线;

(3)求函数的最大值和最小值.

下面举两个例子.

引例1 变速直线运动的速度

设一个物体做变速直线运动,在 $[0,t]$ 这段时间内所经过的路程 s 是时间 t 的函数,即

$$s=s(t).$$

求该物体在 $t_0\in[0,t]$ 时刻的瞬时速度 $v(t_0)$.

首先考虑物体在时刻 t_0 附近很短一段时间内的运动,设物体从 t_0 到 $t_0+\Delta t$ 这段时间间隔内路程从 $s(t_0)$ 变化到 $s(t_0+\Delta t)$,其改变量为

$$\Delta s=s(t_0+\Delta t)-s(t_0),$$

这段时间内的平均速度为

$$\bar{v}=\frac{\Delta s}{\Delta t}=\frac{s(t_0+\Delta t)-s(t_0)}{\Delta t}.$$

时间间隔很小,物体的速度不会有太大变化。可以认为物体在时间 $[t_0,t_0+\Delta t]$ 内近似

地做匀速运动. 因此可以用 $\overline{v}$ 作为 $v(t_0)$ 的近似值. 且 Δt 越小,其近似程度越高. 当时间间隔 $\Delta t \to 0$ 时,把平均速度 $\overline{v}$ 的极限称为时刻 t_0 的瞬时速度,即

$$v(t_0)=\lim_{\Delta t\to 0}\overline{v}=\lim_{\Delta t\to 0}\frac{\Delta s}{\Delta t}=\lim_{\Delta t\to 0}\frac{s(t_0+\Delta t)-s(t_0)}{\Delta t}. \tag{3.1}$$

引例 2　平面曲线的切线斜率

设平面曲线的方程为 $y=f(x)$,求该曲线在点 $P_0(x_0,y_0)$ 处的切线斜率,其中 $y_0=f(x_0)$.

什么是切线呢? 如图 3.1 所示,设点 $P(x_0+\Delta x, y_0+\Delta y)(\Delta x\neq 0)$ 为曲线上另一点. 连接点 P_0 和点 P 的直线 P_0P 称为曲线的割线. 当点 P 沿曲线趋近点 P_0 时,割线 P_0P 的极限位置 P_0T 就是曲线在点 P_0 处的切线. 割线倾角 φ 的极限位置就是切线的倾角 α.

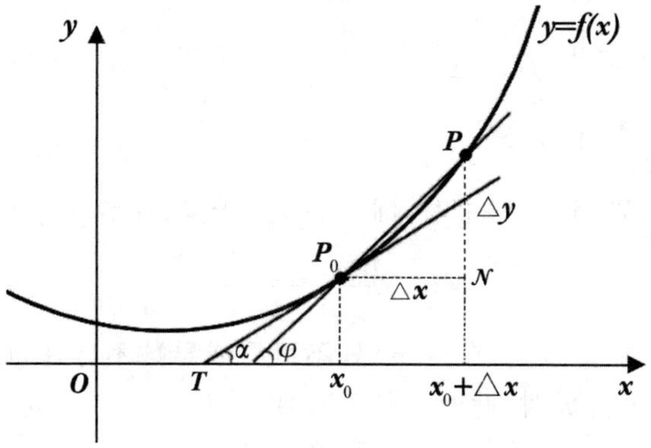

图 3.1

设割线 P_0P 的倾角为 φ,其斜率为 $\tan\varphi=\dfrac{PN}{P_0N}$,其中 $PN=\Delta y$, $P_0N=\Delta x$,可得

$$\tan\varphi=\frac{\Delta y}{\Delta x}=\frac{f(x_0+\Delta x)-f(x_0)}{\Delta x}.$$

当点 P 沿曲线趋近点 P_0,即 $\Delta x\to 0$ 时,割线 P_0P 的倾角 φ 趋近切线 P_0T 的倾角 α,于是曲线 $y=f(x)$ 在点 P_0 处的切线斜率为

$$\tan\alpha=\lim_{\Delta x\to 0}\tan\varphi=\lim_{\Delta x\to 0}\frac{\Delta y}{\Delta x}=\lim_{\Delta x\to 0}\frac{f(x_0+\Delta x)-f(x_0)}{\Delta x}. \tag{3.2}$$

由此可见,曲线 $y=f(x)$ 在点 $P_0(x_0,y_0)$ 处的切线斜率为函数 $f(x)$ 的改变量 Δy 与自变量 x 的改变量 Δx 的比值 $\dfrac{\Delta y}{\Delta x}$ 在 $\Delta x\to 0$ 时的极限.

变速直线运动物体的瞬时速度问题与平面曲线的切线斜率问题的实际意义不尽相同,但是从抽象的数量关系来看,式(3.1)和式(3.2)都可归结为求如下极限

$$\lim_{\Delta x\to 0}\frac{\Delta y}{\Delta x}=\lim_{\Delta x\to 0}\frac{f(x_0+\Delta x)-f(x_0)}{\Delta x}.$$

其实质是函数的改变量 Δy 与自变量的改变量 Δx 的比值 $\dfrac{\Delta y}{\Delta x}$ 的极限(当 $\Delta x\to 0$ 时),抽象出它们在数量关系方面的共性,就可以得到导数的概念.

一、导数的概念

定义 3.1 设函数 $y=f(x)$ 在点 x_0 的某邻域内有定义，当自变量 x 在点 x_0 处取得改变量 $\Delta x(\Delta x\neq 0)$ 时，函数相应取得增量

$$\Delta y=f(x_0+\Delta x)-f(x_0).$$

如果 Δy 与 Δx 之比当 $\Delta x\to 0$ 时极限存在，即

$$\lim_{\Delta x\to 0}\frac{f(x_0+\Delta x)-f(x_0)}{\Delta x}$$

存在，则称函数 $y=f(x)$ 在点 x_0 处**可导**，点 x_0 为 $y=f(x)$ 的**可导点**，并称此极限为函数 $y=f(x)$ 在点 x_0 处的**导数**，记为

$$y'\big|_{x=x_0}=\lim_{\Delta x\to 0}\frac{\Delta y}{\Delta x}=\lim_{\Delta x\to 0}\frac{f(x_0+\Delta x)-f(x_0)}{\Delta x} \tag{3.3}$$

或 $f'(x_0)$，$\left.\frac{\mathrm{d}y}{\mathrm{d}x}\right|_{x=x_0}$，$\left.\frac{\mathrm{d}f(x)}{\mathrm{d}x}\right|_{x=x_0}$.

如果令 $x=x_0+\Delta x$，则当 $\Delta x\to 0$ 时，即 $x\to x_0$，于是，导数 $f'(x_0)$ 的定义又可以表示为

$$f'(x_0)=\lim_{x\to x_0}\frac{f(x)-f(x_0)}{x-x_0}. \tag{3.4}$$

若上述极限不存在，则称 $f(x)$ 在点 x_0 处**不可导**或**导数不存在**，点 x_0 为 $f(x)$ 的**不可导点**，特别是当上述极限为无穷大时，此时导数不存在，或称 $f(x)$ 在点 x_0 处的**导数为无穷大**.

导数的定义式(3.3)也可以取不同的形式，常见的有

$$f'(x_0)=\lim_{h\to 0}\frac{f(x_0+h)-f(x_0)}{h} \tag{3.5}$$

引例 1 中变速直线运动物体的路程函数 $s=s(t)$，物体在 t_0 时刻的瞬时速度

$$v(t_0)=\lim_{\Delta t\to 0}\bar{v}=\lim_{\Delta t\to 0}\frac{\Delta s}{\Delta t}=\lim_{\Delta t\to 0}\frac{s(t_0+\Delta t)-s(t_0)}{\Delta t},$$

就是路程函数 $s=s(t)$ 在点 t_0 处的导数，即

$$v(t_0)=s'(t_0).$$

引例 2 中曲线 $y=f(x)$ 在点 $P_0(x_0,y_0)$ 处的切线斜率

$$\tan\alpha=\lim_{\Delta x\to 0}\tan\varphi=\lim_{\Delta x\to 0}\frac{\Delta y}{\Delta x}=\lim_{\Delta x\to 0}\frac{f(x_0+\Delta x)-f(x_0)}{\Delta x},$$

就是函数 $y=f(x)$ 在点 x_0 处的导数，即

$$\tan\alpha=f'(x_0).$$

导数是函数变化率这一概念的精确描述，它撇开了自变量和因变量所代表的几何和物理等方面的特殊意义，纯粹从数量方面来刻画函数变化率的本质：函数增量与自变量增量的比值 $\frac{\Delta y}{\Delta x}$ 是函数 $y=f(x)$ 在区间 $[x_0,x_0+\Delta x]$ 的平均变化率，而导数 $f'(x_0)$ 则是函数 $y=f(x)$ 在点 x_0 处的变化率，它反映了函数在点 x_0 处随自变量变化而变化的快慢程度.

如果函数 $y=f(x)$ 在开区间 (a,b) 内每一点处都可导，则称 $y=f(x)$ 在 (a,b) 内**可导**. 此时，对于任意的 $x\in(a,b)$，都存在唯一确定的导数 $f'(x)$. 因此，$f'(x)$ 是 x 的函数，称为 $f(x)$ 的**导函数**，简称为**导数**. 导函数 $f'(x)$ 也可记为

$$\frac{dy}{dx} \text{或} y', \frac{df(x)}{dx}.$$

在导数存在的情况下，函数在一点的导数值等于导函数在该点的函数值，即 $f'(x_0) = f'(x)|_{x=x_0}$.

根据导数的定义求导，一般包含以下三个步骤：

(1) 求函数的增量：$\Delta y = f(x_0 + \Delta x) - f(x_0)$(或 $f(x) - f(x_0)$)；

(2) 求两增量的比值：$\dfrac{\Delta y}{\Delta x} = \dfrac{f(x_0 + \Delta x) - f(x_0)}{\Delta x}$(或 $\dfrac{f(x) - f(x_0)}{x - x_0}$)；

(3) 求比值的极限：$\lim\limits_{\Delta x \to 0} \dfrac{\Delta y}{\Delta x} = \lim\limits_{\Delta x \to 0} \dfrac{f(x_0 + \Delta x) - f(x_0)}{\Delta x}$(或 $\lim\limits_{x \to x_0} \dfrac{f(x) - f(x_0)}{x - x_0}$).

例 3.1 求函数 $f(x) = C$ 的导数.

解 由于 $f(x) = C$，所以 $\Delta y = 0$，进而

$$f'(x) = \lim_{\Delta x \to 0} \frac{\Delta y}{\Delta x} = 0,$$

所以 $C' = 0$.

例 3.2 求函数 $y = \sin x$ 的导数.

解 $\Delta y = \sin(x + \Delta x) - \sin x = 2\cos\left(x + \dfrac{\Delta x}{2}\right)\sin\dfrac{\Delta x}{2}$，进而

$$y' = \lim_{\Delta x \to 0} \frac{\Delta y}{\Delta x} = \lim_{\Delta x \to 0} \cos\left(x + \frac{\Delta x}{2}\right) \frac{\sin\frac{\Delta x}{2}}{\frac{\Delta x}{2}} = \cos x.$$

因而有正弦函数导数公式

$$(\sin x)' = \cos x. \tag{3.6}$$

同理可得余弦函数导数公式

$$(\cos x)' = -\sin x. \tag{3.7}$$

例 3.3 求函数 $f(x) = x^n$(n 为正整数)的导数.

解

$$\begin{aligned}(x^n)' &= \lim_{h \to 0} \frac{(x + h)^n - x^n}{h} \\ &= \lim_{h \to 0} \left(nx^{n-1} + \frac{n(n-1)}{2}x^{n-2}h + \cdots + nxh^{n-2} + h^{n-1}\right) \\ &= nx^{n-1}.\end{aligned}$$

若将上式中的 n 换成任意实数 u，其结果仍然成立，我们将在后面进行证明. 即有幂函数导数公式

$$(x^u)' = ux^{u-1} \quad (u \in R). \tag{3.8}$$

例如，

$$\left(\frac{1}{x}\right)' = (x^{-1})' = -\frac{1}{x^2};$$

$$(\sqrt{x})' = (x^{\frac{1}{2}})' = \frac{1}{2\sqrt{x}};$$

$$(x)'=1.$$

例 3.4 求函数 $y=\ln x\ (x>0)$ 的导数.

解 $\Delta y=\ln(x+\Delta x)-\ln x=\ln\left(\frac{x+\Delta x}{x}\right)=\ln\left(1+\frac{\Delta x}{x}\right)$，进而

$$y'=\lim_{\Delta x\to 0}\frac{\Delta y}{\Delta x}=\lim_{\Delta x\to 0}\frac{\ln\left(1+\frac{\Delta x}{x}\right)}{\Delta x}=\frac{1}{x}.$$

于是可得对数导数公式

$$(\ln x)'=\frac{1}{x}\quad (x>0). \tag{3.9}$$

例 3.5 求函数 $f(x)=a^x(a>0,a\neq 1)$ 的导数.

解 $(a^x)'=\lim_{h\to 0}\frac{a^{x+h}-a^x}{h}=a^x\lim_{h\to 0}\frac{a^h-1}{h}=a^x\ln a$，即

$$(a^x)'=a^x\ln a\quad (a>0,a\neq 1). \tag{3.10}$$

特别地，

$$(\mathrm{e}^x)'=\mathrm{e}^x. \tag{3.11}$$

例 3.6 如果函数 $f(x)$ 在 a 点可导，那么

$$\lim_{h\to 0}\frac{f(a+h)-f(a-h)}{h}=2f'(a).$$

证明

$$\begin{aligned}\lim_{h\to 0}\frac{f(a+h)-f(a-h)}{h}&=\lim_{h\to 0}\left[\frac{f(a+h)-f(a)}{h}-\frac{f(a-h)-f(a)}{h}\right]\\&=\lim_{h\to 0}\left[\frac{f(a+h)-f(a)}{h}+\frac{f(a+(-h))-f(a)}{-h}\right]\\&=\lim_{h\to 0}\frac{f(a+h)-f(a)}{h}+\lim_{h\to 0}\frac{f(a+(-h))-f(a)}{(-h)}\\&=f'(a)+f'(a)=2f'(a).\end{aligned}$$

可知，极限 $\lim_{\Delta x\to 0}\frac{\Delta y}{\Delta x}=\lim_{x\to x_0}\frac{f(x)-f(x_0)}{x-x_0}$ 存在的充要条件是 $\lim_{\Delta x\to 0^-}\frac{\Delta y}{\Delta x}=\lim_{\Delta x\to 0^+}\frac{\Delta y}{\Delta x}$，因此也可以用点 x_0 的左极限和右极限来定义左导数和右导数.

左导数

$$f'_-(x_0)=\lim_{\Delta x\to 0^-}\frac{\Delta y}{\Delta x}=\lim_{x\to x_0^-}\frac{f(x)-f(x_0)}{x-x_0}. \tag{3.12}$$

右导数

$$f'_+(x_0)=\lim_{\Delta x\to 0^+}\frac{\Delta y}{\Delta x}=\lim_{x\to x_0^+}\frac{f(x)-f(x_0)}{x-x_0}. \tag{3.13}$$

由此，可以得到判别函数 $y=f(x)$ 在 x_0 处是否可导的常用方法，

$$f'(x_0)=A\Leftrightarrow f'_-(x_0)=f'_+(x_0)=A.$$

这个等式通常用于判定分段函数在分段点处是否可导.

例 3.7 设函数 $f(x)=\begin{cases}x, & x<0,\\ \sin x, & x\geqslant 0,\end{cases}$ 求 $f'(0)$.

解 求分段函数的导数时，在每一段内的导数可按照一般求导法则求之，但在分段点处的导数，要用左、右导数的定义求之.

当 $\Delta x<0$ 时，在点 $x=0$ 处的左导数为

$$\lim_{\Delta x\to 0^-}\frac{\Delta y}{\Delta x}=\lim_{\Delta x\to 0^-}\frac{f(0+\Delta x)-f(0)}{\Delta x}=\lim_{\Delta x\to 0^-}\frac{\Delta x-0}{\Delta x}=1;$$

当 $\Delta x>0$ 时，在点 $x=0$ 处的右导数为

$$\lim_{\Delta x\to 0^+}\frac{\Delta y}{\Delta x}=\lim_{\Delta x\to 0^+}\frac{f(0+\Delta x)-f(0)}{\Delta x}=\lim_{\Delta x\to 0^+}\frac{\sin(\Delta x)-0}{\Delta x}=1.$$

由于

$$f'_-(0)=f'_+(0)=1,$$

故

$$f'(0)=\lim_{\Delta x\to 0}\frac{\Delta y}{\Delta x}=1.$$

二、导数的几何意义

由前面的引例 1 可知，如果函数 $y=f(x)$ 在点 x_0 处可导，则其导数 $f'(x_0)$ 为曲线 $y=f(x)$ 在点$(x_0,f(x_0))$处的切线斜率. 特别地，若 $f'(x_0)=0$，则曲线 $y=f(x)$ 在点$(x_0,f(x_0))$处的切线平行于 Ox 轴；若 $f'(x_0)=\infty$，则曲线 $y=f(x)$ 在点$(x_0,f(x_0))$处的切线垂直于 Ox 轴. 曲线 $y=f(x)$ 在点$(x_0,f(x_0))$处的切线方程为

$$y-y_0=f'(x_0)(x-x_0). \tag{3.14}$$

当 $f'(x_0)=0$ 时，切线方程为

$$y-y_0=0;$$

当 $f'(x_0)=\infty$ 时，切线方程为

$$x-x_0=0.$$

而曲线 $y=f(x)$ 在点$(x_0,f(x_0))$处的法线方程为

$$y-y_0=-\frac{1}{f'(x_0)}(x-x_0)\quad (f'(x_0)\neq 0). \tag{3.15}$$

例 3.8 求抛物线 $y=\sqrt{x}$ 在点(1,1)处的切线方程和法线方程.

解 $y'=\dfrac{1}{2\sqrt{x}}$，$y'\big|_{x=1}=\dfrac{1}{2}$. 即曲线 $y=\sqrt{x}$ 在点(1,1)处的切线斜率为$\dfrac{1}{2}$.

切线方程为 $y-1=\dfrac{1}{2}(x-1)$，即 $x-2y+1=0$.

法线方程为 $y-1=-2(x-1)$，即 $y+2x-3=0$.

三、函数的可导性与连续性的关系

函数的连续性是刻画函数变化方式的概念：是均匀变化还是跳跃变化. 而函数是否可导是刻画函数变化快慢的一个概念：导数的绝对值大，说明函数的局部变化快；导数的绝对值小，说明函数在局部变化慢. 那么连续性与可导性之间有什么关系呢？有如下定理.

定理 3.1 函数 $y=f(x)$ 在点 x_0 处可导，则 $f(x)$ 在点 x_0 处一定连续.

证明 因 $f'(x_0)=\lim\limits_{\Delta x\to 0}\dfrac{\Delta y}{\Delta x}$ 存在,故有

$$\lim_{\Delta x\to 0}\Delta y=\lim_{\Delta x\to 0}\left(\frac{\Delta y}{\Delta x}\Delta x\right)=\lim_{\Delta x\to 0}\frac{\Delta y}{\Delta x}\lim_{\Delta x\to 0}\Delta x=f'(x_0)\cdot 0=0.$$

因此,$f(x)$ 在点 x_0 处连续.

此定理的逆定理不成立. 即函数 $f(x)$ 在点 x_0 处连续,但函数 $f(x)$ 在点 x_0 处不一定可导. 实际生活中也确实存在处处连续但不可导的函数.

例 3.9 讨论函数

$$y=|x|=\begin{cases}x, & x\geqslant 0,\\ -x, & x<0\end{cases}$$ 在点 $x=0$ 处的连续性与可导性.

解 在点 $x=0$ 处,取得自变量的改变量 Δx,函数的改变量为

$$\Delta y=|\Delta x|=\begin{cases}\Delta x, & \Delta x\geqslant 0,\\ -\Delta x, & \Delta x<0,\end{cases}$$

显然有

$$\lim_{\Delta x\to 0}\Delta y=0,$$

则 $y=|x|$ 在点 $x=0$ 处连续.

由于 $\Delta x\neq 0$ 时,有

$$\frac{\Delta y}{\Delta x}=\frac{|\Delta x|}{\Delta x}=\begin{cases}1, & \Delta x>0,\\ -1, & \Delta x<0,\end{cases}$$

所以有

$$\lim_{\Delta x\to 0^+}\frac{\Delta y}{\Delta x}=1,\quad \lim_{\Delta x\to 0^-}\frac{\Delta y}{\Delta x}=-1,$$

即有 $f'_+(0)\neq f'_-(0)$,故 $y=|x|$ 在点 $x=0$ 处不可导.

此例表明,函数 $f(x)$ 在点 x_0 处连续,但在点 x_0 处不一定可导,如图 3.2 所示,曲线 $y=|x|$ 在 $x=0$ 点处连续,但在 $x=0$ 出现了“尖点”,切线不存在,从而切线斜率(导数)不存在. 因此,如果函数在一个区间内可导,则其图形不会出现“尖点”,或者说是一条连续的光滑曲线.

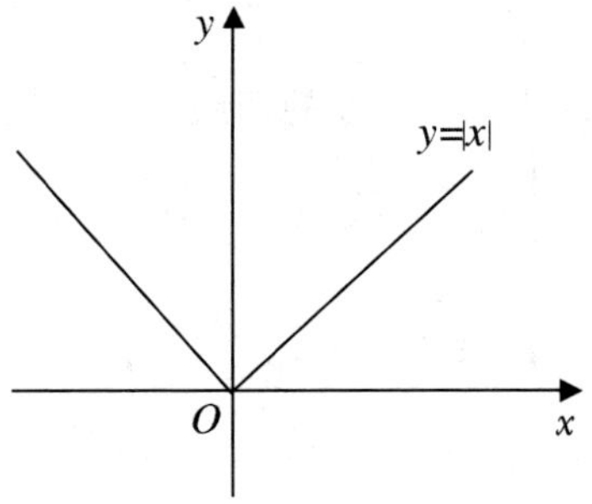

图 3.2

例 3.10 讨论函数 $f(x)=\begin{cases}x\sin\dfrac{1}{x}, & x\neq 0,\\ 0, & x=0\end{cases}$ 在点 $x=0$ 处的连续性与可导性.

解 由于 $\sin\dfrac{1}{x}$ 是有界函数,则有

$$\lim_{x\to 0} x\sin\frac{1}{x}=0.$$

由$\lim\limits_{x\to 0} f(x)=0=f(0)$ 知，函数 $y=f(x)$ 在点 $x=0$ 处连续. 但在点 $x=0$ 处有

$$\frac{\Delta y}{\Delta x}=\frac{\Delta x\sin\frac{1}{\Delta x}}{\Delta x}=\sin\frac{1}{\Delta x},$$

因为极限$\lim\limits_{\Delta x\to 0}\frac{\Delta y}{\Delta x}$ 不存在，所以 $y=f(x)$ 在点 $x=0$ 处不可导.

由此看出，函数在某点连续是函数在此点处可导的必要条件，但不是充分条件. 并且此定理的逆否定理说明，如果函数在一点不连续，则在这点一定不可导.

§3.2 求导法则

按照导数的定义，可以求出一些函数的导数. 但是，对于一些比较复杂的函数，直接按定义求它们的导数将涉及许多复杂的极限计算问题. 因此，需要建立一些求导的法则，以便简化求导的过程.

一、导数的四则运算法则

定理 3.2 设函数 $u(x)$ 和 $v(x)$ 在点 x 处可导，a 和 b 为常数，则 $u(x)$ 与 $v(x)$ 的和、差、积、商在点 x 处也可导，且有

(1) $[au(x)+bv(x)]'=au'(x)+bv'(x)$； (3.16)

(2) $[u(x)v(x)]'=u'(x)v(x)+u(x)v'(x)$； (3.17)

(3) $\left[\frac{u(x)}{v(x)}\right]'=\frac{u'(x)v(x)-u(x)v'(x)}{v^2(x)}$. (3.18)

证明 (1) 设自变量在 x 处取得改变量 Δx，则函数 u 和 v 相应地取得改变量

$$\Delta u=u(x+\Delta x)-u(x),\quad \Delta v=v(x+\Delta x)-v(x).$$

于是，函数 y 取得改变量

$$\begin{aligned}\Delta y&=[au(x+\Delta x)+bv(x+\Delta x)]-[au(x)+bv(x)]\\&=a[u(x+\Delta x)-u(x)]+b[v(x+\Delta x)-v(x)]\\&=a\Delta u+b\Delta v.\end{aligned}$$

所以有

$$\begin{aligned}y'&=\lim_{\Delta x\to 0}\frac{\Delta y}{\Delta x}=\lim_{\Delta x\to 0}\left(a\frac{\Delta u}{\Delta x}+b\frac{\Delta v}{\Delta x}\right)\\&=au'(x)+bv'(x).\end{aligned}$$

(2)设自变量在 x 处取得改变量 Δx，则相应地有

$$\begin{aligned}\Delta y&=u(x+\Delta x)v(x+\Delta x)-u(x)v(x)\\&=[u(x)+\Delta u][v(x)+\Delta v]-u(x)v(x)\\&=\Delta u v(x)+u(x)\Delta v+\Delta u\Delta v,\end{aligned}$$

$$\frac{\Delta y}{\Delta x}=\frac{\Delta u}{\Delta x}v(x)+u(x)\frac{\Delta v}{\Delta x}+\Delta u\frac{\Delta v}{\Delta x}.$$

因此有

$$\begin{aligned}y'&=\lim_{\Delta x\to 0}\frac{\Delta y}{\Delta x}\\&=\left(\lim_{\Delta x\to 0}\frac{\Delta u}{\Delta x}\right)v(x)+u(x)\left(\lim_{\Delta x\to 0}\frac{\Delta v}{\Delta x}\right)+(\lim_{\Delta x\to 0}\Delta u)\left(\lim_{\Delta x\to 0}\frac{\Delta v}{\Delta x}\right)\\&=u'(x)v(x)+u(x)v'(x).\end{aligned}$$

(3)设自变量在 x 处取得改变量 Δx，则相应地有

$$\begin{aligned}\Delta y&=\frac{u(x+\Delta x)}{v(x+\Delta x)}-\frac{u(x)}{v(x)}\\&=\frac{u(x+\Delta x)v(x)-u(x)v(x+\Delta x)}{v(x+\Delta x)v(x)}\\&=\frac{[u(x)+\Delta u]v(x)-u(x)[v(x)+\Delta v]}{v(x+\Delta x)v(x)}\\&=\frac{v(x)\Delta u-u(x)\Delta v}{v(x+\Delta x)v(x)},\end{aligned}$$

于是有

$$\frac{\Delta y}{\Delta x}=\frac{\frac{\Delta u}{\Delta x}v(x)-u(x)\frac{\Delta v}{\Delta x}}{v(x+\Delta x)v(x)}.$$

因为有 $u(x)$ 和 $v(x)$ 在点 x 处可导，所以有

$$y'=\lim_{\Delta x\to 0}\frac{\Delta y}{\Delta x}=\frac{v(x)\lim\limits_{\Delta x\to 0}\frac{\Delta u}{\Delta x}-u(x)\lim\limits_{\Delta x\to 0}\frac{\Delta v}{\Delta x}}{\lim\limits_{\Delta x\to 0}v(x+\Delta x)v(x)}=\frac{u'(x)v(x)-u(x)v'(x)}{v^2(x)}.$$

函数和的求导公式可以推广到有限多个的情形.

特别地，当 $a=b=1$ 时，得函数代数和的求导公式

$$[u(x)\pm v(x)]'=u'(x)\pm v'(x);\tag{3.19}$$

当 $b=0$ 时，得常数与函数之积的求导公式

$$[au(x)]'=au'(x),a\text{ 为常数}.\tag{3.20}$$

这个定理可以推广到有限个函数线性组合的情形.

设函数 $u_1(x)$, $u_2(x)$, …, $u_n(x)$ 都可导，则有

$$[a_1u_1(x)+a_2u_2(x)+\cdots+a_nu_n(x)]'=a_1u_1'(x)+a_2u_2'(x)+\cdots+a_nu_n'(x),$$

其中 $a_1,a_2,\cdots,a_n$ 为常数. (3.21)

函数积的求导公式可推广为有限多个函数的情形

$$\begin{aligned}&[f_1(x)f_2(x)\cdots f_n(x)]'\\=&f_1'(x)f_2(x)\cdots f_n(x)+f_1(x)f_2'(x)\cdots f_n(x)+\cdots+f_1(x)f_2(x)\cdots f_n'(x).\end{aligned}\tag{3.22}$$

请读者自己证明.

函数商的求导公式可以推广：令 $u(x)=C$(C 为常数)，则有

$$\left[\frac{C}{v(x)}\right]' = -C\frac{v'(x)}{v^2(x)}. \tag{3.23}$$

例 3.11 求函数 $y = x^3 + 4\cos x - \sin\frac{\pi}{2}$,求 $f'(x)$ 及 $f'\left(\frac{\pi}{2}\right)$.

解

$$\begin{aligned} f'(x) &= \left(x^3 + 4\cos x - \sin\frac{\pi}{2}\right)' \\ &= (x^3)' + 4(\cos x)' - \left(\sin\frac{\pi}{2}\right)' \\ &= 3x^2 - 4\sin x. \end{aligned}$$

$$f'\left(\frac{\pi}{2}\right) = f'(x)\big|_{x=\frac{\pi}{2}} = \frac{3}{4}\pi^2 - 4.$$

例 3.12 求函数 $y = \log_a x$ $(a > 0, a \neq 1)$ 的导数.

解 $y' = (\log_a x)' = \left(\frac{1}{\ln a}\ln x\right)' = \frac{1}{\ln a}(\ln x)' = \frac{1}{x\ln a}$,

即对数函数的求导公式

$$(\log_a x)' = \frac{1}{x\ln a} \ (a > 0, a \neq 1). \tag{3.24}$$

例 3.13 求函数 $y = e^x(\sin x + \cos x)$ 的导数.

解

$$\begin{aligned} y' &= (e^x)'(\sin x + \cos x) + e^x(\sin x + \cos x)' \\ &= e^x(\sin x + \cos x) + e^x(\cos x - \sin x) \\ &= 2e^x\cos x. \end{aligned}$$

例 3.14 求函数 $y = \tan x$ 的导数.

解 $y' = (\tan x)' = \left(\frac{\sin x}{\cos x}\right)'$

$$= \frac{(\sin x)'\cos x - (\cos x)'\sin x}{\cos^2 x} = \frac{\cos^2 x + \sin^2 x}{\cos^2 x} = \frac{1}{\cos^2 x} = \sec^2 x,$$

即正切函数的导数公式为

$$(\tan x)' = \frac{1}{\cos^2 x} = \sec^2 x. \tag{3.25}$$

同理可得余切函数的导数公式

$$(\cot x)' = -\frac{1}{\sin^2 x} = -\csc^2 x. \tag{3.26}$$

例 3.15 求函数 $y = \sec x$ 的导数.

解

$$y' = (\sec x)' = \left(\frac{1}{\cos x}\right)'$$

$$= \frac{\sin x}{\cos^2 x} = \sec x\tan x,$$

即正割函数的导数公式为

$$(\sec x)' = \sec x\tan x. \tag{3.27}$$

同理可得余割函数的导数公式为

$$(\csc x)' = -\csc x\cot x. \tag{3.28}$$

例 3.16　求函数 $y=\dfrac{x^2e^x}{1+\sin x}$ 的导数.

解

$$y'=\left(\frac{x^2e^x}{1+\sin x}\right)'=\frac{(x^2e^x)'(1+\sin x)-x^2e^x(1+\sin x)'}{(1+\sin x)^2}$$

$$=\frac{(2xe^x+x^2e^x)(1+\sin x)-x^2e^x\cos x}{(1+\sin x)^2}$$

$$=\frac{xe^x(2+x+2\sin x+x\sin x-x\cos x)}{(1+\sin x)^2}.$$

二、反函数的导数

定理 3.3　设函数 $x=\varphi(y)$ 在某区间单调且连续,又在该区间内某点 y_0 处有导数 $\varphi'(y_0)\neq 0$,则其反函数 $y=f(x)$ 在 y_0 的对应点 $x_0(x_0=\varphi(y_0))$ 处有导数,且

$$f'(x_0)=\frac{1}{\varphi'(y_0)}, \tag{3.29}$$

即反函数的导数等于直接函数导数的倒数.

证明　由于函数 $\varphi(y)$ 在某个区间内单调且连续,因此其反函数 $f(x)$ 在相应区间内单调且连续.如果反函数 $y=f(x)$ 在 x_0 处取得改变量 $\Delta x\neq 0$,则由 $f(x)$ 的单调性可知

$$\Delta y\neq 0.$$

由 $f(x)$ 的连续性可知,$\Delta x\to 0$ 时,$\Delta y\to 0$.于是

$$f'(x_0)=\lim_{\Delta x\to 0}\frac{\Delta y}{\Delta x}=\frac{1}{\lim\limits_{\Delta y\to 0}\dfrac{\Delta x}{\Delta y}}=\frac{1}{\varphi'(y_0)}.$$

例 3.17　求函数 $y=\arcsin x$ 的导数.

解　$y=\arcsin x$ 的反函数为 $x=\sin y$,且 $x=\sin y$ 在区间 $\left(-\dfrac{\pi}{2},\dfrac{\pi}{2}\right)$ 内单调增加且可导,其导数为

$$(\sin y)'=\cos y>0,\ y\in\left(-\frac{\pi}{2},\frac{\pi}{2}\right),$$

则 $y=\arcsin x$ 在区间 $(-1,1)$ 内可导,且

$$y'=(\arcsin x)'=\frac{1}{(\sin y)'}=\frac{1}{\cos y}$$

$$=\frac{1}{\sqrt{1-\sin^2 y}}=\frac{1}{\sqrt{1-x^2}},$$

即反正弦函数的导数公式为

$$(\arcsin x)'=\frac{1}{\sqrt{1-x^2}},|x|<1. \tag{3.30}$$

同理可得反余弦函数的导数公式为

$$(\arccos x)'=-\frac{1}{\sqrt{1-x^2}},|x|<1. \tag{3.31}$$

反正切函数的导数公式为

$$(\arctan x)'=\frac{1}{1+x^2},\quad x\in(-\infty,+\infty). \tag{3.32}$$

反余切函数的导数公式为

$$(\operatorname{arccot} x)'=-\frac{1}{1+x^2},\quad x\in(-\infty,+\infty). \tag{3.33}$$

§3.3 复合函数的导数

先分析一下复合函数导函数的特点.

函数 $y=9x^4+6x^2+1=(3x^2+1)^2$ 是 $y=u^2$ 和 $u=3x^2+1$ 的复合函数.通过计算导数可得

$$\begin{aligned}\frac{\mathrm{d}y}{\mathrm{d}u}\cdot\frac{\mathrm{d}u}{\mathrm{d}x}&=2u\cdot 6x\\&=2(3x^2+1)\cdot 6x\\&=36x^3+12x,\end{aligned}$$

而

$$\frac{\mathrm{d}y}{\mathrm{d}x}=\frac{\mathrm{d}}{\mathrm{d}x}(9x^4+6x^2+1)=36x^3+12x,$$

显然有

$$\frac{\mathrm{d}y}{\mathrm{d}x}=\frac{\mathrm{d}y}{\mathrm{d}u}\cdot\frac{\mathrm{d}u}{\mathrm{d}x}.$$

一般地,复合函数 $f[\varphi(x)]$ 对 x 的导数为 f 对 $\varphi(x)$ 的导数乘上 $\varphi(x)$ 对 x 的导数.这个结果称为**链式法则**.

定理 3.4(链式法则) 设函数 $u=\varphi(x)$ 在点 x_0 处可导,而函数 $y=f(u)$ 在点 $u_0=\varphi(x_0)$ 处可导,则复合函数 $y=f[\varphi(x)]$ 在点 x_0 处可导,且其导数为

$$\left.\frac{\mathrm{d}y}{\mathrm{d}x}\right|_{x=x_0}=\left.\frac{\mathrm{d}y}{\mathrm{d}u}\right|_{u=u_0}\cdot\left.\frac{\mathrm{d}u}{\mathrm{d}x}\right|_{x=x_0},\quad \text{或记}\quad \left.\frac{\mathrm{d}y}{\mathrm{d}x}\right|_{x=x_0}=f'(u_0)\varphi'(x_0).$$

证明 由于 $y=f(u)$ 在点 u_0 可导,故 $\lim\limits_{\Delta u\to 0}\frac{\Delta y}{\Delta u}=f'(u_0)$ 存在,所以

$$\frac{\Delta y}{\Delta u}=f'(u_0)+a,\text{其中}\lim_{\Delta u\to 0}a=0.$$

因 $\Delta u\neq 0$,故

$$\Delta y=f'(u_0)\cdot\Delta u+a\cdot\Delta u.$$

当 $\Delta u=0$ 时,规定 $a=0$,此时,

$$\Delta y=f(u_0+\Delta u)-f(u_0)=0.$$

即对于 $\Delta u=0$ 时,$\Delta y=f'(u_0)\Delta u+a\Delta u$ 也成立.

由于 $\Delta x\neq 0$,所以

$$\frac{\Delta y}{\Delta x}=f'(u_0)\cdot\frac{\Delta u}{\Delta x}+a\frac{\Delta u}{\Delta x}.$$

已知 $\Delta x \to 0$ 时，$\Delta u \to 0$（因 $u=\varphi(x)$ 可导，故连续），则

$$\lim_{\Delta x\to 0}\frac{\Delta y}{\Delta x}=f'(u_0)\lim_{\Delta x\to 0}\frac{\Delta u}{\Delta x}+\lim_{\Delta x\to 0}a\cdot\lim_{\Delta x\to 0}\frac{\Delta u}{\Delta x}=f'(u_0)\varphi'(x_0),$$

即

$$\left.\frac{\mathrm{d}y}{\mathrm{d}x}\right|_{x=x_0}=f'(u_0)\varphi'(x_0). \tag{3.34}$$

由 x_0 的任意性，若复合函数 $y=f[\varphi(x)]$ 在区间 I 内可导，则有

$$\frac{\mathrm{d}y}{\mathrm{d}x}=\frac{\mathrm{d}y}{\mathrm{d}u}\cdot\frac{\mathrm{d}u}{\mathrm{d}x}\quad 或\quad \frac{\mathrm{d}y}{\mathrm{d}x}=f'(u)\varphi'(x), \tag{3.35}$$

此式称为求复合函数导数的**链式法则**.

定理 3.4 表明，复合函数的导数，等于函数对中间变量的导数乘中间变量对自变量的导数. 计算复合函数的导数，其关键是分析清楚复合函数的构造，即该函数是由哪些简单函数经过怎样的过程复合而成的. 求导数时要按复合次序由最外层起，向内一层一层对中间变量求导数，直到对自变量求导数为止.

例 3.18 求函数 $y=x^a$（$x>0$，a 为实数）的导数.

解 $y=x^a=\mathrm{e}^{a\ln x}$，设 $y=\mathrm{e}^u$，$u=a\ln x$，由定理 3.4 可知

$$y'=(x^a)'=(\mathrm{e}^u)_u'\cdot(a\ln x)_x'=\mathrm{e}^u\cdot a\frac{1}{x}=x^a\cdot\frac{a}{x}=ax^{a-1},$$

即得到幂函数的导数公式为

$$(x^a)'=ax^{a-1}. \tag{3.36}$$

例 3.19 求函数 $y=\log_a|x|$ 的导数.

解 当 $x>0$ 时，有

$$(\log_a|x|)'=(\log_a x)'=\frac{1}{x\ln a},$$

当 $x<0$ 时，有

$$(\log_a|x|)'=[\log_a(-x)]'=\frac{1}{-x\ln a}\times(-1)=\frac{1}{x\ln a},$$

因此

$$(\log_a|x|)'=\frac{1}{x\ln a}. \tag{3.37}$$

例 3.20 求函数 $y=\arcsin x^3$ 的导数.

解 设 $y=\arcsin u$，$u=x^3$，由定理 3.4 可知

$$y'=(\arcsin x^3)'=(\arcsin u)_u'\cdot(x^3)_x'=\frac{1}{\sqrt{1-u^2}}\cdot 3x^2=\frac{3x^2}{\sqrt{1-x^6}}.$$

复合函数的链式求导法则可以推广至多个中间变量的情形，例如，设 $y=f(u)$，$u=\varphi(v)$，$v=\omega(x)$，那么复合函数 $y=f\{\varphi[\omega(x)]\}$ 的导数为

$$\frac{\mathrm{d}y}{\mathrm{d}x}=\frac{\mathrm{d}y}{\mathrm{d}u}\cdot\frac{\mathrm{d}u}{\mathrm{d}v}\cdot\frac{\mathrm{d}v}{\mathrm{d}x}.$$

例 3.21 求函数 $y=\ln\sqrt{a^2+x^2}$ 的导数.

解 由于 $y=\frac{1}{2}\ln(a^2+x^2)$，设 $y=\frac{1}{2}\ln u, u=a^2+x^2$，由链式法则，得

$$(\ln\sqrt{a^2+x^2})'=\frac{1}{2}(\ln u)_u'(a^2+x^2)_x'=\frac{1}{2u}\cdot 2x=\frac{x}{a^2+x^2}.$$

因此

$$(\ln\sqrt{a^2+x^2})'=\frac{x}{a^2+x^2}.$$

在熟练掌握链式规则后，可以不写出中间变量，简化运算过程.

比如例 3.21 可以这样做

$$\begin{aligned}(\ln\sqrt{a^2+x^2})'&=\frac{1}{\sqrt{a^2+x^2}}\cdot(\sqrt{a^2+x^2})'\\&=\frac{1}{\sqrt{a^2+x^2}}\ \frac{1}{2\sqrt{a^2+x^2}}(a^2+x^2)'\\&=\frac{1}{2(a^2+x^2)}\cdot 2x\\&=\frac{x}{a^2+x^2}.\end{aligned}$$

例 3.22 求函数 $y=e^{-x}\sin\sqrt{2x}$ 的导数.

解

$$\begin{aligned}y'&=(e^{-x})'\sin\sqrt{2x}+e^{-x}(\sin\sqrt{2x})'\\&=e^{-x}(-x)'\sin\sqrt{2x}+e^{-x}\cos\sqrt{2x}(\sqrt{2x})'\\&=-e^{-x}\sin\sqrt{2x}+\frac{1}{\sqrt{2x}}e^{-x}\cos\sqrt{2x}\\&=e^{-x}\left[\frac{\cos\sqrt{2x}}{\sqrt{2x}}-\sin\sqrt{2x}\right].\end{aligned}$$

例 3.23 求函数 $y=\ln\frac{\sqrt{x^2+1}}{\sqrt[3]{x-2}}$ 的导数.

解 因为 $y=\ln\sqrt{x^2+1}-\ln\sqrt[3]{x-2}=\frac{1}{2}\ln(x^2+1)-\frac{1}{3}\ln(x-2)$，所以

$$\begin{aligned}y'&=\frac{1}{2}\cdot\frac{1}{x^2+1}\cdot(x^2+1)'-\frac{1}{3}\cdot\frac{1}{x-2}\cdot(x-2)'\\&=\frac{x}{x^2+1}-\frac{1}{3(x-2)}.\end{aligned}$$

例 3.24 设 $f(x)$ 可导，求函数 $y=f(\sin^2 x)+f(\cos^2 x)$ 的导数 $\frac{dy}{dx}$ 及 $\left.\frac{dy}{dx}\right|_{x=\frac{\pi}{4}}$.

解 $$\frac{dy}{dx}=f'(\sin^2x)(\sin^2x)'+f'(\cos^2x)(\cos^2x)'$$

$$=2\sin x\cos x f'(\sin^2x)-2\sin x\cos x f'(\cos^2x)$$

$$=\sin(2x)[f'(\sin^2x)-f'(\cos^2x)],$$

$$\left.\frac{dy}{dx}\right|_{x=\frac{\pi}{4}}=\sin\frac{\pi}{2}\left[f'\left(\frac{1}{2}\right)-f'\left(\frac{1}{2}\right)\right]=0.$$

注意 $f'(\varphi(x))$ 是函数 $f[\varphi(x)]$ 对 $u=\varphi(x)$ 求导，$\{f[\varphi(x)]\}'$ 是函数 $f[\varphi(x)]$ 对自变量 x 求导，二者并不相等.

§3.4 高阶导数

在变速直线运动中，路程 $s=s(t)$ 关于时间 t 的导数 $v=s'=\frac{ds}{dt}$ 是物体的瞬时速度，而加速度 $a=\frac{dv}{dt}=\frac{d}{dt}\left(\frac{ds}{dt}\right)$ 或 $a=(s')'$. 可以看出加速度 a 是路程 s 关于时间 t 的导数的导数，我们将其称为**二阶导数**.

一般地，函数 $y=f(x)$ 的导数 $y'=f'(x)$ 仍然是 x 的函数. 我们将 $y'=f'(x)$ 的导数称为函数 $y=f(x)$ 的**二阶导函数**，简称**二阶导数**. 记作 y''，$f''(x)$，$\frac{d^2y}{dx^2}$ 或 $\frac{d^2f(x)}{dx^2}$.

类似地，可以定义 $f(x)$ 的三阶导数，四阶导数，…，n 阶导数. 一般地，$f(x)$ 的 n 阶导数是 $f(x)$ 的 $(n-1)$ 阶导数的导数. 函数 $y=f(x)$ 具有 n 阶导数，也常称函数 $y=f(x)$ 是 n **阶可导的**.

三阶导数记作 y'''，$f'''(x)$，$\frac{d^3y}{dx^3}$ 或 $\frac{d^3f(x)}{dx^3}$.

$n\geqslant 4$ 时，n 阶导数记作 $y^{(n)}$，$f^{(n)}(x)$，$\frac{d^ny}{dx^n}$ 或 $\frac{d^nf(x)}{dx^n}$.

n 阶导数在 x_0 处的值记为

$$y^{(n)}\big|_{x=x_0},\ f^{(n)}(x_0),\ \left.\frac{d^ny}{dx^n}\right|_{x=x_0} \text{ 或 } \frac{d^nf(x_0)}{dx^n}.$$

二阶和二阶以上的导数统称为**高阶导数**.

由此可见，求高阶导数就是多次接连地求导数. 所以，还可以用前面的求导方法来计算高阶导数.

例 3.25 设函数 $y=ax+b$，求 y''.

解 $y'=a$，$y''=0$.

例 3.26 求函数 $y=e^{ax}\ (a\neq 0)$ 的各阶导数.

解 $y'=ae^{ax}$，$y''=a^2e^{ax}$，…，$y^{(n)}=a^ne^{ax}\quad (n=1,2,3,\cdots)$.

当 $a=1$ 时,有 $y^{(n)}=e^x \quad (n=1,2,3,\cdots)$.

例 3.27 求 $y=\ln(1+x)$ 的 n 阶导数.

解 $y'=\dfrac{1}{1+x},y''=-\dfrac{1}{(1+x)^2},y'''=\dfrac{2!}{(1+x)^3}$,

以此类推,可得

$$y^{(n)}=(-1)^{n-1}\frac{(n-1)!}{(1+x)^n} \quad (n=1,2,3,\cdots).$$

例 3.28 求幂函数 $y=x^a(a\in R)$ 的 n 阶求导公式.

解

$$y'=ax^{a-1},y''=(ax^{a-1})'=a(a-1)x^{a-2},$$
$$y'''=(a(a-1)x^{a-1})'=a(a-1)(a-2)x^{a-3}.$$

以此类推,可得

$$y^{(n)}=(x^a)^{(n)}=a(a-1)(a-2)\cdots(a-n+1)x^{a-n} \quad (n=1,2,3,\cdots). \tag{3.38}$$

特别地,若 $a=-1$,则有

$$\left(\frac{1}{x}\right)^{(n)}=(-1)^n\frac{n!}{x^{n+1}} \quad (n=1,2,3,\cdots). \tag{3.39}$$

若 a 为自然数 n,则有

$$(x^n)^{(n)}=n(n-1)(n-2)\cdots3\cdot2\cdot1=n! \quad (n=1,2,3,\cdots), \tag{3.40}$$
$$(x^n)^{(n+1)}=(n!)'=0 \quad (n=1,2,3,\cdots).$$

例 3.29 求 $y=\sin x$ 的 n 阶求导公式.

解

$$y'=\cos x=\sin\left(x+\frac{\pi}{2}\right),$$

$$y''=\cos\left(x+\frac{\pi}{2}\right)=\sin\left(x+2\cdot\frac{\pi}{2}\right),$$

$$y'''=\cos\left(x+2\cdot\frac{\pi}{2}\right)=\sin\left(x+3\cdot\frac{\pi}{2}\right).$$

以此类推,可得

$$y^{(n)}=\sin\left(x+n\frac{\pi}{2}\right) \ (n=1,2,3,\cdots).$$

即

$$(\sin x)^{(n)}=\sin\left(x+n\frac{\pi}{2}\right) \ (n=1,2,3,\cdots). \tag{3.41}$$

同理可得

$$(\cos x)^{(n)}=\cos\left(x+n\frac{\pi}{2}\right) \ (n=1,2,3,\cdots). \tag{3.42}$$

§3.5 隐函数的导数及对数求导法

一、隐函数的导数

前面我们遇到的函数，例如 $y=\sin x$，$y=x^2+e^x$ 等，这种函数表示的特点是等号左端为因变量，右端为含有自变量的算式. 当自变量在某一集合内任意取定一个值时，由这个算式能确定因变量唯一的值. 用这种方式表达的函数称为**显函数**. 但是，有时变量 y 与 x 之间的函数关系是隐含在方程 $F(x,y)=0$ 中. 例如，方程 $2x+y^3-5=0$ 在区间 $(-\infty,+\infty)$ 上就确定了一个函数 $y=y(x)$，当自变量 x 在 $(-\infty,+\infty)$ 内任取一值，因变量 y 有唯一确定值与之对应. 我们把 $y=y(x)$ 称为**隐函数**. 把一个隐函数化成显函数，称为**隐函数的显化**. 例如，方程 $2x+y-5=0$ 显化为函数 $y=5-2x$. 但有时隐函数的显化是有困难的，甚至是不可能的，例如 $e^y+xy-e=0$. 因此，希望有一种方法，不管隐函数能否显化，都可以由方程确定其隐函数的导数. 下面通过例题说明这种方法.

例 3.30 求由方程 $\sin(x+y)+y^2-x^2=0$ 所确定的隐函数 $y=y(x)$ 的导数 $\dfrac{dy}{dx}$.

解 将方程中的 y 看成 x 的函数 $y=y(x)$，利用复合函数的链式法则，把方程两端对 x 求导，得

$$\cos(x+y)\cdot(x+y)'+2y\cdot y'-2x=0,$$

解出 y'，得

$$y'=\frac{2x-\cos(x+y)}{2y+\cos(x+y)}.$$

例 3.31 求曲线 $x^2+y^2=2$ 在点 $(1,1)$ 处的切线方程.

解 将方程中的 y 看成 x 的函数 $y=y(x)$，利用复合函数的链式法则，把方程两端对 x 求导，得

$$2x+2yy'=0.$$

由此可得

$$y'=-\frac{x}{y}\text{，因此有 } y'|_{(1,1)}=-1.$$

从而，曲线过点 $(1,1)$ 的切线方程为

$$y-1=-(x-1).$$

例 3.32 求由方程 $y=1+xe^y$ 所确定的隐函数 $y=y(x)$ 的二阶导数 y'' 在点 $(-1,0)$ 处的值.

解 把方程 $y=1+xe^y$ 的两端同时对 x 求导，得

$$y'=e^y+xe^yy',$$

于是有

$$y'=\frac{e^y}{1-xe^y}.$$

将 $x=-1, y=0$ 代入上式,得

$$y'\Big|_{\substack{x=-1\\y=0}}=\frac{1}{2}.$$

把 $y'=e^y+xe^yy'$ 的两端同时对 x 求导,得

$$y''=e^yy'+e^yy'+xe^y(y')^2+xe^yy''=2e^yy'+xe^y(y')^2+xe^yy'',$$

于是有

$$y''=\frac{2e^yy'+xe^y(y')^2}{1-xe^y},$$

将 $x=-1, y=0, y'\Big|_{\substack{x=-1\\y=0}}=\frac{1}{2}$ 代入上式,得

$$y''\Big|_{\substack{x=-1\\y=0}}=\frac{3}{8}.$$

二、对数求导法

对于幂指函数 $y=f(x)^{g(x)}$ 和若干个因子幂连成积的函数,比如 $y=\frac{(x+1)\sqrt[3]{x-1}}{(x+4)^2e^x}$,直接利用前面介绍的求导法则比较复杂甚至不能求出其导数,对于此类函数,可以先在 $y=f(x)$ 的两边取对数,然后等式两边同时对自变量 x 求导,进而得到 y 的导数,我们称之为**对数求导法则**.

例 3.33 求 $y=x^{\sin x}\ (x>0)$ 的导数.

解 对 $y=x^{\sin x}$ 两边取对数,得

$$\ln y=\sin x\cdot\ln x,$$

等式两边同时对 x 求导,得

$$\frac{1}{y}y'=\cos x\cdot\ln x+\sin x\cdot\frac{1}{x},$$

于是

$$y'=\left(\cos x\cdot\ln x+\sin x\cdot\frac{1}{x}\right)y=x^{\sin x}\left(\cos x\cdot\ln x+\frac{\sin x}{x}\right)\ (x>0).$$

由此可以总结幂指函数为 $y=u(x)^{v(x)}$ 的求导公式

$$y'=\left[v'(x)\ln u(x)+\frac{v(x)}{u(x)}u'(x)\right]u(x)^{v(x)}. \tag{3.43}$$

例 3.34 求 $y=\frac{(x+1)\sqrt[3]{x-1}}{(x+4)^2e^x}\ (x>1)$ 的导数.

解 对 $y=\frac{(x+1)\sqrt[3]{x-1}}{(x+4)^2e^x}$ 两边取对数,得

$$\ln y=\ln(x+1)+\frac{1}{3}\ln(x-1)-2\ln(x+4)-x.$$

等式两边同时对 x 求导,得

$$\frac{1}{y}y' = \frac{1}{x+1} + \frac{1}{3(x-1)} - \frac{2}{x+4} - 1\ ,$$

于是

$$y' = \left(\frac{1}{x+1} + \frac{1}{3(x-1)} - \frac{2}{x+4} - 1\right)\frac{(x+1)\sqrt[3]{x-1}}{(x+4)^2 e^x}\ (x > 1).$$

§3.6 导数公式与求导方法总结

一、基本导数公式

现在将基本初等函数的导数公式汇集如下：

(1)$C' = 0$；

(2)$(x^a)' = ax^{a-1}$；

(3)$(a^x)' = a^x \ln a$；

$(e^x)' = e^x$；

(4)$(\log_a |x|)' = \dfrac{1}{x\ln a}$；

$(\ln|x|)' = \dfrac{1}{x}$；

(5)$(\sin x)' = \cos x$；

(6)$(\cos x)' = -\sin x$；

(7)$(\tan x)' = \sec^2 x$；

(8)$(\cot x)' = -\csc^2 x$；

(9)$(\sec x)' = \sec x \cdot \tan x$；

(10)$(\csc x)' = -\csc x \cdot \cot x$；

(11)$(\arcsin x)' = \dfrac{1}{\sqrt{1-x^2}}$；

(12)$(\arccos x)' = -\dfrac{1}{\sqrt{1-x^2}}$；

(13)$(\arctan x)' = \dfrac{1}{1+x^2}$；

(14)$(\text{arccot}\, x)' = -\dfrac{1}{1+x^2}$.

二、函数的和、差、积、商的求导法则

设 $u = u(x)$，$v = v(x)$ 都可导，则

(1)$(au + bv)' = au' + bv'$；

(2)$(Cu)' = Cu'$（C 为常数）；

(3)$(uv)' = u'v + uv'$；

(4)$\left(\dfrac{u}{v}\right)' = \dfrac{u'v - uv'}{v^2}\ (v \neq 0)$；

(5)$\left(\dfrac{C}{v}\right)' = -C\dfrac{v'}{v^2}$；

(6)$[f_1 f_2 \cdots f_n]' = f_1' f_2 \cdots f_n + f_1 f_2' \cdots f_n + \cdots + f_1 f_2 \cdots f_n'$（$f_i$ 都可导，$i = 1, 2, \cdots, n$）.

三、反函数的求导法则

设函数 $x = \varphi(y)$ 在某区间单调且连续，又在该区间内某点 y_0 处有导数 $\varphi'(y_0) \neq 0$，则其反函数 $y = f(x)$ 在 y_0 的对应点 $x_0(x_0 = \varphi(y_0))$ 处有导数，且

$$f'(x_0) = \frac{1}{\varphi'(y_0)}.$$

四、复合函数的求导法则

设 $y = f(u)$，而 $u = \varphi(x)$，且 $f(u)$ 及 $\varphi(x)$ 都可导，则复合函数 $y = f[\varphi(x)]$ 的导数为

$\frac{dy}{dx}=\frac{dy}{du}\cdot\frac{du}{dx}$,或 $y'(x)=f'(u)\varphi'(x)$.

五、隐函数的导数

求由方程 $F(x,y)=0$ 所确定的隐函数 $y=y(x)$ 的导数$\frac{dy}{dx}$时,对应方程 $F(x,y)=0$ 两端同时对自变量 x 求导,然后解出$\frac{dy}{dx}$.

六、幂指函数的导数

设幂指函数为 $y=u(x)^{v(x)}$,则$\frac{dy}{dx}=\left[v'(x)\ln u(x)+\frac{v(x)}{u(x)}u'(x)\right]u(x)^{v(x)}$.

§3.7 微 分

在理论研究和实际应用中,常常会遇到这样的问题:当自变量 x 有微小变化时,求函数 $y=f(x)$ 的微小改变量

$$\Delta y=f(x+\Delta x)-f(x).$$

然而,对于复杂的函数 $f(x)$,改变量 Δy 却是一个更复杂的表达式,不易求出其值.为了简化问题,现设法将 Δy 表示成 Δx 的线性函数,即线性化.微分就是实现这种线性化的一种数学模型.

一、微分的概念

先分析一个具体实例,设有一块边长为 x_0 的正方形金属薄片,如图 3.3 所示,面积为 $S=x_0^2$.由于受到温度变化的影响,边长从 x_0 变为 $x_0+\Delta x$ 时,其面积的改变量为

$$\Delta S=(x_0+\Delta x)^2-x_0^2=2x_0\Delta x+(\Delta x)^2.$$

可以看出 ΔS 由两部分组成,一部分为 $2x_0\Delta x$ 是 Δx 的线性函数(即图中阴影部分的面积),另一部分是 $(\Delta x)^2$(即图中右上方小正方形的面积),而当 $\Delta x\to 0$ 时,$(\Delta x)^2$ 是比 Δx 高阶的无穷小量,即 $(\Delta x)^2=o(\Delta x)$,$(\Delta x\to 0)$.

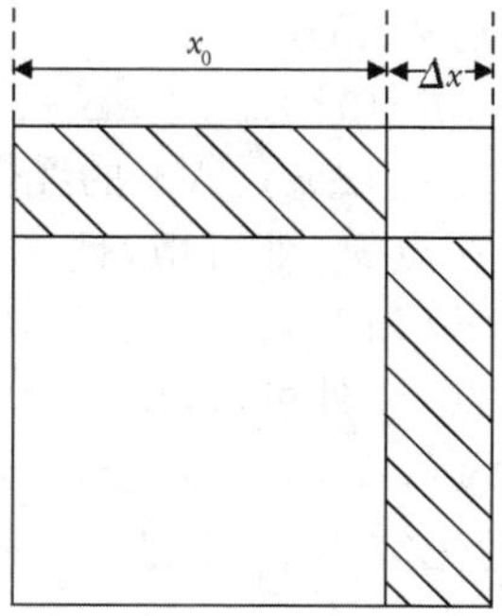

图 3.3

由此可见,当边长 Δx 有微小改变时,可以将 $(\Delta x)^2$ 这个高阶无穷小忽略,而用第一部分

$2x_0\Delta x$ 近似地表示面积改变量 ΔS，即 $\Delta S \approx 2x_0\Delta x$. 所以又将 $2x_0\Delta x$ 称为 ΔS 的**线性主部**.

定义 3.2 设函数 $y=f(x)$ 在点 x_0 处的改变量为 Δx，若函数的改变量

$$\Delta y = f(x_0+\Delta x)-f(x_0)$$

可以表示为

$$\Delta y = A\Delta x + a\Delta x,$$

其中 A 与 Δx 无关，a 是 $\Delta x \to 0$ 时的无穷小量，则称函数 $y=f(x)$ 在点 x_0 处**可微**，并称 Δx 的线性主部 $A\Delta x$ 为函数 $y=f(x)$ 在点 x_0 处的**微分**，记为 $\mathrm{d}y$ 或 $\mathrm{d}f(x)$，即

$$\mathrm{d}y\big|_{x=x_0}=A\Delta x \quad 或 \quad \mathrm{d}f(x)\big|_{x=x_0}=A\Delta x.$$

如果 Δy 不能表示成 $\Delta y = A\Delta x + a\Delta x$ 的形式，则称函数 $y=f(x)$ 在点 x_0 处**不可微**或**微分不存在**.

由定义 3.2 可知，如果函数 $y=f(x)$ 在点 x_0 处可微，则

(1) 函数 $y=f(x)$ 在点 x_0 处微分 $\mathrm{d}y$ 是自变量的改变量 Δx 的线性函数；

(2) 由定义可得

$$\Delta y - \mathrm{d}y = o(\Delta x), \tag{3.44}$$

即 $\Delta y - \mathrm{d}y$ 是比自变量 Δx 更高阶的无穷小；

(3) 由式(3.44)得到

$$\Delta y = \mathrm{d}y + o(\Delta x),$$

由此得到

$$\frac{\Delta y}{\mathrm{d}y}=\frac{\mathrm{d}y+o(\Delta x)}{\mathrm{d}y}=1+\frac{o(\Delta x)}{A\Delta x}\to 1\ (\Delta x\to 0).$$

二、函数可微的条件

根据定义仅知道微分 $\mathrm{d}y=A\Delta x$ 中的 A 与 Δx 无关，那么如何计算 A，什么样的函数才可微呢？

定理 3.5 函数 $y=f(x)$ 在点 x_0 处可微的充要条件是函数 $y=f(x)$ 在点 x_0 处可导，且

$$\mathrm{d}f(x)\big|_{x=x_0}=f'(x_0)\Delta x. \tag{3.45}$$

证明 充分性 若函数 $y=f(x)$ 在点 x_0 处可导，则有

$$f'(x_0)=\lim_{\Delta x\to 0}\frac{\Delta y}{\Delta x},$$

于是有

$$\frac{\Delta y}{\Delta x}=f'(x_0)+a,$$

其中 $a\to 0$(当 $\Delta x\to 0$ 时). 因此，Δy 可表示为

$$\Delta y = f'(x_0)\Delta x + a\Delta x.$$

因为 $f'(x_0)$ 与 Δx 无关，所以 $f'(x_0)\Delta x$ 是 Δx 的线性函数，而 $a\Delta x$ 是 Δx 的高阶无穷小量(当 $\Delta x\to 0$ 时). 因此，$y=f(x)$ 在点 x_0 处可微，且

$$\mathrm{d}y\big|_{x=x_0}=\mathrm{d}f(x)\big|_{x=x_0}=f'(x_0)\Delta x.$$

必要性 因为函数 $y=f(x)$ 在点 x_0 处可微，所以有

$$\Delta y = A\Delta x + a\Delta x,$$

其中 A 与 Δx 无关，a 是 $\Delta x\to 0$ 时的无穷小量，于是有

$$\lim_{\Delta x\to 0}\frac{\Delta y}{\Delta x}=\lim_{\Delta x\to 0}(A+a)=A,$$

所以，函数 $y=f(x)$ 在点 x_0 处可导，且

$$f'(x_0)=A.$$

若函数 $y=f(x)$ 在区间 I 内每一点处都可微，则称函数 $f(x)$ 在区间 I 内**可微**，且称函数 $f(x)$ 是区间 I 内的**可微函数**. 此时函数的微分记为 $\mathrm{d}y$，且有

$$\mathrm{d}y=f'(x)\Delta x. \tag{3.46}$$

进一步，对于函数 $y=x$，根据定理 3.5，有 $\mathrm{d}y=\mathrm{d}x=x'\Delta x=\Delta x$，亦即 $\mathrm{d}x=\Delta x$，于是，式(3.46) 又可写成

$$\mathrm{d}y=\mathrm{d}f(x)=f'(x)\mathrm{d}x. \tag{3.47}$$

而导数 $f'(x)$ 可表示成函数微分 $\mathrm{d}y$ 和自变量微分 $\mathrm{d}x$ 的商，即 $f'(x)=\frac{\mathrm{d}y}{\mathrm{d}x}$. 因此，导函数也称**微商**.

例 3.35 求函数 $y=x^2$ 当 $x=1$ 和 $\Delta x=0.2$ 时的微分.

解

$$\mathrm{d}y=(x^2)'\Delta x=2x\Delta x,$$

所以

$$\mathrm{d}y\big|_{x=1,\ \Delta x=0.2}=2\times1\times0.2=0.4.$$

例 3.36 求函数 $y=\sin x$ 在点 $x=0$ 处的微分表达式.

解

$$\mathrm{d}y\big|_{x=0}=(\sin x)'\big|_{x=0}\mathrm{d}x=\cos x\big|_{x=0}\mathrm{d}x=\mathrm{d}x.$$

三、微分的几何意义

设可微函数 $y=f(x)$ 的图形如图 3.4 所示. 曲线 $y=f(x)$ 在点 $M(x_0,y_0)$ 的切线 MT 的斜率为 $f'(x_0)$. 当自变量在 x_0 处取得了改变量 Δx 时，得到曲线上的另一点 $N(x_0+\Delta x,y_0+\Delta y)$. 由图可知，$\Delta x$ 由线段 MQ 表示，纵坐标改变量 Δy 由线段 NQ 表示，过 M 点作曲线的切线 MT，倾角为 α，则

$$PQ=\tan\alpha\cdot MQ=\tan\alpha\cdot\Delta x=f'(x_0)\cdot\Delta x=\mathrm{d}y\big|_{x=x_0}.$$

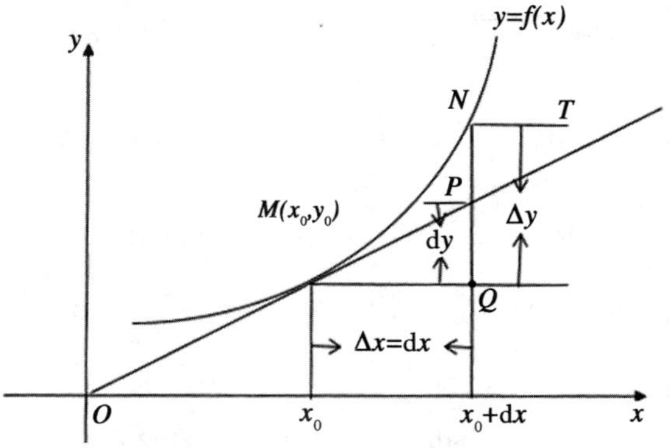

图 3.4

这说明，$\mathrm{d}y$ 就是曲线在点(x_0,y_0)处切线的纵坐标的改变量，即 PQ. 当 $|\Delta x|$ 很小时，$|\Delta y-\mathrm{d}y|$ 比 $|\Delta x|$ 小很多，即 $\Delta y\approx\mathrm{d}y$，因此，在点 M 附近切线段 MP 可以近似代替曲线弧段 MN，即以直线来替代曲线，简称“以直代曲”.

四、微分公式及微分运算法则

由微分表达式 $\mathrm{d}y=f'(x)\mathrm{d}x$ 可知,求微分 $\mathrm{d}y$,只需求出导数 $f'(x)$,再乘以 $\mathrm{d}x$ 即可.因此,利用导数公式与运算法则,可直接导出微分的基本公式与运算法则.

1. 微分基本公式

(1) $\mathrm{d}C=0$; (2) $\mathrm{d}x^{a}=ax^{a-1}\mathrm{d}x$;

(3) $\mathrm{d}a^{x}=a^{x}\ln a\,\mathrm{d}x$; $\mathrm{d}e^{x}=e^{x}\mathrm{d}x$;

(4) $\mathrm{d}\log_{a}x=\dfrac{1}{x\ln a}\mathrm{d}x$; $\mathrm{d}\ln x=\dfrac{1}{x}\mathrm{d}x$;

(5) $\mathrm{d}\sin x=\cos x\,\mathrm{d}x$; (6) $\mathrm{d}\cos x=-\sin x\,\mathrm{d}x$;

(7) $\mathrm{d}\tan x=\sec^{2}x\,\mathrm{d}x$; (8) $\mathrm{d}\cot x=-\csc^{2}x\,\mathrm{d}x$;

(9) $\mathrm{d}\sec x=\sec x\tan x\,\mathrm{d}x$; (10) $\mathrm{d}\csc x=-\csc x\cot x\,\mathrm{d}x$;

(11) $\mathrm{d}\arcsin x=\dfrac{1}{\sqrt{1-x^{2}}}\mathrm{d}x$; (12) $\mathrm{d}\arccos x=-\dfrac{1}{\sqrt{1-x^{2}}}\mathrm{d}x$;

(13) $\mathrm{d}\arctan x=\dfrac{1}{1+x^{2}}\mathrm{d}x$; (14) $\mathrm{d}\mathrm{arccot}\,x=-\dfrac{1}{1+x^{2}}\mathrm{d}x$.

2. 微分运算法则

(1) $\mathrm{d}(u\pm v)=\mathrm{d}u\pm\mathrm{d}v$; (2) $\mathrm{d}(uv)=u\mathrm{d}v+v\mathrm{d}u$;

(3) $\mathrm{d}\left(\dfrac{u}{v}\right)=\dfrac{v\mathrm{d}u-u\mathrm{d}v}{v^{2}}\ (v\neq 0)$.

以乘积的微分运算法则为例加以证明.

证明 $(uv)'=u'v+v'u$,故

$$\mathrm{d}(uv)=(u'v+uv')\mathrm{d}x=u'\mathrm{d}x\cdot v+u\cdot v'\mathrm{d}x=v\mathrm{d}u+u\mathrm{d}v.$$

其他运算法则可以类似地证明.

例 3.37 求函数 $y=x^{3}e^{2x}$ 的微分.

解 因为

$$y'=3x^{2}e^{2x}+2x^{3}e^{2x}=x^{2}e^{2x}(3+2x),$$

所以

$$\mathrm{d}y=y'\mathrm{d}x=x^{2}e^{2x}(3+2x)\mathrm{d}x,$$

或者有

$$\mathrm{d}y=e^{2x}\mathrm{d}(x^{3})+x^{3}\mathrm{d}(e^{2x})=e^{2x}\cdot 3x^{2}\mathrm{d}x+x^{3}2e^{2x}\mathrm{d}x=x^{2}e^{2x}(3+2x)\mathrm{d}x.$$

例 3.38 求函数 $y=\dfrac{\sin x}{x}$ 的微分.

解 因为

$$y'=\left(\frac{\sin x}{x}\right)'=\frac{x\cos x-\sin x}{x^{2}},$$

所以

$$\mathrm{d}y=y'\mathrm{d}x=\frac{x\cos x-\sin x}{x^{2}}\mathrm{d}x,$$

或者有

$$dy=\frac{x\,d(\sin x)-\sin x\,dx}{x^2}=\frac{x\cos x-\sin x}{x^2}dx.$$

五、微分形式不变性

下面推导复合函数 $y=f[\varphi(x)]$ 的微分计算法则. 设函数 $y=f(u)$ 与 $u=\varphi(x)$ 分别关于 u 和 x 可导. 由链式法则可知

$$\{f[\varphi(x)]\}'=f'[\varphi(x)]\varphi'(x)=f'(u)u',$$

因此

$$dy=\{f[\varphi(x)]\}'dx=f'[\varphi(x)]\varphi'(x)dx=f'(u)u'dx=f'(u)du,$$

即有

$$dy=f'(u)du.$$

由此可知,对于函数 $y=f(u)$,不论 u 是自变量还是另一变量 x 的函数 $u=\varphi(x)$,$f(u)$ 的微分形式 $dy=f'(u)du$ 总保持不变. 微分的这一性质称为**微分形式不变性**.

例 3.39 设 $y=\sin e^x$,求 dy.

解 令 $e^x=u$,则 $y=\sin u$,根据微分形式不变性有

$$dy=d\sin u=\cos u\,du=\cos e^x\,de^x=e^x\cos e^x\,dx.$$

例 3.40 设 $y=\ln x\cdot\sin e^x$,求 dy.

解 $y'=\ln x\,d\sin e^x+\sin e^x\,d\ln x$

$$=e^x\cos e^x\ln x\,dx+\frac{\sin e^x}{x}dx=\left(e^x\cos e^x\ln x+\frac{\sin e^x}{x}\right)dx.$$

*六、微分在近似计算中的应用

式(3.44)还表明,以微分 dy 近似代替函数增量 Δy 时,其误差为 $o(\Delta x)$,所以,当 $|\Delta x|$ 很小,有近似等式

$$\Delta y\approx dy.$$

因此,可用 dy 近似代替 Δy,从这个等式出发,我们讨论利用微分进行计算的有关公式.

根据 $dy\approx\Delta y$,我们得到

$$\Delta y|_{x=x_0}\approx dy|_{x=x_0}=f'(x_0)\Delta x.$$

此式可以用来近似计算函数的增量 Δy.

$$\Delta y=f(x_0+\Delta x)-f(x_0)\approx f'(x_0)\Delta x\ ,\tag{3.48}$$

通过上式又可以得到

$$f(x_0+\Delta x)\approx f(x_0)+f'(x_0)\Delta x,\tag{3.49}$$

用以计算 $f(x_0+\Delta x)$ 的近似值.

特别地,令 $x_0=0,\Delta x=x$,得到

$$f(x)\approx f(0)+f'(0)\cdot x.\tag{3.50}$$

类似地可证,当 $|x|$ 充分小时,得到下列近似公式:

$(1+x)^a\approx 1+ax$; $\sin x\approx x$; $\tan x\approx x$; $e^x\approx 1+x$; $\ln(1+x)\approx x$.

例 3.41 计算 $\sqrt[3]{999.5}$ 的近似值.

解 $\sqrt[3]{999.5}=\sqrt[3]{1000-0.5}$,利用公式 $(1+x)^a\approx 1+ax$ 进行计算,这里取 $x=-0.5$,其

绝对值相对很小,故有

$$\sqrt[3]{999.5}=\sqrt[3]{1000-0.5}=\sqrt[3]{1000\left(1-\frac{0.5}{1000}\right)}$$
$$=10\sqrt[3]{1-0.0005}\approx 10\left(1-\frac{1}{3}\times 0.0005\right)\approx 9.998.$$

习 题 三

(A)

1. 利用导数定义求下列函数的导数.

(1) $y=10x^2$; (2) $y=\frac{1}{x}$;

(3) $y=\sqrt{x}$; (4) $y=\begin{cases}\cos x, & x\geqslant 0,\\ -x, & x<0.\end{cases}$

2. 设下列极限均存在,且函数 $f(x)$ 在 x_0、$2x_0$ 处均可导,求出极限值.

(1) $\lim\limits_{\Delta x\to 0}\frac{f(x_0-\Delta x)-f(x_0)}{\Delta x}$; (2) $\lim\limits_{\Delta x\to 0}\frac{f(x_0+\Delta x)-f(x_0-\Delta x)}{\Delta x}$;

(3) $\lim\limits_{x\to x_0}\frac{f(2x)-f(2x_0)}{x-x_0}$; (4) $\lim\limits_{h\to\infty}h\left[f\left(x_0-\frac{1}{h}\right)-f(x_0)\right]$.

3. 设函数 $f(x)=|x-a|\varphi(x)$,其中函数 $\varphi(x)$ 在 $x=a$ 点连续,讨论 $f(x)$ 在 $x=a$ 点处的可导性.

4. 求曲线 $y=\mathrm{e}^x$ 在点(0,1)处的切线方程和法线方程.

5. 写出曲线 $y=x-\frac{1}{x}$ 与 x 轴交点处的切线方程.

6. 讨论下列函数在 $x=0$ 处的连续性和可导性;若可导,求出 $f'(0)$.

(1) $f(x)=x|x|$; (2) $f(x)=\begin{cases}x^2, & x\leqslant 0,\\ x\mathrm{e}^x, & x>0;\end{cases}$

(3) $f(x)=|\sin x|$; (4) $f(x)=\begin{cases}x, & x>0,\\ \ln(x+1), & x\leqslant 0.\end{cases}$

7. 设函数 $f(x)=\begin{cases}b(1+\sin x)+a+2, & x>0,\\ \mathrm{e}^{ax}-1, & x\leqslant 0,\end{cases}$ 若使函数 $f(x)$ 在 $x=0$ 处可导,a,b 应取何值?

8. 设函数 $f(x)$ 具有一阶导数,且 $f(0)=0$, $f'(0)=1$. 设另有一函数

$$F(x)=\begin{cases}\frac{f(x)-x}{x}, & x\neq 0,\\ A, & x=0,\end{cases}$$

问 A 为何值时函数 $F(x)$ 在 $x=0$ 处连续?

9. 若 $\lim\limits_{x\to 0}\dfrac{x[f(x)-f(0)]}{1-\cos x}=1$,求 $f'(0)$.

10. 求下列函数的导数.

(1) $y=3\sec x+\cot x$;　　(2) $y=2x^4-\dfrac{3}{x^2}+5$;

(3) $y=\ln(2x)+\lg x^2$;　　(4) $y=\sin x\cdot\tan x$;

(5) $y=e^x\sin x$;　　(6) $y=(x^2+x+1)(x-1)^2$;

(7) $y=\dfrac{\sin x}{x}$;　　(8) $y=\dfrac{e^x}{x^2+2x+1}$;

(9) $y=x^2e^x\cos x$;　　(10) $y=\dfrac{x+\ln x}{x+e^x}$.

11. 求下列函数的导数.

(1) $y=e^{-\frac{x}{2}}\cos 3x$;　　(2) $y=(x^2+1)^{10}$;

(3) $y=(x+\sin x)^3$;　　(4) $y=\cos(4-3x)$;

(5) $y=e^{-3x^2}$;　　(6) $y=\sqrt{a^2-x^2}$;

(7) $y=\tan x^2$;　　(8) $y=\arctan e^x$;

(9) $y=\arcsin(1-2x)$;　　(10) $y=\arccos\dfrac{1}{x}$;

(11) $y=\ln(\sec x+\tan x)$;　　(12) $y=\ln(\csc x-\cot x)$;

(13) $y=(\arccos x)^3$;　　(14) $y=\log_a(x^2+1)$;

(15) $y=\ln(x+\sqrt{a^2+x^2})$;　　(16) $y=\sec^2\dfrac{x}{a}+\csc^2\dfrac{x}{a}$;

(17) $y=\ln\dfrac{1+\sqrt{x}}{1-\sqrt{x}}$;　　(18) $y=\ln\tan\dfrac{x}{2}$;

(19) $y=\ln\ln x$;　　(20) $y=x\sqrt{1-x^2}\arcsin x$;

(21) $y=\left(\arcsin\dfrac{x}{2}\right)^2$;　　(22) $y=\sqrt{1+\ln^2 x}$;

(23) $y=e^{\arctan\sqrt{x}}$;　　(24) $y=10^{x\tan x}$;

(25) $y=\arcsin\sqrt{\dfrac{1-x}{1+x}}$;　　(26) $y=\sqrt{\dfrac{4e^{4x}}{e^{4x}+1}}$.

12. 设函数 $f(u)$ 可导,且 $f(x+3)=x^5$,求 $f'(x)$,$f'(x+3)$.

13. 求下列函数的二阶导数.

(1) $y=2x^2+\ln x$;　　(2) $y=e^{2x-1}$;

(3) $y=x\cos x$;　　(4) $y=e^t\sin t$;

(5) $y=\sqrt{a^2-x^2}$;　　(6) $y=\ln(1-x^2)$;

(7) $y=\tan x$;　　(8) $y=\dfrac{1}{x^3+1}$;

(9) $y=xe^{x^2}$;　　(10) $y=(1+x^2)\ln(1+x^2)$.

14. 设函数 $f(x)$ 可导，求解下列各题.

(1) $f(1-x)=x\mathrm{e}^{-x}$，求 $f'(x)$；

(2) $y=\ln[f(x)]$，求 $\frac{\mathrm{d}y}{\mathrm{d}x}$；

(3) $y=\arctan[f(x)]$，求 $\frac{\mathrm{d}y}{\mathrm{d}x}$；

(4) $y=xf\left(\frac{1}{x}\right)$，求 $\frac{\mathrm{d}y}{\mathrm{d}x}$；

(5) $y=f(\mathrm{e}^{-x})$，求 $\frac{\mathrm{d}y}{\mathrm{d}x}$；

(6) $y=f[(x^3+3^{3x})^n]$，求 $\frac{\mathrm{d}y}{\mathrm{d}x}$；

(7) $y=[f(3^{x^3}\cos x)]^n$，求 $\frac{\mathrm{d}y}{\mathrm{d}x}$；

(8) $y=f(\mathrm{e}^x)\mathrm{e}^{f(x)}$，求 $\frac{\mathrm{d}y}{\mathrm{d}x}$；

(9) $y=f(\mathrm{e}^x+x^{\mathrm{e}})$，求 $\frac{\mathrm{d}y}{\mathrm{d}x}$；

(10) $y=f(\sin^2 x)+f(\cos^2 x)$，求 $\frac{\mathrm{d}y}{\mathrm{d}x}$.

15. 设函数 $f(x)=\arcsin x$，$g(x)=x^2$，求

$$f[g'(x)],\ f'[g(x)],\ \{f[g(x)]\}'.$$

16. 求下列函数的 n 阶导数.

(1) $y=\cos(ax+b)$； (2) $y=x\mathrm{e}^x$；

(3) $y=\sin^2 x$； (4) $y=x\ln x$；

(5) $y=\ln(ax+b)$； (6) $y=\mathrm{e}^{ax+b}$.

17. 求由下列方程确定的隐函数 $y=y(x)$ 的导数.

(1) $y^2-2xy+9=0$； (2) $x^3+y^3-3axy=0$；

(3) $xy=\mathrm{e}^{x+y}$； (4) $\arctan\frac{y}{x}=\ln\sqrt{x^2+y^2}$.

18. 求由下列方程确定的隐函数 $y=y(x)$ 的二阶导数.

(1) $b^2x^2+a^2y^2=a^2b^2$； (2) $y=1+x\mathrm{e}^y$.

19. 验证函数 $y=C_1\mathrm{e}^{\lambda x}+C_2\mathrm{e}^{-\lambda x}$（$\lambda$，$C_1$，$C_2$ 是常数）满足关系式 $y''-\lambda^2 y=0$.

20. 设函数 $f(x)=(x+10)^6$，求 $f'''(2)$.

21. 已知 $xy+\mathrm{e}^y=0$，求 $\frac{\mathrm{d}^2y}{\mathrm{d}x^2}$.

22. 利用对数求导法求下列函数的导数.

(1) $y=\left(\frac{x}{1+x}\right)^x$； (2) $y=\sqrt[5]{\frac{x-5}{\sqrt[5]{x^2+2}}}$；

(3) $y=\dfrac{\sqrt{x+2}(3-x)^4}{(x+1)^5}$；　　(4) $y=(\sin x)^{ax}$.

23. 求下列函数的微分.

(1) $y=\ln\sqrt{1-x^2}$；　　(2) $y=e^{\sin^2 x}$；

(3) $y=e^{-2x}\cos 3x$；　　(4) $y=e^x\arctan x$；

(5) $y=e^{-x}\sin(3-x)$；　　(6) $y=\tan(1+x^2)$.

24. 求由下列方程确定的隐函数 $y=y(x)$ 的微分.

(1) $xe^y-\ln y+5=0$；　　(2) $x^2y^2=\cos(xy)$；

(3) $y=\tan(x+y)$；　　(4) $x-y+\dfrac{1}{2}\sin y=0$.

25. 设函数 $y=f(\ln x)e^{f(x)}$，其中 $f(x)$ 可微，求 dy.

26. 当 $|x|$ 较小时，证明下列近似公式.

(1) $\sin x\approx x$；　(2) $e^x\approx 1+x$；　(3) $\sqrt[n]{1+x}\approx 1+\dfrac{x}{n}$.

27. 利用微分近似运算求下列各数的近似值.

(1) $\sin 29°$；　(2) $e^{1.01}$；　(3) $\sqrt[3]{8.1}$.

(B)

1. 设函数 $f(x)=2^{|x-a|}$，求 $f'(x)$.

2. 设 $f'(x)=\dfrac{1}{x^2}$，$y=f\left(\dfrac{x+1}{x-1}\right)$，求 $\dfrac{dy}{dx}$.

3. 设函数 $f(t)=\lim\limits_{x\to\infty}t\left(\dfrac{x+t}{x-t}\right)^x$，求 $f'(t)$.

4. 设函数 $u=f[\varphi(x)+y^2]$，其中函数 $f(v)$，$\varphi(x)$ 均可微. 又函数 $y=y(x)$ 由方程 $y+e^y=x$ 确定，求 $\dfrac{du}{dx}$.

5. 设 $f(x)$ 在 $x=0$ 的某邻域内可导，且 $f(0)=1$，$f'(0)=2$，求 $\lim\limits_{x\to 0}(f(x))^{\frac{2x}{1-\cos x}}$.

6. 设函数 $f(x)=\lim\limits_{n\to+\infty}\dfrac{x^2e^{n(x-1)}+ax+b}{1+e^{n(x-1)}}$ 可导，试确定 a,b，并求 $f'(x)$.

7. 已知 $f(x)$ 是周期为 5 的连续函数，在 $x=1$ 点可导，且在 $x=0$ 的某邻域内满足 $f(1+\sin x)-3f(1-\sin x)=8x+o(x)$，求曲线 $y=f(x)$ 在点 $(6,f(6))$ 处的切线方程.

8. 设函数 $f(x)$ 在区间 $(-\infty,+\infty)$ 内有定义，对任何实数 x、y 有 $f(x+y)=f(x)f(y)$，且 $f(0)=1$，$f'(0)=a$. 证明 $f(x)$ 在区间 $(-\infty,+\infty)$ 内可导，并求 $f'(x)$ 及 $f(x)$.

9. 动点 $M(x,y)$ 到点 $A(1,1)$ 的距离是到直线 $x+y+2=0$ 的距离的一半，点 $M(x,y)$ 的轨迹与 x 轴有交点，试求该交点为切点的点 $M(x,y)$ 的轨迹的切线方程.

10. 设曲线 $f(x)=x^n$ 在点 $(1,1)$ 处的切线与 x 轴的交点为 $(x_n,0)$，计算 $\lim\limits_{n\to+\infty}f(x_n)$.

第4章 微分中值定理与导数的应用

本章是微分学的核心部分，主要讨论用导数与微分来研究函数性质的理论基础——微分中值定理，以及导数在求未定式极限，函数的性质，曲线的特性，经济极值问题等方面的具体应用.

§4.1 微分中值定理

一、罗尔(*Rolle*)定理

定理 4.1(**罗尔定理**) 设函数 $y=f(x)$ 满足下列条件

(1) 在闭区间 $[a,b]$ 上连续；

(2) 在开区间 (a,b) 内可导；

(3) 在区间端点处的函数值相等，即 $f(a)=f(b)$，

则至少存在一点 $\xi\in(a,b)$，使得

$$f'(\xi)=0. \tag{4.1}$$

证明 因为函数 $y=f(x)$ 在闭区间 $[a,b]$ 上连续，所以由闭区间上连续函数的最值定理可知，函数 $f(x)$ 在闭区间 $[a,b]$ 上一定能取到最小值 m 和最大值 M. 比较它们的大小，只有下面两种情况，

(1) 若 $M=m$，则函数 $y=f(x)$ 在闭区间 $[a,b]$ 上为常量函数，所以有 $f'(x)=0$，这表明 (a,b) 内每一点都可以取为 ξ；

(2) 若 $M>m$，因为 $f(a)=f(b)$，所以最小值 m 和最大值 M 至少有一个要在开区间 (a,b) 内取得. 不妨设最小值 m 在点 $\xi\in(a,b)$ 处取得，即有 $f(\xi)=m\leqslant f(x)$，$x\in[a,b]$. 下面证明函数 $y=f(x)$ 在点 ξ 处的导数为零.

若 $\xi+\Delta x \in [a,b]$，设 $\Delta y = f(\xi+\Delta x)-f(\xi)$，则总有 $\Delta y \geqslant 0$. 于是有

$$\frac{\Delta y}{\Delta x}=\frac{f(\xi+\Delta x)-f(\xi)}{\Delta x}\geqslant 0,\quad \Delta x>0,$$

$$\frac{\Delta y}{\Delta x}=\frac{f(\xi+\Delta x)-f(\xi)}{\Delta x}\leqslant 0,\quad \Delta x<0,$$

从而由函数 $f(x)$ 在开区间 (a,b) 内可导及极限的局部保号性，有

$$f'(\xi)=f_+'(\xi)=\lim_{\Delta x\to 0^+}\frac{\Delta y}{\Delta x}\geqslant 0,$$

$$f'(\xi)=f_-'(\xi)=\lim_{\Delta x\to 0^-}\frac{\Delta y}{\Delta x}\leqslant 0,$$

所以 $f'(\xi)=0$.

注意 罗尔定理的三个条件是结论成立的充分条件，而不是必要条件. 当条件不满足时，结论也可能成立.

例 4.1 验证函数 $f(x)=x^4$ 在区间 $[-2,2]$ 上满足罗尔定理.

解 函数 $f(x)=x^4$ 在闭区间 $[-2,2]$ 上连续，在开区间 $(-2,2)$ 内可导，$f(-2)=f(2)$，因此至少存在一点 $\xi\in(-2,2)$，使得 $f'(\xi)=0$，此时 $\xi=0$.

例 4.2 不用求出函数 $f(x)=(x-1)(x-2)(x-3)(x-4)$ 的导数，说明方程 $f'(x)=0$ 有几个实根，并指出它们所在的区间.

解 因为 $f(x)=(x-1)(x-2)(x-3)(x-4)$ 在 $[1,2]$，$[2,3]$，$[3,4]$ 上连续，在 $(1,2)$，$(2,3)$，$(3,4)$ 内可导，且 $f(1)=f(2)=f(3)=f(4)=0$，所以在区间 $[1,2]$，$[2,3]$，$[3,4]$ 内分别对 $f(x)$ 应用罗尔中值定理，至少存在点 $\xi_1\in(1,2)$，$\xi_2\in(2,3)$，$\xi_3\in(3,4)$，使得 $f'(\xi_1)=f'(\xi_2)=f'(\xi_3)=0$，即方程 $f'(x)=0$ 至少有 3 个实根. 又因为方程 $f'(x)=0$ 为三次方程，至多有 3 个实根，所以 $f'(x)=0$ 只有 3 个实根，分别为 $\xi_1\in(1,2)$，$\xi_2\in(2,3)$，$\xi_3\in(3,4)$.

例 4.3 函数 $y=f(x)$ 在闭区间 $[a,b]$ 上连续，在开区间 (a,b) 内可导，并且有 $f(a)=f(b)=0$. 证明：至少存在一点 $\xi\in(a,b)$，使得

$$f(\xi)+f'(\xi)=0.$$

分析 若 $f(\xi)+f'(\xi)=0 \Leftrightarrow [f(x)+f'(x)]\big|_{x=\xi}=0$，则有可导函数 $g(x)$ 使得 $[f(x)g(x)]'=0$，即满足 $f'(x)g(x)+f(x)g'(x)=0$. 于是综上得 $g(x)=g'(x)$，从而 $g(x)=\mathrm{e}^x$. 这样我们构建了一个函数 $F(x)=f(x)\mathrm{e}^x$，使得它满足罗尔定理的同时证明了上述题目的成立，这种方法称为构造辅助函数法. 它的主要思想是利用特征结论构造辅助函数，且在以后的证明中得到广泛的应用，请注意这种辅助函数的构造不是唯一的，使用时只需要找到一个即可.

证明 构造函数 $F(x)=\mathrm{e}^x f(x)$，$F(x)$ 在 $[a,b]$ 上连续，在 (a,b) 内可导，且 $F(a)=F(b)=0$，于是，由罗尔定理知，至少存在一点 $\xi\in(a,b)$，使得

$$F'(\xi)=[f(\xi)+f'(\xi)]\mathrm{e}^{\xi}=0,$$

整理得

$$f(\xi)+f'(\xi)=0,\xi\in(a,b).$$

例 4.4 证明：方程 $x^5-5x+1=0$ 有且仅有一个小于 1 的正实根.

证明 设函数 $f(x)=x^5-5x+1$，显然函数 $f(x)$ 在 R 上连续. 由于 $f(1)=-3, f(0)=1$，由零点定理知，至少存在一点 $x_1\in(0,1)$，使得 $f(x_1)=0$.

假设 $x^5-5x+1=0$ 在闭区间 $[0,1]$ 内除 x_1 外还有一根 $x_2\neq x_1$. 不妨假设 $x_1<x_2$，且 $f(x_1)=f(x_2)$. 则 $f(x)$ 在闭区间 $[x_1,x_2]$ 上满足罗尔定理的全部条件，因此，由罗尔定理知，至少存在一点 $\xi\in(x_1,x_2)$，使得

$$f'(\xi)=0,\quad \xi\in(x_1,x_2),$$

而 $f'(x)=5(x^4-1)<1$，对于 $\forall x\in(0,1)$，不存在使得导数等于 0 的点，因此与 $f'(\xi)=0$ 矛盾，故假设不成立.

综上，方程 $x^5-5x+1=0$ 有且仅有一个小于 1 的正实根.

罗尔定理的几何意义 对于闭区间上一条连续曲线，如果其上各点(端点除外)都有不垂直于 x 轴的切线，且曲线两端点的纵坐标相等，那么在曲线上至少存在一点，在该点处的切线平行于 x 轴. 如图 4.1 所示中有两个点的切线与 x 轴平行.

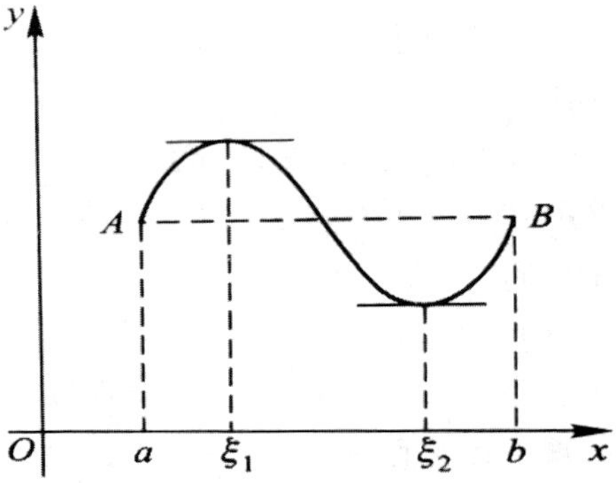

图 4.1

二、拉格朗日(Lagrange)中值定理

罗尔定理中，$f(a)=f(b)$ 这个条件是必不可少的，同时它也使罗尔定理的应用受到很大的限制. 如果把 $f(a)=f(b)$ 这个条件取消，其余两个条件保持不变，对罗尔定理的结论做相应的修改，就得到了微分学中十分重要的拉格朗日中值定理.

定理 4.2(拉格朗日中值定理) 设函数 $y=f(x)$ 满足下列条件

(1) 在闭区间 $[a,b]$ 上连续；

(2) 在开区间 (a,b) 内可导，

则至少存在一点 $\xi\in(a,b)$，使得

$$f'(\xi)=\frac{f(b)-f(a)}{b-a}. \tag{4.2}$$

分析 由结论入手，通过构建一个辅助函数 $F(x)$，使得它满足罗尔定理的同时有 $F'(x)=0$ 正好是拉格朗日定理的结论.

证明 构造辅助函数 $F(x)=f(x)-\dfrac{f(b)-f(a)}{b-a}x$，显然 $F(x)$ 在闭区间 $[a,b]$ 上连续，在开区间 (a,b) 内可导，且

$$F(a)=F(b)=\frac{bf(a)-af(b)}{b-a},$$

所以,由罗尔定理可知,至少存在一点 $\xi \in (a,b)$,使得

$$F'(\xi)=f'(\xi)-\frac{f(b)-f(a)}{b-a}=0,$$

即

$$f'(\xi)=\frac{f(b)-f(a)}{b-a},\quad \xi \in (a,b).$$

注意 (1) 与罗尔定理相似,拉格朗日中值定理的两个条件也不是必要的,而是充分的.

(2) 满足拉格朗日中值定理条件的函数 $f(x)$,若有 $f(a)=f(b)$,则由拉格朗日中值定理知,$f'(\xi)=\frac{f(b)-f(a)}{b-a}=0$,可见罗尔定理是拉格朗日中值定理的特殊情形.

已经讲过,若函数 $f(x)$ 在某个区间上是一个常量函数,那么 $f(x)$ 在该区间的导数恒为零.应用拉格朗日中值定理可以推出它的逆命题也是正确的.

推论 1 如果函数 $f(x)$ 在区间 I 内可导,且导数恒为零,则 $f(x)$ 在区间 I 上是一个常量函数.

证明 任取 $x_1, x_2 \in I$,且 $x_1 < x_2$,则 $f(x)$ 在区间$[x_1,x_2]$上满足拉格朗日中值定理的条件,因此至少存在一点 $\xi \in (x_1,x_2)$,使得

$$f'(\xi)=\frac{f(x_2)-f(x_1)}{x_2-x_1}.$$

因为 $f'(x)=0$,所以有 $f'(\xi)=0$,则

$$f(x_1)=f(x_2).$$

由 x_1,x_2 的任意性可知,$f(x)$ 在区间 I 上是一个常量函数.

推论 2 若函数 $f(x),g(x)$ 在区间 I 内可导,且 $f'(x)=g'(x),\quad x \in I$,则有

$$f(x)=g(x)+C,\quad x \in I, \tag{4.3}$$

其中 C 为常数.

证明 构造 $F(x)=f(x)-g(x)$,则有

$$F'(x)=f'(x)-g'(x)=0,\quad x \in I,$$

于是由推论 1 可知 $F(x)$ 在区间 I 上是一个常量函数,即

$$F(x)=f(x)-g(x)=C,\quad x \in I,$$

其中 C 为常数.

移项得

$$f(x)=g(x)+C,\quad x \in I.$$

推论 2 告诉我们,如果两个函数在相同区间上的导数相同,那么它们之间一定只相差一个常数.上述两个推论在第五章不定积分中的作用十分重要,是原函数之间关系的基石.

由于拉格朗日中值定理在微分学中的重要地位,我们常称其为**微分中值定理**,式(4.2)称为**拉格朗日中值公式**.它精确地表达了函数在一个区间上的增量与函数在这个区间内的某点处的导数之间的关系.使用变量代换法,人们常常将拉格朗日中值公式改写成如下的等价形式

(1) $f(b)=f(a)+(b-a)f'(\xi),\quad \xi \in (a,b)$; (4.4)

(2) $f(b)=f(a)+(b-a)f'[a+\theta(b-a)],\quad \theta \in (0,1)$; (4.5)

(3) $f(x+\Delta x)=f(x)+\Delta x f'(x+\theta\Delta x),\quad \theta\in(0,1).$ (4.6)

拉格朗日中值定理的几何意义 如图 4.2 所示，如果连续曲线 $y=f(x)$ 在区间 (a,b) 内每一点都有不垂直于 x 轴的切线，那么在曲线上至少有一点的切线平行于两个端点连线 AB.

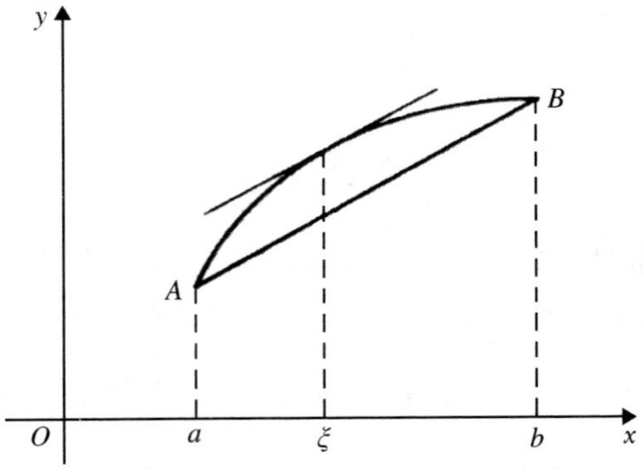

图 4.2

例 4.5 设 $b>a>0$，证明：$\dfrac{b-a}{b}<\ln\dfrac{b}{a}<\dfrac{b-a}{a}$.

证明 构造函数 $f(x)=\ln x$，显然函数 $f(x)=\ln x$ 在区间 $[a,b]$ 上连续，在区间 (a,b) 上可导，由拉格朗日中值定理知，至少存在一点 $\xi\in(a,b)$，使得

$$\frac{f(b)-f(a)}{b-a}=\frac{\ln b-\ln a}{b-a}=f'(\xi)=\frac{1}{\xi}.$$

因为 $0<a<\xi<b$，所以有

$$\frac{1}{b}<\frac{1}{\xi}<\frac{1}{a},$$

即

$$\frac{b-a}{b}<\ln\frac{b}{a}<\frac{b-a}{a}.$$

例 4.6 证明：$\arcsin x+\arccos x=\dfrac{\pi}{2},\quad x\in[-1,1]$.

证明 因为

$$(\arcsin x+\arccos x)'=\frac{1}{\sqrt{1-x^2}}-\frac{1}{\sqrt{1-x^2}}=0,\quad x\in(-1,1),$$

所以有

$$\arcsin x+\arccos x=C,\quad x\in(-1,1).$$

令 $x=0$，得 $C=\dfrac{\pi}{2}$，于是有

$$\arcsin x+\arccos x=\frac{\pi}{2},\quad x\in(-1,1).$$

由于 $\arcsin x+\arccos x$ 在闭区间 $[-1,1]$ 上连续，可知

$$\arcsin x+\arccos x=\frac{\pi}{2},\quad x\in[-1,1].$$

例 4.7 设函数 $f(x)$ 在 $[a,b]$ 上连续，在 (a,b) 内有二阶导数，且有 $f(a)=f(b)=0$，

$f(c)>0(a<c<b)$，证明：在(a,b)内至少存在一点ξ，使$f''(\xi)<0$.

证明 由于$f(x)$在$[a,c]$上连续，在(a,c)内可导，则由拉格朗日中值定理知，至少存在一点$\xi_1\in(a,c)$，使得

$$f'(\xi_1)=\frac{f(c)-f(a)}{c-a}>0.$$

同样，$f(x)$在$[c,b]$上连续，在(c,b)内可导，由拉格朗日中值定理知，至少存在一点$\xi_2\in(c,b)$，使得

$$f'(\xi_2)=\frac{f(b)-f(c)}{b-c}<0.$$

因为$f'(x)$在$[\xi_1,\xi_2]$上连续，在(ξ_1,ξ_2)内可导，由拉格朗日中值定理知，至少存在一点$\xi\in(\xi_1,\xi_2)\subset(a,b)$，使得

$$f''(\xi)=\frac{f'(\xi_2)-f'(\xi_1)}{\xi_2-\xi_1}<0.$$

三、柯西(Cauchy)中值定理

定理 4.3(柯西中值定理) 设函数$f(x)$与$g(x)$满足下列条件：

(1) 在闭区间$[a,b]$上连续；

(2) 在开区间(a,b)内可导；

(3) 在开区间(a,b)内$g'(x)\neq 0$，

则在开区间(a,b)内至少存在一点ξ，使得

$$\frac{f'(\xi)}{g'(\xi)}=\frac{f(b)-f(a)}{g(b)-g(a)},\quad \xi\in(a,b). \tag{4.7}$$

证明 显然$g(b)\neq g(a)$，不然由罗尔定理，至少有一点$\eta\in(a,b)$，使得$g'(\eta)=0$，与条件(3)矛盾.

构造辅助函数

$$F(x)=f(x)-\frac{f(b)-f(a)}{g(b)-g(a)}g(x).$$

因为$F(x)$在闭区间$[a,b]$上连续，在开区间(a,b)内可导，且

$$F(a)=F(b)=\frac{f(a)g(b)-f(b)g(a)}{g(b)-g(a)},$$

所以$F(x)$在闭区间$[a,b]$上满足罗尔定理全部条件，由罗尔定理知，至少存在一点$\xi\in(a,b)$，使得

$$F'(\xi)=f'(\xi)-\frac{f(b)-f(a)}{g(b)-g(a)}g'(\xi)=0,\quad \xi\in(a,b),$$

整理得

$$\frac{f'(\xi)}{g'(\xi)}=\frac{f(b)-f(a)}{g(b)-g(a)},\quad \xi\in(a,b).$$

注意 若在柯西中值定理中，令函数$g(x)=x$，则柯西中值定理就转化为拉格朗日中值定理，所以柯西中值定理为拉格朗日中值定理的推广.

例 4.8 函数$f(x)=x^3$与$g(x)=x^2+1$在区间$[1,2]$上是否满足柯西中值定理的所有

条件？如满足，请求出满足定理的数值 ξ.

解　因为 $f(x)=x^3$ 及 $g(x)=x^2+1$ 在区间$[1,2]$上连续，在区间$(1,2)$内可导，且在区间$(1,2)$内的每一点处有 $g'(x)=2x\neq 0$，所以满足柯西中值定理的条件. 要使 $\dfrac{f'(\xi)}{g'(\xi)}=\dfrac{f(2)-f(1)}{g(2)-g(1)}$，只要$\dfrac{3\xi^2}{2\xi}=\dfrac{7}{3}$，得 $\xi=\dfrac{14}{9}$ 为满足定理的数值.

例 4.9　函数 $f(x)$ 在区间$[a,b]$上连续，在区间(a,b)内可导，$0<a<b$. 证明：至少存在一点 $\xi\in(a,b)$，使得

$$f(\xi)-\xi f'(\xi)=\frac{bf(a)-af(b)}{b-a}.$$

证明　设 $F(x)=\dfrac{f(x)}{x}$，$G(x)=\dfrac{1}{x}$.

因为 $F(x)$，$G(x)$ 在区间$[a,b]$上满足柯西中值定理的条件，于是，由柯西中值定理知，至少存在一点 $\xi\in(a,b)$，使得

$$\frac{F'(\xi)}{G'(\xi)}=\frac{F(b)-F(a)}{G(b)-G(a)}=\frac{bf(a)-af(b)}{b-a}.$$

因为

$$F'(\xi)=\frac{\xi f'(\xi)-f(\xi)}{\xi^2},\quad G'(\xi)=-\frac{1}{\xi^2},$$

所以

$$f(\xi)-\xi f'(\xi)=\frac{F'(\xi)}{G'(\xi)}=\frac{bf(a)-af(b)}{b-a}.$$

例 4.10　设函数 $f(x)$ 在区间$[0,1]$上连续，在区间$(0,1)$内可导. 证明：至少存在一点 $\xi\in(0,1)$，使得

$$f'(\xi)=3\xi^2[f(1)-f(0)].$$

证明　作辅助函数 $g(x)=x^3$，则 $f(x)$，$g(x)$ 在$[0,1]$上满足柯西中值定理的全部条件，则由柯西中值定理知，在$(0,1)$内至少存在一点 ξ，使得

$$\frac{f'(\xi)}{3\xi^2}=\frac{f(1)-f(0)}{1-0},$$

整理得

$$f'(\xi)=3\xi^2[f(1)-f(0)].$$

§4.2　洛必达法则

在第 2 章求极限的问题中已知，在相同的逼近趋势下，如果极限 $\lim f(x)=\lim g(x)=0$ 或 ∞ 时，极限 $\lim\dfrac{f(x)}{g(x)}$ 可能存在也可能不存在，且这类极限无法用函数商的极限运算法则来计算. 例如$\lim\limits_{x\to 0}\dfrac{\sin x}{x}$ 存在且等于 1，而$\lim\limits_{x\to 0}\dfrac{\sin x}{x^2}$ 不存在. 通常，称这种类型的极限 $\lim\dfrac{f(x)}{g(x)}$ 为**未定式**，按

照特点分别简记为$\frac{0}{0}$型未定式和$\frac{\infty}{\infty}$型未定式,并将这两种未定式称为**基本未定式**.对于未定式的计算,有一个重要而又简便的计算方法,即本节将要介绍的**洛必达**(L-$Hospital$)**法则**.

一、$\frac{0}{0}$型未定式

定理 4.4(洛必达法则) 设函数 $f(x)$, $g(x)$ 满足以下条件

(1) 在点 a 的邻域内有定义,且$\lim\limits_{x\to a} f(x)=\lim\limits_{x\to a} g(x)=0$;

(2) 在点 a 的某个空心邻域内可导,且 $g'(x)\neq 0$;

(3) $\lim\limits_{x\to a}\frac{f'(x)}{g'(x)}=A$(或 ∞),

则

$$\lim_{x\to a}\frac{f(x)}{g(x)}=\lim_{x\to a}\frac{f'(x)}{g'(x)}=A(\text{或 }\infty). \tag{4.8}$$

证明 因为$\lim\limits_{x\to a}\frac{f(x)}{g(x)}$存在与否,与函数值 $f(a)$ 及 $g(a)$ 无关,所以补充定义 $f(a)=g(a)=0$.由于 $f(x)$ 和 $g(x)$ 在点 a 的邻域内连续,设 x 是这个邻域内的一点,那么在以 a 和 x 为端点的闭区间上,$f(x)$ 和 $g(x)$ 满足柯西中值定理的全部条件,因此有

$$\frac{f(x)}{g(x)}=\frac{f(x)-f(a)}{g(x)-g(a)}=\frac{f'(\xi)}{g'(\xi)},\quad \xi\in(a,x).$$

当 $x\to a$ 时,$\xi\to a$,对上式两端求极限,

$$\lim_{x\to a}\frac{f(x)}{g(x)}=\lim_{x\to a}\frac{f(x)-f(a)}{g(x)-g(a)}=\lim_{x\to a}\frac{f'(\xi)}{g'(\xi)}=\lim_{\xi\to a}\frac{f'(\xi)}{g'(\xi)}$$
$$=\lim_{x\to a}\frac{f'(x)}{g'(x)}=A\ (\text{或 }\infty).$$

定理得证.

对于 $x\to\infty$ 时的$\frac{0}{0}$型未定式,由定理 4.4 易得如下推论:

推论 设函数 $f(x)$, $g(x)$ 满足以下条件

(1) $\lim\limits_{x\to\infty} f(x)=\lim\limits_{x\to\infty} g(x)=0$;

(2) 存在正数 M,当 $|x|>M$ 时 $f'(x)$ 与 $g'(x)$ 都存在,且 $g'(x)\neq 0$;

(3) $\lim\limits_{x\to\infty}\frac{f'(x)}{g'(x)}=A$(或 ∞),

则

$$\lim_{x\to\infty}\frac{f(x)}{g(x)}=\lim_{x\to\infty}\frac{f'(x)}{g'(x)}=A\ (\text{或 }\infty). \tag{4.9}$$

证明略.

注意 (1) 在运用洛必达法则求极限时,一定要先判断所求极限是否满足洛必达法则的条件;

(2) 如果$\lim\frac{f'(x)}{g'(x)}$仍为$\frac{0}{0}$型或$\frac{\infty}{\infty}$型未定式,可继续应用洛必达法则求极限,且可以依次

类推；

(3) 运用洛必达法则求极限，还可以结合等价无穷小替换、两个重要的极限、换元等手段使问题简化.

例 4.11 求 $\lim\limits_{x\to 1}\dfrac{x-1}{\ln x}$.

解 $\lim\limits_{x\to 1}\dfrac{x-1}{\ln x}=\lim\limits_{x\to 1}\dfrac{1}{\frac{1}{x}}=1$.

例 4.12 求 $\lim\limits_{x\to 0}\dfrac{e^{x}-e^{-x}-2x}{x-\tan x}$.

解

$$\begin{aligned}\lim_{x\to 0}\frac{e^{x}-e^{-x}-2x}{x-\tan x}&=\lim_{x\to 0}\frac{e^{x}+e^{-x}-2}{1-\sec^{2}x}\\&=\lim_{x\to 0}\frac{e^{x}+e^{-x}-2}{-\tan^{2}x}\\&=\lim_{x\to 0}\frac{e^{x}+e^{-x}-2}{-x^{2}}\\&=\lim_{x\to 0}\frac{e^{x}-e^{-x}}{-2x}\\&=\lim_{x\to 0}\frac{e^{x}+e^{-x}}{-2}=-1.\end{aligned}$$

例 4.13 求 $\lim\limits_{x\to 1}\dfrac{x^{3}-3x+2}{x^{3}-2x^{2}+x}$.

解 $\lim\limits_{x\to 1}\dfrac{x^{3}-3x+2}{x^{3}-2x^{2}+x}=\lim\limits_{x\to 1}\dfrac{3x^{2}-3}{3x^{2}-4x+1}=\lim\limits_{x\to 1}\dfrac{6x}{6x-4}=3$.

注意 上式中的 $\lim\limits_{x\to 1}\dfrac{6x}{6x-4}$ 已经不是未定式，不能对它运用洛必达法则，否则可能导致结果的错误.

例 4.14 求 $\lim\limits_{x\to 0}\dfrac{\tan x-x}{x^{2}\sin x}$.

分析 本题先用无穷小的等价代换，再用洛必达法则，求导数会简便很多.

解

$$\begin{aligned}\lim_{x\to 0}\frac{\tan x-x}{x^{2}\sin x}&=\lim_{x\to 0}\frac{\tan x-x}{x^{3}}=\lim_{x\to 0}\frac{\sec^{2}x-1}{3x^{2}}\\&=\lim_{x\to 0}\frac{\tan^{2}x}{3x^{2}}=\lim_{x\to 0}\frac{x^{2}}{3x^{2}}=\frac{1}{3}.\end{aligned}$$

二、$\dfrac{\infty}{\infty}$ 型未定式

定理 4.5(洛必达法则) 设函数 $f(x)$，$g(x)$ 满足以下条件

(1) $\lim\limits_{x\to a}f(x)=\lim\limits_{x\to a}g(x)=\infty$；

(2) 在点 a 的某个空心邻域内可导，且 $g'(x)\neq 0$；

(3) $\lim\limits_{x\to a}\dfrac{f'(x)}{g'(x)}=A$(或 ∞)，

则

$$\lim_{x \to a} \frac{f(x)}{g(x)} = \lim_{x \to a} \frac{f'(x)}{g'(x)} = A(\text{或 } \infty). \tag{4.10}$$

证明略.

对于 $x \to \infty$ 时的 $\frac{\infty}{\infty}$ 型未定式，只需将定理 4.4 的推论作相应修改，即可得到定理 4.5 的推论.

推论 设函数 $f(x)$，$g(x)$ 满足以下条件

(1) $\lim\limits_{x \to \infty} f(x) = \lim\limits_{x \to \infty} g(x) = \infty$；

(2) 存在正数 M，当 $|x| > M$ 时 $f'(x)$ 与 $g'(x)$ 都存在，且 $g'(x) \neq 0$；

(3) $\lim\limits_{x \to \infty} \frac{f'(x)}{g'(x)} = A(\text{或 } \infty)$，

则

$$\lim_{x \to \infty} \frac{f(x)}{g(x)} = \lim_{x \to \infty} \frac{f'(x)}{g'(x)} = A(\text{或 } \infty). \tag{4.11}$$

例 4.15 求 $\lim\limits_{x \to \frac{\pi}{2}^+} \frac{\ln(x - \frac{\pi}{2})}{\tan x}$.

解

$$\lim_{x \to \frac{\pi}{2}^+} \frac{\ln(x - \frac{\pi}{2})}{\tan x} = \lim_{x \to \frac{\pi}{2}^+} \frac{1}{(x - \frac{\pi}{2})\sec^2 x} = \lim_{x \to \frac{\pi}{2}^+} \frac{\cos^2 x}{x - \frac{\pi}{2}}$$

$$= \lim_{x \to \frac{\pi}{2}^+} \frac{-2\cos x \sin x}{1}$$

$$= 0.$$

例 4.16 求 $\lim\limits_{x \to +\infty} \frac{\ln x}{x^n} (n > 0)$.

解 $\lim\limits_{x \to +\infty} \frac{\ln x}{x^n} = \lim\limits_{x \to +\infty} \frac{\frac{1}{x}}{n x^{n-1}} = \lim\limits_{x \to +\infty} \frac{1}{n x^n} = 0.$

例 4.17 求 $\lim\limits_{x \to +\infty} \frac{x^n}{e^x}$ (n 为正整数).

解 $\lim\limits_{x \to +\infty} \frac{x^n}{e^x} = \lim\limits_{x \to +\infty} \frac{n x^{n-1}}{e^x} = \cdots = \lim\limits_{x \to +\infty} \frac{n!}{e^x} = 0.$

当 $x \to +\infty$ 时，对数函数 $\ln x$，幂函数 $x^n (n > 0)$，指数函数 e^x 均为无穷大量，但从上面两个例子可以看出，这三个函数增大的“速度”是不一样的，幂函数增大的“速度”比对数函数快得多，而指数函数增大的“速度”又比幂函数快得多.

三、其他类型未定式

除了以上两种基本未定式外，还有 $\infty - \infty$ 型、$0 \cdot \infty$ 型、0^0 型、1^∞ 型和 ∞^0 型等几种类型的未

定式.对于这样的非基本未定式,通常采用恒等变形,取对数,变量代换等方法,将它们转化为$\frac{0}{0}$型或$\frac{\infty}{\infty}$型基本未定式,然后用洛必达法则求解.具体地说,对于$\infty-\infty$型与$0\cdot\infty$型的未定式,可通过通分或者取倒数的形式化为基本未定式;对于0^0型、1^∞型与∞^0型的未定式,可通过取对数等手段化为基本未定式.

例 4.18 求$\lim\limits_{x\to1}(\frac{1}{\ln x}-\frac{1}{x-1})$ ($\infty-\infty$型).

解
$$\begin{aligned}\lim_{x\to1}(\frac{1}{\ln x}-\frac{1}{x-1})&=\lim_{x\to1}\frac{(x-1)-\ln x}{\ln x(x-1)}\\&=\lim_{x\to1}\frac{1-\frac{1}{x}}{\frac{1}{x}(x-1)+\ln x}\\&=\lim_{x\to1}\frac{x-1}{(x-1)+x\ln x}\\&=\lim_{x\to1}\frac{1}{1+\ln x+1}\\&=\frac{1}{2}.\end{aligned}$$

例 4.19 求$\lim\limits_{x\to0^+}\cot^2x(\arcsin x-x)$($0\cdot\infty$型).

解
$$\begin{aligned}\lim_{x\to0^+}\cot^2x(\arcsin x-x)&=\lim_{x\to0^+}\frac{\arcsin x-x}{\tan^2x}\\&=\lim_{x\to0^+}\frac{\arcsin x-x}{x^2}\\&=\lim_{x\to0^+}\frac{\frac{1}{\sqrt{1-x^2}}-1}{2x}\\&=0.\end{aligned}$$

例 4.20 求$\lim\limits_{x\to0^+}x^{\tan x}$($0^0$型).

解
$$\begin{aligned}\lim_{x\to0^+}x^{\tan x}&=\lim_{x\to0^+}e^{\tan x\ln x}=e^{\lim\limits_{x\to0^+}\frac{\ln x}{\cot x}}\\&=e^{\lim\limits_{x\to0^+}\frac{\ln x}{\cot x}}=e^{\lim\limits_{x\to0^+}\frac{\frac{1}{x}}{-\csc^2x}}=e^0=1.\end{aligned}$$

例 4.21 求$\lim\limits_{x\to0}(1-\sin x)^{\frac{1}{x}}$ (1^∞型).

解 $\lim\limits_{x\to0}(1-\sin x)^{\frac{1}{x}}=\lim\limits_{x\to0}e^{\frac{1}{x}\ln(1-\sin x)}=e^{\lim\limits_{x\to0}\frac{\ln(1-\sin x)}{x}}=e^{\lim\limits_{x\to0}\frac{-\sin x}{x}}=e^{-1}$.

例 4.22 求$\lim\limits_{x\to0^+}(\frac{1}{x})^x$($\infty^0$型).

解 $\lim\limits_{x\to0^+}\left(\frac{1}{x}\right)^x=\lim\limits_{x\to0^+}e^{x\ln\frac{1}{x}}=e^{\lim\limits_{x\to0^+}x\ln\frac{1}{x}}=e^{\lim\limits_{x\to0^+}\frac{\ln\frac{1}{x}}{\frac{1}{x}}}=e^{\lim\limits_{x\to0^+}\frac{x\cdot(-\frac{1}{x^2})}{-\frac{1}{x^2}}}=e^0=1.$

注意 洛必达法则解决的是未定式的极限问题，它只是我们求极限的一种方法. 如果$\lim\frac{f'(x)}{g'(x)}$不存在且不是无穷，则洛必达法则失效，要用其他方法来计算$\lim\frac{f(x)}{g(x)}$.

如$\lim\limits_{x\to\infty}\frac{x}{\sqrt{x^2+1}}=1$，若用洛必达法则，则得不到结果，意味着法则失效.

§4.3 函数单调性的判别

在第1章中，已经给出函数单调性的定义. 但是在很多问题中，直接利用函数单调性的定义去判别函数的单调性是比较困难的，因此，本节将介绍利用导数来判别函数的单调性.

先从几何图形上直观分析一下函数的单调性与导数的关系. 在图4.3(a)中，观察发现，当函数的图形是一条沿着x轴正向上升的曲线，曲线各点处切线斜率是非负的；在图4.3(b)中，若函数的图形是一条沿着x轴正向下降的曲线，曲线上各点切线斜率是非正的. 由此可见，函数的单调性与导数的符号有着密切的联系.

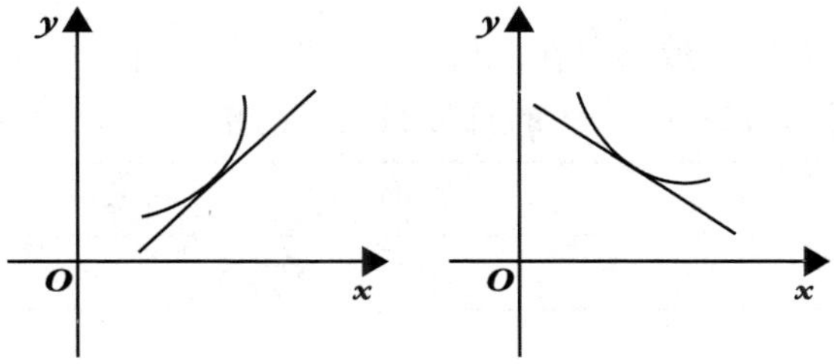

(a) (b)

图4.3

定理4.6(函数单调性判别定理) 设函数$y=f(x)$在闭区间$[a,b]$上连续，在开区间(a,b)内可导，

(1) 如果在(a,b)内恒有$f'(x)>0$，则$f(x)$在$[a,b]$上单调增加；

(2) 如果在(a,b)内恒有$f'(x)<0$，则$f(x)$在$[a,b]$上单调减少.

证明 只证单调增加的情况，单调减少情况的证明类似.

在$[a,b]$上任取两点x_1和x_2，且$x_1<x_2$. 因为函数$f(x)$在$[x_1,x_2]$上满足拉格朗日中值定理的条件，所以由拉格朗日中值定理知，至少存在一点$\xi\in(x_1,x_2)$，使得

$$f(x_2)-f(x_1)=f'(\xi)(x_2-x_1)\quad(x_1<\xi<x_2).$$

由(1)中条件有$f'(\xi)>0$，而$x_2-x_1>0$，所以$f(x_2)>f(x_1)$，再由x_1和x_2的任意性可知，$f(x)$在$[a,b]$上单调增加.

注意 (1) 如果将定理中的闭区间换成其他各种区间(包括无穷区间)，定理的结论仍成立.

(2) 求函数的单调区间的步骤可概括为：① 求 $f(x)$ 的定义域；② 求出导数为零的点和导数不存在的点；③ 用这些点把函数的定义域划分成若干个开区间；④ **列表讨论**每个开区间上 $f'(x)$ 的符号和函数的单调性；⑤ 写结论.

例 4.23 确定函数 $f(x)=\frac{1}{3}x^3-x^2-3x+1$ 的单调区间.

解 $f(x)=\frac{1}{3}x^3-x^2-3x+1$ 的定义域为 $(-\infty,+\infty)$，令 $f'(x)=x^2-2x-3=0$，解得 $x_1=-1$，$x_2=3$，没有导数不存在的点. 以 x_1，x_2 为分段点，将函数定义域分成三个开区间. 在这些开区间内分别讨论 $f'(x)$ 的符号和函数的单调性，列表显示如下：

x	$(-\infty,-1)$	$(-1,3)$	$(3,+\infty)$
$f'(x)$	$+$	$-$	$+$
$f(x)$	↑	↓	↑

由上表可知，区间 $(-\infty,-1)$ 和 $(3,+\infty)$ 是函数的单调增加区间，区间 $(-1,3)$ 是函数的单调减少区间.

注意 满足方程 $f'(x)=0$ 的点称为函数 $f(x)$ 的驻点.

例 4.24 确定函数 $f(x)=x+\frac{27}{x^3}+1$ 的单调区间.

解 $f(x)=x+1+\frac{27}{x^3}$ 的定义域为 $(-\infty,0)\cup(0,+\infty)$，令 $f'(x)=1-\frac{81}{x^4}=0$，解得 $x_1=-3$，$x_2=3$，在 $x_3=0$ 处导数不存在. 以 x_1，x_2 和 x_3 为分段点，将函数定义域分成四个开区间. 分别在各个开区间内讨论 $f'(x)$ 的符号和函数的单调性，列表显示如下：

x	$(-\infty,-3)$	$(-3,0)$	$(0,3)$	$(3,+\infty)$
$f'(x)$	$+$	$-$	$+$	$-$
$f(x)$	↑	↓	↓	↑

由上表可知，区间 $(-\infty,3)$ 和 $(3,+\infty)$ 是函数的单调增加区间，区间 $(-3,0)$ 和 $(0,3)$ 是函数的单调减少区间.

函数的单调性常用于不等式或等式的证明.

例 4.25 证明：当 $x>1$ 时，$2\sqrt{x}>3-\frac{1}{x}$.

证明 令 $f(x)=2\sqrt{x}-\left(3-\frac{1}{x}\right)$，则当 $x>1$ 时，

$$f'(x)=\frac{1}{\sqrt{x}}-\frac{1}{x^2}=\frac{1}{x^2}(x\sqrt{x}-1)>0,$$

所以 $f(x)$ 在 $[1,+\infty)$ 上单调增加，从而当 $x>1$ 时，$f(x)>f(1)$.

因为 $f(1)=0$，所以 $f(x)>0$，即

$$2\sqrt{x}-\left(3-\frac{1}{x}\right)>0,$$

整理得

$$2\sqrt{x} > 3 - \frac{1}{x}.$$

例 4.26 证明：当 $0 < x \leqslant \frac{\pi}{2}$ 时，$\frac{\sin x}{x} \geqslant \frac{2}{\pi}$.

证明 令 $f(x) = \frac{\sin x}{x} - \frac{2}{\pi}$，则 $f(x)$ 在 $(0, \frac{\pi}{2}]$ 上连续，在 $(0, \frac{\pi}{2})$ 内可导，且 $f'(x) = \frac{x\cos x - \sin x}{x^2} = \frac{\cos x(x - \tan x)}{x^2}$，因在 $(0, \frac{\pi}{2})$ 有 $x < \tan x$，所以 $f'(x) < 0$. 即 $f(x)$ 在 $(0, \frac{\pi}{2})$ 上单调递减，从而当 $x \leqslant \frac{\pi}{2}$ 时，有 $f(x) \geqslant f(\frac{\pi}{2})$. 而 $f(\frac{\pi}{2}) = 0$，故 $f(x) = \frac{\sin x}{x} - \frac{2}{\pi} \geqslant 0$. 于是，$\frac{\sin x}{x} \geqslant \frac{2}{\pi}$，即命题得证.

例 4.27 证明：方程 $x^5 + 2x^3 + x - 1 = 0$ 有且只有一个小于 1 的正根.

证明 令 $f(x) = x^5 + 2x^3 + x - 1$，因为 $f(x)$ 在闭区间 $[0,1]$ 上连续，且 $f(0) = -1 < 0$，$f(1) = 3 > 0$，所以由零点定理知，$f(x)$ 在 $(0,1)$ 内至少有一个零点，即方程 $x^5 + 2x^3 + x - 1 = 0$ 至少有一个小于 1 的正根.

又因为 $f'(x) = 5x^4 + 6x^2 + 1 > 0$，所以 $f(x)$ 在定义域区间内单调增加，即曲线 $y = f(x)$ 与 x 轴至多只有一个交点.

综上所述，方程 $x^5 + 2x^3 + x - 1 = 0$ 有且只有一个小于 1 的正根.

§4.4 函数的极值与最值

一、函数的极值

在例 4.23 中，点 $x_1 = -1$，$x_2 = 3$ 是函数单调区间的分界点. 从点 $x_1 = -1$ 的左侧到右侧，曲线 $y = f(x)$ 先升后降，点 $x_1 = -1$ 是函数由增加变为减少的转折点. 这说明在点 $x_1 = -1$ 处存在一个去心邻域，对该邻域内的任意一点 x，均有 $f(x) < f(-1)$. 同样的观察可知，点 $x_2 = 3$ 是函数由减少变为增加的转折点，在点 $x_2 = 3$ 处存在一个去心邻域，对该邻域内的任意一点 x，均有 $f(x) > f(3)$. 对于这些特殊的点，一般地，有如下的定义：

定义 4.1 设函数 $f(x)$ 在点 x_0 的某邻域内有定义. 如果对该邻域内的任一点 $x(x \neq x_0)$，均有 $f(x) < f(x_0)$，则称 $f(x_0)$ 是 $f(x)$ 的**极大值**，称点 x_0 是 $f(x)$ 的**极大值点**. 反之，如果对该邻域内的任一点 $x(x \neq x_0)$，均有 $f(x) > f(x_0)$，则称 $f(x_0)$ 是 $f(x)$ 的**极小值**，称点 x_0 是 $f(x)$ 的**极小值点**.

习惯上，把函数的极大值与极小值统称为函数的**极值**，极大值点与极小值点统称为**极值点**.

注意 (1) 极值只是某个点的函数值与它邻域内点的函数值比较是最大或最小，并不意味着它在函数的整个的定义域内最大或最小，即函数的极值是一个局部概念；

(2) 函数的极值不是唯一的，即一个函数在某区间上或定义域内的极大值或极小值可以不止一个；

(3) 极大值与极小值之间无确定的大小关系，即一个函数的极大值未必大于极小值.

为了研究极值，进一步观察分析图 4.4. 由图中所示的曲线可以看出，在极值点处，曲线或者有水平切线(如点 x_1 和点 x_3 处)，或者切线不存在(如点 x_4 处). 于是，我们有了这样一个猜想:极值点是否应在 $f'(x)$ 为零或 $f'(x)$ 不存在的点中去寻找呢？我们给出极值点的必要条件.

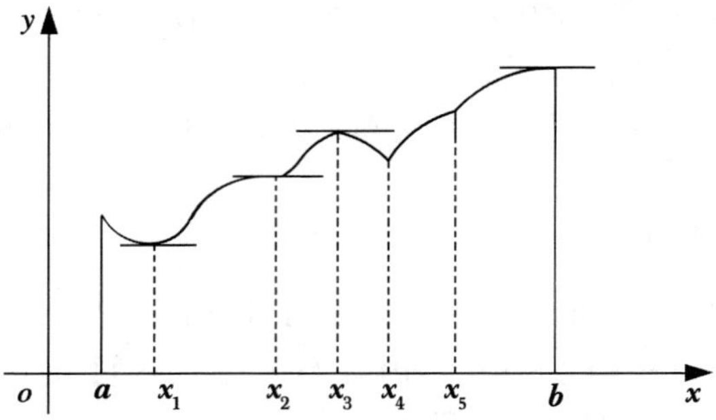

图 4.4

定理 4.7**(极值点的必要条件)** 设函数 $f(x)$ 在点 x_0 处连续，则点 x_0 是函数 $f(x)$ 的极值点的必要条件是

$$f'(x_0)=0 \text{ 或者 } f'(x_0) \text{ 不存在}.$$

证明 若 $f(x)$ 在点 x_0 处不可导，则定理的结论自然成立.

若 $f(x)$ 在点 x_0 处可导，设 x_0 为 $f(x)$ 的极大值点. 因为函数 $f(x)$ 在点 x_0 处连续，则 $f(x)$ 在 x_0 的某邻域内有定义. 当改变量 $|\Delta x|$ 很小时，总有

$$\Delta y=f(x_0+\Delta x)-f(x_0)<0,$$

于是有

$$f'_+(x_0)=\lim_{\Delta x\to 0^+}\frac{\Delta y}{\Delta x}\leqslant 0,$$

$$f'_-(x_0)=\lim_{\Delta x\to 0^-}\frac{\Delta y}{\Delta x}\geqslant 0.$$

又因 $f(x)$ 在点 x_0 处可导，故有

$$f'(x_0)=f'_+(x_0)=f'_-(x_0),$$

从而有

$$f'(x_0)=0.$$

类似地，可证当 x_0 为 $f(x)$ 的极小值点时，也必定有 $f'(x_0)=0$，定理得证.

通过定理 4.7 可知，函数的极值点必是它的驻点或导数不存在的点. 但是，驻点和导数不存在的点不一定都是函数的极值点(如图 4.4 中的点 x_2 和点 x_5). 那么，如何判定一个函数的驻点或导数不存在的点是否为极值点呢？对此，有如下定理

定理 4.8 **(极值点的第一判别法)** 设函数 $f(x)$ 在点 x_0 连续，且在点 x_0 的某空心邻域内可导.

(1) 如果在点 x_0 的左邻域内 $f'(x)>0$，在点 x_0 的右邻域内 $f'(x)<0$，则 x_0 是 $f(x)$ 的极大值点；

(2) 如果在点 x_0 的左邻域内 $f'(x)<0$,在点 x_0 的右邻域内 $f'(x)>0$,则 x_0 是 $f(x)$ 的极小值点;

(3) 如果在点 x_0 的空心邻域内 $f'(x)$ 不变号,即 $f'(x)$ 恒正或恒负,则 x_0 不是 $f(x)$ 的极值点.

证明 (1) 根据函数单调性判别法,函数 $f(x)$ 在点 x_0 的左邻域内单调增加,在点 x_0 的右邻域内单调减少,而 $f(x)$ 在点 x_0 处又是连续的,故由极大值的定义可知,$f(x_0)$ 是 $f(x)$ 的极大值,即 x_0 是 $f(x)$ 的极大值点.同理可证(2)与(3).

求函数 $y=f(x)$ 极值的一般步骤为:① 求函数的定义域;② 对函数求导,并令导数等于零;③ 求驻点及导数不存在的点;④ 用这些点将定义域分成若干区间,并将点和区间列在表中;⑤ 判断这些点左右区间的导数符号;⑥ 写出结论.

例 4.28 求函数 $f(x)=x^3-6x^3-15x+9$ 的极值点和极值.

解 $f(x)$ 的定义域为$(-\infty,+\infty)$,$f'(x)=3x^2-12x-15=3(x^2-4x-5)$. 令 $f'(x)=0$,解得驻点 $x_1=-1$,$x_2=5$.无导数不存在的点.列表如下:

x	$(-\infty,-1)$	-1	$(-1,5)$	5	$(5,+\infty)$
$f'(x)$	$+$	0	$-$	0	$+$
$f(x)$	↑	极大值 17	↓	极小值 -91	↑

由上表知,$x=-1$ 为极大值点,极大值为 17;$x=5$ 为极小值点,极小值为 -91.

例 4.29 求函数 $f(x)=(x-4)\sqrt[3]{(x+1)^2}$ 的极值.

解 $f(x)$ 的定义域为$(-\infty,+\infty)$,$f'(x)=\dfrac{5(x-1)}{3\sqrt[3]{x+1}}$.令 $f'(x)=0$,解得驻点 $x_1=1$ 及不可导点 $x_2=-1$.列表如下:

x	$(-\infty,-1)$	-1	$(-1,1)$	1	$(1,+\infty)$
$f'(x)$	$+$	不存在	$-$	0	$+$
$f(x)$	↑	极大值 0	↓	极小值 $-3\sqrt[3]{4}$	↑

由上表知,极大值为 $f(-1)=0$,极小值为 $f(1)=-3\sqrt[3]{4}$.

例 4.30 求函数 $f(x)=2x+\dfrac{8}{x}(x>0)$ 的极值.

解 函数的定义域为$(0,+\infty)$,$f'(x)=2-\dfrac{8}{x^2}$,令 $f'(x)=0$,解得驻点 $x=2$.当 $x\in(0,2)$ 时,有 $f'(x)<0$;当 $x\in(2,+\infty)$ 时,有 $f'(x)>0$.所以由极值点的第一判别法知,$x=2$ 为极小值点,极小值为 $f(2)=8$.

注意 求函数的极值,一定要先确定函数的定义域.上题如果不注意定义域,就容易把驻点 $x=-2$ 也放到区间中.

如果函数 $f(x)$ 在其驻点处有不等于零的二阶导数时,也可用下面的定理来判别该点是否为极值点.

定理 4.9**(极值点的第二判别法)** 设函数 $f(x)$ 在 x_0 的某去心邻域内一阶可导,在 $x=x_0$ 处二阶可导,且 $f'(x_0)=0$,$f''(x_0)\neq 0$.

(1) 若 $f''(x_0)<0$,则 x_0 是 $f(x)$ 的极大值点;

(2) 若 $f''(x_0)>0$,则 x_0 是 $f(x)$ 的极小值点.

证明 因为 $f'(x_0)=0$,由二阶导数定义可知

$$f''(x_0)=\lim_{x\to x_0}\frac{f'(x)-f'(x_0)}{x-x_0}=\lim_{x\to x_0}\frac{f'(x)}{x-x_0},$$

在(1)的条件下,$f''(x_0)<0$.由极限的保号性可知,在 x_0 的任一空心邻域内,有$\dfrac{f'(x)}{x-x_0}<0$,于是在 x_0 的左邻域内,由于 $x-x_0<0$,从而有 $f'(x)>0$;在 x_0 的右邻域内,由于 $x-x_0>0$,从而有 $f'(x)<0$.由极值点的第一判别法可知,x_0 是 $f(x)$ 的极大值点,从而定理中的(1)得证.同理可证定理中的(2).

例 4.31 求函数 $f(x)=\dfrac{1}{3}x^3-x^2-3x$ 的极值.

解 令 $f'(x)=x^2-2x-3=0$,得驻点 $x_1=3,x_2=-1$;由 $f''(x)=2x-2$,得 $f''(-1)=-4<0,f''(3)=4>0$,所以由极值点的第二判别法知,$f(x)=\dfrac{1}{3}x^3-x^2-3x$ 在 $x=-1$ 处取得极大值为 $f(-1)=\dfrac{5}{3}$,在 $x=3$ 处取得极小值为 $f(3)=-9$.

例 4.32 试问 a 为何值时,函数 $f(x)=a\sin x+\dfrac{1}{3}\sin 3x$ 在 $x=\dfrac{\pi}{3}$ 处取得极值,并求出极值.

解 根据题意,得 $f'(x)\big|_{x=\frac{\pi}{3}}=(a\cos x+\cos 3x)\big|_{x=\frac{\pi}{3}}=a\cos\dfrac{\pi}{3}+\cos\pi=0$,即 $\dfrac{a}{2}-1=0,a=2$.由 $f''(x)=-2\sin x-3\sin 3x$,得 $f''(\dfrac{\pi}{3})=-\sqrt{3}<0$,所以 $f(x)$ 在 $x=\dfrac{\pi}{3}$ 处取得极大值 $f(\dfrac{\pi}{3})=\sqrt{3}$.

二、函数的最值

在现实生活中,我们常常会遇到这样的问题:在某种条件下,怎样做才能使投入最少而产量最大?怎样做才能用料最省?怎样做才能成本最低?怎样做才能效益最高……这类问题,在数学上就是求目标函数的最大值或者最小值问题.

函数的最值与极值是两个不同的概念.函数的最值是比较整个定义区间内的函数值得出的,而函数的极值是比较极值点附近函数值得出的.最值是对整个区间而言的,是全局性的概念;极值是对极值点的某个邻域而言的,是局部性的概念.函数的极值点一定出现在区间的内部,区间的端点不能成为极值点;而使函数取得最值的点可能在区间的内部,也可能在区间的端点取得.

由第 2 章中已知,闭区间上的连续函数一定能取到最大值与最小值,故由前面的分析可知,求连续函数 $f(x)$ 在闭区间$[a,b]$上的最值时,步骤如下:

(1) 求出 $f(x)$ 在开区间(a,b)上的所有驻点和导数不存在点;

(2) 计算 $f(x)$ 在驻点、导数不存在点以及端点 a 和 b 处的函数值;

(3) 比较(2)中各函数值的大小，其中最大者为 $f(x)$ 在 $[a,b]$ 上的最大值，最小者为 $f(x)$ 在 $[a,b]$ 上的最小值.

例 4.33 求函数 $f(x)=x^3-3x^2-9x+5$ 在 $[-2,4]$ 上的最值.

解 (1) $f'(x)=3x^2-6x-9$；

(2) 令 $f'(x)=0$，得驻点 $x_1=-1$，$x_2=3$，无导数不存在的点；

(3) 计算 $f(x)$ 在区间 $[-2,4]$ 的端点及点 $x_1=-1$，$x_2=3$ 的函数值：$f(-2)=3$，$f(-1)=10$，$f(3)=-22$，$f(4)=-15$，从而得最大值为 10，最小值为 -22.

例 4.34 求函数 $f(x)=x+\sqrt{1-x}$ 在 $[-3,1]$ 上的最值.

解 (1) $f'(x)=1-\dfrac{1}{2\sqrt{1-x}}=\dfrac{2\sqrt{1-x}-1}{2\sqrt{1-x}}$；

(2) 令 $f'(x)=0$，得驻点 $x_1=\dfrac{3}{4}$，导数不存在点 $x_2=1$；

(3) $f(-3)=-1$，$f\left(\dfrac{3}{4}\right)=\dfrac{5}{4}$，$f(1)=1$，从而得最大值为 $f\left(\dfrac{3}{4}\right)=\dfrac{5}{4}$，最小值为 $f(-3)=-1$.

在解决实际问题求最值时，经常遇见仅有一个极值点的情形，对此，我们给出一个非常有用的定理.

定理 4.10 设函数 $f(x)$ 在闭区间 $[a,b]$ 上连续，在开区间 (a,b) 内可导，且 x_0 是 $f(x)$ 在 (a,b) 内的唯一驻点. 则当 x_0 为 $f(x)$ 的极大值点(或极小值点)时，$f(x_0)$ 就是 $f(x)$ 在 $[a,b]$ 上的最大值(或最小值)，而且 $f(x)$ 在 $[a,b]$ 上的最小值(或最大值)将在闭区间 $[a,b]$ 的两个端点之一取得.

例 4.35 用每平方米 10 元的钢板，制作一个容积为 4 立方米的油箱，油箱的底部是正方形，形状是长方体，无盖，焊接成本 40 元，问油箱的底边长和高各是多少时，总费用最少？最低的费用是多少？

解 设油箱底边长为 x 米，高度为 h 米，则体积 $v=x^2h=4$，所以 $h=\dfrac{4}{x^2}$，则油箱表面积为 $s=x^2+4xh=x^2+\dfrac{16}{x}$，制作油箱总费用等于焊接成本费用加油箱所用原料成本费用，即

$$C(x)=40+10s=40+10\left(x^2+\frac{16}{x}\right)=10x^2+\frac{160}{x}+40.$$

令 $C'(x)=20x-\dfrac{160}{x^2}=0$，解得唯一驻点 $x=2$，$C''(x)=20+\dfrac{320}{x^3}>0$，所以 $x=2$ 是极小值点. 由定理 4.10 知，$x=2$ 就是所求最小值点. 当 $x=2$ 时，$h=1$，$C(2)=160$(元). 即当边长为 2 米，高为 1 米时，总费用最少，最低的费用是 160 元.

例 4.36 某厂生产一批产品，其固定成本为 2000 元，每生产 1 吨产品的成本为 60 元，市场对该产品的需求函数为 $Q=1000-10p$ (其中 p 为价格，Q 为需求量)，问产量为多少时利润最大？最大利润时的价格又是多少？

解 因为总成本 C 是产量 Q 的函数，即 $C(Q)=2000+60Q$，而销售总收益为

$$R(Q)=pQ=\left(100-\frac{Q}{10}\right)Q=100Q-\frac{Q^2}{10},$$

于是总利润为

$$L(Q)=R(Q)-C(Q)=-\frac{Q^2}{10}+40Q-2000,$$

令 $L'(Q)=-\frac{1}{5}Q+40=0$，得唯一驻点 $Q=200$，$L''(Q)=-\frac{1}{5}<0$，所以 $Q=200$ 为极大值点. 由定理 4.10 知，$Q=200$ 也是最大值点. 即当产量 $Q=200$ 吨时总利润最大，此时最大利润是 2000 元.

当产量 $Q=200$ 吨时，价格 $p=100-\frac{Q}{10}=100-\frac{200}{10}=80$(元)，即最大利润时的价格是 80 元.

§4.5 曲线的凹凸性与拐点

一、曲线的凹凸性

前面已经介绍了用一阶导数判别函数的单调性，并由此可知曲线 $y=f(x)$ 的升降情况，但是，对于曲线的弯曲方向，仅用一阶导数是无法描述清楚的. 如图 4.5 中的两段曲线都是上升的，都满足一阶导数大于零，但它们的图形却有明显的差别：曲线(a) 是向下凸的弧(凹弧)，而曲线(b) 是向上凸的弧(凸弧). 为了研究函数的图形，考察它的弯曲方向是很必要的.

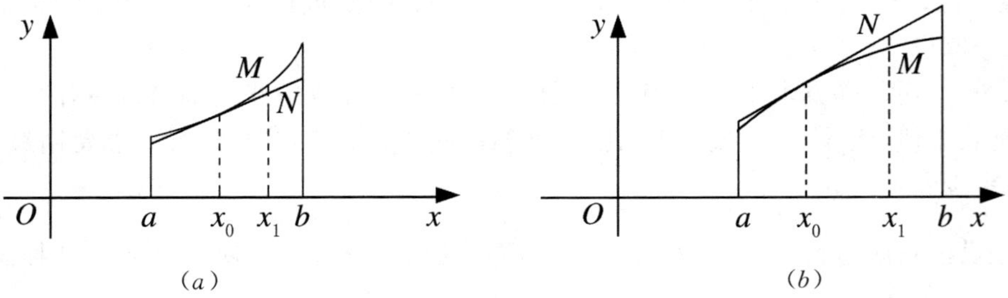

图 4.5

其实，从图形上很清晰地就可以看出，如果曲线上任意一点的切线总位于曲线的下方，则该曲线是凹的；如果曲线上任意一点的切线总位于曲线的上方，则该曲线是凸的. 所以曲线的凹凸性可以由函数的图形直观地得到. 但是，当曲线图形很难得到时，又该如何判断曲线的凹凸性呢？

利用连接曲线弧上任意两点的弦的中点与曲线弧上相应点的位置关系，给出了曲线的凹凸性的定义.

定义 4.2 设函数 $f(x)$ 在区间 $[a,b]$ 上连续，如果对于任意的 $x_1,x_2\in[a,b]$ 都有

$$f\left(\frac{x_1+x_2}{2}\right)>\frac{f(x_1)+f(x_2)}{2}, \tag{4.12}$$

则称函数 $f(x)$ 在 $[a,b]$ 上的图形是**上凸的**(或**凸弧**)，用符号 $\cap$ 表示，区间 $[a,b]$ 是函数 $f(x)$ 的**上凸区间**. 若恒有

$$f\left(\frac{x_1+x_2}{2}\right)<\frac{f(x_1)+f(x_2)}{2}, \tag{4.13}$$

则称函数 $f(x)$ 在 $[a,b]$ 上的图形是**下凸的**(或**凹弧**),用符号 $\cup$ 表示,区间 $[a,b]$ 是函数 $f(x)$ 的**下凸区间**.

注意 区间 $[a,b]$ 可以换成任何一种形式的有限区间,也可以是无穷区间.

如果函数在区间 (a,b) 内具有一阶和二阶导数,那么,我们也可以利用二阶导数的符号来判别曲线的凹凸性.

定理 4.11 **(凹凸性判别定理)** 设函数 $f(x)$ 在 $[a,b]$ 上连续,在 (a,b) 内一阶和二阶导数都存在,那么

(1) 若在 (a,b) 内,$f''(x)>0$,则 $f(x)$ 在 $[a,b]$ 上的图形是下凸的;

(2) 若在 (a,b) 内,$f''(x)<0$,则 $f(x)$ 在 $[a,b]$ 上的图形是上凸的.

证明 只证(1). 设 $x_1, x_2 \in [a,b]$,$(x_1<x_2)$,记 $x_0=\dfrac{x_1+x_2}{2}$,由拉格朗日中值定理得

$$f(x_1)-f(x_0)=f'(\xi_1)(x_1-x_0)=f'(\xi_1)\frac{x_1-x_2}{2},\quad x_1<\xi_1<x_0,$$

$$f(x_2)-f(x_0)=f'(\xi_2)(x_2-x_0)=f'(\xi_2)\frac{x_2-x_1}{2},\quad x_0<\xi_2<x_2,$$

两式相加并应用拉格朗日中值定理得

$$\begin{aligned}f(x_1)+f(x_2)-2f(x_0)&=[f'(\xi_2)-f'(\xi_1)]\frac{x_2-x_1}{2}\\&=f''(\xi)(\xi_2-\xi_1)\frac{x_2-x_1}{2}>0,\quad \xi_1<\xi<\xi_2,\end{aligned}$$

即

$$\frac{f(x_1)+f(x_2)}{2}>f\left(\frac{x_1+x_2}{2}\right),$$

所以,$f(x)$ 在 $[a,b]$ 上的图形是凹的. 同理可证得(2).

例 4.37 判定曲线 $y=\dfrac{3}{5}x^{\frac{5}{3}}-\dfrac{3}{2}x^{\frac{2}{3}}+1$ 的凹凸区间.

解 函数 $y=\dfrac{3}{5}x^{\frac{5}{3}}-\dfrac{3}{2}x^{\frac{2}{3}}+1$ 的定义域为 $(-\infty,+\infty)$;

$$y'=x^{\frac{2}{3}}-x^{-\frac{1}{3}};$$

$$y''=\frac{2}{3}x^{-\frac{1}{3}}+\frac{1}{3}x^{-\frac{4}{3}}=\frac{1}{3}(2x+1)x^{-\frac{4}{3}}.$$

令 $y''=0$ 解得 $x_1=-\dfrac{1}{2}$;在点 $x_2=0$ 处,y'' 不存在. 列表显示如下:

x	$(-\infty,-\frac{1}{2})$	$(-\frac{1}{2},0)$	$(0,+\infty)$
$f''(x)$	$-$	$+$	$+$
$f(x)$	$\cap$	$\cup$	$\cup$

由上表知,曲线的上凸区间为 $(-\infty,-\dfrac{1}{2})$,下凸区间为 $(-\dfrac{1}{2},0)$ 和 $(0,+\infty)$.

二、曲线的拐点

定义 4.3 连续曲线 $y=f(x)$ 上凹弧与凸弧的分界点称为曲线的**拐点**.

确定曲线 $y=f(x)$ 的凹凸区间和拐点的步骤如下：

(1) 确定函数 $y=f(x)$ 的定义域；

(2) 求导数 $f'(x)$，$f''(x)$；

(3) 求使二阶导数为零的点和使二阶导数不存在的点；

(4) 用这些点把定义区间分段，并把这些点和区间列入表中判别；

(5) 给出结论.

例 4.38 曲线 $y=x^4$ 是否有拐点？

解 $y'=4x^3$，$y''=12x^2$，当 $x\neq 0$ 时，$y''>0$，在区间$(-\infty,+\infty)$内曲线一直是下凸的，因此曲线无拐点.

注意 二阶导等于 0 的点不一定是拐点.

例 4.39 当 a，b 为何值时，点(1,3)为曲线 $y=ax^3+bx^2$ 的拐点？

解 若点(1,3)为曲线 $y=ax^3+bx^2$ 的拐点，则点(1,3)在曲线上，且 $y''(1)=0$. 所以 $y(1)=3$，即 $a+b=3$；$y''(1)=0$，即 $6a+2b=0$，联立方程组 $\begin{cases}a+b=3,\\6a+b=0,\end{cases}$

解得 $a=-\dfrac{3}{2}$，$b=\dfrac{9}{2}$.

例 4.40 求曲线 $y=3x^4-4x^3+1$ 的凹凸区间及拐点.

解 (1) 函数 $y=3x^4-4x^3+1$ 的定义域为$(-\infty,+\infty)$；

(2) $y'=12x^3-12x^2$，$y''=36x^2-24x$；

(3) 解方程 $y''=0$，得 $x_1=0$，$x_2=\dfrac{2}{3}$；

(4) 列表显示如下：

x	$(-\infty,0)$	0	$(0,\frac{2}{3})$	$\frac{2}{3}$	$(\frac{2}{3},+\infty)$
$f''(x)$	+	0	−	0	+
$f(x)$	∪	1	∩	11/27	∪

由表可知，曲线的上凸区间为$\left(0,\dfrac{2}{3}\right)$，下凸区间为$(-\infty,0)$和$\left(\dfrac{2}{3},+\infty\right)$，点(0,1)和$\left(\dfrac{2}{3},\dfrac{11}{27}\right)$是曲线的拐点.

§4.6 函数图形的描绘

一、曲线的渐近线

为了更准确地把握函数 $y=f(x)$ 的性质，必须借助于函数 $y=f(x)$ 的图形.有了前面用导数研究函数的知识，我们可以判断函数在定义域区间上的单调性，凹凸性，并作出一些简单的函数图形.但是当函数的定义域或值域含有无穷区间时，要在有限的平面上画出函数的图形，就必须指出 x 趋于无穷或 y 趋于无穷时曲线的趋势，因此下面介绍函数 $y=f(x)$ 的渐近线.

定义 4.4　如果曲线 $y=f(x)$ 上的一动点 p 沿曲线无限远离原点时，动点 p 与某直线 L 的距离无限趋近于零，则称此直线 L 为曲线 $y=f(x)$ 的**渐近线**.

渐近线可分为**水平渐近线**、**垂直渐近线**和**斜渐近线**三种(如图 4.6 所示).

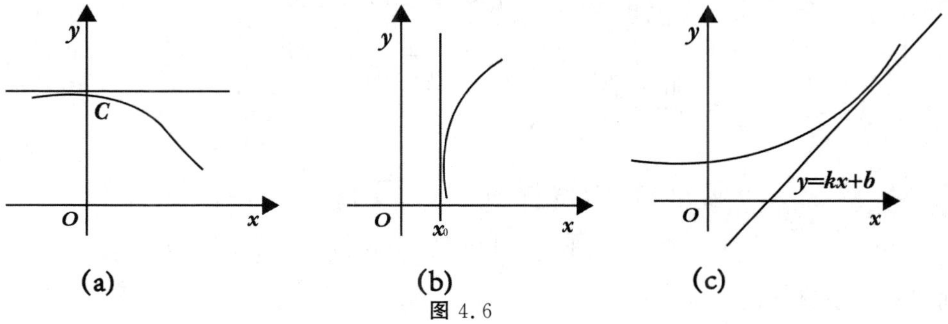

图 4.6

1. **水平渐近线**

对于曲线 $y=f(x)$，若有

$$\lim_{x\to\infty} f(x)=C,$$

则称直线 $y=C$ 为曲线 $y=f(x)$ 的**水平渐近线**(如图 4.6(a) 所示).

例如，因为 $\lim\limits_{x\to\infty}\dfrac{1}{x-1}=0$，所以直线 $y=0$ 为 $y=\dfrac{1}{x-1}$ 的水平渐近线.

2. **垂直渐近线**

对于曲线 $y=f(x)$，若有

$$\lim_{x\to x_0} f(x)=\infty,$$

则称直线 $x=x_0$ 为曲线 $y=f(x)$ 的**垂直渐近线**(如图 4.6(b) 所示).

例如，因为 $\lim\limits_{x\to 1}\dfrac{1}{x-1}=\infty$，所以直线 $x=1$ 为 $y=\dfrac{1}{x-1}$ 的垂直渐近线.

3. **斜渐近线**

对于曲线 $y=f(x)$，若有

$$\lim_{x\to\infty}[f(x)-(kx+b)]=0,$$

其中 k,b 为常数，且 $k\neq 0$，则称直线 $y=kx+b$ 为曲线 $y=f(x)$ 的**斜渐近线**(如图 4.6(c) 所示).

如果曲线 $y=f(x)$ 有斜渐近线 $y=kx+b$，则必有

$$k=\lim_{x\to\infty}\frac{f(x)}{x},$$

以及

$$b=\lim_{x\to\infty}[f(x)-kx].$$

如果上面两个极限中有一个不存在，则 $x\to\infty$ 时，曲线 $y=f(x)$ 无斜渐近线.

注意 $k\neq0$ 是斜渐近线很重要的标志，很好地把斜渐近线与水平渐近线区分开来.

例 4.41 求曲线 $y=\frac{2x-1}{(x-1)^2}$ 的渐近线.

解 因为 $\lim\limits_{x\to\infty}\frac{2x-1}{(x-1)^2}=0$，$\lim\limits_{x\to1}\frac{2x-1}{(x-1)^2}=\infty$，$\lim\limits_{x\to\infty}\frac{2x-1}{x(x-1)^2}=0$，所以曲线有水平渐近线 $y=0$，垂直渐近线 $x=1$.

例 4.42 求曲线 $y=\sqrt{1+3x^2}$ 的渐近线.

解 因为 $\lim\limits_{x\to\infty}\sqrt{1+3x^2}=\infty$，可知该曲线没有水平渐近线，同样也没有垂直渐近线.

因为

$$\lim_{x\to+\infty}\frac{f(x)}{x}=\lim_{x\to+\infty}\frac{\sqrt{1+3x^2}}{x}=\sqrt{3},$$

$$\lim_{x\to-\infty}\frac{f(x)}{x}=\lim_{x\to-\infty}\frac{\sqrt{1+3x^2}}{x}=-\sqrt{3},$$

且

$$\lim_{x\to+\infty}\left[f(x)-\sqrt{3}x\right]=\lim_{x\to+\infty}\left(\sqrt{1+3x^2}-\sqrt{3}x\right)=0,$$

$$\lim_{x\to-\infty}\left[f(x)-\sqrt{3}x\right]=\lim_{x\to-\infty}\left(\sqrt{1+3x^2}+\sqrt{3}x\right)=0,$$

所以曲线有 2 条斜渐近线 $y=\pm\sqrt{3}x$.

例 4.43 求曲线 $f(x)=\frac{2(x-2)(x+3)}{x-1}$ 的渐近线.

解 很容易判断，曲线没有水平渐近线.

因为 $\lim\limits_{x\to1}f(x)=\infty$，所以 $x=1$ 是曲线的垂直渐近线.

又因为

$$\lim_{x\to\infty}\frac{f(x)}{x}=\lim_{x\to\infty}\frac{2(x-2)(x+3)}{x(x-1)}=2,$$

$$\lim_{x\to\infty}\left[\frac{2(x-2)(x+3)}{x-1}-2x\right]=\lim_{x\to\infty}\frac{2(x-2)(x+3)-2x(x-1)}{x-1}=4,$$

所以 $y=2x+4$ 是曲线的斜渐近线.

二、函数作图

对于一个函数，若能作出其图形，就能从直观上了解该函数的性态特征，并可从其图形清楚地看出因变量与自变量之间的相互依赖关系. 在中学阶段，我们利用描点法来作函数的图形，这种方法通常会遗漏曲线的一些关键点，如极值点、拐点等，使得曲线的单调性、凹凸性等一些函数的重要性态难以准确显示出来. 下面利用导数来描绘函数 $y=f(x)$ 的图形，其一般步骤如下：

(1) 确定函数 $f(x)$ 的定义域，研究函数的特性，如奇偶性、周期性等；

(2) 计算函数的一阶导数 $f'(x)$ 和二阶导数 $f''(x)$，求出 $f'(x)=0$ 和 $f''(x)=0$ 在函数定义域内的全部实根及 $f'(x)$ 和 $f''(x)$ 不存在的点，用这些点把函数定义域划分成若干个部分区间；

(3) 列表讨论在这些部分区间内 $f'(x)$ 和 $f''(x)$ 的符号，并由此确定函数的单调性和凹凸性，极值点和拐点；

(4) 确定函数图形的水平、垂直、斜渐近线；

(5) 计算极值点和拐点的坐标，并在坐标平面上定出图形上相应的点．有时还需适当补充一些辅助作图点（如与坐标轴的交点和曲线的端点等）．然后根据第 3、4 步中得到的结果，用平滑曲线连接而画出函数的图形．

例 4.44 作出函数 $f(x)=\dfrac{4(x+1)}{x^2}-2$ 的图象．

解 (1) 函数定义域为 $x\neq 0$ 的全体实数．

(2) $f'(x)=-4\cdot\dfrac{x+2}{x^3}$，$f''(x)=\dfrac{4(2x+6)}{x^4}$，令 $f'(x)=0$，得到点 $x=-2$，令 $f''(x)=0$，得到点 $x=-3$．

(3) 列表确定函数单调区间、凹凸区间及极值和拐点．

x	$(-\infty,-3)$	-3	$(-3,-2)$	-2	$(-2,0)$	0	$(0,+\infty)$
$f'(x)$	$-$		$-$	0	$+$	无定义点	$-$
$f''(x)$	$-$	0	$+$	0	$+$	无定义点	$+$
$f(x)$	↓ ∩	拐点	↓ ∪	极小值点	↓ ∪	间断点	↑ ∪

(4) 渐近线：$\lim\limits_{x\to\infty}f(x)=\lim\limits_{x\to\infty}\left[\dfrac{4(x+1)}{x^2}-2\right]=-2$，水平渐近线 $y=-2$；

$\lim\limits_{x\to\infty}f(x)=\lim\limits_{x\to\infty}\left[\dfrac{4(x+1)}{x^2}-2\right]=+\infty$，垂直渐近线 $x=0$．

(5) 取几个特殊点：$(1-\sqrt{3},0)$，$(1+\sqrt{3},0)$，$A(-1,-2)$，$B(1,6)$，$C(2,1)$．

根据以上结论，用平滑曲线连接这些点，就描绘出函数的图形（如图 4.7 所示）．

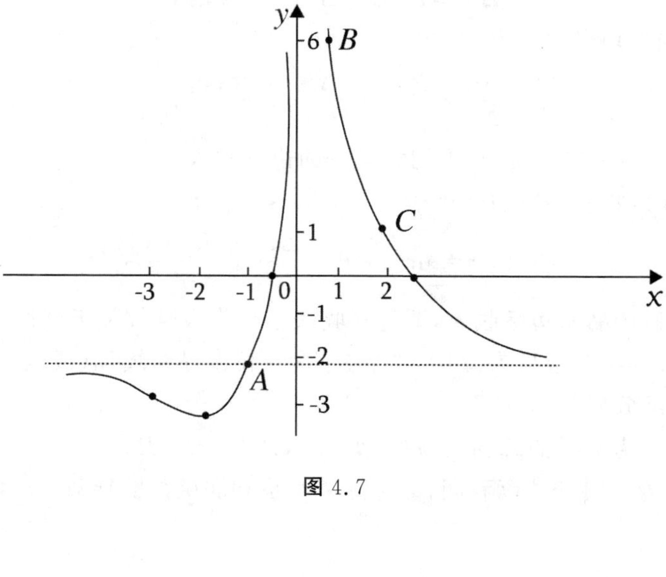

图 4.7

§4.7 导数的经济应用——边际分析与弹性分析

本节介绍导数概念在经济学中的两个应用——边际分析与弹性分析.

一、边际分析

边际函数,通常指经济变量函数的变化率.利用导数研究经济变量的边际变化的方法,即边际分析方法.

1.成本及其边际分析

在经济学中,产品的总成本,平均成本,边际成本都是产量的函数.

设某产品产量为 x 单位时所需的总成本为 $C=C(x)$. 当产量由 x 变为 $x+\Delta x$ 时,总成本函数的改变量为

$$\Delta C=C(x+\Delta x)-C(x),$$

这时,总成本函数的平均变化率为

$$\frac{\Delta C}{\Delta x}=\frac{C(x+\Delta x)-C(x)}{\Delta x}.$$

它表示产量由 x 变为 $x+\Delta x$ 时,在平均意义下的边际成本.

当总成本函数 $C(x)$ 可导时,其变化率

$$C'(x)=\lim_{\Delta x\to 0}\frac{\Delta C}{\Delta x}=\lim_{\Delta x\to 0}\frac{C(x+\Delta x)-C(x)}{\Delta x},$$

称为该产品产量为 x 时的**边际成本**,即边际成本是总成本函数关于产量的导数.它的经济意义是:边际成本近似等于产量为 x 时再多生产一个单位产品所需增加的总成本.

2.收入及其边际分析

设某产品的销售量为 x 时的总收入为 $R=R(x)$. 销售量由 x 变为 $x+\Delta x$ 时,总收入函数的改变量为

$$\Delta R=R(x+\Delta x)-R(x),$$

这时,总收入函数的平均变化率为

$$\frac{\Delta R}{\Delta x}=\frac{R(x+\Delta x)-R(x)}{\Delta x}.$$

它表示产量由 x 变到 $x+\Delta x$ 时,在平均意义下的边际收入.

当 $R(x)$ 可导时,收入函数的变化率

$$R'(x)=\lim_{\Delta x\to 0}\frac{R(x+\Delta x)-R(x)}{\Delta x},$$

称为销售量为 x 时该产品的**边际收入**,即边际收入是总收入函数关于销售量的导数.其经济意义是:边际收入近似等于销售量为 x 时再销售一个单位产品所增加(或减少)的总收入.

3.利润及其边际分析

设某产品销售量为 x 时的总利润为 $L=L(x)$,则 $L(x)=R(x)-C(x)$. 当 $L(x)$ 可导时,称 $L'(x)$ 为销售量为 x 时的**边际利润**,即边际利润是利润函数的导数.其经济意义是:边际利

润近似等于销售量为 x 时再多销售一个单位产品所增加(或减少)的利润.

因为

$$L'(x)=R'(x)-C'(x),$$

所以边际利润为边际收入与边际成本之差.

例 4.45 设某工艺品生产厂家,当每月销售产量为 x 个时,总收益函数为 $R(x)=300x-x^2$,单位为元.试求月销售量分别为 100 个、150 个和 200 个时的边际收益,并解释其经济学意义.

解 (1) 已知 $R(x)=300x-x^2$,则有

$$R'(x)=300-2x,$$

当 $x=100$ 时的边际收益为

$$R(100)=300-2\times 100=100,$$

当 $x=150$ 时的边际收益为

$$R(150)=300-2\times 150=0,$$

当 $x=200$ 时的边际收益为

$$R(200)=300-2\times 200=-100.$$

所得结果的经济意义为:当销售量为 100 个时,再多销售一个产品,总收益增加 100 元;当销售量为 150 个时,多销售一个产品,总收益不会再增加;当销售量为 200 个时,再多销售一个产品,总收益减少 100 元.

例 4.46 设某产品的需求函数为 $x=100-5p$,其中 p 为价格,x 为需求量.求边际收入函数,以及 $x=20,50,70$ 时的边际收入,并解释所得结果的经济意义.

解 总收入函数为 $R(x)=px$,已知 $p=\frac{1}{5}(100-x)$.于是,总收入函数为

$$R(x)=px=\frac{1}{5}(100-x)x,$$

所以,边际收入函数为

$$R'(x)=\frac{1}{5}(100-2x).$$

代入 $x=20,50$ 和 70,求得

$$R'(20)=12,\quad R'(50)=0,\quad R'(70)=-8.$$

所得结果的经济意义为:当销售量即需求量为 20 个单位时,再多销售一个单位产品,总收入增加 12 个单位;当销售量为 50 个单位时,多销售一个单位产品,总收入不会再增加;当销售量为 70 个单位时,再多销售一个单位产品,总收入减少 8 个单位.

例 4.47 设某厂每月生产 x 单位产品的可变成本为 $0.01x^2+10x$(元),固定成本为 5000 元.如果每单位产品的售价为 30 元.试求:边际利润为零时的产量.

解 总成本函数为

$$C(x)=0.01x^2+10x+5000,$$

总收入函数为

$$R(x)=px=30x,$$

故总利润函数为

$$L(x)=R(x)-C(x)=-0.01x^2+20x-5000,$$

于是,边际利润函数为

$$L'(x)=0.02(1000-x),$$

可见,当月产量为1000个单位时,边际利润为零.

二、弹性与弹性分析

在现实生活中,有一些经济问题仅仅研究函数的绝对改变量与函数的绝对变化率还是不够的.例如,A商品每单位价格100元,涨价10元;B商品每单位价格500元,也涨价10元,两种商品价格的改变量是一样的,但各与其原价相比,两者涨价的百分比有明显的不同,A商品涨了10%,B商品只涨了2%.因此我们还有必要研究函数的相对改变量与相对变化率——弹性.弹性概念是经济学中的另一个重要概念,用来定量地描述一个经济变量对另一个经济变量变化的反应程度.或者说,一个经济变量变动百分之一会使另外一个经济变量变动百分之几.

定义 4.5　设函数 $y=f(x)$ 在点 $x_0(x_0\neq 0)$ 的某邻域内有定义,且 $f(x_0)\neq 0$.如果极限

$$\lim_{\Delta x\to 0}\frac{\Delta y/f(x_0)}{\Delta x/x_0}=\lim_{\Delta x\to 0}\frac{[f(x_0+\Delta x)-f(x_0)]/f(x_0)}{\Delta x/x_0} \tag{4.14}$$

存在,则称此极限值为函数 $y=f(x)$ 在点 x_0 处的**点弹性**,记为 $\left.\frac{Ey}{Ex}\right|_{x=x_0}$;而称此值

$$\frac{\Delta y/f(x_0)}{\Delta x/x_0}=\frac{f(x_0+\Delta x)-f(x_0)}{\Delta x}\cdot\frac{x_0}{f(x_0)} \tag{4.15}$$

为函数 $y=f(x)$ 在点 x_0 与点 $x_0+\Delta x$ 之间的**弧弹性**.

如果函数 $y=f(x)$ 在区间 (a,b) 内可导且 $f(x)\neq 0$,则称

$$\frac{Ey}{Ex}=\frac{x}{f(x)}f'(x) \tag{4.16}$$

为函数 $y=f(x)$ 在区间 (a,b) 内的**弹性函数**.

因为函数的弹性与各有关变量所用的计量单位无关,所以弹性概念在经济学中得到广泛的应用,这是因为经济学中各种商品的计量单位是不尽相同的,比较不同商品的弹性时,可不受计量单位的限制.函数 $y=f(x)$ 在点 x 处的弹性反映了 $f(x)$ 对 x 变化反应的强烈程度或灵敏度.下面通过需求函数说明经济学中的弹性分析理论.

三、需求函数及其弹性分析

设 p 表示商品的价格,Q 表示需求量.消费者对某种商品的需求是由多种原因决定的,如消费者的收入水平,商品的质量,其他代用品的价格等.其中,该商品的价格是影响需求的一个主要因素.一般来说,商品的价格高,那么需求量就小,价格低,需求量就大.因此,一般需求函数是单调减少函数.现在我们不考虑价格以外的其他因素,只研究需求与价格的关系.

定义 4.6　设某商品的市场需求量为 Q,价格为 p,需求函数 $Q=Q(p)$ 可微,则称

$$\frac{EQ}{Ep}=\frac{p}{Q(p)}\frac{\mathrm{d}Q}{\mathrm{d}p} \tag{4.17}$$

为该商品的**需求价格弹性**,简称为**需求弹性**.

由于需求函数为价格的单调减少函数,故需求函数的弧弹性为负值,即需求价格弹性一般

为负值. 因此,在经济学中,比较商品需求弹性的大小时,是指弹性的绝对值$\left|\frac{EQ}{Ep}\right|$. 当说某商品的需求价格弹性大时,是指其绝对值大. 这表明,当某商品的价格上涨(或下跌)1% 时,其需求量将减少(或增加)约$\left|\frac{EQ}{Ep}\right|$%.

当$-1<\frac{EQ}{Ep}<0$(即$\left|\frac{EQ}{Ep}\right|<1$)时,称为**低弹性**,此时商品需求量变动的百分比低于价格变动的百分比,价格的变动对需求量的影响不大.

当$\frac{EQ}{Ep}=-1$(即$\left|\frac{EQ}{Ep}\right|=1$)时,称为**单位弹性**,此时商品需求量变动的百分比与价格变动的百分比相等.

当$\frac{EQ}{Ep}<-1$(即$\left|\frac{EQ}{Ep}\right|>1$)时,称为**高弹性**,此时商品需求量变动的百分比高于价格变动的百分比,价格的变动对需求量的影响较大.

在商品经济中,商品经营者关心的是提价($\Delta p>0$)或降价($\Delta p<0$)对总收入的影响. 利用需求弹性的概念,可以得出价格变动如何影响销售收益的结论.

由于

$$\frac{EQ}{Ep}=\frac{p}{Q(p)}\frac{\mathrm{d}Q}{\mathrm{d}p},$$

可见,当$|\Delta p|$很小时,收入函数$R=Qp$的改变量为

$$\Delta R=\Delta(Qp)\approx \mathrm{d}(Qp)=Q\mathrm{d}p+p\mathrm{d}Q=\left(1+\frac{EQ}{Ep}\right)Q\mathrm{d}p.$$

由$\frac{EQ}{Ep}<0$知,$\frac{EQ}{Ep}=-\left|\frac{EQ}{Ep}\right|$,于是有

$$\Delta R\approx\left(1-\left|\frac{EQ}{Ep}\right|\right)Q\mathrm{d}p=\left(1-\left|\frac{EQ}{Ep}\right|\right)Q\Delta p.$$

由此可知,当$\left|\frac{EQ}{Ep}\right|>1$时,降价可使总收益增加,提价将使总收益减少;当$\left|\frac{EQ}{Ep}\right|<1$时,降价使总收益减少,提价使总收益增加;当$\left|\frac{EQ}{Ep}\right|=1$时,提价或降价对总收益没有明显的影响.

例 4.48 设某商品的需求函数为$Q=200-40p$,求$p=2, 2.5, 3$时的需求价格弹性,并给予适当的经济解释.

解 由$\frac{\mathrm{d}Q}{\mathrm{d}p}=-40$,可得需求弹性

$$\frac{EQ}{Ep}=\frac{p\,\mathrm{d}Q}{Q\,\mathrm{d}p}=\frac{-40p}{200-40p}.$$

当$p=2$时,$\left|\frac{EQ}{Ep}\right|=\frac{2}{3}<1$,为低弹性,此时商品需求量变动的百分比低于价格变动的百分比,降价将使总收益减少,提价使总收益增加.

当$p=2.5$时,$\left|\frac{EQ}{Ep}\right|=1$,为单位弹性,此时商品需求量变动的百分比与价格变动的百分比

相等,提价或降价对总收益没有明显影响.

当 $p=3$ 时,$\left|\frac{EQ}{Ep}\right|=1.5>1$,为高弹性,此时商品需求量变动的百分比高于价格变动的百分比,降价将使总收益增加,提价使总收益减少.

习　题　四

(A)

1. 验证下列各题的正确性,并求满足结论的 ξ 的值.

(1) 验证函数 $f(x)=\cos 2x$ 在区间 $\left[-\frac{\pi}{4},\frac{\pi}{4}\right]$ 上满足罗尔定理;

(2) 验证函数 $f(x)=\sqrt{x}$ 在区间$[4,9]$上满足拉格朗日中值定理;

(3) 验证函数 $f(x)=x^3+1$, $g(x)=x^2$ 在区间$[1,2]$上满足柯西中值定理.

2. 不用求出函数 $f(x)=x(x-1)(x-2)(x-3)$ 的导数,说明方程 $f'(x)=0$ 有几个实根,并指出它们所在的区间.

3. 证明:方程 $x^7+x^5+x^3+7x-9=0$ 只有一个正根.

4. 证明:方程 $x^5+x^3+x+5=0$ 有且仅有一个实根.

5. 若 4 次方程 $a_0x^4+a_1x^3+a_2x^2+a_3x+a_4=0$ 有 4 个不同的实根,证明:

$$4a_0x^3+3a_1x^2+2a_2x+a_3=0$$

有 3 个不同的实根.

6. 证明:$\arctan x+\arccos\frac{x}{\sqrt{1+x^2}}=\frac{\pi}{2}$.

7. 设 $a>b>0, n>1$,证明:$nb^{n-1}(a-b)<a^n-b^n<na^{n-1}(a-b)$.

8. 设 $f(x)$ 在$[0,1]$上连续,在$(0,1)$内可导,且 $f(1)=0$,求证:至少存在一点 $\xi\in(0,1)$,使 $f'(\xi)=-\frac{f(\xi)}{\xi}$.

9. 证明:若函数 $f(x)$ 在 $(-\infty,+\infty)$ 内满足关系式 $f'(x)=f(x)$,且 $f(0)=1$,则 $f(x)=e^x$.

10. 若函数 $f(x)$ 在(a,b)内具有二阶导函数,且 $f(x_1)=f(x_2)=f(x_3)(a<x_1<x_2<x_3<b)$,证明:在$(x_1,x_3)$内至少有一点 ξ,使得 $f''(\xi)=0$.

11. 设函数 $f(x)$ 在$[a,b]$上连续,在(a,b)内可导,并且有 $f(a)=f(b)=0$. 试证:至少存在一点 $\xi\in(a,b)$,使得 $f'(\xi)-f(\xi)=0$.

12. 设函数 $f(x)$ 在$[0,1]$上连续,在$(0,1)$内可导,且 $f(0)=0, f(\frac{1}{2})=1, f(1)=-1$. 求证:至少存在一点 $\xi\in(0,1)$,使得

$$f'(\xi)=2\xi f(\xi).$$

13. 设函数 $f(x)$ 在闭区间$[a,b]$上满足 $f''(x)>0$,证明:存在唯一的 $c(a<c<b)$,

使得

$$f'(c)=\frac{f(b)-f(a)}{b-a}.$$

14. 求下列极限.

(1) $\lim\limits_{x\to 0}\frac{e^x-e^{-x}}{\sin x}$；

(2) $\lim\limits_{x\to 0}\frac{a^x-b^x}{x}\ (a,b>0)$；

(3) $\lim\limits_{x\to 1}\frac{x^3-1+\ln x}{e^x-e}$；

(4) $\lim\limits_{x\to \pi}\frac{\ln\cos 2x}{(x-\pi)^2}$；

(5) $\lim\limits_{x\to 0}\frac{x^2\tan x}{\tan x-x}$；

(6) $\lim\limits_{x\to 0}\frac{e^{-x^2}+x^2-1}{x\sin^3 2x}$；

(7) $\lim\limits_{x\to 0^+}\frac{\ln\tan 7x}{\ln\tan 2x}$；

(8) $\lim\limits_{x\to \infty}\frac{x-\sin x}{x+\sin x}$；

(9) $\lim\limits_{x\to 0}\left(\frac{1}{x^2}-\frac{1}{x\sin x}\right)$；

(10) $\lim\limits_{x\to 1}\left(\frac{x}{x-1}-\frac{1}{\ln x}\right)$；

(11) $\lim\limits_{x\to 0}x\cot 2x$；

(12) $\lim\limits_{x\to \infty}x(e^{\frac{1}{x}}-1)$；

(13) $\lim\limits_{x\to 0^+}(\tan x)^{\sin x}$；

(14) $\lim\limits_{x\to 0^+}x^{\sin x}$；

(15) $\lim\limits_{x\to \infty}\left(1+\frac{a}{x}\right)^x$；

(16) $\lim\limits_{x\to 0}(\cos 2x)^{\frac{1}{x^2}}$；

(17) $\lim\limits_{x\to 0^+}\left(\frac{1}{x}\right)^{\tan x}$；

(18) $\lim\limits_{x\to +\infty}(x+\sqrt{1+x^2})^{\frac{1}{x}}$.

15. 确定下列函数的单调区间.

(1) $y=x^3-3x^2-9x+2$；

(2) $y=(x-1)(x+1)^3$；

(3) $y=2x^2-\ln x$；

(4) $y=x-e^x$.

16. 证明下列不等式.

(1) 当 $x\geqslant 0$ 时，$(1+x)\ln(1+x)\geqslant \arctan x$；

(2) $0<x<\frac{\pi}{2}$ 时，$\tan x>x+\frac{1}{3}x^3$；

(3) 当 $x>1$ 时，$\frac{x-1}{x+1}<\frac{\ln x}{2}$；

(4) 当 $x>4$ 时，$2^x>x^2$.

17. 求下列函数的极值.

(1) $y=(x^2-1)^3+2$；

(2) $y=x-\ln(1+x)$；

(3) $y=x^2e^{-x}$；

(4) $y=x+\sqrt{1-x}$.

18. 试问 a 为何值时，函数 $f(x)=2\sin x+a\sin 3x$ 在 $x=\frac{\pi}{3}$ 处取得极值？并求极值.

19. 求下列函数在给定区间上的最值.

(1) $y=2x^3-3x^2,\quad x\in[-1,4]$；

(2) $y=x^{\frac{1}{x}},\quad x\in(0,+\infty)$.

20. 将边长为 $2a$ 的正方形铁皮的四角各剪去一个边长相等的小正方形，做成一个无盖的铁盒,问剪去的小正方形边长为多少时,铁盒容积最大?

21. 求下列函数图形的拐点及凹凸区间.

(1) $y=x+\frac{1}{x}(x>0)$; (2) $y=e^{\arctan x}$;

(3) $y=x\arctan x$; (4) $y=(x+1)^4+e^x$.

22. 求下列曲线的渐近线.

(1) $y=1+\frac{1}{x^2}$; (2) $y=(1+x)e^{1-\frac{1}{x}}$;

(3) $y=\frac{1+\sin x}{x}$; (4) $y=e^{\frac{1}{x-1}}+1$.

23. 作下列函数的图形.

(1) $f(x)=x^4-2x^3+1$; (2) $y=e^{\frac{1}{x}}$;

(3) $y=2-\sqrt[3]{x-1}$; (4) $f(x)=\frac{x^2}{1+x}$.

24. 某钟表厂生产某类型手表日产量为 Q 件的总成本为

$$C(Q)=\frac{1}{40}Q^2+200Q+1000\ (元),$$

求:(1) 日产量为 100 件的总成本和平均成本为多少?

(2) 最低平均成本及相应的产量;

(3) 若每件手表要以 400 元售出,要使利润最大,日产量应为多少? 并求最大利润及相应的平均成本.

25. 设某厂每天生产某种产品 x 单位时的总成本函数为

$$C(x)=0.5x^2+36x+9800\ (元),$$

问每天生产多少个单位的产品时,其平均成本最低?

26. 设某商品的需求量 Q 与价格 p 的关系为

$$Q=\frac{1600}{4^p},$$

(1) 求需求弹性 $\eta(p)$,并解释其经济含义;

(2) 当商品的价格 $p=10$(元) 时,若价格降低 1%,则该商品需求量变化情况如何?

(B)

1. 求极限 $\lim\limits_{x\to 0}\frac{\ln(1+x)}{x}^{\frac{1}{e^x-1}}$.

2. 证明:$4\arctan x-x+\frac{4}{3}\pi-\sqrt{3}=0$ 恰有两个实根.

3. 设奇函数 $f(x)$ 在 $[-1,1]$ 上具有二阶导数,且 $f(1)=1$,证明:

(1) 利用导数的定义证明函数 $f(x)$ 在 $(-1,1)$ 的导数 $f'(x)$ 为偶函数.

(2) 存在 $\xi\in(0,1)$,使得 $f'(\xi)=1$.

(3) 存在 $\eta \in (-1,1)$，使得 $f''(\eta)+f'(\eta)=1$.

4. 设 $a_0+\frac{a_1}{2}+\cdots+\frac{a_n}{n+1}=0$，证明多项式 $f(x)=a_0+a_1x+\cdots+a_nx^n$ 在 $(0,1)$ 内至少有一个零点.

5. 设 $g(x)$ 在 $x=0$ 处二阶可导，且 $g(0)=0$. 试确定 a 的值使 $f(x)$ 在 $x=0$ 处可导，并求 $f'(0)$，其中 $f(x)=\begin{cases}\frac{g(x)}{x}, & x\neq 0,\\ a, & x=0.\end{cases}$

6. 设函数 $f(x)$ 在 $[a,b]$ 上连续，在 (a,b) 内可导，且 $\lim\limits_{x\to a^+} f'(x)=A$. 试证：$f_+'(a)=A$.

7. 求下列极限.

(1) $\lim\limits_{x\to 0}\frac{1+e^{x\cot x}}{2}$；

(2) $\lim\limits_{x\to 0}\frac{(1-\cos x)[x-\ln(1+\tan x)]}{\sin^4 x}$；

(3) $\lim\limits_{x\to 0}\left(\frac{e^x+e^{2x}+\cdots+e^{nx}}{n}\right)^{\frac{1}{x}}$，其中 n 是给定的整数.

8. 设函数 $f(x)$ 在闭区间 $[0,A]$ 上连续，且 $f(0)=0$. 如果 $f'(x)$ 存在且为增函数 $(x\in(0,A))$. 试证：函数 $F(x)=\frac{1}{x}f(x)$ 也是增函数.

9. 证明下列不等式.

(1) 设 $x\in(0,1)$，证明：$(1+x)\ln^2(x+1)<x^2$；

(2) 设 $0<a<b$，证明 $\frac{\ln b-\ln a}{b-a}>\frac{2a}{a^2+b^2}$.

10. 由方程 $x^3+2y^3-6axy=0$ 确定的隐函数 $y=y(x)$，满足条件 $y(2a)=2a\,(a\neq 0)$，试证：$x=2a$ 为驻点，并判定 $x=2a$ 是否为极值点，是怎样的极值点.

11. 设函数 $f(x)$ 满足条件：$af(x)+bf\left(\frac{1}{x}\right)=\frac{c}{x}$，其中 a,b,c 为常数，且 $|a|>|b|$，$c>0$. 试问：a,b 满足什么条件时，$f(x)$ 有极值？并求出相应的极值点.

12. 已知函数 $f(x)=\frac{|x|x}{1+x}$，求曲线的凹凸区间及渐近线.

第5章 不定积分

在第 3 章中,讨论了如何求一个已知函数的导函数或微分的问题.而在实际问题中还存在许多与此相反的问题,例如,已知物体的瞬时速度 $v(t)$,如何求出物体的路程函数?已知曲线在定义区间上任意一点切线的斜率,如何求出曲线的方程?这类问题很普遍,用数学方法可概括为如何寻求一个可导函数,使它的导函数等于已知函数.这正是积分学的基本问题之一.

§5.1 不定积分的概念与性质

一、原函数与不定积分的概念

1.**原函数**

定义 5.1 如果在区间 I 内,可导函数 $F(x)$ 的导函数恒为 $f(x)$,即当 $x \in I$ 时,$F'(x)=f(x)$ 或 $\mathrm{d}F(x)=f(x)\mathrm{d}x$ 恒成立,则称 $F(x)$ 是 $f(x)$ 在区间 I 内的**一个原函数**.

例如,$-\cos x$ 是 $\sin x$ 在$(-\infty,+\infty)$的一个原函数;x^3 和 x^3+C(C 为任意实数)都是 $3x^2$ 在$(-\infty,+\infty)$内的原函数.

通过上述例子可知,由于常数的导数为零,所以找到 $f(x)$ 的一个原函数,就可以找到许多个原函数.那么在什么条件下,一个函数的原函数存在?它的原函数有多少个?这些原函数之间有什么关系?接下来的三个定理将给出这些问题的答案.

定理 5.1(原函数存在定理) 如果函数 $f(x)$ 在区间 I 上连续,那么 $f(x)$ 在 I 上一定存在原函数 $F(x)$.

原函数存在定理可以简述为**连续函数在其定义区间内一定存在原函数**.定理的证明将在下一章给出.由于初等函数在其定义域区间内都是连续的,所以初等函数在其定义域区间内都存在原函数.

定理 5.2 如果 $F(x)$ 是函数 $f(x)$ 在区间 I 上的一个原函数,那么 $F(x)+C$ 也是 $f(x)$ 的原函数,其中 C 为任意常数.

证明 因为 $F(x)$ 是 $f(x)$ 的一个原函数,所以 $F'(x)=f(x)$. 而对于任意常数 C,恒有

$$[F(x)+C]'=f(x).$$

于是,由定义 5.1 知,$F(x)+C$ 也是 $f(x)$ 的原函数,其中 C 为任意常数.

例 5.1 验证 $F(x)=\frac{1}{2}(1+\ln x)^2$ 和 $G(x)=\frac{1}{2}\ln^2 x+\ln x$ 是同一个函数的原函数,并说明两个函数的关系.

解 因为

$$F'(x)=(1+\ln x)\cdot\frac{1}{x}=\frac{1+\ln x}{x},$$

$$G'(x)=\ln x\cdot\frac{1}{x}+\frac{1}{x}=\frac{1+\ln x}{x},$$

所以 $F(x)=\frac{1}{2}(1+\ln x)^2$ 和 $G(x)=\frac{1}{2}\ln^2 x+\ln x$ 是同一个函数 $\frac{1+\ln x}{x}$ 的两个原函数.

由于 $F(x)=\frac{1}{2}(1+\ln x)^2=\frac{1}{2}\ln^2 x+\ln x+\frac{1}{2}=G(x)+\frac{1}{2}$,说明这两个原函数之间仅相差一个常数 $\frac{1}{2}$.

由定理 5.2 可知,$f(x)$ 若存在原函数 $F(x)$,那么原函数的个数必为无穷多个. 但在这无穷多个原函数中,除了 $F(x)+C$ 的形式外,是否还有其他形式的原函数呢?

定理 5.3 如果 $F(x)$ 和 $G(x)$ 都是函数 $f(x)$ 在区间 I 上的原函数,则 $F(x)$ 和 $G(x)$ 只相差一个常数(即 $F(x)-G(x)=C$).

证明 设 $F(x)$ 和 $G(x)$ 都是 $f(x)$ 的原函数,由原函数定义知

$$F'(x)=f(x),\quad G'(x)=f(x),$$

于是

$$[F(x)-G(x)]'=F'(x)-G'(x)=0.$$

根据拉格朗日中值定理的推论 2,可知

$$F(x)-G(x)=C,\text{其中 } C \text{ 为常数}.$$

定理 5.3 说明,若 $F(x)$ 是 $f(x)$ 的一个原函数,则 $f(x)$ 的全体原函数可表示为 $F(x)+C$(其中 C 为任意常数),再没有其他形式的原函数了.

2. 不定积分

定义 5.2 函数 $f(x)$ 在区间 I 上的全体原函数称为 $f(x)$ 在 I 上的**不定积分**,记作

$$\int f(x)\mathrm{d}x,$$

其中"$\int$"称为**积分号**,$f(x)$ 称为**被积函数**,$f(x)\mathrm{d}x$ 称为**被积表达式**,x 称为**积分变量**.

由定理 5.2 知,若 $F(x)$ 是函数 $f(x)$ 在区间 I 上的任意一个原函数,则 $f(x)$ 在 I 上的不定积分可表示为

$$\int f(x)\mathrm{d}x = F(x) + C,$$

C 为任意常数,称为**积分常数**.

显然,求一个函数的不定积分,就是求出它的任意一个原函数,再加上积分常数即可.

例 5.2 计算不定积分 $\int \frac{\mathrm{d}x}{1+x^2}$.

解 因为 $(\arctan x)' = \frac{1}{1+x^2}$,所以 $\int \frac{\mathrm{d}x}{1+x^2} = \arctan x + C$.

例 5.3 计算不定积分 $\int \frac{1}{x}\mathrm{d}x$.

解 当 $x > 0$ 时,$(\ln x)' = \frac{1}{x}$, 所以 $\int \frac{1}{x}\mathrm{d}x = \ln x + C \quad (x > 0)$.

当 $x < 0$ 时,$[\ln(-x)]' = \frac{1}{x}$,所以 $\int \frac{1}{x}\mathrm{d}x = \ln(-x) + C \quad (x < 0)$.

综上,$\int \frac{1}{x}\mathrm{d}x = \ln|x| + C$.

二、不定积分的性质

性质 1 $\left[\int f(x)\mathrm{d}x\right]' = f(x)$ 或 $\mathrm{d}\int f(x)\mathrm{d}x = f(x)\mathrm{d}x$.

性质 2 $\int F'(x)\mathrm{d}x = F(x) + C$ 或 $\int \mathrm{d}F(x) = F(x) + C$.

由此可见,积分运算和微分运算是互逆运算,当它们连在一起时,要么互相抵消,要么抵消后相差一个任意常数.

性质 3 被积函数中不为零的常数因子可以提到积分号外.

$$\int af(x)\mathrm{d}x = a\int f(x)\mathrm{d}x \quad (a \neq 0).$$

性质 4 两个函数和(或差)的不定积分等于两个函数不定积分的和(或差).

$$\int [f(x) \pm g(x)]\mathrm{d}x = \int f(x)\mathrm{d}x \pm \int g(x)\mathrm{d}x.$$

性质 3 和性质 4 可以推广到任意有限多个函数的线性组合的情况,即

$$\begin{aligned}&\int [a_1 f_1(x) + a_2 f_2(x) + \cdots + a_n f_n(x)]\mathrm{d}x \\ =\ & a_1\int f_1(x)\mathrm{d}x + a_2\int f_2(x)\mathrm{d}x + \cdots + a_n\int f_n(x)\mathrm{d}x.\end{aligned}$$

三、不定积分的几何意义

若 $F(x)$ 是函数 $f(x)$ 的一个原函数,那么曲线 $y = F(x)$ 称为 $f(x)$ 的一条积分曲线.将这条积分曲线沿着 y 轴方向平行移动,就可以得到 $f(x)$ 的无穷多条积分曲线,它们构成一个曲线族,称为 $f(x)$ 的**积分曲线族**.不定积分 $\int f(x)\mathrm{d}x$ 的几何意义就是一个积分曲线

族.它的特点是:在横坐标相同的点处,各积分曲线的切线斜率相同,即这些切线相互平行,如图 5.1 所示.

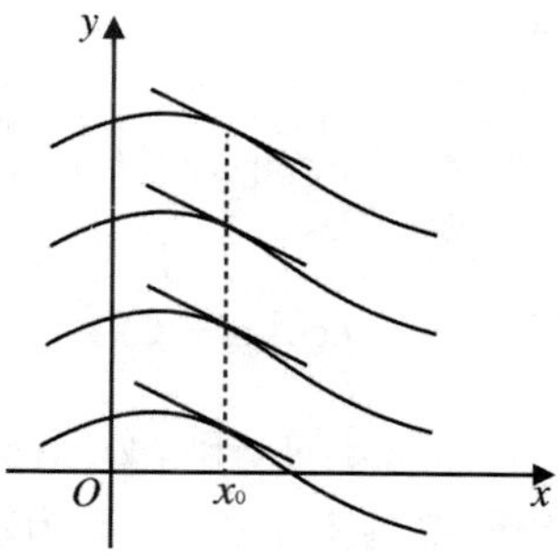

图 5.1

例 5.4 已知曲线在点 x 处的切线斜率为$\frac{1}{2\sqrt{x}}$,且曲线过点(4,3),试求曲线方程.

解 根据不定积分的几何意义,所求曲线为斜率是 $f(x)=\frac{1}{2\sqrt{x}}$ 的一条积分曲线,则

$$y=\int f(x)\mathrm{d}x=\int \frac{1}{2\sqrt{x}}\mathrm{d}x=\sqrt{x}+C.$$

因为曲线过点(4,3),即 $3=\sqrt{4}+C$,得出 $C=3-\sqrt{4}=1$,于是所求曲线方程为

$$y=\sqrt{x}+1.$$

四、基本不定积分公式

由不定积分的性质 1,可以知道不定积分是微分的逆运算,因此由基本微分公式得出相应的基本不定积分公式.

(1)$\int 0\mathrm{d}x=C$;

(2)$\int x^a\mathrm{d}x=\frac{1}{a+1}x^{a+1}+C \quad (a\neq -1)$;

(3)$\int \frac{1}{x}\mathrm{d}x=\ln|x|+C$;

(4)$\int a^x\mathrm{d}x=\frac{1}{\ln a}a^x+C \quad (a>0,\ a\neq 1)$;

(5)$\int \mathrm{e}^x\mathrm{d}x=\mathrm{e}^x+C$;

(6)$\int \sin x\mathrm{d}x=-\cos x+C$;

(7)$\int \cos x\mathrm{d}x=\sin x+C$;

(8)$\int \sec^2 x\mathrm{d}x=\tan x+C$;

(9)$\int \csc^2 x\mathrm{d}x=-\cot x+C$;

(10) $\int \sec x \tan x \, dx = \sec x + C$；

(11) $\int \csc x \cot x \, dx = -\csc x + C$；

(12) $\int \frac{1}{\sqrt{1-x^2}} dx = \arcsin x + C (= -\arccos x + C)$；

(13) $\int \frac{1}{1+x^2} dx = \arctan x + C (= -\text{arccot}\, x + C)$.

以上 13 个基本积分公式，是求不定积分的基础，必须熟练掌握. 利用基本积分公式和不定积分的性质，可以直接计算一些比较简单的不定积分，称为**基础积分法或直接积分法**.

例 5.5 计算不定积分 $\int (x^{-3} + 2x - 2) dx$.

解

$$\begin{aligned}\int (x^{-3} + 2x - 2) dx &= \int x^{-3} dx + \int 2x \, dx - \int 2 dx \\ &= \int x^{-3} dx + 2\int x \, dx - 2\int dx \\ &= -\frac{1}{2} x^{-2} + x^2 - 2x + C.\end{aligned}$$

例 5.6 计算不定积分 $\int (2^x + \frac{1}{x}) dx$.

解 $\int (2^x + \frac{1}{x}) dx = \frac{2^x}{\ln 2} + \ln|x| + C$.

例 5.7 计算不定积分 $\int (\frac{2}{\sqrt{1-x^2}} + \csc x \cot x) dx$.

解

$$\begin{aligned}\int (\frac{2}{\sqrt{1-x^2}} + \csc x \cot x) dx &= 2\int \frac{1}{\sqrt{1-x^2}} dx + \int \csc x \cot x \, dx \\ &= 2\arcsin x - \cot x + C = (-2\arccos x - \cot x + C).\end{aligned}$$

例 5.8 计算不定积分 $\int \tan^2 x \, dx$.

解

$$\begin{aligned}\int \tan^2 x \, dx = \int (\sec^2 x - 1) dx &= \int \sec^2 x \, dx - \int dx \\ &= \tan x - x + C.\end{aligned}$$

例 5.9 求不定积分 $\int \frac{1}{\sin^2 x \cos^2 x} dx$.

解

$$\begin{aligned}\int \frac{1}{\sin^2 x \cos^2 x} dx &= \int \frac{\sin^2 x + \cos^2 x}{\sin^2 x \cos^2 x} dx \\ &= \int (\frac{1}{\sin^2 x} + \frac{1}{\cos^2 x}) dx \\ &= \tan x - \cot x + C.\end{aligned}$$

例 5.10 求不定积分 $\int \sin^2 \frac{x}{2} dx$.

解 $\int \sin^2 \frac{x}{2} dx = \int \frac{1-\cos x}{2} dx$

$$= \frac{1}{2}\int (1-\cos x) dx$$

$$= \frac{x}{2} - \frac{1}{2}\sin x + C.$$

例 5.11 计算不定积分$\int (\cos \frac{x}{2} - \sin \frac{x}{2})^2 dx$.

解 $\int (\cos \frac{x}{2} - \sin \frac{x}{2})^2 dx = \int (\sin^2 \frac{x}{2} - 2\sin \frac{x}{2}\cos \frac{x}{2} + \cos^2 \frac{x}{2}) dx$

$$= \int (1-\sin x) dx = \int dx - \int \sin x dx$$

$$= x + \cos x + C.$$

例 5.12 计算不定积分$\int \frac{x^4+2x^2}{x^2+1} dx$.

解 $\int \frac{x^4+2x^2}{x^2+1} dx = \int \frac{x^4+2x^2+1-1}{x^2+1} dx$

$$= \int (x^2+1-\frac{1}{x^2+1}) dx$$

$$= (\frac{1}{3}x^3 + x - \arctan x) + C.$$

注意 基础积分法适用于那些只用到基本积分公式和积分性质求积分的题目. 使用基础积分法经常要对被积函数进行化简或适当的恒等变形，变形的目的是使被积函数化为积分基本公式中的函数或它们的线性组合. 如果进行多次不同的变形后仍无法达到目的，则应考虑用其他积分方法求解.

§5.2 换元积分法

利用基本积分公式及不定积分的性质所能计算的不定积分是非常有限的，还有很多积分是利用上述方法无法解决的，如$\int \frac{\arctan x}{1+x^2} dx$，$\int \frac{\ln x}{x} dx$ 等. 为了解决这类积分，可把复合函数的微分法用于不定积分计算中，利用中间变量的代换，得到复合函数的积分法，称为换元积分法.

一、第一换元积分法

定理 5.4(第一换元积分法) 设$\int f(u) du = F(u) + C$，且 $u = \varphi(x)$ 可微，则有

$$\int f[\varphi(x)]\varphi'(x) dx = [\int f(u) du]_{u=\varphi(x)} = F[\varphi(x)] + C. \qquad (5.1)$$

证明 因为 $F'(u) = f(u)$，所以有

$$\{F[\varphi(x)] + C\}' = F'(u)\varphi'(x) \quad (u = \varphi(x))$$

$$= f(u)\varphi'(x)$$

$$=f[\varphi(x)]\varphi'(x),$$

由不定积分的定义知

$$\int f[\varphi(x)]\varphi'(x)\mathrm{d}x=F[\varphi(x)]+C.$$

例 5.13 计算不定积分$\int 2x\sqrt{1+x^2}\,\mathrm{d}x$.

分析 由于$(1+x^2)'=2x$,所以$2x\sqrt{1+x^2}\,\mathrm{d}x=\sqrt{1+x^2}\,\mathrm{d}(1+x^2)$,因此满足第一换元法的结构特征,从而用第一换元法进行求解.

解 $\int 2x\sqrt{1+x^2}\,\mathrm{d}x=\int\sqrt{1+x^2}(1+x^2)'\mathrm{d}x$ （设$1+x^2=u$）

$$=\int\sqrt{u}\,\mathrm{d}u=\frac{2}{3}u^{\frac{3}{2}}+C=\frac{2}{3}(1+x^2)^{\frac{3}{2}}+C.$$

可见,利用第一换元法计算积分的关键是:将不定积分的被积表达式分解成$\varphi(x)$的函数与$\varphi(x)$的微分的乘积,所以,第一换元法也称为**凑微分法**.

例 5.14 计算不定积分$\int(2x+3)^5\mathrm{d}x$.

解 $\int(2x+3)^5\mathrm{d}x=\frac{1}{2}\int(2x+3)^5(2x+3)'\mathrm{d}x=\frac{1}{12}(2x+3)^6+C.$

例 5.15 计算不定积分$\int\frac{\mathrm{e}^x}{(1+\mathrm{e}^x)^2}\mathrm{d}x$.

解 设$u=1+\mathrm{e}^x$,$\mathrm{d}u=\mathrm{e}^x\mathrm{d}x$,所以

$$\int\frac{\mathrm{e}^x}{(1+\mathrm{e}^x)^2}\mathrm{d}x=\int\frac{1}{(1+\mathrm{e}^x)^2}\mathrm{d}(1+\mathrm{e}^x)=\int\frac{1}{u^2}\mathrm{d}u$$

$$=-\frac{1}{u}+C=-\frac{1}{1+\mathrm{e}^x}+C.$$

例 5.16 计算不定积分$\int\frac{1}{x+1}\mathrm{d}x$.

解 $\int\frac{1}{x+1}\mathrm{d}x=\int\frac{1}{x+1}\mathrm{d}(x+1)=\ln|x+1|+C.$

例 5.17 计算不定积分$\int\frac{\ln x}{x}\mathrm{d}x$.

解 设$u=\ln x$,$\mathrm{d}u=\frac{1}{x}\mathrm{d}x$,所以

$$\int\frac{\ln x}{x}\mathrm{d}x=\int\ln x\,\mathrm{d}\ln x=\int u\,\mathrm{d}u=\frac{1}{2}u^2+C=\frac{1}{2}(\ln x)^2+C$$

例 5.18 计算不定积分$\int\tan x\,\mathrm{d}x$.

解 设$u=\cos x$,$\mathrm{d}u=-\sin x\,\mathrm{d}x$,所以

$$\int\tan x\,\mathrm{d}x=\int\frac{\sin x}{\cos x}\mathrm{d}x=-\int\frac{1}{\cos x}\mathrm{d}\cos x$$

$$=-\int\frac{1}{u}\mathrm{d}u=-\ln|u|+C=-\ln|\cos x|+C.$$

即

$$\int\tan x\,\mathrm{d}x=-\ln|\cos x|+C.$$

同理可得

$$\int \cot x\,dx = \ln|\sin x| + C.$$

利用第一换元法计算不定积分,熟练以后,可以不写出变量代换式,而直接计算.

例 5.19 计算不定积分$\int \frac{1}{a^2 - x^2}\,dx \quad (a > 0)$.

解 $$\int \frac{1}{a^2 - x^2}\,dx = \frac{1}{2a}\int\left(\frac{1}{a+x} + \frac{1}{a-x}\right)dx$$
$$= \frac{1}{2a}\left[\int \frac{1}{a+x}\,d(a+x) - \int \frac{1}{a-x}\,d(a-x)\right]$$
$$= \frac{1}{2a}[\ln|a+x| - \ln|a-x|] + C = \frac{1}{2a}\ln\left|\frac{a+x}{a-x}\right| + C,$$

即

$$\int \frac{1}{a^2 - x^2}\,dx = \frac{1}{2a}\ln\left|\frac{a+x}{a-x}\right| + C \quad (a > 0).$$

由此可得

$$\int \frac{1}{x^2 - a^2}\,dx = \frac{1}{2a}\ln\left|\frac{x-a}{x+a}\right| + C \quad (a > 0).$$

例 5.20 计算不定积分$\int \frac{1}{\sqrt{a^2 - x^2}}\,dx \quad (a > 0)$.

解 $$\int \frac{1}{\sqrt{a^2 - x^2}}\,dx = \int \frac{1}{\sqrt{1 - \left(\frac{x}{a}\right)^2}}\,d\left(\frac{x}{a}\right) = \arcsin\frac{x}{a} + C.$$

例 5.21 计算不定积分$\int \frac{1}{a^2 + x^2}\,dx \quad (a > 0)$.

解 $$\int \frac{1}{a^2 + x^2}\,dx = \frac{1}{a}\int \frac{1}{1 + \left(\frac{x}{a}\right)^2}\,d\left(\frac{x}{a}\right) = \frac{1}{a}\arctan\frac{x}{a} + C.$$

例 5.22 计算不定积分$\int \sec x\,dx$.

解 $$\int \sec x\,dx = \int \frac{1}{\cos x}dx = \int \frac{\cos x}{\cos^2 x}dx$$
$$= \int \frac{1}{1 - \sin^2 x}d\sin x,$$

由例 5.19 结论得

$$= \frac{1}{2}\ln\left|\frac{1 + \sin x}{1 - \sin x}\right| + C.$$

因为

$$\frac{1 + \sin x}{1 - \sin x} = \frac{(1 + \sin x)^2}{\cos^2 x} = (\sec x + \tan x)^2,$$

所以有

$$\int \sec x\,dx = \ln|\sec x + \tan x| + C.$$

同理可得

$$\int \csc x\,dx = \ln|\csc x - \cot x| + C.$$

例 5.23 计算不定积分$\int \cos^2 x\,dx$.

解 $$\int \cos^2 x\,dx = \int \frac{1+\cos 2x}{2}dx$$
$$= \frac{1}{2}\int (1+\cos 2x)dx$$
$$= \frac{1}{2}\int 1dx + \frac{1}{2}\int \cos 2x\,dx$$
$$= \frac{1}{2}\int 1dx + \frac{1}{4}\int \cos 2x\,d(2x)$$
$$= \frac{1}{2}x + \frac{1}{4}\sin 2x + C.$$

例 5.24 计算不定积分$\int \cos^3 x\,dx$.

解 $$\int \cos^3 x\,dx = \int \cos x \cdot \cos^2 x\,dx$$
$$= \int \cos^2 x\,d\sin x$$
$$= \int (1-\sin^2 x)d\sin x$$
$$= \int 1d\sin x - \int \sin^2 x\,d\sin x$$
$$= \sin x - \frac{1}{3}\sin^3 x + C.$$

例 5.25 计算不定积分$\int \sin^3 x\cos^5 x\,dx$.

解 $$\int \sin^3 x\cos^5 x\,dx = -\int \sin^2 x\cos^5 x\,d\cos x$$
$$= \int (\cos^2 x - 1)\cos^5 x\,d\cos x$$
$$= \int \cos^7 x\,d\cos x - \int \cos^5 x\,d\cos x$$
$$= \frac{1}{8}\cos^8 x - \frac{1}{6}\cos^6 x + C.$$

例 5.26 计算不定积分$\int \sin 5x\cos 3x\,dx$.

解 由三角函数的积化和差公式,有

$$\int \sin 5x\cos 3x\,dx = \frac{1}{2}\int (\sin 8x + \sin 2x)dx$$
$$= \frac{1}{2}\left(\int \sin 8x\,dx + \int \sin 2x\,dx\right)$$
$$= \frac{1}{2}\left[\int \frac{1}{8}\sin 8x\,d(8x) + \frac{1}{2}\int \sin 2x\,d(2x)\right]$$
$$= -\frac{1}{16}\cos 8x - \frac{1}{4}\cos 2x + C.$$

第一换元积分法是不定积分运算的重点，也是难点. 一般地，第一换元积分法所处理的函数是复合函数，故此法的实质是复合函数求导数的逆运算. 在运算中要注意换元的目的是使换元后的积分$\int f(u)\mathrm{d}u$ 有表可查或易求原函数. 且由于积分方法是灵活多样的，技巧性较强，一些“凑”的方法要靠经常练习来积累，下面给出一些常见的凑微分形式.

(1)$\int f(ax+b)\mathrm{d}x=\frac{1}{a}\int f(ax+b)\mathrm{d}(ax+b)\quad(a\neq 0)$;

(2)$\int f(x^u)x^{u-1}\mathrm{d}x=\frac{1}{u}\int f(x^u)\mathrm{d}x^u\quad(u\neq 0)$;

(3)$\int f(\mathrm{e}^x)\mathrm{e}^x\mathrm{d}x=\int f(\mathrm{e}^x)\mathrm{d}\mathrm{e}^x$;

(4)$\int f(\ln x)\frac{1}{x}\mathrm{d}x=\int f(\ln x)\mathrm{d}\ln x$;

(5)$\int f(\sin x)\cos x\mathrm{d}x=\int f(\sin x)\mathrm{d}\sin x$;

(6)$\int f(\cos x)\sin x\mathrm{d}x=-\int f(\cos x)\mathrm{d}\cos x$;

(7)$\int f(\tan x)\sec^2 x\mathrm{d}x=\int f(\tan x)\mathrm{d}\tan x$;

(8)$\int f(\cot x)\csc^2\mathrm{d}x=-\int f(\cot x)\mathrm{d}\cot x$;

(9)$\int f(\arcsin x)\frac{1}{\sqrt{1-x^2}}\mathrm{d}x=\int f(\arcsin x)\mathrm{d}\arcsin x$;

(10)$\int f(\arctan x)\frac{1}{1+x^2}\mathrm{d}x=\int f(\arctan x)\mathrm{d}\arctan x$.

二、第二换元积分法

第一类换元法的积分思路，就是将含复合函数的积分转换为简单函数的积分，从而应用直接积分法解决问题. 但用第一换元法可以解决的不定积分的类型仍受到限制，它既要求积分式适当分解为 $f[\varphi(x)]\mathrm{d}\varphi(x)$，同时 $f(u)$ 的原函数又比较容易求出，有很多函数很难做到这一点.

例 5.27　计算不定积分$\int\frac{\mathrm{d}x}{1+\sqrt{x}}$.

分析　因为被积函数很难凑成 $f[\varphi(x)]\mathrm{d}\varphi(x)$ 的形式，所以这个积分很难用第一换元积分法求解. 求这个积分的主要困难是被积函数含有$\sqrt{x}$，所以我们试着消去妨碍运算的$\sqrt{x}$.

解　令$\sqrt{x}=t$，即 $x=t^2$，$\mathrm{d}x=2t\mathrm{d}t$，所以

$$\begin{aligned}\int\frac{1}{1+\sqrt{x}}\mathrm{d}x&=\int\frac{2t}{1+t}\mathrm{d}t=2\int\left(1-\frac{1}{1+t}\right)\mathrm{d}t\\&=2(t-\ln|1+t|)+C.\end{aligned}$$

将 $t=\sqrt{x}$ 还原，于是有

$$\int\frac{1}{1+\sqrt{x}}\mathrm{d}x=2(\sqrt{x}-\ln|1+\sqrt{x}|)+C.$$

这个例子提示，对不能用第一换元积分法求原函数的不定积分$\int f(x)\mathrm{d}x$，能否用变量代换 $x=\varphi(t)$，使原积分的被积式 $f(x)\mathrm{d}x=f[\varphi(t)]\varphi'(t)\mathrm{d}t$，并且 $f[\varphi(t)]\varphi'(t)$ 的原函数 $F(t)$ 易求出. 这就是要介绍的第二换元积分法.

定理 5.5(第二换元积分法) 如果函数 $x=\varphi(t)$ 是单调可导函数,并且 $\varphi'(t)\neq 0$,若有 $\int f[\varphi(t)]\varphi'(t)\mathrm{d}t=F(t)+C$,则

$$\int f(x)\mathrm{d}x=F[\varphi^{-1}(x)]+C. \tag{5.2}$$

证明 因为 $x=\varphi(t)$ 单调,所以存在反函数 $t=\varphi^{-1}(x)$. 由已知条件,$F'(t)=f[\varphi(t)]\varphi'(t)$,所以

$$\begin{aligned}\frac{\mathrm{d}}{\mathrm{d}x}\{F[\varphi^{-1}(x)]+C\}&=\frac{\mathrm{d}F(t)}{\mathrm{d}t}\cdot\frac{\mathrm{d}t}{\mathrm{d}x}\\&=f[\varphi(t)]\varphi'(t)\cdot\frac{1}{\varphi'(t)}\\&=f[\varphi(t)]=f(x).\end{aligned}$$

第二换元积分法主要用于解决被积函数含有根式的积分,常见形式为根式代换法和三角函数代换法两种.

根式代换法 被积函数中含有无理式 $\sqrt[n]{ax+b}$ 时,设 $t=\sqrt[n]{ax+b}$,就可去掉根式.

例 5.28 计算不定积分 $\int\frac{\mathrm{d}x}{\sqrt{2x-3}+1}$.

解 设 $t=\sqrt{2x-3}$,则 $x=\frac{1}{2}(t^2+3)$, $\mathrm{d}x=t\mathrm{d}t$, 所以

$$\begin{aligned}\int\frac{\mathrm{d}x}{\sqrt{2x-3}+1}&=\int\frac{t}{t+1}\mathrm{d}t=\int\left(1-\frac{1}{t+1}\right)\mathrm{d}t\\&=t-\ln|1+t|+C=\sqrt{2x-3}-\ln(1+\sqrt{2x-3})+C.\end{aligned}$$

例 5.29 计算不定积分 $\int\frac{1}{\sqrt{x}+\sqrt[3]{x}}\mathrm{d}x$.

解 令 $x=t^6$, 则 $\mathrm{d}x=6t^5\mathrm{d}t$,所以

$$\begin{aligned}\int\frac{1}{\sqrt{x}+\sqrt[3]{x}}\mathrm{d}x&=\int\frac{6t^5}{t^3+t^2}\mathrm{d}t=6\int\frac{t^3}{t+1}\mathrm{d}t\\&=6\int(t^2-t+1)\mathrm{d}t-6\int\frac{1}{t+1}\mathrm{d}t\\&=2t^3-3t^2+6t-6\ln|t+1|+C\\&=2\sqrt{x}-3\sqrt[3]{x}+6\sqrt[6]{x}-6\ln(1+\sqrt[6]{x})+C.\end{aligned}$$

三角函数代换法

(1) 若被积函数中含有 $\sqrt{a^2-x^2}$ 时,设 $x=a\sin t$,就可去掉根式;

(2) 若被积函数中含有 $\sqrt{x^2+a^2}$ 时,设 $x=a\tan t$,就可去掉根式;

(3) 若被积函数中含有 $\sqrt{x^2-a^2}$ 时,设 $x=a\sec t$,就可去掉根式.

利用三角函数代换法,其变量还原常借助于直角三角形还原.下面用几个例子来讲解一下三角函数代换法的用法和变量的三角还原法.

例 5.30 计算不定积分 $\int\sqrt{a^2-x^2}\,\mathrm{d}x\quad(a>0)$.

解 令 $x=a\sin t$, $|t|\leqslant\frac{\pi}{2}$, 则 $\mathrm{d}x=a\cos t\mathrm{d}t$,所以

$$\begin{aligned}\int\sqrt{a^2-x^2}\,\mathrm{d}x&=\int\sqrt{a^2(1-\sin^2 t)}\,a\cos t\mathrm{d}t\\&=\int a^2\cos^2 t\mathrm{d}t=a^2\int\frac{1+\cos 2t}{2}\mathrm{d}t\end{aligned}$$

$$=\frac{a^2}{2}\left(t+\frac{1}{2}\sin 2t\right)+C=\frac{a^2}{2}(t+\sin t\cos t)+C.$$

为还原原来的变量,采用**三角还原法**.作一个直角三角形,如图 5.2 所示.设其一个锐角角度为 t,根据所设 $x=a\sin t$,由直角三角形边与角的关系,得到对边为 x,斜边为 a,从而邻边为 $\sqrt{a^2-x^2}$,求得

$$\cos t=\frac{\sqrt{a^2-x^2}}{a},$$

于是还原变量得到积分

$$\int\sqrt{a^2-x^2}\,\mathrm{d}x=\frac{1}{2}x\sqrt{a^2-x^2}+\frac{a^2}{2}\arcsin\frac{x}{a}+C.$$

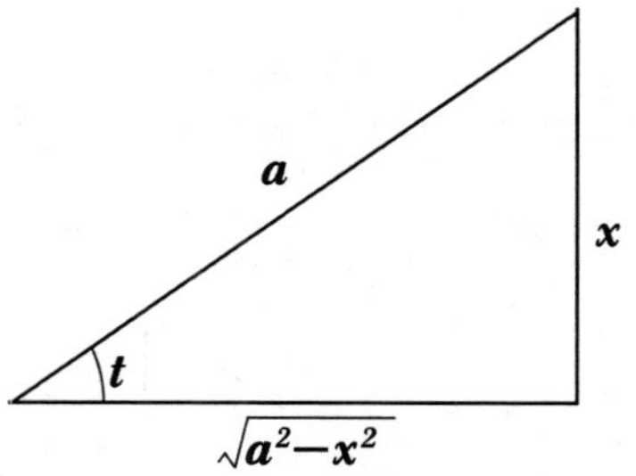

图 5.2

例 5.31 计算不定积分 $\int\frac{\mathrm{d}x}{\sqrt{x^2+a^2}}\quad(a>0)$.

解 令 $x=a\tan t$, $|t|<\frac{\pi}{2}$,则 $\mathrm{d}x=a\sec^2 t\,\mathrm{d}t$,

$$\begin{aligned}\int\frac{\mathrm{d}x}{\sqrt{x^2+a^2}}&=\int\frac{a\sec^2 t}{\sqrt{a^2\tan^2 t+a^2}}\,\mathrm{d}t\\&=\int\frac{\sec^2 t}{\sec t}\mathrm{d}t=\int\sec t\,\mathrm{d}t\\&=\ln|\sec t+\tan t|+C.\end{aligned}$$

如图 5.3 所示,还原变量得

$$\begin{aligned}\int\frac{\mathrm{d}x}{\sqrt{x^2+a^2}}&=\ln\left|\frac{\sqrt{x^2+a^2}}{a}+\frac{x}{a}\right|+C\\&=\ln\left|x+\sqrt{x^2+a^2}\right|+C\end{aligned}$$

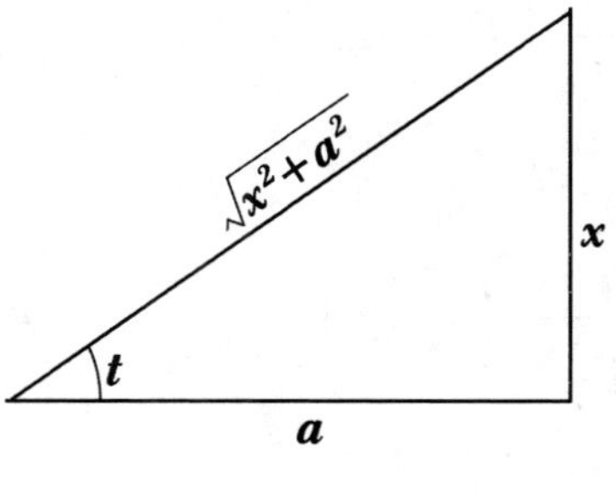

图 5.3

例 5.32　计算不定积分 $\int \frac{\mathrm{d}x}{\sqrt{x^2-a^2}}$ $(a>0)$.

解　令 $x=a\sec t\left(0<t<\frac{\pi}{2}\right)$，$\mathrm{d}x=a\sec t\cdot\tan t\,\mathrm{d}t$，所以

$$\begin{aligned}\int \frac{\mathrm{d}x}{\sqrt{x^2-a^2}}&=\int \frac{a\sec t\cdot\tan t}{\sqrt{a^2\sec^2 t-a^2}}\,\mathrm{d}t\\&=\int \sec t\,\mathrm{d}t\\&=\ln|\sec t+\tan t|+C.\end{aligned}$$

如图 5.4 所示，还原变量得

$$\begin{aligned}\int \frac{\mathrm{d}x}{\sqrt{x^2-a^2}}&=\ln\left|\frac{x}{a}+\frac{\sqrt{x^2-a^2}}{a}\right|+C\\&=\ln\left|x+\sqrt{x^2-a^2}\right|+C.\end{aligned}$$

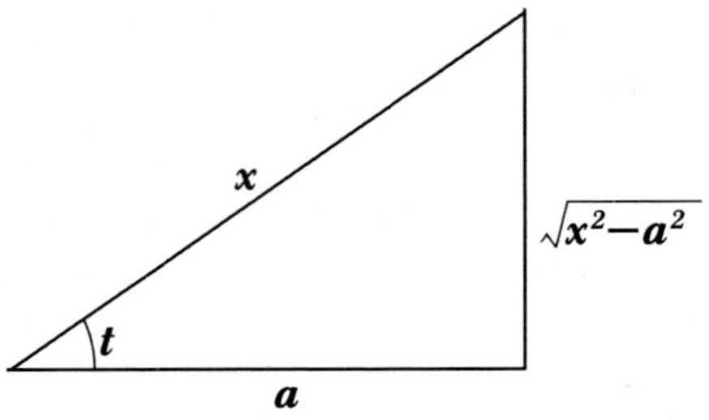

图 5.4

第二换元法对于解决被积函数带根式的积分，是非常有效的方法. 但第二换元法又不只局限于上述两种情形. 还有许多不含有根式的积分也可用第二换元法，如**反函数代换法**和**倒代换法**.

例 5.33　计算不定积分 $\int \frac{x+1}{x^2+x\ln x}\mathrm{d}x$.

解　令 $t=\ln x$，则 $x=\mathrm{e}^t$，$\mathrm{d}x=\mathrm{e}^t\mathrm{d}t$，

$$\begin{aligned}\int \frac{x+1}{x^2+x\ln x}\mathrm{d}x&=\int \frac{\mathrm{e}^t+1}{\mathrm{e}^{2t}+t\mathrm{e}^t}\mathrm{e}^t\,\mathrm{d}t=\int \frac{\mathrm{e}^t+1}{\mathrm{e}^t+t}\mathrm{d}t\\&=\ln|\mathrm{e}^t+t|+C=\ln|x+\ln x|+C.\end{aligned}$$

例 5.34　计算不定积分 $\int \frac{1}{x(1+x^8)}\,\mathrm{d}x$.

解　设 $x=\frac{1}{t}$，则 $\mathrm{d}x=-\frac{1}{t^2}\mathrm{d}t$，

$$\int \frac{1}{x(1+x^8)}\,\mathrm{d}x=\int \frac{t}{1+\left(\frac{1}{t}\right)^8}\left(-\frac{1}{t^2}\right)\mathrm{d}t=-\int \frac{t^7}{t^8+1}\mathrm{d}t=-\frac{1}{8}\int \frac{1}{t^8+1}\mathrm{d}(t^8+1)$$

$$=-\frac{1}{8}\ln(t^8+1)+C=-\frac{1}{8}\ln\left(\frac{1}{x^8}+1\right)+C.$$

通过对前面一些常见不定积分的研究，列出几个比较重要的积分公式，把它们补充到前面

给出的基本积分公式中,以便于在今后的不定积分计算中应用.

(14) $\int \tan x \mathrm{d}x = -\ln|\cos x| + C$;

(15) $\int \cot x \mathrm{d}x = \ln|\sin x| + C$;

(16) $\int \sec x \mathrm{d}x = \ln|\sec x + \tan x| + C$;

(17) $\int \csc x \mathrm{d}x = \ln|\csc x - \cot x| + C$;

(18) $\int \frac{1}{a^2 - x^2}\mathrm{d}x = \frac{1}{2a}\ln\left|\frac{a+x}{a-x}\right| + C, \quad a > 0$;

(19) $\int \frac{1}{a^2 + x^2}\mathrm{d}x = \frac{1}{a}\arctan\frac{x}{a} + C, a > 0$;

(20) $\int \sqrt{a^2 - x^2}\,\mathrm{d}x = \frac{1}{2}x\sqrt{a^2 - x^2} + \frac{a^2}{2}\arcsin\frac{x}{a} + C, \quad a > 0$;

(21) $\int \frac{1}{\sqrt{x^2 \pm a^2}}\,\mathrm{d}x = \ln\left|x + \sqrt{x^2 \pm a^2}\right| + C, \quad a > 0$;

(22) $\int \frac{1}{\sqrt{a^2 - x^2}}\mathrm{d}x = \arcsin\frac{x}{a} + C, \quad a > 0.$

通过以上介绍可以看出,第一换元法和第二换元法是两种非常有效的方法. 比较式(5.1)和式(5.2),不难看出两种方法的实质是同一公式的两种不同使用方法. 其区别在于,第一换元法是先分解被积函数,再作变换并求不定积分;第二换元法是先作变换后再求不定积分. 由公式

$$\int f[\varphi(x)]\varphi'(x)\mathrm{d}x = \int f(u)\mathrm{d}u \qquad (\text{先分解})$$

得到的是第一换元积分公式,这时 $\int f(u)\mathrm{d}u$ 比 $\int f[\varphi(x)]\varphi'(x)\mathrm{d}x$ 容易计算;由公式

$$\int f(x)\mathrm{d}x = \int f[\varphi(t)]\varphi'(t)\mathrm{d}t \qquad (\text{先变换})$$

得到的是第二换元积分公式,这时 $\int f[\varphi(t)]\varphi'(t)\mathrm{d}t$ 比 $\int f(x)\mathrm{d}x$ 容易计算.

§5.3 分部积分法

上一节在复合函数求导法则的基础上给出了求解复合函数的积分的方法——换元积分法. 同时也注意到,虽然利用换元积分法可以计算出很多基础积分法不能解决的不定积分,但对于另外一些积分却仍不适用,如 $\int \ln x \mathrm{d}x$,$\int x\mathrm{e}^x \mathrm{d}x$ 等. 这一节将在两个函数乘积求导公式的基础上给出解决这类积分的方法,即分部积分法.

定理 5.6(分部积分法) 设函数 $u = u(x)$,$v = v(x)$ 有连续的导数,则有分部积分公式

$$\int u(x)v'(x)\mathrm{d}x = \int u(x)\mathrm{d}v(x) = u(x)v(x) - \int v(x)\mathrm{d}u(x),$$

简记为

$$\int u\,\mathrm{d}v = uv - \int v\,\mathrm{d}u. \tag{5.3}$$

证明 由连续函数乘积的求导公式有

$$(uv)' = u'v + uv',$$

两边积分并移项得

$$\int u\,\mathrm{d}v = uv - \int v\,\mathrm{d}u.$$

式(5.3)的左右两边都含有不定积分,但往往左边积分不易求或者求不出,而化为右边的积分就容易求出了. 运用分部积分公式计算不定积分的关键是如何选择 u 和 $\mathrm{d}v$,从而使左端不易计算的积分转化为右端容易计算的积分.

但凡被积函数表现为反三角函数、对数函数、幂函数、三角函数、指数函数等五大类基本初等函数中的某两类的乘积的形式,一般都考虑使用分部积分法求解.

例 5.35 计算不定积分 $\int x\cos x\,\mathrm{d}x$.

解 设 $u=x$, $\mathrm{d}v=\cos x\,\mathrm{d}x$,
由分部积分公式有

$$\begin{aligned}\int x\cos x\,\mathrm{d}x &= \int x\,\mathrm{d}\sin x\\ &= x\sin x - \int \sin x\,\mathrm{d}x\\ &= x\sin x + \cos x + C.\end{aligned}$$

注意 此积分若设 $u=\cos x$, $\mathrm{d}v=x\,\mathrm{d}x$, 由分部积分公式有

$$\int x\cos x\,\mathrm{d}x = \frac{1}{2}x^2\cos x + \frac{1}{2}\int x^2\sin x\,\mathrm{d}x.$$

新积分更加不易求出,不满足分部积分法化简积分的原则,所以 u 和 $\mathrm{d}v$ 的选取是错误的.

使用分部积分法的常见题型有:

(1) **降次法** 形如 $\int x^n\mathrm{e}^x\,\mathrm{d}x$, $\int x^n\sin x\,\mathrm{d}x$, $\int x^n\cos x\,\mathrm{d}x$. 设 $u=x^n$,通过运用分部积分法,使 x^n 降幂;

(2) **转换法** 形如 $\int x^n\ln x\,\mathrm{d}x$, $\int x^n\arcsin x\,\mathrm{d}x$, $\int x^n\arctan x\,\mathrm{d}x$. 此时设 $\ln x$, $\arcsin x$, $\arctan x$ 为 u,运用分部积分法后,使之转换成有理函数或二次根式的积分;

(3) **循环法** 形如 $\int \mathrm{e}^x\sin x\,\mathrm{d}x$, $\int \mathrm{e}^x\cos x\,\mathrm{d}x$. 这种类型积分为循环积分,任选一类函数为 u 均可,但设定后,运算过程中 u 的函数类型不能改变. 分部积分两次后,会出现等式两端含有系数不同的同一类积分,通过移项,就可以求出所求积分. 一定要注意的是,积分结果右端要加上一个任意常数 C.

例 5.36 计算不定积分 $\int x^5\ln x\,\mathrm{d}x$.

解 设 $u=\ln x$, $\mathrm{d}v=x^5\,\mathrm{d}x$,由分部积分公式有

$$\int x^5\ln x\,\mathrm{d}x = \int \ln x\,\mathrm{d}\,\frac{x^6}{6}$$

$$=\frac{x^6}{6}\ln x-\int\frac{x^6}{6}\mathrm{d}\ln x$$

$$=\frac{x^6}{6}\ln x-\frac{x^6}{36}+C.$$

例 5.37 计算不定积分$\int \mathrm{e}^x\cos x\,\mathrm{d}x$.

解 设 $u=\mathrm{e}^x$,$\mathrm{d}v=\cos x\,\mathrm{d}x$,由分部积分公式有

$$\begin{aligned}\int \mathrm{e}^x\cos x\,\mathrm{d}x&=\mathrm{e}^x\sin x-\int\sin x\,\mathrm{d}\mathrm{e}^x\\&=\mathrm{e}^x\sin x-\int\mathrm{e}^x\sin x\,\mathrm{d}x\\&=\mathrm{e}^x\sin x+\mathrm{e}^x\cos x-\int\cos x\,\mathrm{d}\mathrm{e}^x\\&=\mathrm{e}^x\sin x+\mathrm{e}^x\cos x-\int\mathrm{e}^x\cos x\,\mathrm{d}x,\end{aligned}$$

移项解得

$$\int \mathrm{e}^x\cos x\,\mathrm{d}x=\frac{1}{2}\mathrm{e}^x(\sin x+\cos x)+C.$$

在不定积分运算中,根据问题的需要,可连续多次使用分部积分法.

例 5.38 计算不定积分$\int x^2\mathrm{e}^x\,\mathrm{d}x$.

解 设 $u=x^2$,$\mathrm{d}v=\mathrm{e}^x\,\mathrm{d}x$,由分部积分公式有

$$\begin{aligned}\int x^2\mathrm{e}^x\,\mathrm{d}x&=\int x^2\,\mathrm{d}\mathrm{e}^x=x^2\mathrm{e}^x-2\int x\mathrm{e}^x\,\mathrm{d}x\\&=x^2\mathrm{e}^x-2\int x\,\mathrm{d}\mathrm{e}^x=x^2\mathrm{e}^x-2(x\mathrm{e}^x-\int\mathrm{e}^x\,\mathrm{d}x)\\&=x^2\mathrm{e}^x-2x\mathrm{e}^x+2\mathrm{e}^x+C.\end{aligned}$$

运用分部积分法计算熟练后,可不必设出 u 和 $\mathrm{d}v$,直接运用分部积分法计算.

例 5.39 计算不定积分$\int\arccos x\,\mathrm{d}x$.

解

$$\begin{aligned}\int\arccos x\,\mathrm{d}x&=x\arccos x-\int x\,\mathrm{d}\arccos x\\&=x\arccos x+\int\frac{x}{\sqrt{1-x^2}}\mathrm{d}x\\&=x\arccos x-\frac{1}{2}\int\frac{1}{\sqrt{1-x^2}}\mathrm{d}(1-x^2)\\&=x\arccos x-\sqrt{1-x^2}+C.\end{aligned}$$

例 5.40 计算不定积分$\int x\mathrm{e}^{-2x}\,\mathrm{d}x$.

解 由分部积分公式有

$$\int x\mathrm{e}^{-2x}\,\mathrm{d}x=-\frac{1}{2}\int x\,\mathrm{d}\mathrm{e}^{-2x}=-\frac{1}{2}(x\mathrm{e}^{-2x}-\int\mathrm{e}^{-2x}\,\mathrm{d}x)=-\frac{1}{2}(x\mathrm{e}^{-2x}+\frac{1}{2}\mathrm{e}^{-2x})+C.$$

例 5.41　已知$\frac{\sin x}{x}$是$f(x)$的原函数，求$\int xf'(x)\mathrm{d}x$.

解　由于$\int xf'(x)\mathrm{d}x=\int x\mathrm{d}(f(x))=xf(x)-\int f(x)\mathrm{d}x$，

又因为

$$\int f(x)\mathrm{d}x=\frac{\sin x}{x}+C,$$

所以

$$f(x)=\frac{x\cos x-\sin x}{x^2},$$

则

$$xf(x)=\frac{x\cos x-\sin x}{x},$$

于是

$$\int xf'(x)\mathrm{d}x=\frac{x\cos x-\sin x}{x}-\frac{\sin x}{x}+C=\cos x-\frac{2}{x}\sin x+C.$$

有些不定积分计算可以有几种不同的方法，选择好相应的方法，可以使计算的繁简有很大区别. 而且，很多不定积分计算往往需要综合几种方法，所以我们要熟练掌握计算不定积分的各种方法，灵活运用在不定积分计算中.

例 5.42　计算不定积分$\int \sin x\ln\cot x\,\mathrm{d}x$.

解　
$$\begin{aligned}\int \sin x\ln\cot x\,\mathrm{d}x&=-\int \ln\cot x\,\mathrm{d}\cos x\\&=-(\cos x\ln\cot x-\int\frac{(-\csc^2x)}{\cot x}\cos x\,\mathrm{d}x)\\&=-\cos x\ln\cot x-\int\csc x\,\mathrm{d}x\\&=-\cos x\ln\cot x-\ln|\csc x-\cot x|+C.\end{aligned}$$

例 5.43　计算不定积分$\int x\sin^2x\,\mathrm{d}x$.

解　
$$\begin{aligned}\int x\sin^2x\,\mathrm{d}x&=\int x\,\frac{1-\cos 2x}{2}\mathrm{d}x\\&=\frac{1}{2}\int(x-x\cos 2x)\mathrm{d}x\\&=\frac{1}{2}(\int x\,\mathrm{d}x-\int x\cos 2x\,\mathrm{d}x)\\&=\frac{1}{4}x^2-\frac{1}{4}(\int x\,\mathrm{d}\sin 2x)\\&=\frac{1}{4}x^2-\frac{1}{4}(x\sin 2x-\int\sin 2x\,\mathrm{d}x)\\&=\frac{1}{4}x^2-\frac{1}{4}x\sin 2x+\frac{1}{4}\int\sin 2x\,\mathrm{d}x\end{aligned}$$

$$=\frac{1}{4}x^2-\frac{1}{4}x\sin 2x-\frac{1}{8}\cos 2x+C.$$

例 5.44　计算不定积分$\int e^{\sqrt{x+1}}dx$.

解　设$t=\sqrt{x+1}$,则$x=t^2-1$,$dx=2t\,dt$,于是

$$\begin{aligned}\int e^{\sqrt{x+1}}dx&=\int e^t 2t\,dt=2\int t\,de^t\\&=2\left(te^t-\int e^t dt\right)\\&=2(te^t-e^t)+C\\&=2(t-1)e^t+C\\&=2(\sqrt{x+1}-1)e^{\sqrt{x+1}}+C.\end{aligned}$$

* §5.4 有理函数的积分

有理函数是指两个多项式函数之商所表示的函数,即具有如下形式的函数

$$f(x)=\frac{P_n(x)}{Q_m(x)}=\frac{a_nx^n+a_{n-1}x^{n-1}+\cdots+a_1x+a_0}{b_mx^m+b_{m-1}x^{m-1}+\cdots+b_1x+b_0},$$

其中n,m均为非负整数,a_0,a_1,$\cdots$,a_{n-1},a_n;b_0,b_1,$\cdots$,b_{m-1},b_m都是实数,并且有$a_n\neq 0$,$b_m\neq 0$.若分子分母没有公因式,当$n<m$时,称$f(x)$为真分式,当$n\geqslant m$时,称$f(x)$为假分式. 用多项式除法可以将有理假分式化为多项式与真分式之和.

在代数学中有如下结论:任何一个真分式都可以分成若干个下面四种部分分式的代数和

(1) $\dfrac{A}{x+a}$;　　(2) $\dfrac{A}{(x+a)^n}$;

(3) $\dfrac{Mx+N}{x^2+px+q}$;　　(4) $\dfrac{Mx+N}{(x^2+px+q)^n}$.

其中A,M,N,a,p,q都是常数,n为大于1的自然数 ,$x^2+px+q=0$无实根.

一般地,若有理真分式分母中含有因式$(x+a)^n(n\geqslant 2)$,那么该真分式可以分解为$\dfrac{A_1}{x+a}+\dfrac{A_2}{(x+a)^2}+\cdots+\dfrac{A_n}{(x+a)^n}$;若有理真分式分母中含有因式$(x^2+px+q)^n$,那么该分式可以分解为

$$\frac{A_1x+B_1}{x^2+px+q}+\frac{A_2x+B_2}{(x^2+px+q)^2}+\cdots+\frac{A_nx+B_n}{(x^2+px+q)^n},$$

由此可得计算有理函数不定积分的一般步骤:

(1) 将有理函数分解为多项式与部分分式之和;

(2) 计算多项式与部分分式的不定积分.

例 5.45　求不定积分$\int\frac{x-1}{x^3+1}dx$.

解 先将$\frac{x-1}{x^3+1}$分解为部分分式.

第一步,分母因式分解

$$x^3+1=(x+1)(x^2-x+1).$$

第二步,设有理真分式可分解为

$$\frac{x-1}{x^3+1}=\frac{A}{x+1}+\frac{Bx+C}{x^2-x+1},$$

两端去分母整理后得

$$x-1=(A+B)x^2+(B+C-A)x+(A+C),$$

其中 A,B,C 称为待定系数.

第三步,求待定系数.比较等式两边 x 的同次幂的系数,得方程组

$$\begin{cases}A+B=0,\\B+C-A=1,\\A+C=-1,\end{cases}$$

解此方程组得

$$A=-\frac{2}{3},\quad B=\frac{2}{3},\quad C=-\frac{1}{3},$$

从而有

$$\frac{x-1}{x^3+1}=-\frac{2}{3}\cdot\frac{1}{x+1}+\frac{1}{3}\cdot\frac{2x-1}{x^2-x+1},$$

所以

$$\begin{aligned}\int\frac{x-1}{x^3+1}\mathrm{d}x&=-\frac{2}{3}\int\frac{1}{x+1}\mathrm{d}x+\frac{1}{3}\int\frac{2x-1}{x^2-x+1}\mathrm{d}x\\&=-\frac{2}{3}\ln|x+1|+\frac{1}{3}\ln(x^2-x+1)+C.\end{aligned}$$

例 5.46 求不定积分$\int\frac{-x+1}{x^2(x^2+x+1)}\mathrm{d}x$.

解 先将$\frac{-x+1}{x^2(x^2+x+1)}$分解为部分分式.

第一步,设有理真分式可分解为

$$\frac{-x+1}{x^2(x^2+x+1)}=\frac{A}{x}+\frac{B}{x^2}+\frac{Cx+D}{x^2+x+1}.$$

两端去分母整理后得

$$-x+1=(A+C)x^3+(A+B+D)x^2+(B+A)x+B,$$

其中 A,B,C,D 称为待定系数.

第二步,求待定系数.比较等式两边同次幂的系数,得方程组

$$\begin{cases}A+C=0,\\A+B+D=0,\\A+B=-1,\\B=1,\end{cases}$$

解此方程组得 $A=-2,B=1,C=2,D=1,$

从而有

$$\frac{-x+1}{x^2(x^2+x+1)}=\frac{-2}{x}+\frac{1}{x^2}+\frac{2x+1}{x^2+x+1},$$

所以

$$\begin{aligned}\int\frac{-x+1}{x^2(x^2+x+1)}\mathrm{d}x&=\int\frac{-2}{x}\mathrm{d}x+\int\frac{1}{x^2}\mathrm{d}x+\int\frac{2x+1}{x^2+x+1}\mathrm{d}x\\&=-2\ln|x|-\frac{1}{x}+\int\frac{1}{x^2+x+1}\mathrm{d}(x^2+x+1)\\&=-2\ln|x|-\frac{1}{x}+\ln(x^2+x+1)+C.\end{aligned}$$

例 5.47 求不定积分 $\int\frac{x^5+x^4-8}{x^3-x}\mathrm{d}x.$

解 由多项式除法得

$$\frac{x^5+x^4-8}{x^3-x}=x^2+x+1+\frac{x^2+x-8}{x^3-x},$$

而

$$x^3-x=x(x+1)(x-1),$$

令

$$\frac{x^2+x-8}{x^3-x}=\frac{A}{x}+\frac{B}{x+1}+\frac{C}{x-1},$$

等式右边通分后比较两边分子 x 的同次项的系数得

$$\begin{cases}A+B+C=1,\\C-B=1,\\A=8,\end{cases}$$

解此方程组得

$$\begin{cases}A=8,\\B=-4,\\C=-3,\end{cases}$$

所以

$$\frac{x^5+x^4-8}{x^3-x}=x^2+x+1+\frac{8}{x}-\frac{4}{x+1}-\frac{3}{x-1},$$

从而

$$\begin{aligned}\int\frac{x^5+x^4-8}{x^3-x}\mathrm{d}x&=\int\left(x^2+x+1+\frac{8}{x}-\frac{4}{x+1}-\frac{3}{x-1}\right)\mathrm{d}x\\&=\frac{1}{3}x^3+\frac{1}{2}x^2+x+8\ln|x|-4\ln|x+1|-3\ln|x-1|+C.\end{aligned}$$

例 5.48 求不定积分 $\int\frac{x-2}{x^2+2x+3}\mathrm{d}x.$

解 被积函数分母不能再分解因式,所以它为第三种部分分式.

$$\int \frac{x-2}{x^2+2x+3}\,dx = \int \frac{\frac{1}{2}(2x+2)-3}{x^2+2x+3}dx$$
$$= \frac{1}{2}\int \frac{2x+2}{x^2+2x+3}dx - 3\int \frac{dx}{x^2+2x+3}$$
$$= \frac{1}{2}\int \frac{d(x^2+2x+3)}{x^2+2x+3} - 3\int \frac{d(x+1)}{(x+1)^2+(\sqrt{2})^2}$$
$$= \frac{1}{2}\ln(x^2+2x+3) - \frac{3\sqrt{2}}{2}\arctan\frac{x+1}{\sqrt{2}} + C.$$

习　题　五

(A)

1. 已知 $f'(x)=\sec^2 x+\sin x$，且 $f(0)=1$，求函数 $f(x)$.

2. 下列哪一个不是 $\sin 2x$ 的原函数？（　　）

(a) $-\frac{1}{2}\cos 2x+C$；　　(b) $\sin^2 x+C$；

(c) $-\cos^2 x+C$；　　(d) $\frac{1}{2}\sin^2 x+C$.

3. 如果 $F(x)$ 是 $f(x)$ 的一个原函数，c 为不等于 0 且不等于 1 的其他任意常数，那么（　　）也必是 $f(x)$ 的原函数.

(a) $cF(x)$；　　(b) $F(cx)$；

(c) $F\left(\frac{x}{c}\right)$；　　(d) $c+F(x)$.

4. 已知一辆汽车做变速直线运动，在时刻 t 的速度为 $v=3t-2$，且 $t=0$ 时距离 $s=5$，求该车的运动方程.

5. 已知函数 $y=f(x)$ 的导数等于 $x+2$，且 $x=2$ 时 $y=5$，求这个函数.

6. 已知曲线上任一点切线的斜率为 $x+e^x$，并且曲线经过点(0,2)，求此曲线方程.

7. 设曲线通过点(1,2)，且其上任一点处的切线斜率等于这点横坐标的两倍，求此曲线的方程.

8. 求下列不定积分.

(1) $\int \frac{dx}{x^2}$；　　(2) $\int \sec x(\sec x+\tan x)dx$；

(3) $\int (x-2)^2 dx$；　　(4) $\int \frac{x^2}{1+x^2}dx$；

(5) $\int \frac{2\cdot 3^x-5\cdot 2^x}{3^x}dx$；　　(6) $\int \frac{\cos 2x}{\cos^2 x\sin^2 x}dx$；

(7) $\int \left(\frac{3}{1+x^2}+\frac{5}{\sqrt{1-x^2}}\right)dx$；　　(8) $\int e^x\left(1+\frac{e^{-x}}{\sqrt{x}}\right)dx$；

(9) $\int \frac{1}{x^2+x^4}dx$；　　(10) $\int \frac{e^{2x}-1}{e^x-1}dx$.

9. 求下列不定积分.

(1) $\int (3-2x)^3 dx$；　　(2) $\int \frac{dx}{\sqrt[3]{2-3x}}$；

(3) $\int \frac{\sin\sqrt{t}}{\sqrt{t}}\, dt$；　　(4) $\int x\cos(x^2)dx$；

(5) $\int \frac{3x^3}{1-x^4}dx$；　　(6) $\int \frac{dx}{2x^2-1}$；

(7) $\int \cos^5 x\, dx$；　　(8) $\int \frac{x^3}{9+x^2}dx$；

(9) $\int \tan^3 x \sec x\, dx$；　　(10) $\int \sin^2 x\cos^3 x\, dx$；

(11) $\int \frac{1}{3\cos^2 x+4\sin^2 x}dx$；　　(12) $\int \frac{\arctan\sqrt{x}}{\sqrt{x}(1+x)}\, dx$；

(13) $\int e^{\sin x}\cos x\, dx$；　　(14) $\int \frac{\ln\tan x}{\sin x\cos x}dx$；

(15) $\int \frac{dx}{\sin^4 x}$；　　(16) $\int \tan^3 x\, dx$；

(17) $\int \frac{\sin x+\cos x}{\sin x-\cos x}dx$；　　(18) $\int \frac{4\arctan x-x}{1+x^2}dx$；

(19) $\int \frac{dt}{e^t+e^{-t}}$；　　(20) $\int x^2\sqrt{1-x}\, dx$；

(21) $\int (1-x^2)^{-\frac{3}{2}}dx$；　　(22) $\int \frac{1}{(1+x^2)^2}dx$；

(23) $\int \frac{1}{x\sqrt{1+x^2}}\, dx$；　　(24) $\int x(2x+3)^{\frac{1}{4}}dx$；

(25) $\int \frac{\sqrt{x^2-4}}{x}\, dx$；　　(26) $\int \frac{x^2}{\sqrt{a^2-x^2}}\, dx$，　$(a>0)$.

10. 求下列不定积分.

(1) $\int x\sin x\, dx$；　　(2) $\int x e^{-x}\, dx$；

(3) $\int x^3\ln x\, dx$；　　(4) $\int x^2\sin x\, dx$；

(5) $\int x^3\arctan x\, dx$；　　(6) $\int x\tan^2 x\, dx$；

(7) $\int x\ln(x+1)dx$；　　(8) $\int e^{x^{\frac{1}{3}}}\, dx$；

(9) $\int x^2\cos 3x\, dx$；　　(10) $\int e^{-x}\sin x\, dx$；

(11) $\int(\arcsin x)^2\mathrm{d}x$；　(12) $\int\frac{1}{x^2}\arctan x\,\mathrm{d}x$；

(13) $\int\frac{\ln\ln x}{x}\mathrm{d}x$；　(14) $\int\arcsin x\,\mathrm{d}x$；

(15) $\int\ln(x+\sqrt{1+x^2})\mathrm{d}x$；　(16) $\int\sqrt{x}\sin\sqrt{x}\,\mathrm{d}x$.

11. 求下列有理函数的不定积分.

(1) $\int\frac{\mathrm{d}x}{(x^2+1)(x^2+x+1)}$；　(2) $\int\frac{\mathrm{d}x}{x^2(1+2x)}$；

(3) $\int\frac{2x+3}{x^2+2x-3}\mathrm{d}x$；　(4) $\int\frac{2x-1}{x^2-2x-1}\mathrm{d}x$.

(B)

1. 求下列不定积分.

(1) $\int\frac{\mathrm{d}x}{(1+\mathrm{e}^x)^2}$；　(2) $\int\frac{\sin\ln x}{x^2}\mathrm{d}x$；

(3) $\int\frac{1}{1+x^2}\arctan\frac{1+x}{1-x}\mathrm{d}x$；　(4) $\int\frac{\arcsin\sqrt{x}+\ln x}{\sqrt{x}}\mathrm{d}x$；

(5) $\int\frac{\mathrm{d}x}{x\ln x(\ln^2x+1)}$；　(6) $\int\mathrm{e}^x\arcsin\sqrt{1-\mathrm{e}^{2x}}\,\mathrm{d}x$.

2. 利用指定的代换求下列不定积分.

(1) $\int\sin(\ln x)\mathrm{d}x$　令 $x=\mathrm{e}^t$；

(2) $\int(\arccos x)^2\mathrm{d}x$　令 $x=\cos t$.

3. 设 $F(x)=\int\frac{\sin x}{a\sin x+b\cos x}\mathrm{d}x$，$G(x)=\int\frac{\cos x}{a\sin x+b\cos x}\mathrm{d}x$，求 $aF(x)+bG(x)$；$aG(x)-bF(x)$；$F(x)$；$G(x)$.

4. 已知 $f(x)$ 的原函数为 $\frac{\sin x}{x}$，求 $\int xf'(2x)\mathrm{d}x$.

5. 求下列不定积分的递推公式.

(1) $I_n=\int\sin^nx\,\mathrm{d}x$；　(2) $I_n=\int(\arcsin x)^n\mathrm{d}x$.

6. 设 $f(\sin^2x)=\frac{x}{\sin x}$，求 $\int\frac{\sqrt{x}}{\sqrt{1-x}}f(x)\mathrm{d}x$.

7. 设 $F(x)$ 为 $f(x)$ 的原函数，且当 $x\geqslant0$ 时，$f(x)F(x)=\frac{x\mathrm{e}^x}{2(1+x)^2}$，已知 $F(0)=1$，$F(x)>0$，求 $f(x)$.

第6章 定积分

本章将讨论积分学的另一个基本问题——定积分.定积分是在人们解决实际问题的过程中产生并逐渐完善起来的,无论是在理论上还是在实际应用中,都具有十分重要的作用,它是整个微积分学最重要的组成部分之一.本章从定积分与不定积分的联系入手,利用几何学的实际应用问题引出定积分的定义,然后讨论和研究定积分的性质、计算方法和它在现实生活中的应用.

§6.1 定积分的概念与性质

一、定积分的概念

在介绍定积分概念之前,先看一个引例.

1.引例 求曲边梯形的面积

曲线 $y=f(x)$ 是$[a,b]$上的连续函数,则由直线 $x=a$, $x=b$, $y=0$ 及曲线 $y=f(x)$ 所围成的平面图形 $aABb$ 称为**曲边梯形**,如图 6.1 所示.

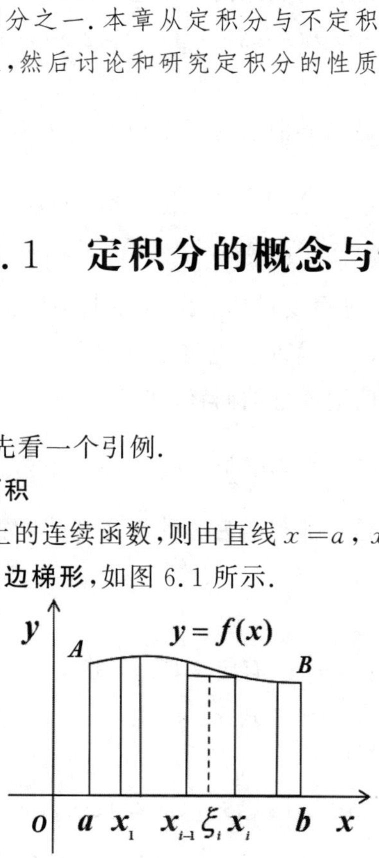

图 6.1

在初等代数中我们会求规则图形如矩形、梯形、三角形和圆的面积,那么曲边梯形的面积应该怎么求呢?如果把图 6.1 中的曲边梯形用同底和函数最小值为高的矩形来代替,能够看出,矩形的面积覆盖了曲边梯形面积的大部分,但还是存在很大误差.因此,将曲边梯形分成若干个小的曲边梯形,然后每个小的曲边梯形都用相应的小矩形来近似,则这些小矩形的面积和近似等于原曲边梯形面积,存在误差,但误差减小了.于是,给我们提供了解决问题的方法,只要把曲边梯形的区间无限细分下去,这些小矩形的面积和的极限就是该曲边梯形的面积.由此给出曲边梯形面积求法的如下详细步骤.

第一步　**分割**

在区间$[a,b]$内任意插入$n-1$个分点

$$a=x_0<x_1<x_2<\cdots<x_{n-1}<x_n=b,$$

把区间$[a,b]$分成n个小区间:$[x_0,x_1]$, $[x_1,x_2]$, …, $[x_{i-1},x_i]$, …, $[x_{n-1},x_n]$.记小区间$[x_{i-1},x_i]$的长度为$\Delta x_i=x_i-x_{i-1}(i=1,2,\cdots,n)$,经过每一个分点$x_i$作$y$轴的平行线,于是把曲边梯形分割成$n$个小曲边梯形,第$i$个小曲边梯形的面积为$\Delta S_i(i=1,2,\cdots,n)$.

第二步　**近似代替**

在每一个小区间$[x_{i-1},x_i]$上任取一点ξ_i,以Δx_i为底边,以$f(\xi_i)$为高作小矩形,其面积为$f(\xi_i)\Delta x_i(i=1,2,\cdots,n)$,以此作为相应的小曲边梯形面积的近似值,即

$$\Delta S_i\approx f(\xi_i)\Delta x_i\quad(i=1,2,\cdots,n).$$

第三步　**求和**

把n个小矩形的面积相加,就得到曲边梯形面积S的近似值,即

$$S=\sum_{i=1}^{n}\Delta S_i\approx\sum_{i=1}^{n}f(\xi_i)\Delta x_i.$$

第四步　**取极限**

显然,区间分得越细,近似的程度越好,我们要求小区间长度中最大的趋向于零,即$\lambda=\max\{\Delta x_1, \Delta x_2, \cdots, \Delta x_n\}\to 0$,这时分点将无限增多($n\to\infty$).取上式右端的极限,若极限存在,则此极限值就是要求的曲边梯形的面积,即

$$S=\lim_{\lambda\to 0}\sum_{i=1}^{n}f(\xi_i)\Delta x_i.$$

在现实生活中,还有很多问题也都归结为这种特定和式的极限,为此,我们将这种方法加以精确叙述得到定积分的定义.

2.定积分的定义

定义 6.1　设函数$f(x)$在$[a,b]$上有定义,在区间$[a,b]$内任意插入$n-1$个分点

$$a=x_0<x_1<x_2<\cdots<x_{n-1}<x_n=b,$$

把区间$[a,b]$分成n个小区间

$$[x_0,x_1],\ [x_1,x_2],\ \cdots,\ [x_{n-1},x_n],$$

各个小区间的长度依次为$\Delta x_i=x_i-x_{i-1}(i=1,2,\cdots,n)$.在每个小区间$[x_{i-1},x_i]$上任取一点$\xi_i(x_{i-1}\leqslant\xi_i\leqslant x_i)$,作函数值$f(\xi_i)$与小区间长度$\Delta x_i$的乘积$f(\xi_i)\Delta x_i(i=1,2,\cdots,n)$,并作

和式$\sum_{i=1}^{n} f(\xi_i)\Delta x_i$. 记$\lambda = \max\{\Delta x_1, \Delta x_2, \cdots, \Delta x_n\}$，如果对区间$[a,b]$的任意分法和小区间$[x_{i-1},x_i]$上点$\xi_i$的任意取法，只要当$\lambda \to 0$时，和式$\sum_{i=1}^{n} f(\xi_i)\Delta x_i$总有极限$A$，则称此极限值$A$为函数$f(x)$在区间$[a,b]$上的**定积分**，记作$\int_a^b f(x)\mathrm{d}x$，即

$$\int_a^b f(x)\mathrm{d}x = A = \lim_{\lambda \to 0}\sum_{i=1}^{n} f(\xi_i)\Delta x_i,$$

其中$f(x)$称为**被积函数**，$f(x)\mathrm{d}x$称为**被积表达式**，x称为**积分变量**，a称为**积分下限**，b称为**积分上限**，区间$[a,b]$称为**积分区间**.

对于定积分，有一个非常重要的问题，就是函数$f(x)$在$[a,b]$上满足什么条件才可积？这个问题十分复杂，我们不深入讨论，只给出函数可积的两个充分条件，不做证明.

定理 6.1 设$f(x)$在$[a,b]$上连续，则$f(x)$在$[a,b]$上可积.

定理 6.2 设$f(x)$在$[a,b]$上有界，且只有有限个间断点，则$f(x)$在$[a,b]$上可积.

关于定积分，有几点需要说明：

(1) 定积分$\int_a^b f(x)\mathrm{d}x$是和式$\sum_{i=1}^{n} f(\xi_i)\Delta x_i$的极限，是一个具体的数值. 它的值仅与被积函数$f(x)$和积分区间$[a,b]$有关，而与积分变量的表示形式无关. 如果不改变被积函数和积分区间，只改变积分变量，则积分值不变. 即

$$\int_a^b f(x)\mathrm{d}x = \int_a^b f(t)\mathrm{d}t = \int_a^b f(u)\mathrm{d}u.$$

(2) 在定积分的定义中，我们默认为$a < b$，但实际上，定积分的上下限的大小是不受限制的. 我们规定，在交换积分上、下限时，定积分改变符号，即

$$\int_b^a f(x)\mathrm{d}x = -\int_a^b f(x)\mathrm{d}x.$$

很明显，当定积分上下限相同时，定积分值为零. 即

$$\int_a^a f(x)\mathrm{d}x = 0.$$

例 6.1 计算$\int_0^1 x^2\mathrm{d}x$.

解 由定积分的定义，因为定积分的值与区间的分法和ξ_i的取法无关，下面采取一些特殊的分法和取法.

(1) 在区间$[0,1]$上等间隔地插入$n-1$个分点，将区间等分成n个小区间

$$\left[0,\frac{1}{n}\right],\ \left[\frac{1}{n},\frac{2}{n}\right],\ \cdots,\ \left[\frac{i-1}{n},\frac{i}{n}\right],\ \cdots,\ \left[\frac{n-1}{n},1\right],$$

各个小区间的长度均为$\Delta x_i = \frac{i}{n} - \frac{i-1}{n} = \frac{1}{n}\ (i=1,2,\cdots,n)$；

(2) 取每个小区间$[x_{i-1},x_i]$的右端点为ξ_i，即

$$\xi_1 = \frac{1}{n}, \xi_2 = \frac{2}{n}, \cdots, \xi_i = \frac{i}{n}, \cdots, \xi_n = 1,$$

作乘积$f(\xi_i)\Delta x_i = \left(\frac{i}{n}\right)^2 \cdot \frac{1}{n} = \frac{i^2}{n^3}\ (i=1,2,\cdots,n)$；

(3) $\sum_{i=1}^{n} f(\xi_i)\Delta x_i = \sum_{i=1}^{n} \frac{i^2}{n^3}$

$$= \frac{1}{n^3}(1^2 + 2^2 + \cdots + n^2)$$

$$= \frac{1}{n^3} \cdot \frac{1}{6}n(n+1)(2n+1)$$

$$= \frac{1}{6}\left(1+\frac{1}{n}\right)\left(2+\frac{1}{n}\right);$$

(4) $\int_0^1 x^2 \mathrm{d}x = \lim_{n\to\infty}\sum_{i=1}^{n} f(\xi_i)\Delta x_i$

$$= \lim_{n\to\infty}\frac{1}{6}\left(1+\frac{1}{n}\right)\left(2+\frac{1}{n}\right)$$

$$= \frac{1}{3}.$$

二、定积分的几何意义

由定积分的引例知：

(1) 如果在闭区间 $[a,b]$ 上 $f(x) \geqslant 0$ 且连续时，则图形在 x 轴上方，积分值非负，定积分 $\int_a^b f(x)\mathrm{d}x$ 表示由曲线 $y = f(x)$，直线 $x = a$，$x = b$ 及 x 轴所围成的曲边梯形的面积 S，如图 6.2 所示，即

$$\int_a^b f(x)\mathrm{d}x = S.$$

(2)如果在闭区间 $[a,b]$ 上 $f(x) \leqslant 0$ 且连续时，则图形在 x 轴下方，积分值非正，定积分 $\int_a^b f(x)\mathrm{d}x$ 表示由曲线 $y=f(x)$，直线 $x=a$，$x=b$ 及 x 轴所围成的曲边梯形面积 S 的相反数，如图 6.3 所示，即

$$\int_a^b f(x)\mathrm{d}x = -S.$$

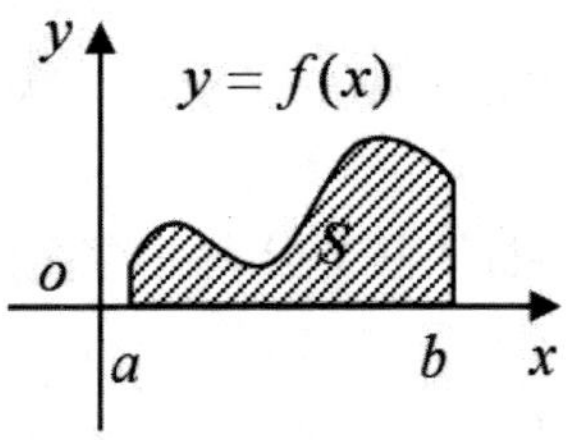

图 6.2

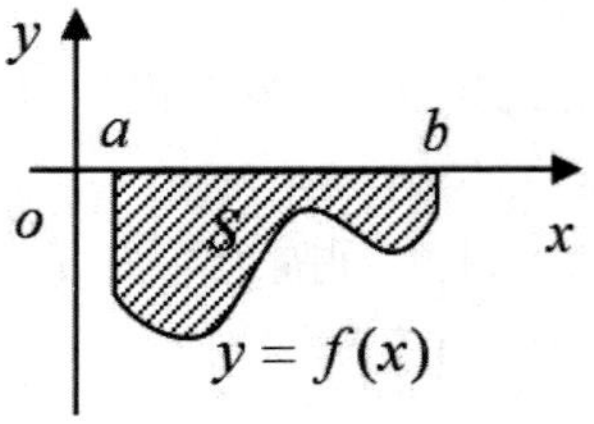

图 6.3

(3) 当 $y = f(x)$ 在 $[a,b]$ 上某一些区间取正，另一些区间上取负，则定积分 $\int_a^b f(x)\mathrm{d}x$ 表示由曲线 $y=f(x)$，直线 $x=a$，$x=b$ 及 x 轴所围成的在 x 轴上方部分与下方部分面积的代数和，如图 6.4 所示，即

$$\int_a^b f(x)\mathrm{d}x = S_1 - S_2 + S_3.$$

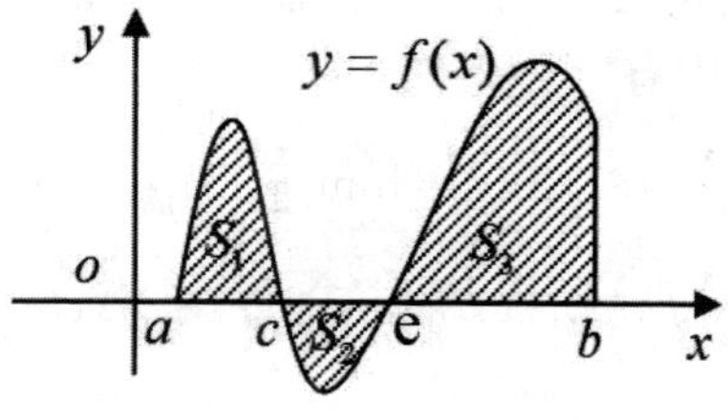

图 6.4

例 6.2　计算定积分$\int_0^2 \sqrt{2x-x^2}\,dx$.

解　由定积分的几何意义知,$\int_0^2 \sqrt{2x-x^2}\,dx$ 表示上半圆周$(x-1)^2+y^2=1\ (y \geqslant 0)$与 x 轴所围成的图形的面积,故 $\int_0^2 \sqrt{2x-x^2}\,dx=\frac{\pi}{2}$.

三、定积分性质

为了理论分析和计算的需要,我们需要研究定积分的各种性质.在下面的讨论中,假定各性质中所列出的定积分都是存在的.

性质 1　$\int_a^b 1dx=\int_a^b dx=b-a$.

证明　$\lim\limits_{\lambda\to 0}\sum\limits_{i=1}^{n} f(\xi_i)\Delta x_i=\lim\limits_{\lambda\to 0}\sum\limits_{i=1}^{n} 1\Delta x_i=\lim\limits_{\lambda\to 0}(b-a)=b-a$.

性质 2　被积函数中的常数因子可以提到积分号外,即

$$\int_a^b kf(x)dx=k\int_a^b f(x)dx.$$

证明　$\int_a^b kf(x)dx=\lim\limits_{\lambda\to 0}\sum\limits_{i=1}^{n} kf(\xi_i)\Delta x_i=k\lim\limits_{\lambda\to 0}\sum\limits_{i=1}^{n} f(\xi_i)\Delta x_i=k\int_a^b f(x)dx$.

性质 3　两个函数和(差)的定积分等于它们各自的定积分的和(差),即

$$\int_a^b [f(x)\pm g(x)]dx=\int_a^b f(x)dx\pm\int_a^b g(x)dx.$$

证明

$$\begin{aligned}\int_a^b [f(x)\pm g(x)]dx&=\lim_{\lambda\to 0}\sum_{i=1}^{n}[f(\xi_i)\pm g(\xi_i)]\Delta x_i\\&=\lim_{\lambda\to 0}\sum_{i=1}^{n} f(\xi_i)\Delta x_i\pm\lim_{\lambda\to 0}\sum_{i=1}^{n} g(\xi_i)\Delta x_i\\&=\int_a^b f(x)dx\pm\int_a^b g(x)dx.\end{aligned}$$

性质 2 和性质 3 对于有限个函数和(差)的情形依然成立,即

$$\begin{aligned}&\int_a^b [a_1f_1(x)+a_2f_2(x)+\cdots+a_nf_n(x)]dx\\=&a_1\int_a^b f_1(x)dx+a_2\int_a^b f_2(x)dx+\cdots+a_n\int_a^b f_n(x)dx.\end{aligned}$$

性质 4(积分区间的可加性)　对于任意三个实数 a, b, c,恒有

$$\int_a^b f(x)dx=\int_a^c f(x)dx+\int_c^b f(x)dx.$$

证明　(1) 设 $a<c<b$. 由定义知,定积分的值与区间的分法无关,在划分区间 $[a,b]$ 时,可以让点 c 是一个固定的分点,则有

$$\begin{aligned}\int_a^b f(x)\mathrm{d}x &= \lim_{\lambda\to 0}\sum_{[a,b]} f(\xi_i)\Delta x_i = \lim_{\lambda\to 0}\left[\sum_{[a,c]} f(\xi_i)\Delta x_i + \sum_{[c,b]} f(\xi_i)\Delta x_i\right]\\ &= \lim_{\lambda\to 0}\sum_{[a,c]} f(\xi_i)\Delta x_i + \lim_{\lambda\to 0}\sum_{[c,b]} f(\xi_i)\Delta x_i\\ &= \int_a^c f(x)\mathrm{d}x + \int_c^b f(x)\mathrm{d}x.\end{aligned}$$

(2) 设 $c<b<a$. 由(1) 知

$$\int_c^a f(x)\mathrm{d}x = \int_c^b f(x)\mathrm{d}x + \int_b^a f(x)\mathrm{d}x,$$

有

$$-\int_a^c f(x)\mathrm{d}x = \int_c^b f(x)\mathrm{d}x - \int_a^b f(x)\mathrm{d}x,$$

则

$$\int_a^b f(x)\mathrm{d}x = \int_a^c f(x)\mathrm{d}x + \int_c^b f(x)\mathrm{d}x.$$

同理可证,对于 a, b, c 大小关系的其他情况等式仍然成立.

性质 5　如果在 $[a,b]$ 上, $f(x)\geqslant g(x)$,则

$$\int_a^b f(x)\mathrm{d}x \geqslant \int_a^b g(x)\mathrm{d}x.$$

证明　由定积分的几何性质知 $\int_a^b [f(x)-g(x)]\mathrm{d}x \geqslant 0$,又由性质 3,有

$$\int_a^b [f(x)-g(x)]\mathrm{d}x = \int_a^b f(x)\mathrm{d}x - \int_a^b g(x)\mathrm{d}x \geqslant 0,$$

所以有

$$\int_a^b f(x)\mathrm{d}x \geqslant \int_a^b g(x)\mathrm{d}x.$$

性质 5 又称为**比较定理**,经常用于比较积分区间相同的两个定积分的大小.

推论　若 $f(x)$ 在 $[a,b]$ 上连续,则 $\left|\int_a^b f(x)dx\right| \leqslant \int_a^b |f(x)|\mathrm{d}x$.

证明　由不等式 $-|f(x)|\leqslant f(x)\leqslant |f(x)|$ 及性质 5 可得

$$-\int_a^b |f(x)|\mathrm{d}x \leqslant \int_a^b f(x)\mathrm{d}x \leqslant \int_a^b |f(x)|\mathrm{d}x,$$

即

$$\left|\int_a^b f(x)\mathrm{d}x\right| \leqslant \int_a^b |f(x)|\mathrm{d}x.$$

性质 6　若 $f(x)$ 在 $[a,b]$ 上连续,设 m、M 分别是 $f(x)$ 在区间 $[a,b]$ 上的最小值与最大值,则

$$m(b-a) \leqslant \int_a^b f(x)\mathrm{d}x \leqslant M(b-a).$$

证明　由于 $m\leqslant f(x)\leqslant M$, $x\in[a,b]$,由性质 5,性质 2,性质 1 知

$$m(b-a) = \int_a^b m\,\mathrm{d}x \leqslant \int_a^b f(x)\mathrm{d}x \leqslant \int_a^b M\mathrm{d}x = M(b-a).$$

性质 6 又称为**估值定理**,经常用于估计积分值的大致范围.

性质 7(积分中值定理)　若 $f(x)$ 在闭区间 $[a,b]$ 上连续,则至少存在一点 $\xi\in[a,b]$,使得

$$\int_a^b f(x)\mathrm{d}x = f(\xi)(b-a).$$

证明 因为 $f(x)$ 在 $[a,b]$ 上连续，所以 $f(x)$ 在 $[a,b]$ 上可取得最小值 m 和最大值 M，于是，由性质 6，有

$$m(b-a) \leqslant \int_a^b f(x)\mathrm{d}x \leqslant M(b-a),$$

即

$$m \leqslant \frac{1}{(b-a)}\int_a^b f(x)\mathrm{d}x \leqslant M.$$

于是，由闭区间上连续函数的介值定理可知，至少存在一点 $\xi \in [a,b]$，使得

$$f(\xi) = \frac{1}{(b-a)}\int_a^b f(x)\mathrm{d}x.$$

整理得

$$\int_a^b f(x)\mathrm{d}x = f(\xi)(b-a).$$

积分中值定理的几何意义 如果函数 $y=f(x)$ 是 $[a,b]$ 上一条连续曲线，且 $f(x)\geqslant 0$，则至少存在一点 ξ，使得以区间 $[a,b]$ 为底边，以 $f(\xi)$ 为高的矩形面积 $f(\xi)(b-a)$ 与以区间 $[a,b]$ 为底边，以 $y=f(x)$ 为曲边的曲边梯形的面积相等，如图 6.5 所示.

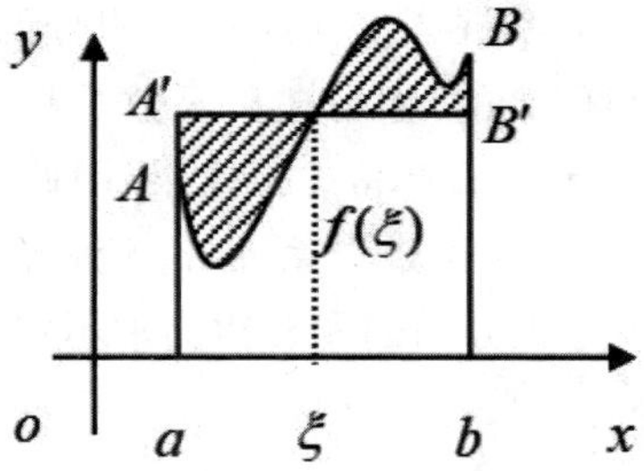

图 6.5

例 6.3 比较定积分 $\int_1^2 \mathrm{e}^x \mathrm{d}x$，$\int_1^2 \mathrm{e}^{x^2} \mathrm{d}x$ 的大小.

分析 对于定积分的大小比较，可以先算出定积分的值再比较大小，但在积分区间相同时也可以利用比较定理，通过比较被积函数之间的大小关系来确定定积分的大小.

解 在 $[1,2]$ 上，恒有 $\mathrm{e}^x \leqslant \mathrm{e}^{x^2}$，由比较定理知

$$\int_1^2 \mathrm{e}^x \mathrm{d}x \leqslant \int_1^2 \mathrm{e}^{x^2} \mathrm{d}x.$$

例 6.4 估计定积分 $\int_{-2}^4 (x^3-3x^2-9x+1)\mathrm{d}x$ 的值.

分析 由估值定理，要估计定积分的值，关键在于确定被积函数在积分区间上的最大值与最小值.

解 设 $f(x)=x^3-3x^2-9x+1$，$f'(x)=3x^2-6x-9$，
令 $f'(x)=0$，解得驻点 $x_1=-1$，$x_2=3$.

计算 $f(x)$ 在区间 $[-2,4]$ 的端点及点 x_1，x_2 处的函数值，求得 $f(x)$ 在区间 $[-2,4]$ 上

的最大值 $M=f(-1)=6$，最小值 $m=f(3)=-26$.

于是由性质 6 知，

$$-156\leqslant\int_{-2}^{4}(x^3-3x^2-9x+1)\mathrm{d}x\leqslant 36.$$

例 6.5 设函数 $f(x)$ 在$[0,1]$上连续，在$(0,1)$内可导，且 $4\int_{\frac{3}{4}}^{1}f(x)\mathrm{d}x=f(0)$. 证明：在$(0,1)$内至少存在一点 c，使 $f'(c)=0$.

证明 由于 $f(x)$ 在$[0,1]$上连续，由积分中值定理，可知至少存在一点 ξ，使得

$$f(0)=4\int_{\frac{3}{4}}^{1}f(x)\mathrm{d}x=4f(\xi)\left(1-\frac{3}{4}\right)=f(\xi),$$

其中 $\xi\in\left[\frac{3}{4},1\right]\subset[0,1]$. 故 $f(x)$ 在 $[0,\xi]$ 上满足罗尔定理的条件，于是，至少存在一点 $c\in(0,\xi)\subset(0,1)$，使得 $f'(c)=0$.

§6.2 微积分基本定理

上一节引入了定积分的概念，并掌握了如何应用定积分的定义来计算定积分. 同时，可发现，直接按定义来计算定积分是很困难的，如果被积函数是相对复杂的函数，用定义来计算定积分就会变得非常繁琐，或者根本无法求出和式的极限. 因此，我们必须寻求新的计算定积分的方法. 本节通过对定积分与原函数关系的讨论，给出了著名的牛顿-莱布尼茨(Newton-Leibniz)公式，从而把求定积分的问题转化为求不定积分的问题，为计算定积分提供了一种简单有效的方法.

一、积分上限函数及其导数

设函数 $f(x)$ 在闭区间$[a,b]$上连续，x 是区间$[a,b]$上的任意一点，则 $f(x)$ 在区间$[a,x]$上也连续，我们分析一下 $f(x)$ 在部分区间$[a,x]$上的定积分$\int_a^x f(x)\mathrm{d}x$.

这里 x 既为积分上限，又为积分变量，为了明确起见，不致引起混淆，通常改用字母 t 表示积分变量. 于是，$\int_a^x f(x)\mathrm{d}x=\int_a^x f(t)\mathrm{d}t$.

在$\int_a^x f(t)\mathrm{d}t$ 中，当上限 x 在区间$[a,b]$上任意取值时，对于每一个确定的 x 的取值，都有一个确定的定积分值$\int_a^x f(t)\mathrm{d}t$ 与之对应. 因此，定积分$\int_a^x f(t)\mathrm{d}t$ 是定义在区间$[a,b]$上的函数，称为**积分上限函数**或**变上限积分函数**，记为 $\Phi(x)$，即

$$\Phi(x)=\int_a^x f(t)\mathrm{d}t\ ,\quad x\in[a,b].$$

积分上限函数的自变量是上限变量 x. 在求导时，是关于 x 求导，但在求定积分时，则把 x 看作常数，积分变量 t 在积分区间$[a,x]$上变动. 弄清函数变量和积分变量的区别是对积分上

限函数进行正确运算的前提,即$\int_a^x f(t)\mathrm{d}t$是关于上限x的函数,积分变量是被积函数中的t,但它不是变上限积分函数的自变量.

类似地,$\int_x^b f(t)\mathrm{d}t$ 也是一个关于x的函数,称为**积分下限函数**或**变下限积分函数**. 变上限积分函数与变下限积分函数统称为**变限积分函数**.

定理 6.3 若函数$f(x)$在区间$[a,b]$上连续,则变上限积分函数$\Phi(x)=\int_a^x f(t)\mathrm{d}t$在区间$[a,b]$上的导数为

$$\Phi'(x)=\left(\int_a^x f(t)\mathrm{d}t\right)'=f(x),\quad x\in[a,b].$$

证明 设$x,x+\Delta x\in[a,b]$,

$$\begin{aligned}\Delta\Phi&=\Phi(x+\Delta x)-\Phi(x)\\&=\int_a^{x+\Delta x}f(t)\mathrm{d}t-\int_a^x f(t)\mathrm{d}t=\int_x^{x+\Delta x}f(t)\mathrm{d}t.\end{aligned}$$

因$f(x)$在区间$[a,b]$上连续,故在$[x,x+\Delta x]$或$[x+\Delta x,x]$上连续. 于是,由积分中值定理知

$$\Delta\Phi=\int_x^{x+\Delta x}f(t)\mathrm{d}t=f(\xi)\Delta x,\quad \xi\in[x,x+\Delta x]\text{或}[x+\Delta x,x].$$

因此,当$\Delta x\to 0$时,$\xi\to x$. 于是,有

$$\Phi'(x)=\lim_{\Delta x\to 0}\frac{\Delta\Phi}{\Delta x}=\lim_{\xi\to x}f(\xi)=f(x).$$

由此,根据定积分的性质可得如下求导公式

$$\left(\int_x^b f(t)\mathrm{d}t\right)'=\left(-\int_x^b f(t)\mathrm{d}t\right)=-f(x).$$

由复合函数的求导法则,我们还有如下的推论:

推论 如果函数$f(x)$在区间$[a,b]$上连续,

(1) 当积分上限是x的可微函数$k(x)$时,$F(x)=\int_a^{k(x)}f(t)\mathrm{d}t$有如下求导公式:

$$F'(x)=f[k(x)]k'(x);$$

(2) 当积分上限与积分下限都是x的可微函数时,利用积分区间可加性,同理可知,若$F(x)=\int_{h(x)}^{k(x)}f(t)\mathrm{d}t$,则有如下求导公式:

$$F'(x)=\left(\int_{h(x)}^{k(x)}f(t)\mathrm{d}t\right)'=f[k(x)]k'(x)-f[h(x)]h'(x).$$

联想到原函数的定义,由定理 6.3 可得到下面的重要定理.

定理 6.4**(原函数存在定理)** 若函数$f(x)$在区间$[a,b]$上连续,则变上限积分函数$\Phi(x)=\int_a^x f(t)\mathrm{d}t$就是$f(x)$在区间$[a,b]$上的一个原函数.

这个定理不但肯定了连续函数的原函数是存在的,而且初步揭示了积分学中定积分与原函数之间的联系,从而开辟了一条计算定积分的途径,即通过原函数来计算定积分.

例 6.6 求下列函数的导数.

(1)$f(x)=\int_0^x \mathrm{e}^{2t}\mathrm{d}t$; (2)$f(x)=\int_x^1 t^2\sin t\mathrm{d}t$;

(3)$f(x)=\int_x^{x^2}\ln t\mathrm{d}t$.

解 (1)$f'(x)=\left(\int_0^x e^{2t}\,dt\right)'=e^{2x}$；

(2)$f'(x)=\left(\int_x^1 x^2\sin t\,dt\right)'=-\left(\int_1^x x^2\sin t\,dt\right)'=-x^2\sin x$；

(3)$f'(x)=2x\ln x^2-\ln x=4x\ln x-\ln x=(4x-1)\ln x$.

例 6.7 求 $\lim\limits_{x\to 0}\dfrac{\int_0^x t^2\tan t\,dt}{\sin^4 t}$.

分析 所求极限是$\dfrac{0}{0}$型未定式，可用洛必达法则求极限，需要注意的是，如果对分母先用等价无穷小量代换后再使用洛必达法则，可以简化运算.

解 $\lim\limits_{x\to 0}\dfrac{\int_0^x t^2\tan t\,dt}{\sin^4 t}=\lim\limits_{x\to 0}\dfrac{\int_0^x t^2\tan t\,dt}{x^4}=\lim\limits_{x\to 0}\dfrac{x^2\tan x}{4x^3}=\dfrac{1}{4}$.

例 6.8 求极限 $\lim\limits_{x\to 0}\dfrac{\int_0^{x^2}\arcsin t\,dt}{x^4+2x^2}$.

分析 当 $x\to 0$ 时，所求极限是$\dfrac{0}{0}$型未定式，可用洛必达法则求极限.

解
$$\lim_{x\to 0}\frac{\int_0^{x^2}\arcsin t\,dt}{x^4+2x^2}=\lim_{x\to 0}\frac{2x\arcsin x^2}{4x^3+4x}=\lim_{x\to 0}\frac{2x^3}{4x^3+4x}=0.$$

例 6.9 求 $f(x)=\int_0^x(1-t)\arctan t\,dt$ 的极值点.

解 由题意 $f'(x)=(1-x)\arctan x$. 令 $f'(x)=0$，得 $x_1=0$，$x_2=1$.

列表如下：

x	$(-\infty,0)$	$(0,1)$	$(1,+\infty)$
$f'(x)$	$-$	$+$	$-$
$f(x)$	↓	↑	↓

故 $x=1$ 为 $f(x)$ 的极大值点，$x=0$ 为极小值点.

例 6.10 设 $f(x)$ 在$[a,b]$上连续，且 $f(x)>0$，$x\in[a,b]$，
$$F(x)=\int_a^x f(t)\,dt+\int_b^x\frac{1}{f(t)}\,dt,\quad x\in[a,b],$$
证明：(1)$F'(x)\geqslant 2$； (2) 方程 $F(x)=0$ 在区间(a,b)内有且仅有一个根.

证明 (1)$F'(x)=f(x)+\dfrac{1}{f(x)}\geqslant 2\sqrt{f(x)\cdot\dfrac{1}{f(x)}}=2$.

(2) 由于 $F(x)$ 在$[a,b]$上连续，且
$$F(a)=\int_a^a f(t)\,dt+\int_b^a\frac{1}{f(t)}\,dt=\int_b^a\frac{1}{f(t)}\,dt<0,$$
$$F(b)=\int_a^b f(t)\,dt+\int_b^b\frac{1}{f(t)}\,dt=\int_a^b f(t)\,dt>0.$$

因此由零点定理知，$F(x)=0$ 在区间 (a,b) 内至少有一个实根. 又由(1)知，$F(x)$ 在 $[a,b]$ 上是单调函数，故 $F(x)$ 在区间 (a,b) 内至多有一个零点. 从而，方程 $F(x)=0$ 在区间 (a,b) 内有且仅有一个实根.

例 6.11 已知 $f(x)=\int_0^x e^{x+t}dt$，求 $f'(0)$.

解 因为 $f'(x)=\left(e^x\int_0^x e^t dt\right)'=e^x\int_0^x e^t dt+e^{2x}$，所以 $f'(0)=1$.

二、牛顿-莱布尼茨(Newton-Leibniz)公式

在牛顿和莱布尼茨之前，求不定积分和定积分是作为两种运算分别研究的. 虽然有很多数学家曾经考虑过这两者之间的关系，但是只有牛顿与莱布尼茨将两者真正地连接起来，明确地揭示了不定积分和定积分之间的联系，即下面我们将要给出的重要定理——牛顿-莱布尼茨公式.

定理 6.5(牛顿—莱布尼茨公式) 设函数 $f(x)$ 在闭区间 $[a,b]$ 上连续，而 $F(x)$ 是 $f(x)$ 在闭区间 $[a,b]$ 上的一个原函数，则有

$$\int_a^b f(x)dx=F(b)-F(a). \tag{6.1}$$

证明 设 $\Phi(x)=\int_a^x f(t)dt$，则 $F(x)$ 和 $\Phi(x)$ 都是 $f(x)$ 在闭区间 $[a,b]$ 的原函数，所以它们只相差一个常数，即有

$$\Phi(x)=F(x)+C \quad (C\text{ 为待定常数}).$$

令 $x=a$，由 $\Phi(a)=\int_a^a f(t)dt=0$ 可得 $C=-F(a)$.

于是，有 $\Phi(x)=F(x)-F(a)$.

令 $x=b$，得 $\Phi(b)=F(b)-F(a)$，

综上

$$\int_a^b f(x)dx=F(b)-F(a).$$

通常，记 $F(b)-F(a)=F(x)\Big|_a^b$.

定理 6.5 给出了计算定积分的一个有效的方法：计算定积分 $\int_a^b f(x)dx$，只需求出 $f(x)$ 在区间 $[a,b]$ 上的任意一个原函数 $F(x)$，然后代入积分上下限，计算 $F(b)-F(a)$ 即可.

牛顿－莱布尼茨公式揭示了定积分与不定积分的内在联系，把定积分的计算归结为求原函数的问题，为定积分的计算提供了有力的工具，同时在微分学与积分学之间搭建了一座桥梁，从而使过去一直独立的两个问题成为一门统一的学科——微积分学. 所以人们通常又把牛顿-莱布尼茨公式称为**微积分基本公式**.

利用定积分性质和牛顿-莱布尼茨公式可直接求出一些简单函数的定积分.

例如

$$\int_1^2 \frac{1}{x}dx=\ln x\Big|_1^2=\ln 2.$$

$$\int_0^1 e^{3x}\mathrm{d}x=\frac{1}{3}e^{3x}\Big|_0^1=\frac{1}{3}(e^3-1).$$

$$\int_0^1\frac{1}{1+x^2}\mathrm{d}x=\arctan x\Big|_0^1=\frac{\pi}{4}.$$

例 6.12　计算定积分$\int_0^{\frac{\pi}{4}}\tan^2 x\mathrm{d}x$.

解　$\int_0^{\frac{\pi}{4}}\tan^2 x dx=\int_0^{\frac{\pi}{4}}(\sec^2 x-1)\mathrm{d}x$

$$=\int_0^{\frac{\pi}{4}}\sec^2 x\mathrm{d}x-\int_0^{\frac{\pi}{4}}\mathrm{d}x$$

$$=\tan x\Big|_0^{\frac{\pi}{4}}-x\Big|_0^{\frac{\pi}{4}}=1-\frac{\pi}{4}.$$

例 6.13　计算定积分$\int_{-\frac{\pi}{2}}^{\frac{\pi}{2}}|\sin x|\mathrm{d}x$.

分析　被积函数含有绝对值,应先去掉绝对值,然后再计算定积分.

解　$\int_{-\frac{\pi}{2}}^{\frac{\pi}{2}}|\sin x|\mathrm{d}x=\int_{-\frac{\pi}{2}}^{0}|\sin x|\mathrm{d}x+\int_0^{\frac{\pi}{2}}|\sin x|\mathrm{d}x$

$$=\int_0^{\frac{\pi}{2}}\sin x\mathrm{d}x-\int_{-\frac{\pi}{2}}^{0}\sin x\mathrm{d}x$$

$$=-\cos x\Big|_0^{\frac{\pi}{2}}-\cos x\Big|_0^{-\frac{\pi}{2}}=2.$$

例 6.14　计算定积分$\int_0^1\frac{x}{x^2+1}\mathrm{d}x$.

解　$\int_0^1\frac{x}{x^2+1}\mathrm{d}x=\frac{1}{2}\int_0^1\frac{1}{x^2+1}\mathrm{d}x^2$

$$=\frac{1}{2}\ln(x^2+1)\Big|_0^1=\frac{1}{2}\ln 2.$$

例 6.15　设$f(x)=x^2-x\int_0^2 f(x)\mathrm{d}x+2\int_0^1 f(x)\mathrm{d}x$,求$f(x)$.

解　设$\int_0^1 f(x)\mathrm{d}x=A$,$\int_0^2 f(x)\mathrm{d}x=B$,则$f(x)=x^2-Bx+2A$,

于是,$A=\int_0^1 f(x)\mathrm{d}x=\int_0^1(x^2-Bx+2A)\mathrm{d}x=\frac{1}{3}-\frac{1}{2}B+2A$,

$$B=\int_0^2 f(x)\mathrm{d}x=\int_0^2(x^2-Bx+2A)\mathrm{d}x=\frac{8}{3}-2B+4A,$$

解得

$$A=\frac{1}{3},\quad B=\frac{4}{3},$$

所以

$$f(x)=x^2-\frac{4}{3}x+\frac{2}{3}.$$

§6.3 定积分的换元积分法与分部积分法

牛顿－莱布尼茨公式将定积分的计算归结为求它的任一个原函数在区间$[a,b]$上的增量,从而指出了定积分和不定积分的内在联系,于是不定积分的思想和计算方法都可以转到定积分的计算上来,形成了定积分的换元积分法和分部积分法. 首先来看定积分的换元积分法.

一、定积分的换元积分法

定理 6.6 设函数$f(x)$在区间$[a,b]$上连续,而函数$x=\varphi(t)$满足下列条件:

(1)$\varphi(\alpha)=a,\varphi(\beta)=b$;

(2)$\varphi(t)$是定义在区间$[\alpha,\beta]$或$[\beta,\alpha]$上的单调连续函数且在$[\alpha,\beta]$或$[\beta,\alpha]$上有连续导数. 则有定积分的**换元积分公式**

$$\int_a^b f(x)\mathrm{d}x=\int_\alpha^\beta f[\varphi(t)]\varphi'(t)\mathrm{d}t. \tag{6.2}$$

证明 由定理条件知,式(6.2)两端的被积函数在各自的积分区间上都是连续的,因此两个积分都存在. 设$F(x)$是$f(x)$的一个原函数,则由牛顿-莱布尼茨公式知

$$\int_a^b f(x)\mathrm{d}x=F(b)-F(a).$$

又因为$F[\varphi(t)]$是$f[\varphi(t)]\varphi'(t)$的一个原函数,故

$$\int_\alpha^\beta f[\varphi(t)]\varphi'(t)\mathrm{d}t=F[\varphi(\beta)]-F[\varphi(\alpha)]=F(b)-F(a),$$

从而有

$$\int_a^b f(x)\mathrm{d}x=\int_\alpha^\beta f[\varphi(t)]\varphi'(t)\mathrm{d}t.$$

注意 (1)定积分的换元法要求$\varphi'(t)$在区间$[\alpha,\beta]$或$[\beta,\alpha]$上连续,这一条件可以放宽为$\varphi'(t)$在区间$[\alpha,\beta]$或$[\beta,\alpha]$上可积.

(2)在应用变换$x=\varphi(t)$把原来的积分变量x换为新变量t时,原积分限也要相应换成新变量t的积分限. 也就是说,换元的同时也要换限. 由$\varphi(\alpha)=a,\varphi(\beta)=b$确定的$\alpha,\beta$可能$\alpha<\beta$,也可能$\alpha>\beta$,但对新变量$t$的积分来说一定是$\alpha$对应于$x=a$的位置,$\beta$对应于$x=b$的位置.

(3)用换元积分法计算定积分,求得关于新变量的原函数后,不必回代,直接将新的积分上下限代入计算就可以了. 即求出$f[\varphi(t)]\varphi'(t)$的一个原函数后,直接按牛顿-莱布尼茨公式计算即可,不必将换元后的变量再代回原变量.

例 6.16 计算定积分$\int_0^2\frac{1}{\sqrt{x+2}}\mathrm{d}x$.

解 令$t=\sqrt{x+2}$,$x=t^2-2$,$dx=2t\mathrm{d}t$. 当$x=0$时,$t=\sqrt{2}$;当$x=2$时,$t=2$. 于是

$$\int_0^2\frac{1}{\sqrt{x+2}}\mathrm{d}x=\int_{\sqrt{2}}^2\frac{1}{t}2t\mathrm{d}t=\int_{\sqrt{2}}^2 2\mathrm{d}t=2t\Big|_{\sqrt{2}}^2=2(2-\sqrt{2}).$$

例 6.17 计算定积分$\int_0^1\sqrt{1-x^2}\mathrm{d}x$.

解 令 $x=\sin t$，$\mathrm{d}x=\cos t\,\mathrm{d}t$. 当 $x=0$ 时，$t=0$；$x=1$ 时 $t=\frac{\pi}{2}$，

于是

$$\int_0^1\sqrt{1-x^2}\,\mathrm{d}x=\int_0^{\frac{\pi}{2}}\cos^2 t\,\mathrm{d}t=\frac{1}{2}\int_0^{\frac{\pi}{2}}(1+\cos 2t)\,\mathrm{d}t$$

$$=\frac{1}{2}\left(t+\frac{1}{2}\sin 2t\right)\Bigg|_0^{\frac{\pi}{2}}=\frac{1}{4}\pi.$$

从几何意义上看，此积分之值是圆 $x^2+y^2=1$ 的面积的$\frac{1}{4}$.

例 6.18 若 $f(x)$ 在$[0,1]$上连续，证明：

(1)$\int_0^{\frac{\pi}{2}}f(\sin x)\,\mathrm{d}x=\int_0^{\frac{\pi}{2}}f(\cos x)\,\mathrm{d}x$；

(2)$\int_0^{\pi}xf(\sin x)\,\mathrm{d}x=\frac{\pi}{2}\int_0^{\pi}f(\sin x)\,\mathrm{d}x$，并计算$\int_0^{\pi}\frac{x\sin x}{1+\cos^2 x}\mathrm{d}x$.

证明 (1) 设 $x=\frac{\pi}{2}-t$，$\mathrm{d}x=-\mathrm{d}t$. 当 $x=0$ 时，$t=\frac{\pi}{2}$；当 $x=\frac{\pi}{2}$ 时，$t=0$，

于是

$$\int_0^{\frac{\pi}{2}}f(\sin x)\,\mathrm{d}x=-\int_{\frac{\pi}{2}}^0 f\left[\sin\left(\frac{\pi}{2}-t\right)\right]\mathrm{d}t$$

$$=-\int_{\frac{\pi}{2}}^0 f(\cos t)\,\mathrm{d}t$$

$$=\int_0^{\frac{\pi}{2}}f(\cos x)\,\mathrm{d}x.$$

(2) 设 $x=\pi-t$，$\mathrm{d}x=-\mathrm{d}t$. 当 $x=0$ 时，$t=\pi$；当 $x=\pi$ 时，$t=0$ ，

于是

$$\int_0^{\pi}xf(\sin x)\,\mathrm{d}x=\int_{\pi}^0(\pi-t)f[\sin(\pi-t)](-\mathrm{d}t)$$

$$=\int_{\pi}^0(\pi-t)f(\sin t)(-\mathrm{d}t)$$

$$=\int_0^{\pi}\pi f(\sin t)\,\mathrm{d}t-\int_0^{\pi}tf(\sin t)\,\mathrm{d}t$$

$$=\int_0^{\pi}\pi f(\sin x)\,\mathrm{d}x-\int_0^{\pi}xf(\sin x)\,\mathrm{d}x,$$

移项得

$$\int_0^{\pi}xf(\sin x)\,\mathrm{d}x=\frac{\pi}{2}\int_0^{\pi}f(\sin x)\,\mathrm{d}x.$$

利用上述结论，则有

$$\int_0^{\pi}\frac{x\sin x}{1+\cos^2 x}\mathrm{d}x=\frac{\pi}{2}\int_0^{\pi}\frac{\sin x}{1+\cos^2 x}\mathrm{d}x$$

$$=-\frac{\pi}{2}\int_0^{\pi}\frac{1}{1+\cos^2 x}\mathrm{d}\cos x$$

$$=-\frac{\pi}{2}\arctan(\cos x)\Bigg|_0^{\pi}=\frac{\pi^2}{4}.$$

例 6.19 若 $f(x)$ 在 $[-a, a]$ 上连续,证明:

(1) $\int_{-a}^{a} f(x)\mathrm{d}x = \int_{0}^{a}[f(x)+f(-x)]\mathrm{d}x$;

(2) $\int_{-a}^{a} f(x)\mathrm{d}x = \begin{cases} 2\int_{0}^{a} f(x)\mathrm{d}x, & \text{若 } f(x) \text{ 为偶函数}, \\ 0, & \text{若 } f(x) \text{ 为奇函数}. \end{cases}$

证明 (1) 由积分区间的可加性,有

$$\int_{-a}^{a} f(x)\mathrm{d}x = \int_{-a}^{0} f(x)\mathrm{d}x + \int_{0}^{a} f(x)\mathrm{d}x.$$

对上式中的 $\int_{-a}^{0} f(x)\mathrm{d}x$,令 $x=-t$,则

$$\int_{-a}^{0} f(x)\mathrm{d}x = -\int_{a}^{0} f(-t)\mathrm{d}t = \int_{0}^{a} f(-t)\mathrm{d}t = \int_{0}^{a} f(-x)\mathrm{d}x.$$

于是

$$\int_{-a}^{a} f(x)\mathrm{d}x = \int_{0}^{a} f(-x)\mathrm{d}x + \int_{0}^{a} f(x)\mathrm{d}x = \int_{0}^{a}[f(x)+f(-x)]\mathrm{d}x.$$

(2) 若 $f(x)$ 为偶函数,则 $f(x)=f(-x)$,从而有

$$\int_{-a}^{a} f(x)\mathrm{d}x = 2\int_{0}^{a} f(x)\mathrm{d}x;$$

若 $f(x)$ 为奇函数,则 $f(x)=-f(-x)$,从而有

$$\int_{-a}^{a} f(x)\mathrm{d}x = 0.$$

此结论可以直接应用到对称区间定积分的计算.利用此结论,可以简化奇、偶函数在关于原点对称的区间的定积分计算.

例 6.20 计算定积分 $\int_{-1}^{1} \frac{x\cos x+1}{1+x^2}\mathrm{d}x$.

分析 被积函数是非奇非偶函数,但是可以拆成一个奇函数与一个偶函数的和,所以可以先拆分,再利用上式的结论计算.

解 $\int_{-1}^{1} \frac{x\cos x+1}{1+x^2}\mathrm{d}x = \int_{-1}^{1} \frac{x\cos x}{1+x^2}\mathrm{d}x + \int_{-1}^{1} \frac{1}{1+x^2}\mathrm{d}x$,

其中 $\int_{-1}^{1} \frac{x\cos x}{1+x^2}\mathrm{d}x = 0$,而

$$\int_{-1}^{1} \frac{1}{1+x^2}\mathrm{d}x = 2\int_{0}^{1} \frac{1}{1+x^2}\mathrm{d}x = 2\arctan x\Big|_{0}^{1} = \frac{\pi}{2},$$

于是

$$\int_{-1}^{1} \frac{x\cos x+1}{1+x^2}\mathrm{d}x = \frac{\pi}{2}.$$

二、定积分的分部积分法

定理 6.7 若函数 $u=u(x)$ 和 $v=v(x)$ 均在闭区间 $[a,b]$ 上具有连续导数,则有**定积分分部积分公式**:

$$\int_{a}^{b} u(x)v'(x)\mathrm{d}x = u(x)v(x)\Big|_{a}^{b} - \int_{a}^{b} u'(x)v(x)\mathrm{d}x.$$

简记为

$$\int_a^b u\,\mathrm{d}v = uv\Big|_a^b - \int_a^b v\,\mathrm{d}u.$$

证明　因为函数 $u=u(x)$ 和 $v=(x)$ 均在闭区间$[a,b]$上具有连续导数，则有

$$[u(x)v(x)]' = u'(x)v(x) + u(x)v'(x).$$

分别求等式两端在$[a,b]$上的定积分，得

$$\int_a^b [u'(x)v(x) + u(x)v'(x)]\mathrm{d}x = \int_a^b [u(x)v(x)]'\mathrm{d}x = u(x)v(x)\Big|_a^b,$$

移项即得

$$\int_a^b u(x)v'(x)\mathrm{d}x = u(x)v(x)\Big|_a^b - \int_a^b u'(x)v(x)\mathrm{d}x.$$

例 6.21　求定积分$\int_0^\pi x^2\sin x\,\mathrm{d}x$.

解　$$\int_0^\pi x^2\sin x\,\mathrm{d}x = -\int_0^\pi x^2\mathrm{d}\cos x = -x^2\cos x\Big|_0^\pi + \int_0^\pi 2x\cos x\,\mathrm{d}x$$

$$= \pi^2 - 2\int_0^\pi x\,\mathrm{d}\sin x = \pi^2 - 2\left(x\sin x\Big|_0^\pi - \int_0^\pi \sin x\,\mathrm{d}x\right) = \pi^2 + 4.$$

例 6.22　求定积分$\int_0^1 \arctan x\,\mathrm{d}x$.

解　$$\int_0^1 \arctan x\,\mathrm{d}x = x\arctan x\Big|_0^1 - \int_0^1 x\,\mathrm{d}\arctan x$$

$$= \frac{\pi}{4} - \int_0^1 \frac{x}{1+x^2}\mathrm{d}x$$

$$= \frac{\pi}{4} - \frac{1}{2}\ln(1+x^2)\Big|_0^1$$

$$= \frac{\pi}{4} - \frac{1}{2}\ln 2.$$

例 6.23　计算定积分$\int_0^1 x\ln(1+x)\mathrm{d}x$.

解　$$\int_0^1 x\ln(1+x)\mathrm{d}x = \frac{1}{2}\int_0^1 \ln(1+x)\mathrm{d}x^2 = \frac{1}{2}\left[x^2\ln(1+x)\Big|_0^1 - \int_0^1 x^2\mathrm{d}(\ln(1+x))\right]$$

$$= \frac{1}{2}\ln 2 - \frac{1}{2}\int_0^1 \frac{x^2}{1+x}\mathrm{d}x = \frac{1}{2}\left[\ln 2 - \int_0^1 (x-1+\frac{1}{1+x})\mathrm{d}x\right]$$

$$= \frac{1}{2}\ln 2 - \frac{1}{2}\left[\frac{1}{2}x^2 - x + \ln(x+1)\right]\Big|_0^1 = \frac{1}{4}.$$

例 6.24　计算定积分$\int_0^{\frac{\pi}{2}} \mathrm{e}^x\sin x\,\mathrm{d}x$.

解　$$\int_0^{\frac{\pi}{2}} \mathrm{e}^x\sin x\,\mathrm{d}x = \int_0^{\frac{\pi}{2}} \sin x\,\mathrm{d}\mathrm{e}^x$$

$$= \mathrm{e}^x\sin x\Big|_0^{\frac{\pi}{2}} - \int_0^{\frac{\pi}{2}} \mathrm{e}^x\cos x\,\mathrm{d}x$$

$$= \mathrm{e}^{\frac{\pi}{2}} - \int_0^{\frac{\pi}{2}} \cos x\,\mathrm{d}\mathrm{e}^x$$

$$= \mathrm{e}^{\frac{\pi}{2}} - [\mathrm{e}^x\cos x\Big|_0^{\frac{\pi}{2}} + \int_0^{\frac{\pi}{2}} \mathrm{e}^x\sin x\,\mathrm{d}x]$$

$$= \mathrm{e}^{\frac{\pi}{2}} + 1 - \int_0^{\frac{\pi}{2}} \mathrm{e}^x\sin x\,\mathrm{d}x,$$

移项得

$$\int_0^{\frac{\pi}{2}} e^x \sin x \, dx = \frac{1}{2}(e^{\frac{\pi}{2}} + 1).$$

例 6.25 设 $f'(x)$ 在[0,1]上连续，$f(1)=0$，求 $\int_0^1 [1+xf'(x)]e^{f(x)}dx$.

解 $\int_0^1 [1+xf'(x)]e^{f(x)}dx = \int_0^1 e^{f(x)}dx + \int_0^1 x\,de^{f(x)}$

$$= \int_0^1 e^{f(x)}dx + xe^{f(x)}\Big|_0^1 - \int_0^1 e^{f(x)}dx$$

$$= e^{f(1)} = 1.$$

§6.4 定积分的应用

定积分与曲边梯形的面积密不可分，任何一个定积分，都对应一个曲边梯形面积的代数和. 定积分是一种实用性很强的数学方法，它的出现和发展都是由实际问题引起和推动的，因此，定积分在许多领域有着广泛的应用. 本节主要介绍定积分在几何上、经济管理上的一些应用.

一、平面图形的面积

对于一般的平面图形，主要分成下面两种情况：

(1) 由两条曲线 $y=f(x)$，$y=g(x)$ 与直线 $x=a$，$x=b$ 所围成的平面图形，且 $a\leqslant x\leqslant b$，$f(x)\leqslant y\leqslant g(x)$，如图 6.6(a) 所示，其面积为

$$S=\int_a^b [g(x)-f(x)]dx.$$

更一般地，如果 $y=f(x)$，$y=g(x)$ 与直线 $x=a$，$x=b$ 所围成的平面图形如图 6.6(b) 所示，则其面积为

$$S=\int_a^b |g(x)-f(x)|dx.$$

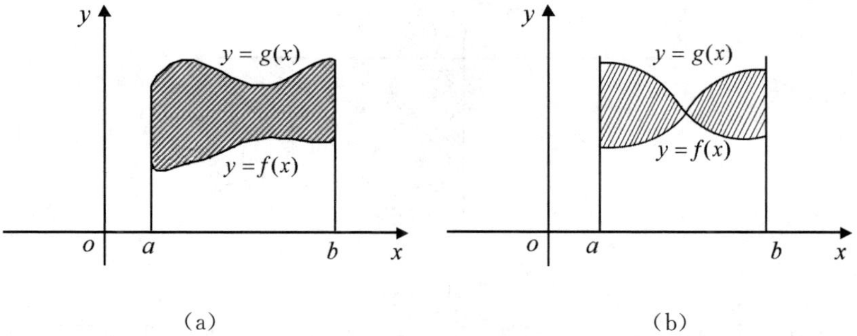

图 6.6

(2) 由两条曲线 $x=\varphi(y)$，$x=\psi(y)$ 与直线 $y=c$，$y=\mathrm{d}$ 所围成的平面图形，且 $c\leqslant y\leqslant \mathrm{d}$，$\varphi(y)\leqslant x\leqslant \psi(y)$，如图 6.7(a) 所示，其面积为

$$S=\int_c^d [\psi(y)-\varphi(y)]dy.$$

更一般地，如果曲线 $x=\varphi(y)$，$x=\varphi(y)$ 与直线 $y=c$，$y=\mathrm{d}$ 所围成的平面图形如图 6.7(b)

所示，则其面积为

$$S=\int_c^d|\psi(y)-\varphi(y)|\mathrm{d}y.$$

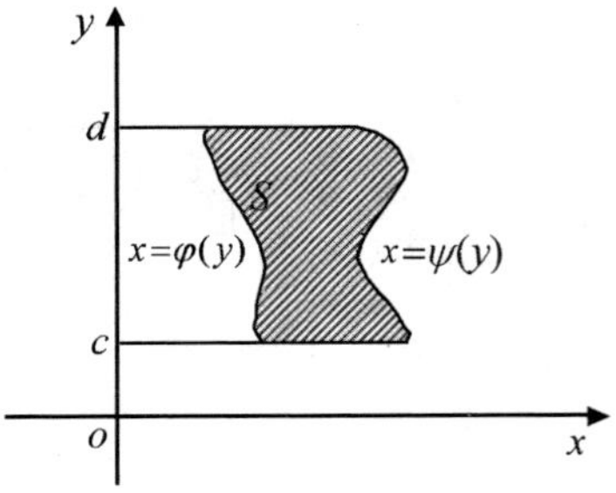

(a)

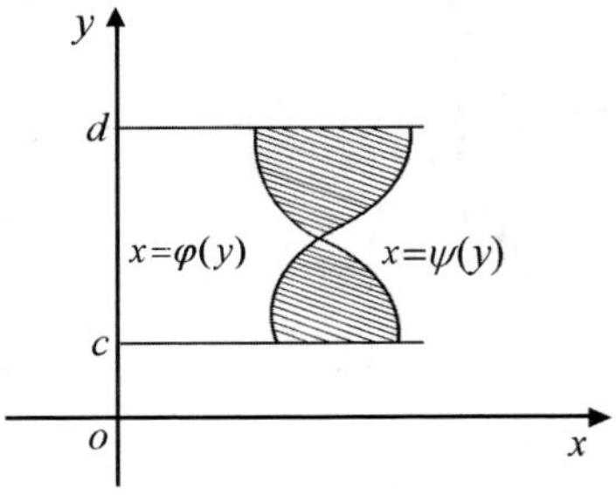

(b)

图 6.7

由此，求平面图形面积的步骤可归结为：

①由已知条件，画出平面图形的草图，求出曲线交点；

②判断草图符合上面给出的哪种形式，直接转化成定积分求值；

③若图形不为上面给出的两种形式，则把所求平面图形分成若干小块，每一小块都是上面给出的两种形式中的一种，而所求面积等于各小块面积之和.

例 6.26　求由曲线 $y=4-x^2$ 与 $y=x^2-4x-2$ 所围成的平面图形的面积.

解　为确定积分区间，先求出两条曲线的交点. 解方程 $4-x^2=x^2-4x-2$，得 $x_1=-1$，$x_2=3$，如图 6.8 所示. 于是，所求面积为

$$S=\int_{-1}^{3}[(4-x^2)-(x^2-4x-2)]\mathrm{d}x$$

$$=\int_{-1}^{3}(6+4x-2x^2)\mathrm{d}x=\left(6x+2x^2-\frac{2}{3}x^3\right)\Big|_{-1}^{3}=21\frac{1}{3}.$$

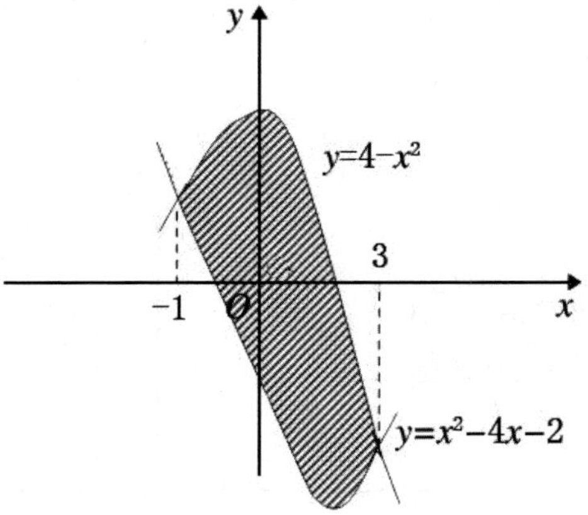

图 6.8

例 6.27　求由曲线 $4y^2=x+1$ 与 $3y=x-6$ 所围成的平面图形的面积.

解　为确定积分区间，先求出两条曲线的交点. 解方程 $4y^2-1=3y+6$，得 $y_1=-1$，$y_2=\frac{7}{4}$，如图 6.9 所示. 于是，所求面积为

$$S=\int_{-1}^{\frac{7}{4}}[(3y+6)-(4y^2-1)]\mathrm{d}y$$

$$=\int_{-1}^{\frac{7}{4}}(7+3y-4y^2)\mathrm{d}y$$

$$=\left(7y+\frac{3}{2}y^2-\frac{4}{3}y^3\right)\Big|_{-1}^{\frac{7}{4}}=13\frac{83}{96}.$$

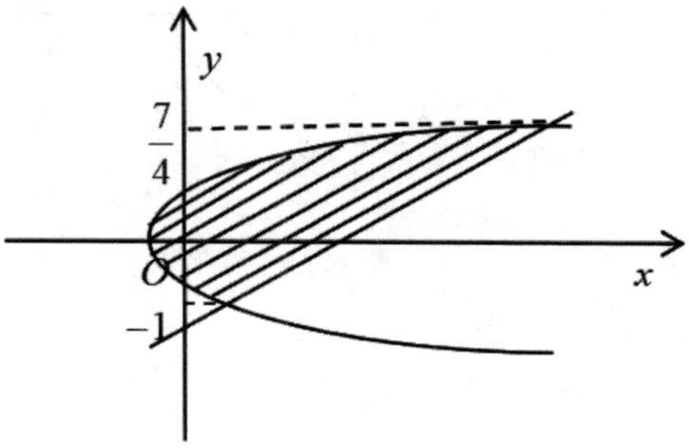

图 6.9

例 6.28 求曲线 $y=\sin x$ 与 $y=\sin 2x$ 在 $x=0$ 与 $x=\pi$ 之间所围成的平面图形的面积.

解 为确定积分区间,先求出两条曲线的交点.解方程 $\sin x = \sin 2x$,得 $x_1 = 0$,$x_2 = \frac{\pi}{3}$,$x_3 = \pi$.如图 6.10 所示.于是,所求面积为

$$S=\int_0^{\frac{\pi}{3}}[\sin 2x-\sin x]\,\mathrm{d}x+\int_{\frac{\pi}{3}}^{\pi}[\sin x-\sin 2x]\,\mathrm{d}x$$

$$=(\cos x-\frac{1}{2}\cos 2x)\Big|_0^{\frac{\pi}{3}}+(\frac{1}{2}\cos 2x-\cos x)\Big|_{\frac{\pi}{3}}^{\pi}$$

$$=\frac{5}{2}.$$

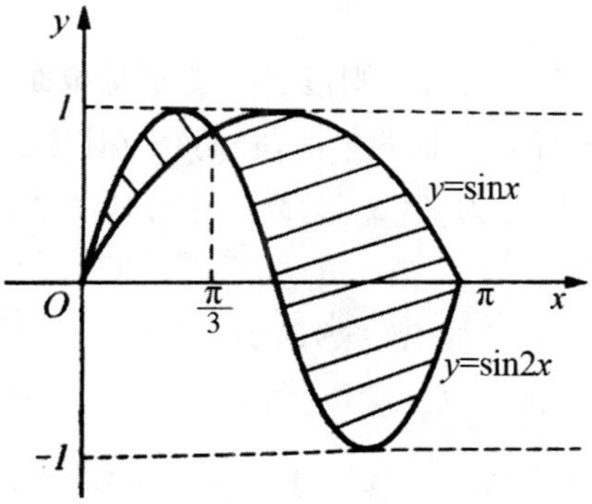

图 6.10

例 6.29 用定积分求椭圆 $\frac{x^2}{a^2}+\frac{y^2}{b^2}=1$ 的体积.

解 设椭圆的面积是 S,如图 6.11 所示,则 $S=4b\int_0^a\sqrt{1-\frac{x^2}{a^2}}\,\mathrm{d}x=4\frac{b}{a}\int_0^a\sqrt{a^2-x^2}\,\mathrm{d}x$.

设 $x = a\sin t$,$\mathrm{d}x = a\cos t\,\mathrm{d}x$,当 $x = 0$ 时,$t = 0$;当 $x = a$ 时,$t = \frac{\pi}{2}$;于是 $S = \frac{4b}{a}\int_0^a\sqrt{a^2-x^2}\,\mathrm{d}x = \frac{4b}{a}\int_0^{\frac{\pi}{2}}a^2\cos^2 t\,\mathrm{d}x = 2ab(t+\frac{1}{2}\sin 2t)\Big|_0^{\frac{\pi}{2}} = \pi ab$.

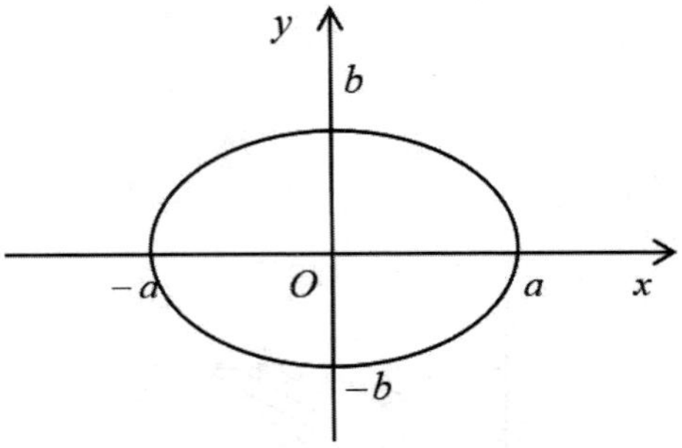

图 6.11

二、立体的体积

1. 平行截面面积为已知的立体的体积

如图 6.12 所示，设空间某立体位于垂直于 x 轴的两个平面 $x=a$ 和 $x=b$ 之间，其垂直于 x 轴的截面面积 $S(x)$ 为已知的连续函数，则此立体的体积为

$$V=\int_a^b S(x)\mathrm{d}x. \tag{6.3}$$

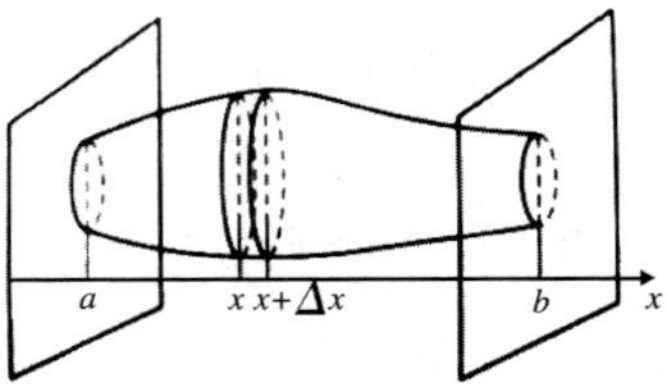

图 6.12

证明　在区间$[a,b]$内任取一个点 x，则过点 x 的平行截面积为 $S(x)$. 构造小区间$[x,x+\Delta x]$，过点 x 与 $x+\Delta x$ 分别作垂直于 x 轴的平面，它们在立体中截出一个小立体. 当 Δx 很小时，这个小立体的体积近似等于以 $S(x)$ 为底，Δx 为高的小柱体的体积，即 $\Delta V\approx S(x)\mathrm{d}x$，
于是有

$$\mathrm{d}V=S(x)\mathrm{d}x,$$

从而有

$$V=\int_a^b \mathrm{d}V=\int_a^b S(x)\mathrm{d}x.$$

例 6.30　求椭球 $\frac{x^2}{a^2}+\frac{y^2}{b^2}+\frac{z^2}{c^2}\leqslant 1$ 的体积.

解　如图 6.13 所示，过点$(x,0,0)$ 作垂直于 x 轴的平面，截椭球的平面为一椭圆

$$\frac{y^2}{b^2}+\frac{z^2}{c^2}=\left(1-\frac{x^2}{a^2}\right),$$

即

$$\frac{y^2}{\left[b\sqrt{\left(1-\frac{x^2}{a^2}\right)}\right]^2}+\frac{z^2}{\left[c\sqrt{\left(1-\frac{x^2}{a^2}\right)}\right]^2}=1,|x|<a.$$

可见该椭圆的半轴分别为 $b\sqrt{\left(1-\frac{x^2}{a^2}\right)}$，$c\sqrt{\left(1-\frac{x^2}{a^2}\right)}$，从而该椭圆的面积为

$$S(x)=\pi\left[b\sqrt{\left(1-\frac{x^2}{a^2}\right)}\right]\left[c\sqrt{\left(1-\frac{x^2}{a^2}\right)}\right]=\pi bc\left(1-\frac{x^2}{a^2}\right),\ |x|<a.$$

于是，所求椭球的体积为

$$V=\int_{-a}^{a}S(x)dx=\pi bc\int_{-a}^{a}\left(1-\frac{x^2}{a^2}\right)\mathrm{d}x=\pi bc\left(x-\frac{1}{3a^2}x^3\right)\Bigg|_{-a}^{a}=\frac{4}{3}\pi abc.$$

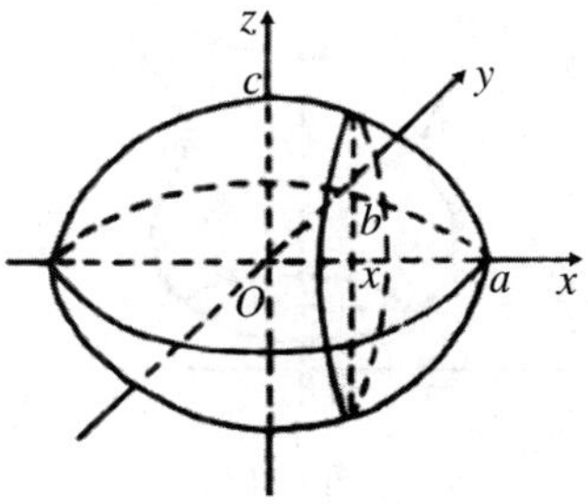

图 6.13

2. **旋转体的体积**

在现实生活中，我们经常看见各种平面图形绕平面内一条直线旋转一周所形成的图形. 比如圆锥可以看作是直角三角形绕它的一条直角边旋转一周得到的；圆柱可以看作是矩形绕它的一条边旋转一周得到的；圆球可以看作是圆绕它的某条直径旋转一周得到的；等等. 那么，这些平面图形绕直线旋转一周所形成的旋转体的体积是多少呢？下面介绍两种具有代表性的旋转体体积的求法.

(1) 如图 6.14 所示，由连续曲线 $y=f(x)$，x 轴，直线 $x=a$，$x=b(a<b)$ 所围成的平面图形绕 x 轴旋转一周所形成的旋转体的体积为

$$V_x=\pi\int_a^b f^2(x)\mathrm{d}x.$$

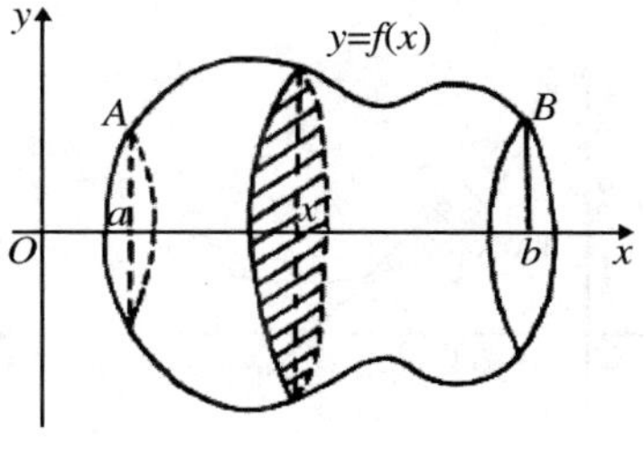

图 6.14

证明 任取 $x\in[a,b]$，在 x 处用垂直于 x 轴的平面截旋转体，截得的旋转体的截面是一个以 $f(x)$ 为半径的圆，该截面面积为 $S(x)=\pi f^2(x)$. 由平行截面面积为已知的立体的体积公式可知，该旋转体的体积为

$$V_x=\pi\int_a^b f^2(x)\mathrm{d}x.$$

同理可得到下面的体积公式：

(2) 如图 6.15 所示，由连续曲线 $x=\varphi(y)$，y 轴，直线 $y=c$，$y=d(c<d)$ 所围成的平面图形绕 y 轴旋转一周所得的旋转体的体积为

$$V_y=\pi\int_c^d\varphi^2(y)\mathrm{d}y.$$

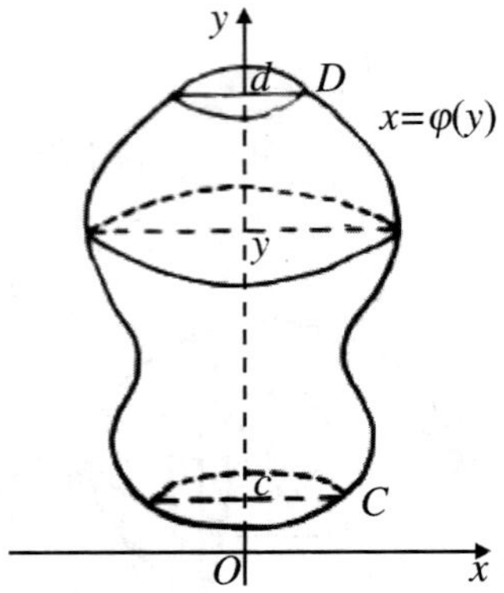

图 6.15

例 6.31 求由曲线 $xy=3$ 和 $x+y=4$ 围成的平面图形绕 x 轴旋转一周所得到的旋转体的体积.

解 如图 6.16 所示，解方程组 $\begin{cases}xy=3,\\x+y=4,\end{cases}$ 得交点(1,3) 和(3,1)，所以旋转体的体积为

$$\begin{aligned}V_x&=\pi\int_1^3\left[(4-x)^2-\left(\frac{3}{x}\right)^2\right]\mathrm{d}x\\&=\pi\int_1^3\left[(x-4)^2-\frac{9}{x^2}\right]\mathrm{d}x\\&=\pi\left.\frac{(x-4)^3}{3}\right|_1^3+\pi\left.\frac{9}{x}\right|_1^3=\frac{8}{3}\pi.\end{aligned}$$

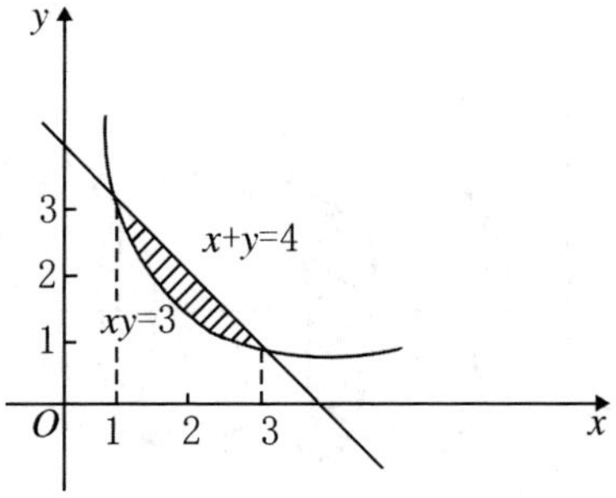

图 6.16

例 6.32 求椭圆 $\frac{x^2}{4}+\frac{y^2}{9}=1$ 绕 x 轴旋转产生的旋转体体积.

分析 作椭圆的图形，如图 6.17 所示，由于图形关于 x 轴对称，故只需考虑上半个椭圆绕 x 轴旋转所得的旋转体的体积即可.

解 椭圆 $\frac{x^2}{4}+\frac{y^2}{9}=1$ 绕 x 轴旋转的旋转体体积为

$$V_x=\pi\int_{-2}^{2}9\left(1-\frac{x^2}{4}\right)\mathrm{d}x=\frac{9\pi}{4}\left(4x-\frac{1}{3}x^3\right)\Big|_{-2}^{2}=24\pi.$$

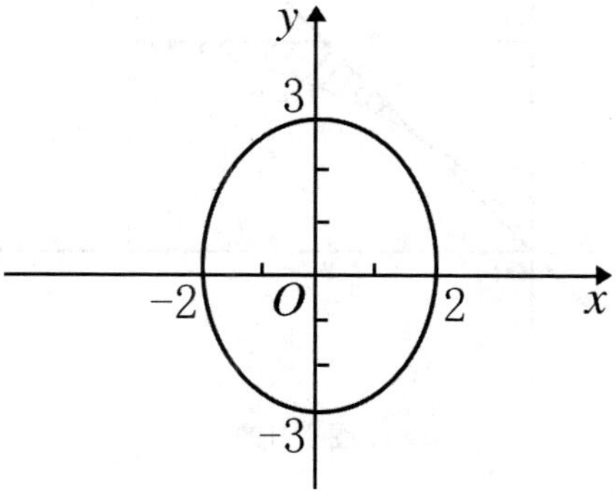

图 6.17

例 6.33　求由曲线 $y=\mathrm{e}^x$ 和直线 $y=\mathrm{e},x=0$ 所围成的图形绕 y 轴旋转所得旋转体的体积.

解　如图 6.18 所示,所求旋转体的体积为

$$\begin{aligned}V_y&=\pi\int_1^{\mathrm{e}}(\ln y)^2\mathrm{d}y\\&=\pi\left[y(\ln y)^2\Big|_1^{\mathrm{e}}-\int_1^{\mathrm{e}}y\,\mathrm{d}(\ln y)^2\right]\\&=\pi\left[\mathrm{e}-2y\ln y\Big|_1^{\mathrm{e}}+2\int_1^{\mathrm{e}}\mathrm{d}y\right]\\&=\pi(\mathrm{e}-2).\end{aligned}$$

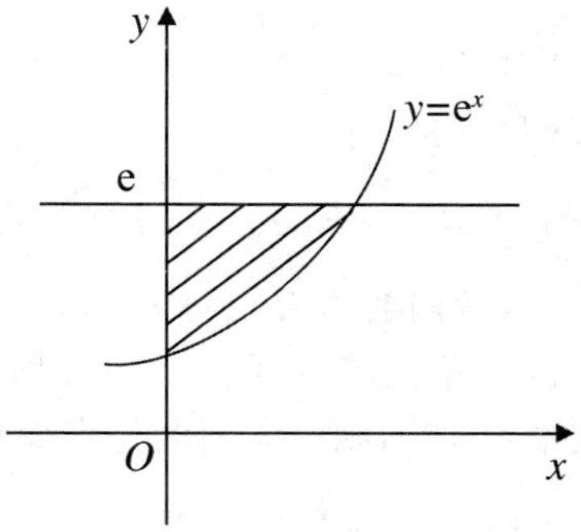

图 6.18

例 6.34　求由曲线 $x=y^2$ 和直线 $y=x,y=1,y=2$ 所围成的图形绕 y 轴旋转所得旋转体的体积.

解　如图 6.19 所示,所求旋转体的体积为

$$\begin{aligned}V_y&=\pi\int_1^2(y^2)^2\mathrm{d}y-\pi\int_1^2y^2\mathrm{d}y\\&=\pi\left(\frac{1}{5}y^5-\frac{1}{3}y^3\right)\Big|_1^2\\&=\frac{58\pi}{15}.\end{aligned}$$

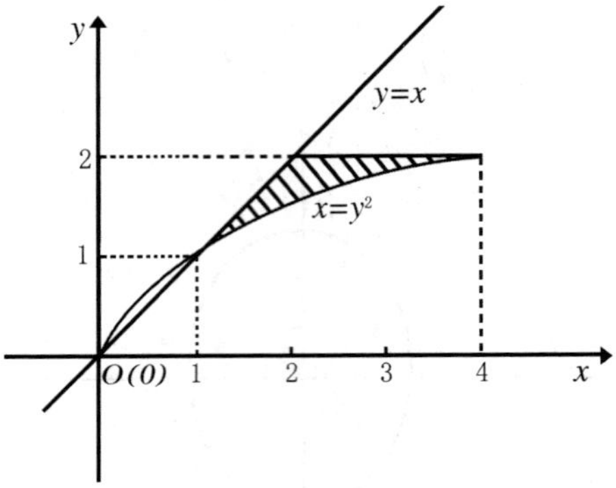

图 6.19

三、定积分的经济应用

1. 已知边际函数求总量函数

对一个已知的经济函数 $F(x)$，它的边际函数就是它的导函数 $F'(x)$，若对已知的边际函数 $F'(x)$ 求不定积分 $\int_0^x F'(x)\mathrm{d}x$，就可求得原经济函数，其中积分常数 C 由 $F(x_0)=F_0$ 的具体条件确定，通常取 $x_0=0$.

根据牛顿－莱布尼茨公式，由变上限积分得

$$\int_0^x F'(t)\mathrm{d}t = F(x)-F(0),$$

从而，所求经济函数 $F(x)$ 为

$$F(x)=\int_0^x F'(t)\mathrm{d}t + F(0).$$

另外，若求经济函数从 a 到 b 的增量 ΔF，则

$$\Delta F = F(b)-F(a)=\int_a^b F'(x)\mathrm{d}x$$

例 6.35 已知某产品的边际收益函数为 $R'(x)=105-2x$，其中 x 为销售量，求：(1) 总收益函数 $R(x)$；(2) 当销售量从 10 个单位减少到 5 个单位时收益的改变量；(3) 若边际成本函数 $C'(x)=x^2-2x+6$，固定成本为 100，则最大利润是多少？

解 (1) 由题意知 $R(x)=\int_0^x (105-2t)\mathrm{d}t = 105x-x^2$.

(2) 设收益的改变量为 ΔR，则

$$\Delta R=\int_{10}^{5} R'(x)\mathrm{d}x=(105x-x^2)\Big|_{10}^{5}=-450,$$

即收益减少 450.

(3) 设利润函数为 $L(x)$，则由题意知

$$C(x)=\int_0^x (t^2-2t+24)\mathrm{d}t+100=\frac{x^3}{3}-x^2+24x+100,$$

于是

$$L(x)=R(x)-C(x)=-\frac{x^3}{3}+81x-100.$$

由 $L'(Q)=-x^2+81=0$ 解得 $Q=9$($Q=-9$ 舍去）为唯一驻点，在该点 $L''(9)=-18<0$，所以 $Q=9$ 为极大值点，亦为最大值点. 最大利润为 $L(9)=386$.

2. **已知总产量变化率求总产量**

设某产品的总产量 Q 的变化率是时间 t 的连续函数 $f(t)$，即 $Q'(t)=f(t)$，则该产品的总产量函数为

$$Q(t)=Q(t_0)+\int_{t_0}^{t}f(x)\mathrm{d}x \quad (t\geqslant 0).$$

其中 $t_0\geqslant 0$ 为某个规定的初始时刻，通常取 $t_0=0$，这时 $Q(0)=0$，即刚投产时总产量为 0.

例 6.36 设某产品的总产量变化率为

$$f(t)=12t-0.6t^2+100 \quad (\text{单位 / 小时}),$$

求：(1) 总产量函数 $Q(t)$；(2) 从 $t=2$ 到 $t=4$ 这段时间内的总产量.

解 (1) 总产量函数为

$$Q(t)=\int_0^t f(x)\mathrm{d}x=\int_0^t(12x-0.6x^2+100)\mathrm{d}x$$
$$=100t+6t^2-0.2t^3(\text{单位}).$$

(2) 从 $t=2$ 到 $t=4$ 这段时间内的总产量为

$$Q(4)-Q(2)=260.8\ (\text{单位}).$$

也可运用定积分思想，从 $t=2$ 到 $t=4$ 这段时间内的总产量为

$$\int_2^4(12x-0.6x^2+100)\mathrm{d}x=260.8\ (\text{单位}).$$

§6.5 反常积分初步

前面学习的定积分，都是有界函数在有限区间上的积分. 但在实际应用和理论研究中，常常会遇到积分区间是无限的，或者积分区间有限但被积函数无界的情况，它们已经不属于前面所说的定积分了. 这时需要对定积分的概念加以推广，从而形成反常积分的概念——对无限区间上的积分称为无穷限积分，对无界函数的积分称为瑕积分，两者统称为**反常积分**或**广义积分**.

一、无穷限积分

来看下面的例子.

例 6.37 如图 6.20 所示，由曲线 $y=\dfrac{1}{x^2}(x\geqslant 1)$，$x=1$ 和 x 轴所围成图形的面积是多少呢？

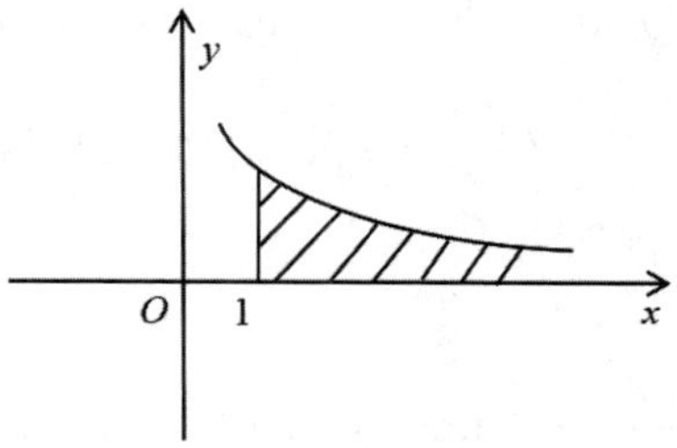

图 6.20

解 显然，所求图形是不封闭的，用定积分的定义无法解决这个问题. 从求曲边梯形

的面积入手，任取 $b>1$，则由曲线 $y=\frac{1}{x^2}(x\geqslant 1)$，$x=1$，$x=b$ 和 x 轴所围成图形的面积为

$$S_b=\int_1^b\frac{\mathrm{d}x}{x^2}=1-\frac{1}{b}.$$

显然，当 b 无限增大时，S_b 就会无限接近于所求图形的面积，于是取极限得

$$\lim_{b\to+\infty}S_b=\lim_{b\to+\infty}\int_1^b\frac{\mathrm{d}x}{x^2}=\lim_{b\to+\infty}\left(1-\frac{1}{b}\right)=1.$$

这个极限就是所求的函数在无限区间上的积分值. 显然，它已不属于通常的定积分的范畴. 为此，给出无穷限积分的概念.

定义 6.2 设函数 $f(x)$ 在区间 $[a,+\infty)$ 上有定义，如果对任意实数 $b(b>a)$，函数 $f(x)$ 在 $[a,b]$ 上可积，则称 $\int_a^{+\infty}f(x)\mathrm{d}x$ 为函数 $f(x)$ 在无穷区间 $[a,+\infty)$ 上的**无穷限积分**. 若极限 $\lim\limits_{b\to+\infty}\int_a^b f(x)\mathrm{d}x$ 存在，则称无穷限积分 $\int_a^{+\infty}f(x)\mathrm{d}x$ **收敛**，并称此极限值为该无穷限积分的**积分值**，记为

$$\int_a^{+\infty}f(x)\mathrm{d}x=\lim_{b\to+\infty}\int_a^b f(x)\mathrm{d}x.$$

如果上式右端极限不存在，则称无穷限积分 $\int_a^{+\infty}f(x)\mathrm{d}x$ **发散**.

类似地，可以定义 $f(x)$ 在 $(-\infty,b]$，$(-\infty,+\infty)$ 上的无穷限积分.

定义 6.3 设函数 $f(x)$ 在区间 $(-\infty,b]$ 上有定义，如果对任意实数 $a(a<b)$，函数 $f(x)$ 在 $[a,b]$ 上可积，则称 $\int_{-\infty}^b f(x)\mathrm{d}x$ 为函数 $f(x)$ 在无穷区间 $(-\infty,b]$ 上的**无穷限积分**. 若极限 $\lim\limits_{a\to-\infty}\int_a^b f(x)\mathrm{d}x$ 存在，则称无穷限积分 $\int_{-\infty}^b f(x)\mathrm{d}x$ **收敛**，并称此极限值为该无穷限积分的**积分值**，记为

$$\int_{-\infty}^b f(x)\mathrm{d}x=\lim_{a\to-\infty}\int_a^b f(x)\mathrm{d}x.$$

如果上式右端极限不存在，则称无穷限积分 $\int_{-\infty}^b f(x)\mathrm{d}x$ **发散**.

定义 6.4 设函数 $f(x)$ 在区间 $(-\infty,+\infty)$ 上有定义，如果对任意实数 c，无穷限积分 $\int_{-\infty}^c f(x)\mathrm{d}x$ 与 $\int_c^{+\infty}f(x)\mathrm{d}x$ 都收敛，则称无穷限积分 $\int_{-\infty}^{+\infty}f(x)\mathrm{d}x$ **收敛**，记为

$$\int_{-\infty}^{+\infty}f(x)\mathrm{d}x=\int_{-\infty}^c f(x)\mathrm{d}x+\int_c^{+\infty}f(x)\mathrm{d}x.$$

如果 $\int_{-\infty}^c f(x)\mathrm{d}x$ 与 $\int_c^{+\infty}f(x)\mathrm{d}x$ 至少有一个发散，则称无穷限积分 $\int_{-\infty}^{+\infty}f(x)\mathrm{d}x$ **发散**.

例 6.38 计算无穷限积分 $\int_{-\infty}^{+\infty}\frac{\mathrm{d}x}{1+x^2}$.

解 $\int_0^{+\infty}\frac{\mathrm{d}x}{1+x^2}=\lim\limits_{b\to+\infty}\int_0^b\frac{\mathrm{d}x}{1+x^2}=\lim\limits_{b\to+\infty}\arctan x\Big|_0^b=\lim\limits_{b\to+\infty}\arctan b-0=\frac{\pi}{2}$；

同样

$$\int_{-\infty}^0\frac{\mathrm{d}x}{1+x^2}=\lim_{a\to-\infty}\arctan x\Big|_a^0=-(-\frac{\pi}{2})=\frac{\pi}{2},$$

所以 $$\int_{-\infty}^{+\infty}\frac{\mathrm{d}x}{1+x^2}=\int_{-\infty}^{0}\frac{\mathrm{d}x}{1+x^2}+\int_{0}^{+\infty}\frac{\mathrm{d}x}{1+x^2}=\pi.$$

注意 如果 $F(x)$ 是 $f(x)$ 的一个原函数，通常把 $\lim\limits_{b\to+\infty}F(x)\Big|_a^b$ 简记为 $F(x)\Big|_a^{+\infty}$，其中 $F(+\infty)$ 看作 $\lim\limits_{x\to+\infty}F(x)$，即

$$\int_a^{+\infty}f(x)\mathrm{d}x=F(x)\Big|_a^{+\infty}=\lim_{x\to+\infty}F(x)-F(a),$$

同理 $$\int_{-\infty}^{b}f(x)\mathrm{d}x=F(x)\Big|_{-\infty}^{b}=F(b)-\lim_{x\to-\infty}F(x),$$

$$\int_{-\infty}^{+\infty}f(x)\mathrm{d}x=F(x)\Big|_{-\infty}^{+\infty}=\lim_{x\to+\infty}F(x)-\lim_{x\to-\infty}F(x).$$

例 6.39 讨论无穷限积分 $\int_{\mathrm{e}}^{+\infty}\frac{1}{x}(\ln x)^a\mathrm{d}x$ 的敛散性.

解 当 $a>-1$ 时，$\int_{\mathrm{e}}^{+\infty}\frac{1}{x}(\ln x)^a\mathrm{d}x=\frac{1}{a+1}(\ln x)^{a+1}\Big|_{\mathrm{e}}^{+\infty}=\infty$，所求无穷限积分发散.

当 $a<-1$ 时，$\int_{\mathrm{e}}^{+\infty}\frac{1}{x}(\ln x)^a\mathrm{d}x=\frac{1}{a+1}(\ln x)^{a+1}\Big|_{\mathrm{e}}^{+\infty}=-\frac{1}{a+1}$，所求无穷限积分收敛.

当 $a=-1$ 时，$\int_{\mathrm{e}}^{+\infty}\frac{1}{x\ln x}\mathrm{d}x=\ln\ln x\Big|_{\mathrm{e}}^{+\infty}=\infty$，所求无穷限积分发散.

综上，当 $a<-1$ 时 $\int_{\mathrm{e}}^{+\infty}\frac{1}{x}(\ln x)^a\mathrm{d}x$ 收敛；当 $a\geqslant-1$ 时，$\int_{\mathrm{e}}^{+\infty}\frac{1}{x}(\ln x)^a\mathrm{d}x$ 发散.

例 6.40 计算无穷限积分 $\int_{2}^{+\infty}\frac{1}{x\sqrt{x-1}}\mathrm{d}x$.

解 令 $\sqrt{x-1}=t$，$x=t^2+1$，$\mathrm{d}x=2t\mathrm{d}t$. 当 $x=2$ 时，$t=1$；当 $x=+\infty$ 时，$t=+\infty$. 于是

$$\int_{2}^{+\infty}\frac{1}{x\sqrt{x-1}}\mathrm{d}x=\int_{1}^{+\infty}\frac{2t}{(t^2+1)t}\mathrm{d}t=2\arctan t\Big|_1^{+\infty}=\frac{\pi}{2}.$$

例 6.41 计算无穷限积分 $\int_0^{+\infty}\mathrm{e}^{-2x}\mathrm{d}x$.

解 $\int_0^{+\infty}\mathrm{e}^{-2x}\mathrm{d}x=-\frac{1}{2}\int_0^{+\infty}\mathrm{e}^{-2x}\mathrm{d}(-2x)=-\frac{1}{2}\mathrm{e}^{-2x}\Big|_0^{+\infty}=\frac{1}{2}.$

例 6.42 计算无穷限积分 $\int_0^{+\infty}\mathrm{e}^{-x}\cos x\mathrm{d}x$.

解
$$\begin{aligned}\int_0^{+\infty}\mathrm{e}^{-x}\cos x\mathrm{d}x&=\int_0^{+\infty}\mathrm{e}^{-x}\mathrm{d}\sin x\\&=\mathrm{e}^{-x}\sin x\Big|_0^{+\infty}-\int_0^{+\infty}(-\mathrm{e}^{-x})\sin x\mathrm{d}x\\&=0+\int_0^{+\infty}\mathrm{e}^{-x}\sin x\mathrm{d}x=-\int_0^{+\infty}\mathrm{e}^{-x}\mathrm{d}\cos x\\&=-\mathrm{e}^{-x}\cos x\Big|_0^{+\infty}-\int_0^{+\infty}\mathrm{e}^{-x}\cos x\mathrm{d}x=1-\int_0^{+\infty}\mathrm{e}^{-x}\cos x\mathrm{d}x,\end{aligned}$$

移项得

$$\int_0^{+\infty} e^{-x}\cos x\,dx = \frac{1}{2}.$$

二、瑕积分

讨论 $\int_{-1}^{1} \frac{1}{x^2}dx$ 的敛散性.仔细观察可发现,被积函数在 $x=0$ 点处断开,在积分区间是不连续的,所以是不能用牛顿－莱布尼茨公式计算求解的.那这种类型的积分怎么求解呢?

如果被积函数 $f(x)$ 在 $[a,b]$ 上某点(或有限个点)处无界,则称积分 $\int_a^b f(x)dx$ 为**瑕积分**,并称使被积函数无界的点为**瑕点**.

定义 6.5　设函数 $f(x)$ 在区间 $(a,b]$ 上连续,且 $\lim\limits_{x\to a^+} f(x)=\infty$.如果对任意小的正数 ε,函数 $f(x)$ 在区间 $[a+\varepsilon,b]$ 上皆可积,则当极限 $\lim\limits_{\varepsilon\to 0^+}\int_{a+\varepsilon}^{b} f(x)dx$ 存在时,称瑕积分 $\int_a^b f(x)dx$ **收敛**,记为

$$\int_a^b f(x)dx = \lim_{\varepsilon\to 0^+}\int_{a+\varepsilon}^{b} f(x)dx.$$

如果上式右端极限不存在,则称瑕积分 $\int_a^b f(x)dx$ **发散**.

类似地,定义 $f(x)$ 在 b 或 $c(a<c<b)$ 点无界时瑕积分的敛散性如下:

定义 6.6　设函数 $f(x)$ 在区间 $[a,b)$ 上连续,且 $\lim\limits_{x\to b^-} f(x)=\infty$.如果对任意小的正数 ε,函数 $f(x)$ 在区间 $[a,b-\varepsilon]$ 上皆可积,则当极限 $\lim\limits_{\varepsilon\to 0^+}\int_{a}^{b-\varepsilon} f(x)dx$ 存在时,称瑕积分 $\int_a^b f(x)dx$ **收敛**,记为

$$\int_a^b f(x)dx = \lim_{\varepsilon\to 0^+}\int_{a}^{b-\varepsilon} f(x)dx.$$

如果上式右端极限不存在,则称瑕积分 $\int_a^b f(x)dx$ **发散**.

定义 6.7　设函数 $f(x)$ 在区间 $[a,c)$ 和 $(c,b]$ 上连续,且 $\lim\limits_{x\to c} f(x)=\infty(a<c<b)$.如果对任意小的正数 ε,瑕积分 $\int_a^c f(x)dx$ 与 $\int_c^b f(x)dx$ 都收敛,则称瑕积分 $\int_a^b f(x)dx$ **收敛**,记为

$$\int_a^b f(x)dx = \int_a^c f(x)dx + \int_c^b f(x)dx.$$

如果 $\int_a^c f(x)dx$ 与 $\int_c^b f(x)dx$ 至少有一个发散,则称瑕积分 $\int_a^b f(x)dx$ **发散**.

例 6.43　计算瑕积分 $\int_0^1 \frac{\ln x}{\sqrt{x}}dx$.

解　$x=0$ 为瑕点,则有 $\int_0^1 \frac{\ln x}{\sqrt{x}}dx = \lim\limits_{\varepsilon\to 0^+}\int_\varepsilon^1 \ln x\,d(2\sqrt{x})$

$$= \lim_{\varepsilon\to 0^+}\left\{2\sqrt{x}\ln x\,\Big|_\varepsilon^1 - 2\int_\varepsilon^1 \frac{1}{\sqrt{x}}dx\right\}$$

$$=\lim_{\varepsilon\to 0^+}\left\{-2\sqrt{\varepsilon}\ln\varepsilon-4\sqrt{x}\,\Big|_{\varepsilon}^{1}\right\}$$
$$=-4.$$

同无穷限积分的表示形式一样，如果 $F(x)$ 是 $f(x)$ 的一个原函数，则

当 a 为瑕点时，$\int_a^b f(x)\mathrm{d}x=F(x)\Big|_a^b=F(b)-\lim\limits_{x\to a^+}F(x)$；

当 b 为瑕点时，$\int_a^b f(x)\mathrm{d}x=F(x)\Big|_a^b=\lim\limits_{x\to b^-}F(x)-F(a)$.

例 6.44 计算瑕积分 $\int_1^2\frac{1}{\sqrt{x-1}}\mathrm{d}x$.

解 $\int_1^2\frac{1}{\sqrt{x-1}}\mathrm{d}x=\int_1^2(x-1)^{-\frac{1}{2}}\mathrm{d}(x-1)=2(x-1)^{\frac{1}{2}}\Big|_1^2=2.$

现在我们重新研究本节开头给出的例子.

例 6.45 讨论瑕积分 $\int_{-1}^1\frac{1}{x^2}\mathrm{d}x$ 的敛散性.

解 $x=0$ 为瑕点，则有

$$\int_{-1}^1\frac{1}{x^2}\mathrm{d}x=\int_{-1}^0\frac{1}{x^2}\mathrm{d}x+\int_0^1\frac{1}{x^2}\mathrm{d}x.$$

因为

$$\int_0^1\frac{1}{x^2}\mathrm{d}x=-\frac{1}{x}\Big|_0^1=+\infty,$$

所以 $\int_0^1\frac{1}{x^2}\mathrm{d}x$ 发散，故瑕积分 $\int_{-1}^1\frac{1}{x^2}\mathrm{d}x$ 发散.

例 6.46 讨论瑕积分 $\int_a^b\frac{1}{(x-a)^p}\mathrm{d}x\quad(p>0)$ 的敛散性.

解 因为 $p>0$，所以 $x=a$ 为瑕点，对于任意小的正数 ε，则

当 $p=1$ 时，

$$\lim_{\varepsilon\to 0^+}\int_{a+\varepsilon}^b\frac{1}{(x-a)^p}\mathrm{d}x=\lim_{\varepsilon\to 0^+}[\ln(b-a)-\ln\varepsilon]=\infty;$$

当 $0<p<1$ 时，

$$\lim_{\varepsilon\to 0^+}\int_{a+\varepsilon}^b\frac{1}{(x-a)^p}\mathrm{d}x=\lim_{\varepsilon\to 0^+}\frac{1}{1-p}[(b-a)^{1-p}-\varepsilon^{1-p}]=\frac{1}{1-p}(b-a)^{1-p};$$

当 $p>1$ 时，

$$\lim_{\varepsilon\to 0^+}\int_{a+\varepsilon}^b\frac{1}{(x-a)^p}\mathrm{d}x=\lim_{\varepsilon\to 0^+}\frac{1}{1-p}[(b-a)^{1-p}-\varepsilon^{1-p}]=\infty;$$

综上，当 $0<p<1$ 时，瑕积分 $\int_a^b\frac{1}{(x-a)^p}\mathrm{d}x$ 收敛，当 $p\geqslant 1$ 时，瑕积分 $\int_a^b\frac{1}{(x-a)^p}\mathrm{d}x$ 发散.

* 三、伽玛(*Gamma*)函数

定义 6.8 含参变量 $t(t>0)$ 的反常积分

$$\Gamma(t)=\int_0^{+\infty}x^{t-1}\mathrm{e}^{-x}\mathrm{d}x\,(t>0),\tag{6.4}$$

称为**伽玛函数**,简记作 $\Gamma-$ **函数**.

注意　$\Gamma-$ 函数是参变量 t 的函数,它具有如下重要性质.

(1) 当 $t>0$ 时,这个广义积分是收敛的(证明从略).

(2)$\Gamma(t+1)=t\Gamma(t),\quad t>0.$　(6.5)

证明　由分部积分公式有

$$\begin{aligned}\Gamma(t+1)&=\int_0^{+\infty}x^t e^{-x}dx=\int_0^{+\infty}x^t d(-e^{-x})\\&=-x^t e^{-x}\Big|_0^{+\infty}+t\int_0^{+\infty}x^{t-1}e^{-x}dx\\&=t\Gamma(t).\end{aligned}$$

特别地,当 $t=n+1$ 为正整数时,有

$$\begin{aligned}\Gamma(n+1)&=n\Gamma(n)=n(n-1)\Gamma(n-1)\\&=\cdots=n(n-1)\cdots2\cdot1\cdot\Gamma(1)\\&=n!\ \Gamma(1),\end{aligned}$$

而
$$\Gamma(1)=\int_0^{+\infty}e^{-x}dx=1,$$

所以
$$\Gamma(n+1)=n!.$$

式(6.5)是一个递推公式,利用它可以简化 $\Gamma-$ 函数的计算.

(3)$\Gamma(t)\cdot\Gamma(1-t)=\dfrac{\pi}{\sin(\pi t)}\quad(0<t<1).$　(6.6)

式(6.6)称为**余元公式**,证明从略.

当 $t=\dfrac{1}{2}$ 时,由余元公式 $\Gamma\left(\dfrac{1}{2}\right)=\sqrt{\pi}$.

例 6.47　利用 $\Gamma-$ 函数计算下列各值.

(1) $\dfrac{\Gamma(6)}{5\Gamma(3)}$;　(2) $\dfrac{\Gamma\left(\frac{5}{2}\right)}{\Gamma(3)}$;

(3)$\int_0^{+\infty}x^5 e^{-x}dx$;　(4)$\int_0^{+\infty}x^{-\frac{1}{2}}e^{-x}dx$;

(5)$\int_0^{+\infty}x^{2n}e^{-x^2}dx\quad\left(n>-\dfrac{1}{2}\right)$.

解　(1) $\Gamma(6)=5\Gamma(5)=5\cdot4\Gamma(4)=5\cdot4\cdot3\Gamma(3)$,

$$\frac{\Gamma(6)}{5\Gamma(3)}=\frac{5\cdot4\cdot3\Gamma(3)}{5\Gamma(3)}=12.$$

(2) $\Gamma\left(\dfrac{5}{2}\right)=\Gamma\left(\dfrac{3}{2}+1\right)=\dfrac{3}{2}\Gamma\left(\dfrac{3}{2}\right)=\dfrac{3}{2}\Gamma\left(\dfrac{1}{2}+1\right)=\dfrac{3}{2}\cdot\dfrac{1}{2}\Gamma\left(\dfrac{1}{2}\right)$,

$$\frac{\Gamma\left(\frac{5}{2}\right)}{\Gamma(3)}=\frac{\frac{3}{2}\cdot\frac{1}{2}\Gamma\left(\frac{1}{2}\right)}{2!}=\frac{3}{8}\sqrt{\pi}.$$

(3)$\int_0^{+\infty}x^5 e^{-x}dx=\Gamma(6)=5!\ =120.$

(4)$\int_0^{+\infty}x^{-\frac{1}{2}}e^{-x}dx=\int_0^{+\infty}x^{\frac{1}{2}-1}e^{-x}dx=\Gamma\left(\dfrac{1}{2}\right)=\sqrt{\pi}.$

(5) $\int_0^{+\infty} x^{2n} e^{-x^2} dx = \frac{1}{2}\int_0^{+\infty} x^{2n-1} e^{-x^2} dx^2 = \frac{1}{2}\int_0^{+\infty} (x^2)^{n+\frac{1}{2}-1} e^{-x^2} dx^2$

$$= \frac{1}{2}\Gamma\left(n+\frac{1}{2}\right).$$

例 6.48 证明：$\frac{1}{\sigma\sqrt{2\pi}}\int_{-\infty}^{+\infty} e^{-\frac{(x-\mu)^2}{2\sigma^2}} dx = 1 \quad (\sigma > 0)$.

证明 设 $u = \frac{x-\mu}{\sqrt{2}\sigma}$，则 $dx = \sqrt{2}\sigma du$，所以

$$\frac{1}{\sigma\sqrt{2\pi}}\int_{-\infty}^{+\infty} e^{-\frac{(x-\mu)^2}{2\sigma^2}} dx = \frac{1}{\sigma\sqrt{2\pi}}\int_{-\infty}^{+\infty} e^{-u^2} \cdot \sqrt{2}\sigma du$$

$$= \frac{1}{\sqrt{\pi}}\int_{-\infty}^{+\infty} e^{-u^2} du = \frac{2}{\sqrt{\pi}}\int_0^{+\infty} e^{-u^2} du$$

$$= \frac{2}{\sqrt{\pi}} \cdot \frac{\sqrt{\pi}}{2} = 1,$$

即

$$\frac{1}{\sigma\sqrt{2\pi}}\int_{-\infty}^{+\infty} e^{-\frac{(x-\mu)^2}{2\sigma^2}} dx = 1.$$

这个等式是定义服从正态分布的随机变量的理论基础，在概率论中非常重要.

习 题 六

(A)

1. 利用定积分的定义，计算定积分 $\int_0^1 x dx$.

2. 将下式极限用定积分表示：

$$\lim_{n\to\infty}\left(\frac{1}{n+\frac{1}{n}} + \frac{1}{n+\frac{4}{n}} + \cdots + \frac{1}{n+\frac{n^2}{n}}\right).$$

3. 不计算定积分，比较下列各组定积分值的大小.

(1) $\int_0^1 e^{-x} dx$ 与 $\int_0^1 e^{-x^2} dx$； (2) $\int_0^1 \sin x dx$ 与 $\int_0^1 x dx$.

4. 确定下列定积分的符号.

(1) $\int_1^2 x \ln x dx$； (2) $\int_{-1}^1 |x| dx$.

5. 估计下列定积分的值.

(1) $\int_0^2 e^{x^2} dx$； (2) $\int_{\frac{1}{\sqrt{3}}}^{\sqrt{3}} x \arctan x dx$.

6. 设 $f(x)$ 是连续函数，且 $f(x) = x + 3\int_0^1 f(t) dt$，求 $f(x)$.

7. 对可微函数 $f(x)$，有 $\int_{a}^{b_1} f(x)\mathrm{d}x=\int_{b_2}^{c} f(x)\mathrm{d}x=0$，其中 $a<b_1<b_2<c$，证明：至少存在一点 $\xi\in(a,c)$，使 $f'(\xi)=0$.

8. 求下列函数的导数.

(1) $\int_{ax}^{bx}\frac{\sin t}{t}\mathrm{d}t$；

(2) $\int_{0}^{\mathrm{e}^x}\frac{\ln(1+t)}{t}\mathrm{d}t$；

(3) $\int_{0}^{x^2}\sqrt{1+t^2}\,\mathrm{d}t$；

(4) $\int_{x^2}^{x^3}\frac{\mathrm{d}t}{\sqrt{1+t^4}}$.

9. 求下列极限.

(1) $\lim\limits_{x\to 0}\frac{\int_{0}^{x}\cos(t^2)\mathrm{d}t}{x}$；

(2) $\lim\limits_{x\to 0}\frac{\int_{0}^{x}(\mathrm{e}^{\sin t}-1)\mathrm{d}t}{x^2}$；

(3) $\lim\limits_{x\to 0}\frac{\left(\int_{0}^{x}\arctan t^2\mathrm{d}t\right)^2}{\int_{0}^{x}\sin t^5\mathrm{d}t}$；

(4) $\lim\limits_{x\to 0^+}\frac{\int_{0}^{\sin x}\sqrt{\tan t}\,\mathrm{d}t}{\int_{0}^{\tan x}\sqrt{\sin t}\,\mathrm{d}t}$.

10. 求函数 $f(x)=\int_{0}^{x}(u-1)(u-2)\mathrm{e}^{-u^2}\mathrm{d}u$ 的极值点.

11. 设 $f(x)$ 为连续函数，且存在常数 a，满足 $\mathrm{e}^{x-1}-x=\int_{x}^{a}f(t)\mathrm{d}t$，求 $f(x)$ 及 a 的值.

12. 设 $f(x)$ 可导，且 $f(0)=0$，$f'(0)=2$，求 $\lim\limits_{x\to 0}\frac{\int_{0}^{x}f(t)\mathrm{d}t}{x^2}$.

13. 设 $f(x)=\begin{cases}x+1, & x\leqslant 1,\\ \frac{1}{2}x^2, & x>1,\end{cases}$ 求 $\int_{0}^{2}f(x)\mathrm{d}x$.

14. 设 $f(x)$ 在 $[a,b]$ 上连续，在 (a,b) 内可导且 $f'(x)<0$，证明函数 $F(x)=\frac{1}{x-a}\int_{a}^{x}f(t)\mathrm{d}t$ 在 (a,b) 内的导数 $F'(x)<0$.

15. 计算下列定积分.

(1) $\int_{0}^{1}\sqrt[3]{x}(1+\sqrt{x})\mathrm{d}x$；

(2) $\int_{-1}^{1}|x|\mathrm{d}x$；

(3) $\int_{0}^{a}(3x^2-x)\mathrm{d}x$；

(4) $\int_{1}^{0}\sqrt{x}(1+\sqrt{x})\mathrm{d}x$；

(5) $\int_{\frac{1}{\sqrt{3}}}^{0}\frac{\mathrm{d}x}{1+x^2}$；

(6) $\int_{-1}^{0}\frac{3x^4+3x^2+2}{x^2+1}\mathrm{d}x$.

16. 计算下列定积分.

(1) $\int_{-1}^{1}\frac{x\mathrm{d}x}{\sqrt{5-4x}}$；

(2) $\int_{4}^{9}\frac{\sqrt{x}}{\sqrt{x}-1}\mathrm{d}x$；

(3) $\int_{-\sqrt{2}}^{\sqrt{2}}\sqrt{8-2y^2}\,\mathrm{d}y$；

(4) $\int_{0}^{\ln 2}\sqrt{\mathrm{e}^x-1}\,\mathrm{d}x$；

(5) $\int_{-2}^{1}\frac{\mathrm{d}x}{(11+5x)^3}$；

(6) $\int_{0}^{\frac{\pi}{4}}\frac{2\cos x+3\sin x}{(2\sin x-3\cos x)^3}\mathrm{d}x$；

(7) $\int_0^{\frac{\pi}{2}} \sin\varphi\cos^2\varphi \mathrm{d}\varphi$；

(8) $\int_0^{\sqrt{2}} x\sqrt{2-x^2}\,\mathrm{d}x$.

17. 计算下列积分.

(1) $\int_{-1}^{1} x\mathrm{e}^{-x}\mathrm{d}x$；

(2) $\int_1^{\mathrm{e}} x\ln x\mathrm{d}x$；

(3) $\int_0^{\frac{\pi}{2}} \mathrm{e}^x\cos x\mathrm{d}x$；

(4) $\int_0^{\pi} (x\sin x)^2\mathrm{d}x$；

(5) $\int_1^{\mathrm{e}} \sin(\ln x)\mathrm{d}x$；

(6) $\int_{\frac{1}{2}}^{1} \mathrm{e}^{\sqrt{2x-1}}\mathrm{d}x$.

18. 设 $f(x)$ 是连续函数，证明下列各题.

(1) $\int_a^b f(x)\mathrm{d}x=(b-a)\int_0^1 f[a+(b-a)x]\mathrm{d}x$；

(2) $\int_0^a x^3 f(x^2)\mathrm{d}x=\frac{1}{2}\int_0^{a^2} xf(x)\mathrm{d}x \quad (a>0)$.

19. 利用函数奇偶性计算下列积分.

(1) $\int_{-\frac{1}{2}}^{\frac{1}{2}} \frac{\cos x\sin x}{x^4}\mathrm{d}x$；

(2) $\int_{-\frac{\pi}{3}}^{\frac{\pi}{3}} \sin^2 x[1+\ln(x+\sqrt{1+x^2})]\mathrm{d}x$.

20. 设函数 $f(x)$ 在 $(-\infty,+\infty)$ 上连续，并满足条件 $\int_0^x f(x-u)\mathrm{e}^u\mathrm{d}u=\sin x, x\in(-\infty,+\infty)$，求 $f(x)$.

21. 计算下列曲线围成的平面图形的面积.

(1) $y=\sqrt{x}, y=x$；

(2) $y=y^2-1, y=x-1$；

(3) $y=\frac{1}{x}$ 与 $y=x, x=2$；

(4) $y=2x, y=\frac{x}{2}, x+y=2$.

22. 求由下列已知曲线围成的图形绕指定轴旋转而形成的旋转体的体积.

(1) $y=x^3, y=0, x=2$ 绕 x 轴、y 轴；

(2) $x^2+(y-5)^2=16$ 绕 x 轴；

(3) $xy=a^2, y=0, x=a, x=2a \ (a>0)$ 绕 x 轴；

(4) $y=x^2+1, y=0, x=0, x=1$ 绕 y 轴.

23. 确定正数 k 值，使曲线 $y^2=x$ 与 $y=kx$ 围成的面积为 $\frac{1}{6}$.

24. 过曲线 $y=x^2(x>0)$ 上某点 A 作切线，使之与曲线及 x 轴所围图形的面积为 $\frac{1}{12}$，求：(1) 求切点 A 的坐标及过点 A 的切线方程；(2) 求上述平面图形绕 x 轴旋转的旋转体体积.

25. 已知生产某产品的固定成本为10元，当产量为 x 时边际成本 $C'(x)=13-4x$，边际收益为 $R'(x)=25-2x$，求利润函数.

26. 已知某产品的总产量变化率为 $f(t)=100+10t-0.45t^2$（千克/小时），求 $t_0=4$ 到 $t_1=8$ 这段时间内的总产量.

27. 判断下列广义积分的敛散性，如果收敛，计算广义积分的值.

(1) $\int_0^{+\infty} x e^{-x^2} dx$；　　(2) $\int_1^{+\infty} \frac{1}{x} dx$；

(3) $\int_0^1 \frac{x}{\sqrt{1-x^2}} dx$；　　(4) $\int_{-\infty}^{+\infty} \frac{d}{x^2+2x+2}$；

(5) $\int_1^2 \frac{x}{\sqrt{x-1}} dx$；　　(6) $\int_0^{+\infty} e^{-x} \sin x dx$.

28. 计算下列极限.

(1) $\lim\limits_{x\to+\infty} \frac{1}{\sqrt{1+x^2}} \int_0^x (\arctan t)^2 dt$；　　(2) $\lim\limits_{x\to+\infty} \left(\int_0^x e^{t^2} dt\right)^{\frac{1}{x^2}}$.

29. 利用 Γ 函数计算下列各题.

(1) $\Gamma\left(\frac{11}{2}\right)$；　　(2) $\int_0^{+\infty} x^5 e^{-x^2} dx$.

(B)

1. 设 $f(x)=\begin{cases}3x^2, & 0\leqslant x<1,\\ 5-2x, & 1\leqslant x\leqslant 2,\end{cases}$ $F(x)=\int_0^x f(t)dt$，$0\leqslant x\leqslant 2$，求 $F(x)$，并讨论 $F(x)$ 的连续性.

2. 设函数 $f(x)$ 在$[0,1]$上可导，$F(x)=\int_0^x u^2 f(u)du$，且 $F(\frac{1}{2})=\frac{1}{2}f(1)$，$F(1)=f(1)$，试证：在$(0,1)$内至少存在一点 ξ，使 $\xi f'(\xi)+2f(\xi)=0$.

3. 设函数 $f(x)$ 在区间$[0,1]$上连续，在$(0,1)$内可导，且满足

$$f(1)=3\int_0^{\frac{1}{3}} e^{1-x^2} f(x)dx.$$

证明：至少存在一点 $\xi\in(0,1)$，使得 $f'(\xi)=2\xi f(\xi)$.

4. 设 $f(x)=\begin{cases}\dfrac{1}{1+x}, & x\geqslant 0,\\[2mm] \dfrac{1}{1+e^x}, & x<0,\end{cases}$ 求 $\int_0^2 f(x-1)dx$.

5. 计算 $\int_0^2 \max\{x^2,x\}dx$.

6. 设 $f(x)$，$g(x)$ 在$[a,b]$上连续，且满足 $\int_a^x f(t)dt\geqslant\int_a^x g(t)dt$　$x\in[a,b)$，$\int_a^b f(t)dt=\int_a^b g(t)dt$，证明：$\int_a^b xf(x)dx\leqslant\int_a^b xg(x)dx$.

7. 设函数 $f(x)$ 连续，

$$\varphi(x)=\int_0^1 f(xt)dt，且\lim_{x\to0}\frac{f(x)}{x}=A\ (A 为常数)，$$

求 $\varphi'(x)$ 并讨论 $\varphi'(x)$ 在 $x=0$ 处的连续性.

8. 设函数 $f(x)$ 在闭区间$[a,b]$上连续，在开区间(a,b)上可导，且 $f(x)>0$，若极限

$\lim\limits_{x\to a^+}\dfrac{f(2x-a)}{x-a}$ 存在,证明:

(1) 在区间(a,b)内 $f(x)>0$.

(2) 在区间(a,b)内存在点 ξ,使得$\dfrac{b^2-a^2}{\int_a^b f(x)\mathrm{d}x}=\dfrac{2\xi}{f(\xi)}$.

9.设 $f'(x)$ 在$[0,a]$上连续,且 $f(0)=0$,证明$\left|\int_0^a f(x)dx\right|\leqslant\dfrac{Ma^2}{2}$,其中 $M=\max\limits_{0\leqslant x\leqslant a}|f(x)|$.

10.设抛物线 $y=ax^2+bx+c$ 通过原点(0,0),且当 $x\in[0,1]$时,$y\geqslant 0$,试确定 a,b,c 的值,使得抛物线 $y=ax^2+bx+c$ 与直线 $x=1,y=0$ 所围成图形的面积为$\dfrac{4}{9}$,且使图形绕 x 轴旋转而成的旋转体体积最小.

11.过曲线 $y=\sqrt[3]{x}\,(x\geqslant 0)$ 上的点 A 作切线,使该切线与曲线及 x 轴所围成的平面图形 D 的面积 S 为$\dfrac{3}{4}$,求:

(1) 求点 A 的坐标;

(2) 求平面图形绕 x 轴旋转一周所得旋转体的体积.

12.设函数 $f(x),g(x)$ 在区间$[a,b]$上连续,且 $f(x)$ 为增函数,$0\leqslant g(x)\leqslant 1$.

证明:

(1)$0\leqslant\int_a^x g(t)\mathrm{d}t\leqslant x-a,x\in[a,b]$.

(2)$\int_a^{a+\int_a^b g(t)\mathrm{d}t} f(x)\mathrm{d}x\leqslant\int_a^b f(x)g(x)\mathrm{d}x$.

第7章 多元函数微分学

前面各章阐述了只依赖于一个自变量的函数即一元函数的微积分学.而许多实际问题往往遇到的是关于多个自变量的函数,反映到数学上,就是一个变量依赖于多个自变量的情形,即多元函数的情形,这就需要引入多元函数的概念.本章主要介绍多元函数微分学及其应用.为了叙述方便,以二元函数为主,这是因为从一元函数到二元函数会有很多本质上的飞跃,而三元及其以上的多元函数的许多性质则仅仅是二元函数的推广.

为了学习多元函数微积分的需要,作为预备知识,首先复习和简单介绍空间解析几何的有关知识.

§7.1 空间解析几何简介

一、空间直角坐标系

1.空间直角坐标系

引入坐标系,不仅可以利用代数知识解决几何问题,还可以利用几何直观简化抽象的数学推导.在建立了直线坐标系即数轴后,直线上的点便与实数 x 之间建立了一一对应关系;在建立了平面直角坐标系后,平面上的点便与二元有序实数组(x,y)之间建立了一一对应关系.为了建立空间中的点与三元有序数组(x,y,z)关系,我们引进空间直角坐标系.

在空间中取定一点 O,过点 O 作三条相互垂直的数轴 Ox 轴、Oy 轴、Oz 轴,且都具有相同的长度单位,同时还规定其中的 Ox 轴、Oy 轴、Oz 轴的正方向符合右手规则:用右手握住 Oz 轴,当右手的四个手指从正向的 Ox 轴以 $90°$ 角转向 Oy 轴时,竖起的大拇指的指向就是 Oz 的正方向,如图 7.1 所示.这样的三条数轴 Ox 轴、Oy 轴、Oz 轴就组成了一个以 O 点为原点的**空间直角坐标系** $Oxyz$,Ox 轴、Oy 轴和 Oz 轴分别称为**横轴**、**纵轴**和**竖轴**,并统称为**坐标轴**.

由 Ox 轴和 Oy 轴所确定的平面称为 xOy **平面**，类似的其他两个由 Ox 轴和 Oz 轴、Oy 轴和 Oz 轴所确定的平面分别称为 xOz **平面**、yOz **平面**. 三个坐标平面把整个空间分成八个部分，每一个部分称为一个**卦限**. 含有 Ox 轴、Oy 轴、Oz 轴正半轴的那个卦限叫作**第一卦限**. 在 xOy 平面上方，并按逆时针方向分别是**第二、第三和第四卦限**. 在 xOy 平面下方，并和第一、第二、第三、第四卦限上下对应的四个卦限分别是**第五、第六、第七、第八卦限**. 这八个卦限分别用字母 Ⅰ、Ⅱ、Ⅲ、Ⅳ、Ⅴ、Ⅵ、Ⅶ、Ⅷ 表示，如图 7.2 所示.

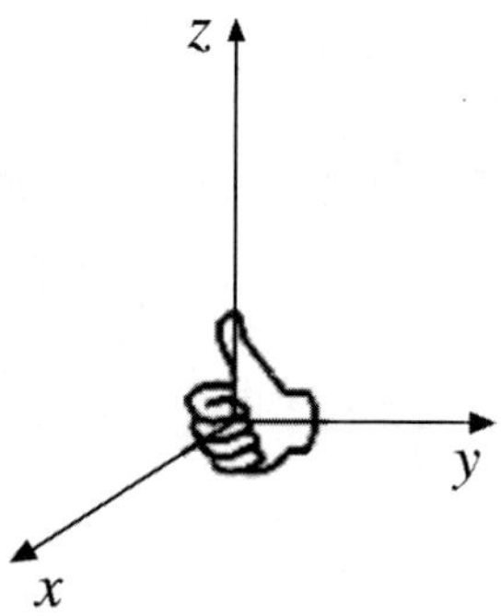

图 7.1

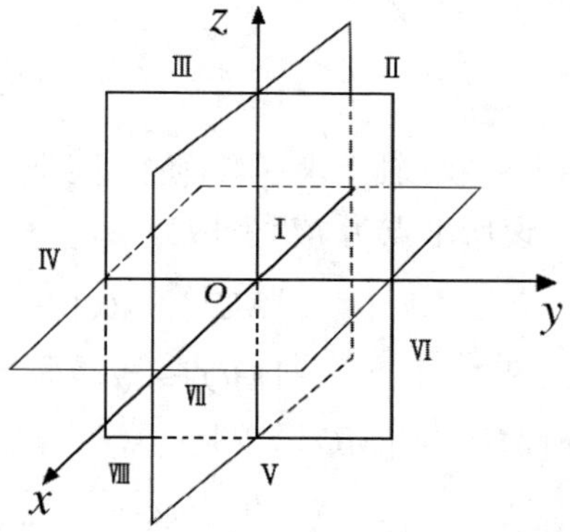

图 7.2

2. 空间中点的坐标与空间中两点间的距离

在空间直角坐标系 $Oxyz$ 下，空间中的任一点 M 可以用一个三元有序数组 (x,y,z) 来表示. 过点 M 作三个平面分别垂直于 x 轴、y 轴、z 轴，它们与 x 轴、y 轴、z 轴分别交于 P、Q、R 三点，这三个点在 x 轴、y 轴、z 轴的坐标依次为 x,y,z，则点 M 就确定了一个有序数组 (x,y,z). 反之，对给定的一个有序实数 (x,y,z)，我们可以在 x 轴上取坐标为 x 的点为 P，在 y 轴上取坐标为 y 的点为 Q，在 z 轴上取坐标为 z 的点为 R，然后分别过 P,Q,R 三点作垂直于 x 轴、y 轴和 z 轴的平面，这三个平面的交点 M 即是由有序数组 (x,y,z) 确定的唯一空间中的点. 这样，就建立了空间中的点 M 与有序数组 (x,y,z) 之间的一一对应关系，可表示为 $M\leftrightarrow(x,y,z)$. 这个有序数组 (x,y,z) 称为点 M 的**坐标**，记为 $M(x,y,z)$，并依次称 x，y，z 为点 M 的**横坐标、纵坐标和竖坐标**. 如图 7.3 所示.

显然，坐标原点的坐标为 $(0,0,0)$，x 轴上点的坐标为 $(x,0,0)$，y 轴与 z 轴上点的坐标分别为 $(0,y,0)$ 和 $(0,0,z)$. xOy 平面上点的坐标为 $(x,y,0)$，yOz 平面与 xOz 平面上点的坐标分别为 $(0,y,z)$ 和 $(x,0,z)$.

设 $M_1(x_1,y_1,z_1)$，$M_2(x_2,y_2,z_2)$ 为空间中任意两点，过 M_1、M_2 各作三个平面分别垂直于三个坐标轴，这六个平面构成一个以线段 M_1M_2 为一条对角线的长方体，如图 7.4 所示. 由图可知，长方体的棱长分别为 $|x_2-x_1|$，$|y_2-y_1|$，$|z_2-z_1|$，于是对角线 M_1M_2 的长度即空间任意两点 M_1 和 M_2 的距离

$$|M_1M_2|=\sqrt{(x_2-x_1)^2+(y_2-y_1)^2+(z_2-z_1)^2}.$$

特别地，点 $M(x,y,z)$ 到原点 O 的距离为

$$|OM|=\sqrt{x^2+y^2+z^2}.$$

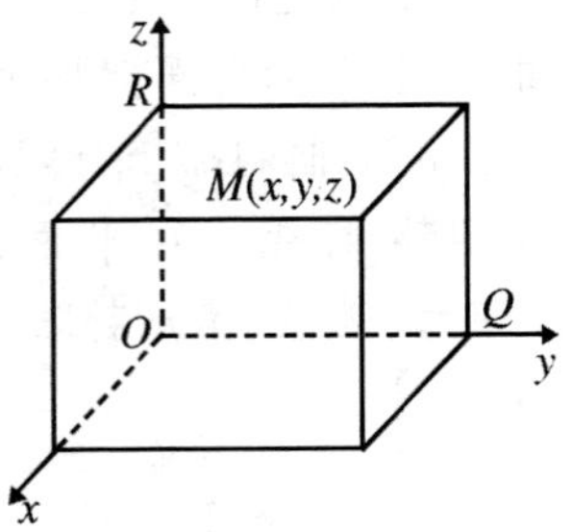

图 7.3

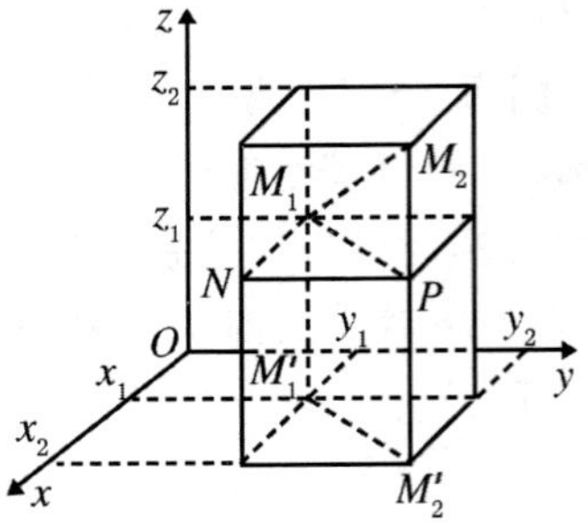

图 7.4

例 7.1 在 z 轴上求一点，使得它到点 $P(1,2,1)$ 的距离与它到点 $Q(2,-1,2)$ 的距离相等.

解 设所求点为 M，坐标为 $(0,0,z)$，由距离公式得

$$|MP|=\sqrt{(1-0)^2+(2-0)^2+(1-z)^2};$$

$$|MQ|=\sqrt{(2-0)^2+(-1-0)^2+(2-z)^2}.$$

依题意有 $|MP|=|MQ|$，于是

$$\sqrt{z^2-2z+6}=\sqrt{z^2-4z+9}.$$

解得 $z=\frac{3}{2}$，所以 M 为 $(0,0,\frac{3}{2})$.

二、空间曲面与方程

在空间解析几何中，一个重要的内容就是讨论空间几何图形及其方程，这些图形包括平面、柱面、旋转曲面和二次曲面等. 下面我们引入空间图形及其方程的定义.

在空间直角坐标系下，空间中的任意曲面 S 与三元方程 $F(x,y,z)=0$ 有下述关系：

(1) 曲面 S 上任一点的坐标都满足方程 $F(x,y,z)=0$；

(2) 不在曲面 S 上点的坐标都不满足方程 $F(x,y,z)=0$，那么，曲面 S 就称为方程 $F(x,y,z)=0$ 的**图形**，而 $F(x,y,z)=0$ 称为**曲面 S 的方程**.

空间中的曲线也是动点的几何轨迹，位于曲线上点的坐标 (x,y,z) 必须满足曲线的方程，而任何空间中的曲线总可以看成两个不同曲面的交线. 如图 7.5 所示，设 $F(x,y,z)=0$，$G(x,y,z)=0$ 表示两个曲面的方程，它们相交，且交线是曲线 Γ. 因为曲线 Γ 上的任意点都同时在这两个曲面上，所以曲线 Γ 上的所有点的坐标都满足这两个曲面方程. 反过来，坐标同时满足这两个曲面方程的点一定在它们的交线上，从而把这两个方程联立起来，所得到的方程组

$$\begin{cases}F(x,y,z)=0,\\G(x,y,z)=0\end{cases}$$

称为**空间曲线 Γ 的方程**.

例如，方程

$$\begin{cases}z=x^2+y^2,\\y=1\end{cases}$$

表示的曲线是旋转抛物面 $z=x^2+y^2$ 与平面 $y=1$ 的交线（如图 7.6 所示），这条交线是空间的一条抛物线.

注意 $z=1+x^2$ 在空间直角坐标系中表示一条曲线.

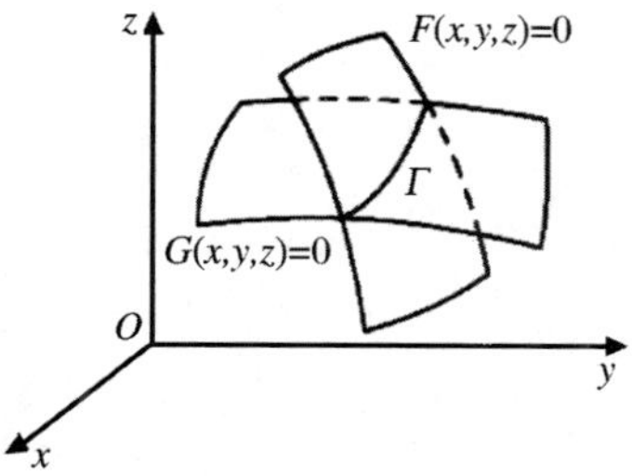

图 7.5

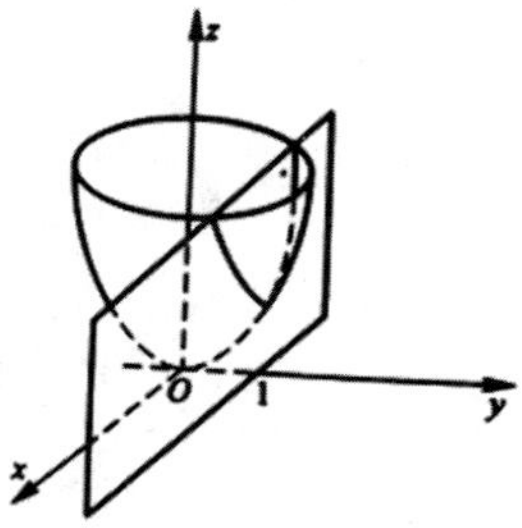

图 7.6

注意 对于一元方程或二元方程

$$F(x)=0 \text{ 或 } F(x,y)=0,$$

则需根据不同的坐标系来确定它们的几何意义. 例如,$x=0$,在数轴上表示原点;在平面直角坐标系下,它表示 y 轴;而在空间直角坐标系中,它表示 yOz 平面.

建立了空间曲面与其方程的联系之后,一方面可以通过方程的解析性质来研究曲面的几何性质;另一方面,也可以通过图形直观来理解方程. 因此,建立空间曲面与其方程的联系尤为重要,这就要解决以下两个基本问题:

(1) 已知曲面 S 上的点所要满足的几何条件,建立曲面方程;

(2) 已知曲面方程,研究曲面的几何形状.

下面我们在空间直角坐标系下,讨论几种常见的空间曲面的图形与方程.

1. 平面及其方程

空间中最简单的曲面是平面. 平面的方程可用如下方程来表示:

$$Ax+By+Cz+D=0, \tag{7.1}$$

其中 A,B,C,D 为常数,且 A,B,C 不全为零. 由于方程(7.1)为一个三元一次方程,所以平面也叫作**一次曲面**.

当方程(7.1)中的某些系数为零时,平面具有某种特殊的位置.

(1)$D=0$,方程成为 $Ax+By+Cz=0$,它表示一个通过原点的平面.

(2)$A=0$,方程成为 $By+Cz+D=0$,它表示平行于 x 轴的平面.

(3)$A=D=0$,方程成为 $By+Cz=0$,它表示过 x 轴的平面.

(4)$B=C=D=0$,方程成为 $x=0$,它表示 yOz 平面.

(5)$A=C=D=0$,方程成为 $y=0$,它表示 xOz 平面.

(6)$A=B=D=0$,方程成为 $z=0$,它表示 xOy 平面.

2. 二次曲面及其方程

三元二次方程

$$a_1x^2+a_2y^2+a_3z^2+b_1xy+b_2yz+b_3zx+c_1x+c_2y+c_3z+d=0 \tag{7.2}$$

所表示的空间曲面称为**二次曲面**,其中 $a_i,b_i,c_i(i=1,2,3)$ 和 d 均为常数,且 a_i,b_i 不全为零.

下面给出几种常见的二次曲面:

(1) 球面

$$x^2+y^2+z^2=R^2 \quad (R>0),$$

其图形如图 7.7 所示.

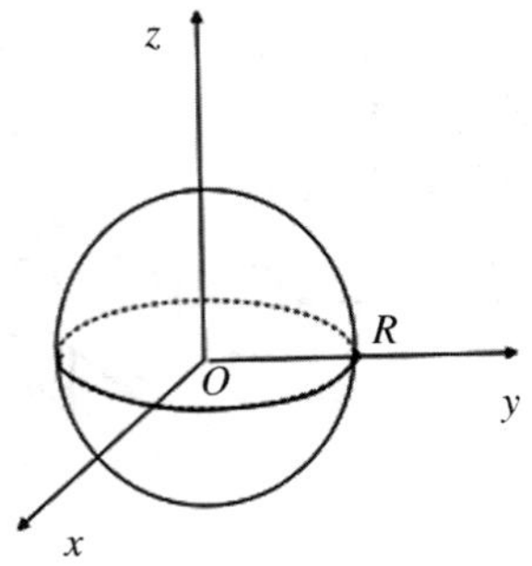

图 7.7

(2) 椭球面

$$\frac{x^2}{a^2}+\frac{y^2}{b^2}+\frac{z^2}{c^2}=1 \quad (a,b,c>0),$$

其图形如图 7.8 所示.

(3) 单叶双曲面

$$\frac{x^2}{a^2}+\frac{y^2}{b^2}-\frac{z^2}{c^2}=1 \quad (a,b,c>0),$$

其图形如图 7.9 所示.

(4) 双叶双曲面

$$\frac{x^2}{a^2}+\frac{y^2}{b^2}-\frac{z^2}{c^2}=-1 \quad (a,b,c>0),$$

其图形如图 7.10 所示.

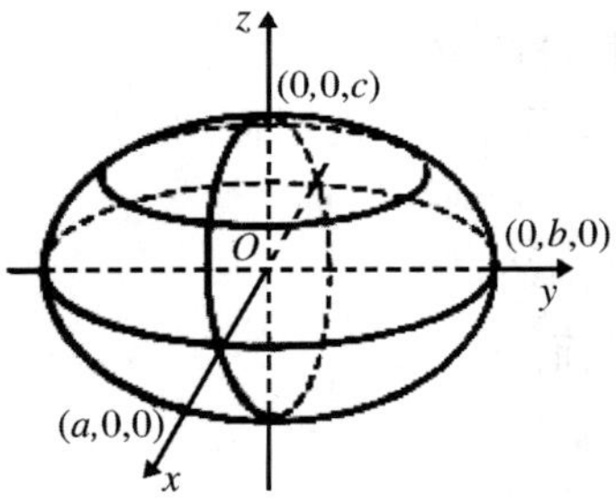

图 7.8

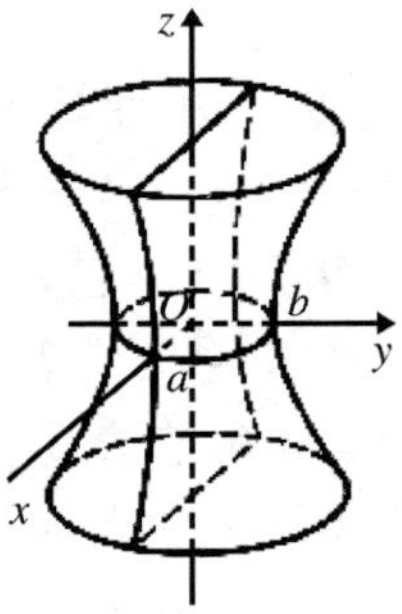

图 7.9

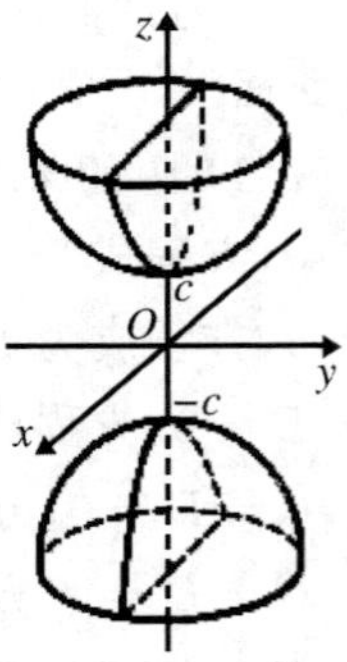

图 7.10

(5) 二次锥面

$$\frac{x^2}{a^2}+\frac{y^2}{b^2}-\frac{z^2}{c^2}=0 \quad (a,b,c>0),$$

其图形如图 7.11 所示.

(6) 椭圆抛物面

$$\frac{x^2}{a^2}+\frac{y^2}{b^2}-2z=0 \quad (a,b>0),$$

其图形如图 7.12 所示. 特别地,当 $a=b$ 时,称为旋转抛物面.

(7) 双曲抛物面(马鞍面)

$$\frac{x^2}{a^2}-\frac{y^2}{b^2}+2z=0 \quad (a,b>0),$$

其图形如图 7.13 所示.

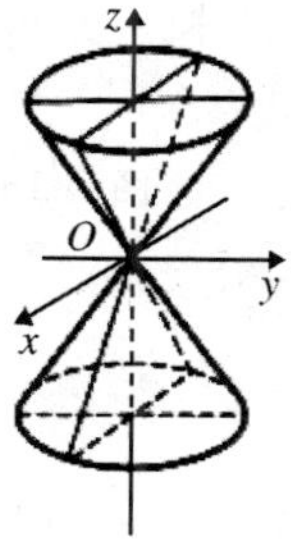

图 7.11

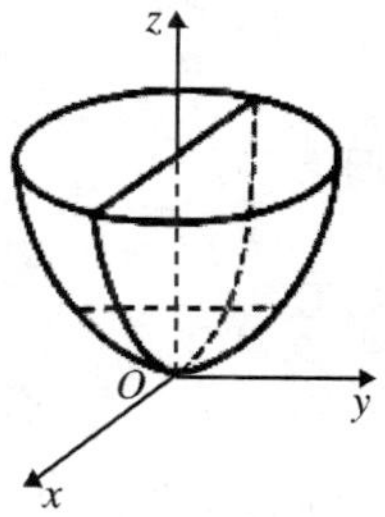

图 7.12

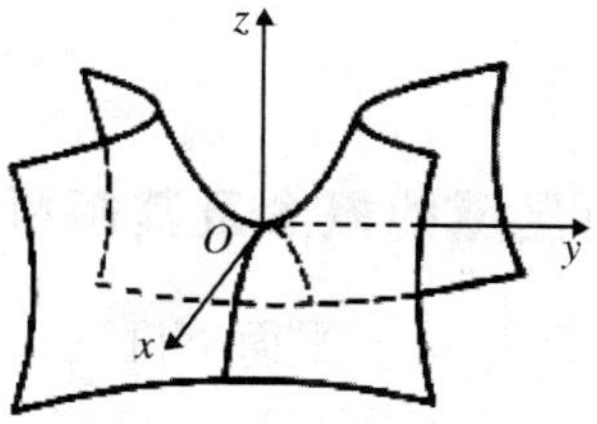

图 7.13

以上七个曲面的图形的大致形状,可以用一些定性的讨论和截痕法得到,即通过曲面的方程来讨论曲面是否具有有界性、对称性等特性;用坐标平面或与坐标平面平行的平面与曲面相交,通过分析交线(称为截痕)的形状,确定曲面的大致形状.

例 7.2 利用截痕法作椭球面的图.

$$\frac{x^2}{a^2}+\frac{y^2}{b^2}+\frac{z^2}{c^2}=1 \quad (a,b,c>0).$$

解 若 (x,y,z) 满足方程,则 $(-x,y,z)$, $(x,-y,z)$, $(x,y,-z)$, $(-x,-y,z)$, $(-x,y,-z)$, $(x,-y,-z)$,以及 $(-x,-y,-z)$ 均满足方程. 这说明椭球面关于三个坐标平面、三个坐标轴及原点均对称. 从方程的表达式得, $|x|\leqslant|a|$, $|y|\leqslant|b|$, $|z|\leqslant|c|$, 故椭球面被包含在一个平行六面体内,它是有界的图形.

易知,用 xOy 平面截椭球面,截痕为

$$\begin{cases}\dfrac{x^2}{a^2}+\dfrac{y^2}{b^2}=1,\\ z=0.\end{cases}$$

这是 xOy 平面上的椭圆. 类似地,用 yOz 平面、zOx 平面截椭球面,所得的截痕也均为椭圆;用平行于坐标平面的平面 $x=k$, $y=h$, $z=l$ ($|k|\leqslant a$, $|h|\leqslant b$, $|l|\leqslant c$) 截椭球面,所得的截痕均为椭圆,综上所述可知椭球面的图形,如图 7.8 所示.

3. **柱面**

设 L 是空间中的一条曲线,与给定直线 l 平行的动直线沿曲线 L 移动所得的空间曲面称为**柱面**,L 称为柱面的**准线**,动直线称为柱面的**母线**,如图 7.14 所示.

例如,$x^2+y^2=R^2$ 表示空间的一个圆柱面,如图 7.15 所示,它的母线平行于 z 轴,准线是 xOy 平面上的圆

$$\begin{cases}x^2+y^2=R^2,\\ z=0.\end{cases}$$

再如,方程 $y^2=2px$ 表示抛物柱面,如图 7.16 所示.

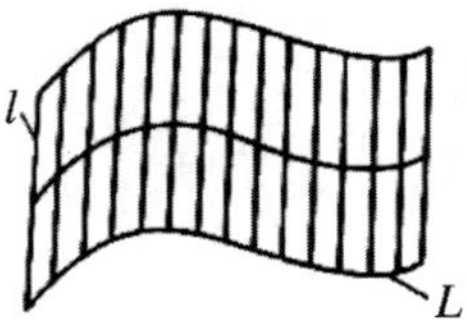

图 7.14

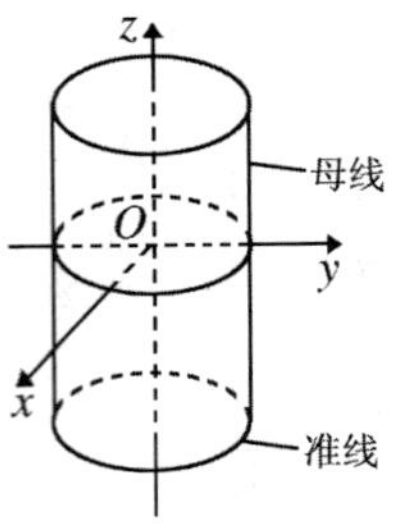

图 7.15

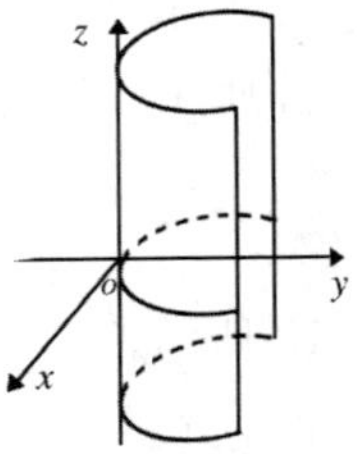

图 7.16

三、平面区域的概念及其解析表示

本段仅限于在 xOy 平面上讨论.

设 $P_0(x_0,y_0)$ 是平面 xOy 上的一定点,$\delta>0$ 为一实数,以 P_0 为圆心,以 δ 为半径的圆的内部

$$D_\delta(P_0)=\{(x,y)\mid(x-x_0)^2+(y-y_0)^2<\delta^2\},$$

称为点 P_0 的 δ **邻域**.如图 7.17 所示.

内点、开集　设 D 为 xOy 平面上一点集,点 $P_0(x_0,y_0)\in D$,若存在 $\delta>0$,使得 $D_\delta(P_0)\subset D$,则称 P_0 为 D 的**内点**;若 D 的点都是内点,则称 D 为**开集**.

边界点、边界　设 D 为 xOy 平面上一点集,点 $P_0(x_0,y_0)\in D$ 为平面上一点.若对任意 $\delta>0$,总存在点 $P_1,P_2\in D_\delta(P_0)$,使得 $P_1\in D,P_2\notin D$,则称点 P_0 为 D 的**边界点**;D 的全体边界点的集合,称为 D 的**边界**.

例如,点集 $D=\{(x,y)\mid 4<x^2+y^2\leqslant 9\}$,如图 7.18 所示,满足 $4<x^2+y^2<9$ 的点都是 D 的内点;满足 $x^2+y^2=9$ 的点均为 D 的边界点,它们属于 D;满足 $x^2+y^2=4$ 的点也均为 D 的边界点,它们不属于 D.D 的边界是圆周 $x^2+y^2=9$ 与 $x^2+y^2=4$.

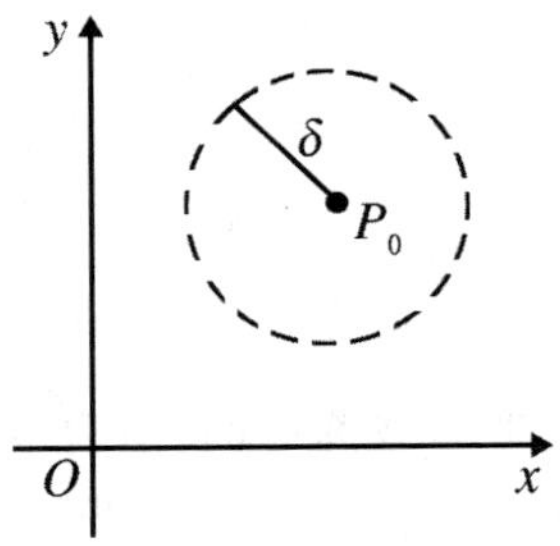

图 7.17

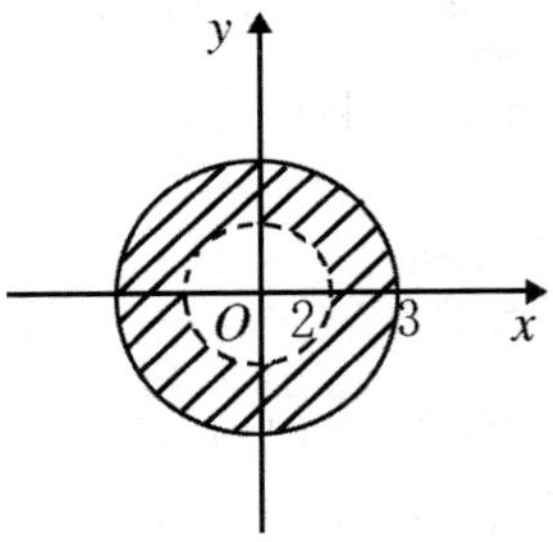

图 7.18

开区域、闭区域　设 D 为一开集,P_1 和 P_2 为 D 内任意两点,若在 D 内存在一条或由有限条直线段组成的折线将 P_1 和 P_2 连接起来,则称 D 为**连通区域**,简称为**区域**或**开区域**;区域与区域的边界点构成的集合称为**闭区域**.

有界区域、无界区域　若存在正数 R,使得 $D\subset D_R(O)$,则称 D 为**有界区域**;否则,称 D 为**无界区域**.这里 $D_R(O)$ 表示以原点 $O(0,0)$ 为圆心,R 为半径的开圆,即

$$D_R(O)=\{(x,y)\mid x^2+y^2<R^2\}.$$

例如,集合 $D_1=\{(x,y)\mid xy<0\}$ 不是区域,因为此集合不连通,如图 7.19 所示.$D_2=\{(x,y)\mid x+y\geqslant 0\}$ 是闭区域且为无界闭区域,如图 7.20 所示.

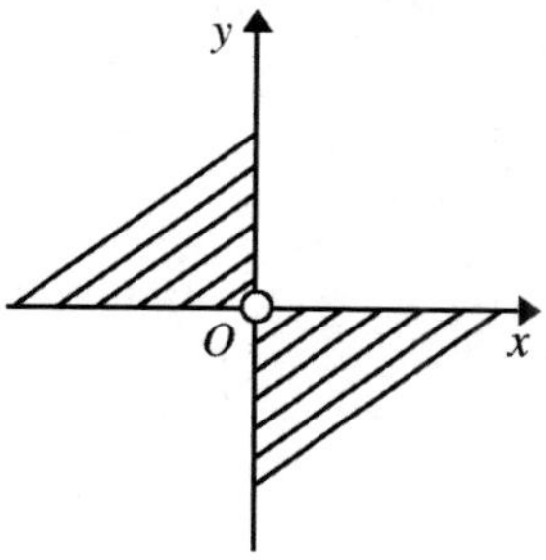

图 7.19

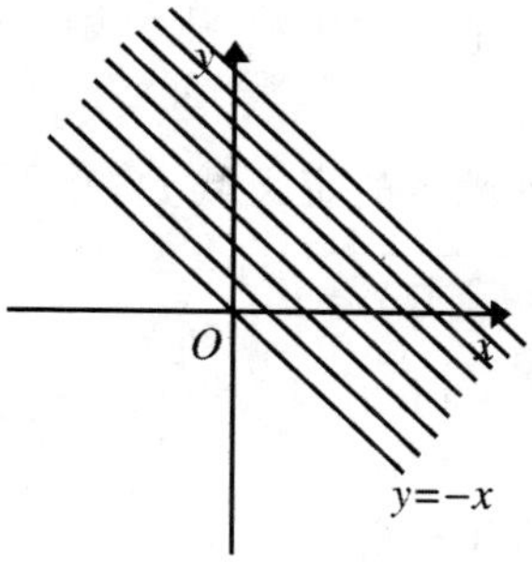

图 7.20

§7.2 多元函数的概念

一、二元函数的概念

1. 二元函数的概念

在很多自然现象以及实际问题中，经常会遇到多个变量之间的依赖关系.

例 7.3 圆柱体的体积 V 和它的底半径 r、高 h 之间具有关系 $V=\pi r^2 h$. 这里，当 r 和 h 在集合 $\{(r,h)\mid r>0,\ h>0\}$ 内取定一对值 (r,h) 时，V 的对应值就随之确定，这时称 V 是 r,h 的**二元函数**.

例 7.4 设长方体的长、宽、高分别为 x,y,z，则长方形的体积 $V=xyz(x>0,y>0,z>0)$，当 x,y,z 的值分别给定时，按这个公式，V 就有一个确定的值与之相对应，这时就称 V 是 x,y,z 的**三元函数**.

上面两个例子的具体意义虽然不同，但它们却有共同的本质，抽象出这些共性就可得到以下多元函数的概念. 我们只讨论两个自变量的情形，即二元函数.

定义 7.1 设 D 是 xOy 平面上的一个点集，若对 D 中任意点 (x,y)，按照某一确定的对应法则 f，都有唯一确定的实数 z 与之对应，则称变量 z 是 x,y 的**二元函数**，记为

$$z=f(x,y),\quad (x,y)\in D,$$

其中 x 和 y 称为**自变量**，z 称为**因变量**，f 称为**对应法则**，点集 D 称为函数的**定义域**.

注意 定义域 D 和对应法则 f 是二元函数的两个决定性因素.

类似地，可以定义 n 元函数，通常 n 元函数记为

$$y=f(x_1,x_2,\cdots,x_n),\quad (x_1,x_2,\cdots,x_n)\in D,$$

其中 $x_1,x_2,\cdots,x_n$ 称为**自变量**，y 称为**因变量**，f 称为**对应法则**，D 称为**定义域**.

2. 二元函数的定义域

与一元函数类似，给定一个二元函数，则其定义域也相应给定. 若是用解析式表示的二元函数，它的定义域就是使解析式中的运算有意义的自变量取值全体，通常需要我们去确定. 若

从实际问题中建立一个二元函数，则该函数的自变量有其实际意义，其取值范围(亦即函数的定义域)要符合实际.

例 7.5 求下列函数的定义域 D，并画出 D 的几何图形.

(1) $z=\arcsin\sqrt{x^2+y^2}$；

(2) $z=\dfrac{1}{\sqrt{y-x}}+\ln(x^2+y^2-1)\sqrt{xy}$；

(3) $z=\sqrt[2n]{y-2x}$，$n\in Z^+$.

解 (1) 它的定义域 D 是 xOy 平面上的以原点为中心的单位圆，D 的图形如图 7.21 所示.

(2) 要使函数有意义，则有

$$\begin{cases} y-x>0, \\ xy\geqslant 0, \\ x^2+y^2-1>0, \end{cases}$$

故定义域 $D=\{(x,y)\mid y-x>0,\ xy\geqslant 0,\ x^2+y^2-1>0\}$，$D$ 的图形如图 7.22 所示.

(3) 由 $y-2x\geqslant 0$ 得 $y\geqslant 2x$，故函数的定义域为 $D=\{(x,y)\mid y\geqslant 2x\}$，$D$ 的图形如图 7.23 所示.

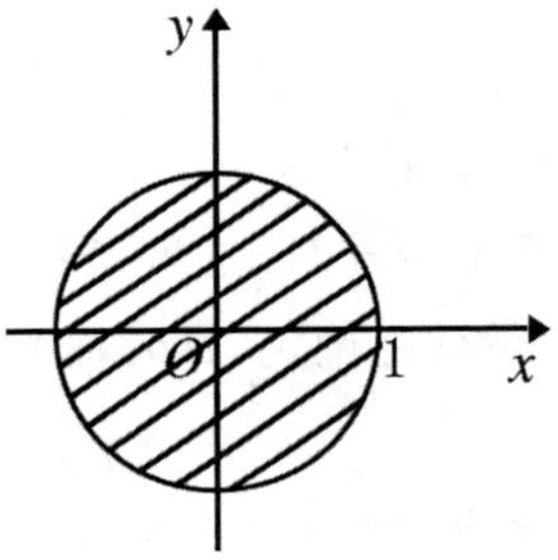

图 7.21

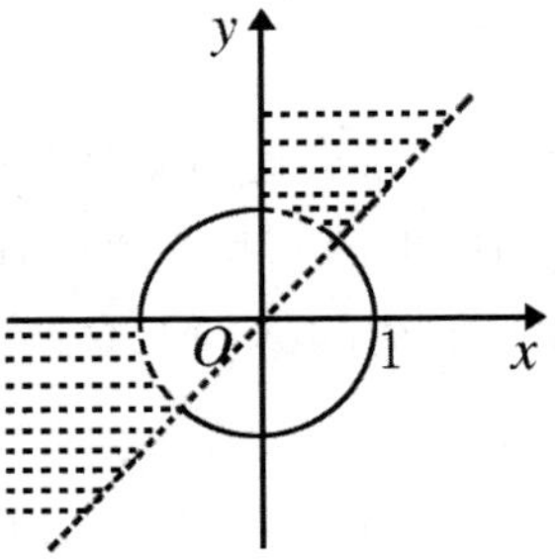

图 7.22

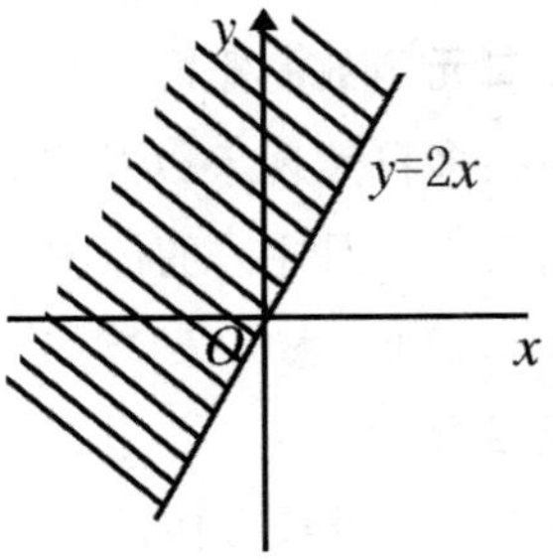

图 7.23

3. **二元函数的几何意义**

设函数 $z=f(x,y)$ 的定义域为 D，对于 D 中的每一点 $P(x,y)$，对应的函数值是 $z=f(x,y)$，这样，以 x 为横坐标、y 为纵坐标、$z=f(x,y)$ 为竖坐标在空间就确定一点 $M(x,y,z)$. 当 $P(x,y)$ 取遍整个定义域 D，点 M 在空间中的轨迹描绘出一个曲面 S，这个曲面 S 就是二元函数 $z=f(x,y)$ 的**图形**，即二元函数的几何意义是表示空间直角坐标系中的一个曲面，其定义域 D 为该曲面在 xOy 平面上的**投影**，如图 7.24 所示.

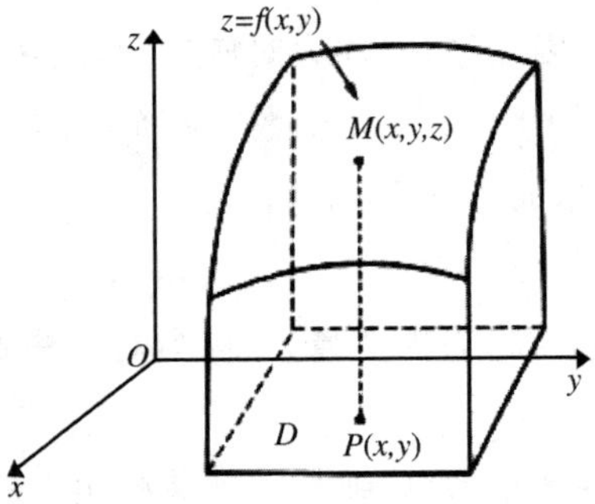

图 7.24

二、二元函数的极限

前面对于一元函数,函数的极限和连续性刻画了自变量变化时函数的变化趋势及性质.同样,对于二元函数 $z=f(x,y),(x,y)\in D$ 自然也要研究当自变量 $x\to x_0,y\to y_0$,即点 $P(x,y)\to P_0(x_0,y_0)$ 时函数的变化趋势.这里 $P\to P_0$ 表示点 P 沿着 D 内的任意路径趋于 P_0,也就是说点 P 到 P_0 的距离趋于零,即

$$\rho=\sqrt{(x-x_0)^2+(y-y_0)^2}\to 0.$$

定义 7.2　设函数 $z=f(x,y),(x,y)\in D$ 在点 $P_0(x_0,y_0)$ 的某邻域 $D_\delta(P_0)(\delta>0)$ 内有定义(点 $P_0(x_0,y_0)$ 可以除外).如果当 $P(x,y)\to P_0(x_0,y_0)$ 时,函数 $f(x,y)$ 无限趋近于一个常数 A,则称**当 $P(x,y)$ 趋近于 $P_0(x_0,y_0)$ 时,$f(x,y)$ 都以 A 为极限**,记作

$$\lim_{\substack{x\to x_0\\ y\to y_0}} f(x,y)=A$$

或

$$f(x,y)\to A,\quad (x,y)\to(x_0,y_0).$$

注意　当 $P\to P_0$ 时,$f(x,y)$ 都以 A 为极限是指:点 P 在区域 D 内以任何路径趋于点 P_0 时,$f(x,y)$ 都以 A 为极限.

需要特别注意的是:

(1) 二元函数极限的存在,是指点 P 以任何方式趋向于 P_0 时,函数都无限趋近于同一常数 A.

(2) 如果点 P 以一种特殊方式,例如,沿某一条直线或定曲线趋向于 P_0 时,即使函数无限趋近于某一确定的值,我们也不能断定函数的极限存在.

(3) 如果点 P 以不同方式趋向于 P_0 时,函数趋向于不同的数值,则可断定函数在点 P_0 时的极限不存在.

由于二元函数极限的概念与一元函数极限的概念完全类似,所以关于一元函数的极限运算法则可以相应地推广到二元函数,这里就不重述了.需要指出的是,由于自变量的趋向方式的任意性,使得二元函数的极限比一元函数的极限复杂得多,这里只举简单的例子说明如何利用一元函数的类似极限运算法则求二元函数的极限.

例 7.6　判断下列极限是否存在,若存在,求出其值.

(1) $\lim\limits_{(x,y)\to(0,0)}\sqrt{1-x^2-y^2}$;　　(2) $\lim\limits_{(x,y)\to(0,0)}\dfrac{xy}{x^2+y^2}$;

(3) $\lim\limits_{(x,y)\to(0,0)}\dfrac{2xy^2}{x^2+2y^2}$.

解　(1) 当 $(x,y)\to(0,0)$ 时,$\sqrt{1-x^2-y^2}\to 1$,因此

$$\lim_{(x,y)\to(0,0)}\sqrt{1-x^2-y^2}=1.$$

(2) 考虑点 (x,y) 沿斜率为 k 的直线趋于 $(0,0)$ 时,即 $y=kx,x\to 0$,

$$\lim_{\substack{(x,y)\to(0,0)\\ y=kx}} f(x,y)=\lim_{\substack{(x,y)\to(0,0)\\ y=kx}}\frac{xy}{x^2+y^2}=\lim_{x\to 0}\frac{kx^2}{x^2+k^2x^2}=\frac{k}{1+k^2}.$$

随着 k 取值的不同,极限也就不同,因此,$\lim\limits_{(x,y)\to(0,0)}\dfrac{xy}{x^2+y^2}$ 不存在.

(3) 由于对任意的 $(x,y)\neq(0,0)$ 有 $\frac{2y^2}{x^2+2y^2}\leqslant 1$，故 $(x,y)\to(0,0)$ 时，$\frac{2y^2}{x^2+2y^2}$ 为有界变量；又因 $\lim\limits_{(x,y)\to(0,0)} x=0$，故当 $(x,y)\to(0,0)$ 时，x 为无穷小量. 于是，由无穷小量的性质可知，当 $(x,y)\to(0,0)$ 时，$\frac{2xy^2}{x^2+2y^2}$ 为无穷小量，即有

$$\lim_{(x,y)\to(0,0)}\frac{2xy^2}{x^2+2y^2}=0.$$

三、二元函数的连续性

在研究了二元函数极限概念的基础上，与一元函数类似，给出二元函数连续性的概念.

定义 7.3 设二元函数 $z=f(x,y)$ 在点 $P_0(x_0,y_0)$ 的某个邻域 $D_\delta(P_0)(\delta>0)$ 内有定义，自变量 x 和 y 在 x_0 和 y_0 处分别取得的一个改变量 Δx 和 Δy，并使得

$$(x_0+\Delta x,y_0+\Delta y)\in D_\delta(P_0),$$

这时函数 $z=f(x,y)$ 的改变量为

$$\Delta z=f(x_0+\Delta x,y_0+\Delta y)-f(x_0,y_0).$$

如果 $\lim\limits_{(\Delta x,\Delta y)\to(0,0)}\Delta z=0$，即

$$\lim_{(\Delta x,\Delta y)\to(0,0)} f(x_0+\Delta x,y_0+\Delta y)=f(x_0,y_0),$$

则称 $z=f(x,y)$ 在 (x_0,y_0) 处**连续**，否则称 $f(x,y)$ 在 (x_0,y_0) 处**间断(不连续)**.

设二元函数 $z=f(x,y)$ 在点 (x_0,y_0) 的某一领域内有定义，如果

$$\lim_{\substack{x\to x_0\\ y\to y_0}} f(x,y)=f(x_0,y_0),$$

则称 $z=f(x,y)$ 在点 (x_0,y_0) 处连续，否则称 $f(x,y)$ 在点 (x_0,y_0) 处间断.

若二元函数 $f(x,y)$ 在开区域(或闭区域)D 内每一点都连续，则称 $f(x,y)$ 在 D 内**连续**，或者称 $f(x,y)$ 是 D 内的**连续函数**.

例如，由例 7.6(1) 知，函数 $z=\sqrt{1-x^2-y^2}$ 在点(0,0) 处连续，而由例 7.6(2) 知，函数

$$f(x,y)=\begin{cases}\dfrac{xy}{x^2+y^2}, & (x,y)\neq(0,0),\\ 0, & (x,y)=(0,0)\end{cases}$$

在点(0,0) 处不连续.

二元函数的连续性及运算法则与一元函数有类似的结果. 对于二元连续函数有以下性质：

(1) 若 $f(x,y)$ 和 $g(x,y)$ 为区域 D 上的连续函数，则 $f(x,y)\pm g(x,y)$，$f(x,y)g(x,y)$，$f(x,y)/g(x,y)(g(x,y)\neq 0)$ 均为区域 D 上的连续函数.

(2) 连续函数的复合函数仍为连续函数.

类似于闭区间上一元连续函数的性质，在有界闭区域上二元连续函数也有如下定理：

最值定理 定义在有界闭区域 D 上的二元连续函数，在区域 D 上必能取到最大值和最小值.

介值定理 定义在有界闭区域 D 上的二元连续函数，如果其最大值与最小值不相等，则该函数在区域 D 上至少有一次取得介于最小值与最大值之间的任何数值.

§7.3 偏导数

一、偏导数的概念

在一元函数微分学中,我们从研究函数的变化率引入了导数的概念.对于二元函数同样需要讨论它的变化率,但由于自变量多了一个,使得自变量与因变量的关系比一元函数要复杂得多.在这一节里,只考虑二元函数 $f(x,y)$ 关于其中一个自变量的变化率.如果只有自变量 x 变化,而自变量 y 固定(即看作常量),这时它就是 x 的一元函数,这个函数对 x 的导数,就称为二元函数 $f(x,y)$ 对 x 的偏导数,即有如下概念:

定义 7.4 设函数 $z=f(x,y)$ 在点 $P_0(x_0,y_0)$ 的某一邻域内有定义,将 y 固定为 y_0,自变量 x 在点 x_0 处取得改变量 Δx,于是函数有相应改变量

$$\Delta_x z=f(x_0+\Delta x,y_0)-f(x_0,y_0),$$

$\Delta_x z$ 称为函数 $z=f(x,y)$ 对于 x 的**偏增量**(或**偏改变量**).若极限

$$\lim_{\Delta x\to 0}\frac{\Delta_x z}{\Delta x}=\lim_{\Delta x\to 0}\frac{f(x_0+\Delta x,y_0)-f(x_0,y_0)}{\Delta x}$$

存在,则称此极限值为函数 $z=f(x,y)$ 在点 $P_0(x_0,y_0)$ 处对 x 的**偏导数**,记作

$$f_x'(x_0,y_0),\quad \left.\frac{\partial f}{\partial x}\right|_{(x_0,y_0)},\quad z_x'\big|_{(x_0,y_0)}\text{ 或}\left.\frac{\partial z}{\partial x}\right|_{(x_0,y_0)}.$$

类似地,函数 $z=f(x,y)$ 在点 $P_0(x_0,y_0)$ 关于 y 的**偏导数**定义为

$$\lim_{\Delta y\to 0}\frac{f(x_0,y_0+\Delta y)-f(x_0,y_0)}{\Delta y},$$

记作

$$f_y'(x_0,y_0),\quad \left.\frac{\partial f}{\partial y}\right|_{(x_0,y_0)},\quad z_y'\big|_{(x_0,y_0)}\text{ 或}\left.\frac{\partial z}{\partial y}\right|_{(x_0,y_0)}.$$

由定义可以看到,$f_x'(x_0,y_0)$ 实际上就是 x 的一元函数 $f(x,y_0)$ 在 x_0 点的导数,$f_y'(x_0,y_0)$ 是 y 的一元函数 $f(x_0,y)$ 在 y_0 点的导数.因此,求二元函数的偏导数就变成了求一元函数的导数.偏导数 $f_x'(x_0,y_0)$ 和 $f_y'(x_0,y_0)$ 分别反映了 $f(x,y)$ 在 $P_0(x_0,y_0)$ 处沿着 x 轴和 y 轴方向的变化率.

如果函数 $z=f(x,y)$ 在区域 D 中的每一点 (x,y) 处的偏导数 $f_x'(x,y)$ 和 $f_y'(x,y)$ 都存在,则称函数 $f(x,y)$ 在 D 内存在**偏导数**,且称 $f_x'(x,y)$ 与 $f_y'(x,y)$ 为 $f(x,y)$ 在 D 内**偏导函数**,简称为**偏导数**,偏导数还有以下记号:

$$z_x',f_x',z_1',f_1',\frac{\partial f}{\partial x}\text{ 或}\frac{\partial z}{\partial x}\text{ 和 }z_y',f_y',\ z_2',f_2',\frac{\partial f}{\partial y}\text{ 或}\frac{\partial z}{\partial y}.$$

由偏导数的概念可知,$f(x,y)$ 对于 x(或 y) 的偏导数 $f_x{}'(x,y)(f_y{}'(x,y))$,就是把 $f(x,y)$ 中的 y(或 x) 看成常数,并对 x(或 y) 求导,因而偏导数的计算就是一元函数的导数

计算，求导公式、四则运算等，都与一元函数一样，故不需要特别讲解. 并且偏导函数与 $P_0(x_0, y_0)$ 处的偏导数有如下关系：

$$f'_x(x_0,y_0)=f'_x\Big|_{(x_0,y_0)},\ f'_y(x_0,y_0)=f'_y\Big|_{(x_0,y_0)}.$$

二元函数的偏导数概念可以推广到一般的多元函数. 例如三元函数 $u=f(x,y,z)$ 在点 (x,y,z) 处对 x 的偏导数定义为

$$f'_x(x,y,z)=\lim_{\Delta x\to 0}\frac{f(x+\Delta x,y,z)-f(x,y,z)}{\Delta x},$$

其中 (x,y,z) 是 $u=f(x,y,z)$ 的定义域的内点. 它们的求法也仍旧是一元函数的导数的计算问题.

例 7.7　求函数 $z=x^3+2xy+y^2$ 的偏导数 $z'_x|_{(1,2)}$ 和 $z'_y|_{(1,2)}$.

解　**方法一**　求 z'_x 时，将 y 看作常量，可得

$$z'_x=3x^2+2y,$$

$$z'_x|_{(1,2)}=7.$$

类似地，求 z'_y 时，将 x 看作常量，可得

$$z'_y=2x+2y,$$

$$z'_y|_{(1,2)}=6.$$

方法二　把 $y=2$ 代入函数 $z=x^3+2xy+y^2$，得

$$z(x,2)=x^3+4x+4,$$

关于 x 求导得

$$z'(x,2)=(x^3+4x+4)'=3x^2+4, 则 z'_x|_{(1,2)}=7.$$

类似地，把 $x=1$ 代入函数 $z=x^3+2xy+y^2$，得

$$z(1,y)=1+2y+y^2,$$

关于 y 求导得

$$z'(1,y)=(1+2y+y^2)'=2+2y, 则 z'_y|_{(1,2)}=6.$$

例 7.8　函数 $z=x^y+\ln(xy)$，求 $\frac{\partial z}{\partial x},\frac{\partial z}{\partial y}$.

解

$$\frac{\partial z}{\partial x}=yx^{y-1}+\frac{y}{xy}=yx^{y-1}+\frac{1}{x},$$

$$\frac{\partial z}{\partial y}=x^y\ln x+\frac{x}{xy}=x^y\ln x+\frac{1}{y}.$$

例 7.9　求函数 $w=\ln(x^2+y^2)\arctan z$ 的偏导数.

解

$$\frac{\partial w}{\partial x}=\frac{2x}{x^2+y^2}\arctan z,$$

$$\frac{\partial w}{\partial y}=\frac{2y}{x^2+y^2}\arctan z,$$

$$\frac{\partial w}{\partial z}=\frac{\ln(x^2+y^2)}{1+z^2}.$$

例 7.10 设 $z=f(x^2+y^2)$ 且 $f(u)$ 是可导函数,求 $\frac{\partial z}{\partial x}$,$\frac{\partial z}{\partial y}$.

解 令 $u=x^2+y^2$,则 $z=f(u)$,于是由一元函数的链式法则可得

$$\frac{\partial z}{\partial x}=f'(u)\frac{\partial u}{\partial x}=f'(u)\cdot(2x)=2xf'(x^2+y^2),$$

$$\frac{\partial z}{\partial y}=f'(u)\frac{\partial u}{\partial y}=f'(u)\cdot(2y)=2yf'(x^2+y^2).$$

二、偏导数的几何意义

一般地,设有函数 $w=f(x,y,z)$,如果自变量 x,y,z 位置互换二元函数不变,则称函数关于自变量具有对称性.如果一个函数关于自变量具有对称性,求偏导数时,就可以先求出其中一个偏导数,其余偏导数利用函数关于自变量的对称性就可以得到.

在 $z=f(x,y)$ 中,固定 $y=y_0$,$z=f(x,y_0)$ 是关于 x 的一元函数.从图形上看它是曲面 $z=f(x,y)$ 与平面 $y=y_0$ 的交线 $\begin{cases}z=f(x,y),\\ y=y_0.\end{cases}$ 类似地,固定 $x=x_0$,$z=f(x_0,y)$ 表示曲面 $z=f(x,y)$ 与平面 $x=x_0$ 的交线 $\begin{cases}z=f(x,y),\\ x=x_0.\end{cases}$

偏导数的几何意义 $f'_x(x_0,y_0)$ 表示曲面 $z=f(x,y)$ 与平面 $y=y_0$ 的交线在空间点 $P(x_0,y_0,f(x_0,y_0))$ 处的切线 T_x 的斜率;$f'_y(x_0,y_0)$ 表示 $z=f(x,y)$ 与平面 $x=x_0$ 的交线在点 $P(x_0,y_0,f(x_0,y_0))$ 处的切线 T_y 的斜率,如图 7.25 所示.

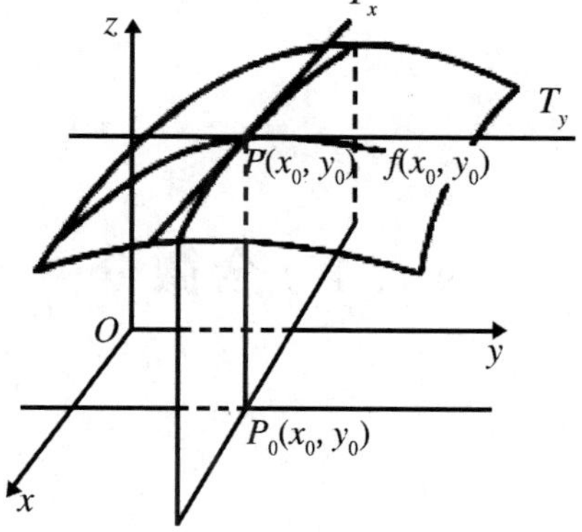

图 7.25

三、函数的连续性与偏导数存在的关系

对于一元函数 $y=f(x)$,如果 $f(x)$ 在点 x_0 可导,则 $f(x)$ 在点 x_0 必连续;但对于二元函数 $z=f(x,y)$,如果 (x,y) 在某点对于自变量 x,y 的偏导数都存在,却不能由此断定 (x,y) 在该点连续,甚至不能断定 (x,y) 在该点存在极限,下面的例题说明这一结论.

例 7.11 讨论函数

$$f(x,y)=\begin{cases}\dfrac{xy}{x^2+y^2}, & x^2+y^2\neq 0,\\ 0, & x^2+y^2=0\end{cases}$$

在(0,0)的偏导数与连续性的关系.

解 由偏导数的定义有

$$f'_x(0,0)=\lim_{\Delta x\to 0}\frac{f(\Delta x,0)-f(0,0)}{\Delta x}=0,$$

$$f'_y(0,0)=\lim_{\Delta y\to 0}\frac{f(0,\Delta y)-f(0,0)}{\Delta y}=0,$$

从而 $f(x,y)$ 在(0,0)点的偏导数都存在.但由§7.2例7.6(2)知道,$f(x,y)$ 在(0,0)点极限不存在,故在该点不连续.

上例说明,$f(x,y)$ 在某一点的偏导数存在但不能保证函数在该点连续,这说明偏导数与导数有本质的区别.其原因是偏导数只是刻画了函数在某点处沿 x 轴或 y 轴特定的方向变化时的分析性质,而不是函数在对应点处各个方向发生变化时的整体分析性质.

当然,$z=f(x,y)$ 在点(x_0,y_0)处连续也不能保证 $f(x,y)$ 在点(x_0,y_0)处的偏导数存在.

例 7.12 讨论函数 $f(x,y)=\sqrt{x^2+y^2}$ 在点(0,0)处的偏导数与连续性的关系.

解 因为 $f(x,y)=\sqrt{x^2+y^2}$ 是二元初等函数,它的定义域 R^2 是一个区域,而$(0,0)\in$域 R^2,因此 $f(x,y)=\sqrt{x^2+y^2}$ 在点(0,0)处连续.

但 $f'_y(0,0)=\lim\limits_{\Delta x\to 0}\dfrac{f(\Delta x,0)-f(0,0)}{\Delta x}=\lim\limits_{\Delta x\to 0}\dfrac{|\Delta x|}{\Delta x}$ 不存在,由函数 $f(x,y)$ 关于自变量对称可知,$f'_y(0,0)$ 也不存在.

§7.4 全微分

一、全微分的概念

二元函数的偏导数只描述了某个自变量变化而其他自变量保持不变时的分析性质.为了研究两个自变量同时发生变化时,二元函数的整体分析性质,需要引入全微分的概念.

例如,现有一块长为 x_0,宽为 y_0 的矩形薄铁板,加热后,长和宽分别增加了 Δx 和 Δy,若用函数 $S=xy$ 表示该铁板的面积,则当(x_0,y_0)变到$(x_0+\Delta x,y_0+\Delta y)$时,函数 S 的全改变量是

$$\begin{aligned}\Delta S&=(x_0+\Delta x)(y_0+\Delta y)-x_0y_0\\&=y_0\Delta x+x_0\Delta y+\Delta x\Delta y,\end{aligned}\tag{7.3}$$

ΔS 即为薄铁板加热后所增加的面积.(7.3)式由两部分组成,第一部分 $y_0\Delta x+x_0\Delta y$ 是关于Δx,Δy

的线性函数(称为**线性主部**);第二部分$\Delta x\Delta y$是当$\Delta x\to 0,\Delta y\to 0$时$\rho=\sqrt{(\Delta x)^2+(\Delta y)^2}$高阶的无穷小,记作$o(\rho)$,于是式(7.3)可写为

$$\Delta S=y_0\Delta x+x_0\Delta y+o(\rho),$$

显然,当$|\Delta x|$和$|\Delta y|$很小时,面积的改变量ΔS可近似地用其线性主部来表示,即

$$\Delta S\approx y_0\Delta x+x_0\Delta y.$$

上述结果是否可以推广到一般的二元函数呢?即对于一般的二元函数,当自变量发生变化时,可否用自变量改变量的线性主部近似表示函数的相应改变量呢?这就是全微分的概念.

定义 7.5 设二元函数$z=f(x,y)$在点$P_0(x_0,y_0)$的某个邻域$D_\delta(P_0)(\delta>0)$内有定义,自变量x和y在x_0和y_0处分别取得的一个改变量Δx和Δy,并使得$(x_0+\Delta x,y_0+\Delta y)\in D_\delta(P_0)$.若函数的**全增量**$\Delta z=f(x_0+\Delta x,y_0+\Delta y)-f(x_0,y_0)$可以表示为

$$\Delta z=A\Delta x+B\Delta y+o(\rho),$$

其中A,B仅与点(x_0,y_0)有关,而与$\Delta x,\Delta y$无关,$\rho=\sqrt{(\Delta x)^2+(\Delta y)^2}$,则称函数$f(x,y)$在点$(x_0,y_0)$处可微,并称$A\Delta x+B\Delta y$为函数$f(x,y)$在点$(x_0,y_0)$处的**全微分**,记作$\mathrm{d}z\big|_{(x_0,y_0)}$,即

$$\mathrm{d}z\big|_{(x_0,y_0)}=A\Delta x+B\Delta y.$$

如果函数$z=f(x,y)$在区域D内每一点都可微,则称$z=f(x,y)$为D内的**可微函数**.

二、函数可微的条件

下面讨论二元函数可微、偏导数和连续性之间的关系,有以下三个基本定理.

定理 7.1(可微的必要条件) 若函数$z=f(x,y)$在点(x_0,y_0)处可微,则函数在该点的偏导数$f'_x(x_0,y_0),f'_y(x_0,y_0)$存在,且

$$A=f'_x(x_0,y_0),\quad B=f'_y(x_0,y_0).$$

证明 由已知条件得,对任意$\Delta x,\Delta y$有

$$\Delta z=A\Delta x+B\Delta y+o(\rho).$$

令上式中$\Delta y=0$,则

$$\begin{aligned}\Delta_x z=f(x_0+\Delta x,y_0)-f(x_0,y_0)&=A\Delta x+o(\sqrt{(\Delta x)^2})\\&=A\Delta x+o(|\Delta x|),\end{aligned}$$

两边除以Δx,并令$\Delta x\to 0$,有

$$\lim_{\Delta x\to 0}\frac{\Delta_x z}{\Delta x}=\lim_{\Delta x\to 0}\frac{A\Delta x+o(|\Delta x|)}{\Delta x}=A,$$

从而$f'_x(x_0,y_0)$存在,且等于A.

同理可证,$B=f'_y(x_0,y_0)$.

考虑函数$z=x$,有$\mathrm{d}z=\mathrm{d}x=\Delta x$,即自变量的微分等于自变量的改变量.同理$\Delta y=\mathrm{d}y$,所以函数$z=f(x,y)$在点$(x_0,y_0)$处的全微分可表示为

$$\mathrm{d}z\big|_{(x_0,y_0)}=f'_x(x_0,y_0)\mathrm{d}x+f'_y(x_0,y_0)\mathrm{d}y.$$

若函数在区域D内可微,则对区域D内任意点(x,y)处的全微分可表示为

$$dz = f'_x(x,y)dx + f'_y(x,y)dy$$

或

$$dz = \frac{\partial z}{\partial x}dx + \frac{\partial z}{\partial y}dy,$$

这就是二元函数全微分的计算公式.

对于一般的 n 元函数 $y=f(x_1,x_2,\cdots,x_n)$ 可以与二元函数类似地定义全微分,并有类似的计算公式 $dy=\sum\limits_{i=1}^{n}\frac{\partial f}{\partial x_i}dx_i$.

定理 7.2**(可微的必要条件)** 若函数 $z=f(x,y)$ 在点 (x_0,y_0) 处可微,则该函数在点 (x_0,y_0) 处连续.

证明 由于 $z=f(x,y)$ 在点 (x_0,y_0) 处可微,即有

$$\Delta z = A\Delta x + B\Delta y + o(\rho),$$

从而

$$\lim_{\substack{\Delta x\to 0\\ \Delta y\to 0}}\Delta z = \lim_{\substack{\Delta x\to 0\\ \Delta y\to 0}}(A\Delta x + B\Delta y + o(\rho)) = 0,$$

即

$$\lim_{\substack{\Delta x\to 0\\ \Delta y\to 0}} f(x_0+\Delta x, y_0+\Delta y) = f(x_0,y_0),$$

从而 $z=f(x,y)$ 在点 (x_0,y_0) 连续.

值得注意的是,与一元函数一样,二元函数在一点连续是它在该点可微的必要条件,而不是充分条件.

定理 7.3**(可微的充分条件)** 若函数 $z=f(x,y)$ 在点 (x_0,y_0) 的某邻域内偏导数存在且连续,则该函数在点 (x_0,y_0) 处可微.

证明略.

注意 一元函数在一点可导是它在该点可微的充要条件,而二元函数则不同. 因为二元函数在一点偏导数的存在并不能保证在该点的连续,更不要说可微了.

由定理 7.1 ～ 7.3 可知,二元函数的可微、偏导数存在与连续之间有如下关系:

偏导数存在且连续 → 可微 ↗ **偏导数存在**；↘ **连续**

但反之不成立.

例 7.13 求函数 $z=\frac{y}{x}$ 在点(1,2)处的全微分.

解 因为 $\frac{\partial z}{\partial x}=-\frac{y}{x^2}$, $\frac{\partial z}{\partial y}=\frac{1}{x}$ 则有

$$\left.\frac{\partial z}{\partial x}\right|_{(1,2)} = \left.-\frac{y}{x^2}\right|_{(1,2)} = -2,$$

$$\left.\frac{\partial z}{\partial y}\right|_{(1,2)} = \left.\frac{1}{x}\right|_{(1,2)} = 1,$$

故

$$dz=-2dx+dy.$$

例 7.14　求函数 $z=\ln\sqrt{x\sin y+e^y}$ 的全微分.

解　因为 $z=\ln\sqrt{x\sin y+e^y}=\frac{1}{2}\ln(x\sin y+e^y)$,故

$$z'_x=\frac{\sin y}{2(x\sin y+e^y)},z'_y=\frac{x\cos y+e^y}{2(x\sin y+e^y)},$$

则

$$dz=\frac{\sin y}{2(x\sin y+e^y)}dx+\frac{x\cos y+e^y}{2(x\sin y+e^y)}dy.$$

例 7.15　求函数 $w=\ln\sqrt{x^2+y^2}+e^{yz}$ 的全微分.

解　$\frac{\partial w}{\partial x}=\frac{x}{\sqrt{x^2+y^2}},\frac{\partial w}{\partial y}=\frac{x}{\sqrt{x^2+y^2}}+ze^{yz},\frac{\partial w}{\partial z}=ye^{yz},$

则

$$dw=\frac{x}{\sqrt{x^2+y^2}}dx+\left(\frac{x}{\sqrt{x^2+y^2}}+ze^{yz}\right)dy+ye^{yz}dz.$$

*三、全微分的近似计算

若函数 $z=f(x,y)$ 在点 (x_0,y_0) 处可微,即

$$\begin{aligned}\Delta z&=f(x_0+\Delta x,y_0+\Delta y)-f(x_0,y_0)\\&=f'_x(x_0,y_0)\Delta x+f'_y(x_0,y_0)\Delta y+o(\rho),\quad(\rho\to0),\end{aligned}$$

当 $|\Delta x|,|\Delta y|$ 充分小时,

$$\Delta z\approx dz=f'_x(x_0,y_0)\Delta x+f'_y(x_0,y_0)\Delta y.$$

或

$$f(x_0+\Delta x,y_0+\Delta y)\approx f(x_0,y_0)+f'_x(x_0,y_0)\Delta x+f'_y(x_0,y_0)\Delta y.$$

因此,利用上式,可以近似计算函数在某些点的函数值.

例 7.16　求 $(1.04)^{2.02}$ 的近似值.

解　令 $z=f(x,y)=x^y,(x_0,y_0)=(1,2),\Delta x=0.04,\Delta y=0.02,$

$$f'_x(1,2)=yx^{y-1}|_{(1,2)}=2,f'_y(1,2)=x^y\ln x|_{(1,2)}=0,$$

有 $f(1,2)=1$,所以由近似公式得

$$\begin{aligned}(1.04)^{2.02}&\approx f(1,2)+f'_x(1,2)\Delta x+f'_y(1,2)\Delta y\\&=1+2\times(0.04)+0\times0.02=1.08.\end{aligned}$$

§7.5　多元复合函数的求导法则

一、多元复合函数求导法则

现在将一元函数微分学中复合函数求导法则推广到多元复合函数的情形.

定理 7.4　设函数 $z=f(u,v)$ 可微，函数 $u=u(x,y)$，$v=v(x,y)$ 在 (x,y) 处偏导数存在，则它们的复合函数 $z=f[u(x,y),v(x,y)]$ 在 (x,y) 处偏导数都存在，且有如下**链式法则**：

$$\frac{\partial z}{\partial x}=\frac{\partial z}{\partial u}\frac{\partial u}{\partial x}+\frac{\partial z}{\partial v}\frac{\partial v}{\partial x},$$

$$\frac{\partial z}{\partial y}=\frac{\partial z}{\partial u}\frac{\partial u}{\partial y}+\frac{\partial z}{\partial v}\frac{\partial v}{\partial y}. \tag{7.4}$$

证明　只证式(7.4)中第一个等式，第二个等式的证明完全类似.

对于任意固定的 y，给 x 一个改变量 Δx，则 u,v 有相应的改变量 Δu 和 Δv，

$$\Delta u=u(x+\Delta x,y)-u(x,y),\quad \Delta v=v(x+\Delta x,y)-v(x,y),$$

从而得到 $z=f(u,v)$ 的改变量

$$\Delta z=f(u+\Delta u,v+\Delta v)-f(u,v).$$

由于函数 $z=f(u,v)$ 可微，所以

$$\Delta z=\frac{\partial z}{\partial u}\Delta u+\frac{\partial z}{\partial v}\Delta v+o(\rho), \tag{7.5}$$

其中 $\rho=\sqrt{(\Delta u)^2+(\Delta v)^2}$，当 $\rho\to 0$ 时，即 $(\Delta u,\Delta v)\to(0,0)$ 时，$\frac{o(\rho)}{\rho}\to 0$.

在式(7.5)两端除以 Δx，得

$$\frac{\Delta z}{\Delta x}=\frac{\partial z}{\partial u}\frac{\Delta u}{\Delta x}+\frac{\partial z}{\partial v}\frac{\Delta v}{\Delta x}+\frac{o(\rho)}{\Delta x},$$

由已知 $u(x,y)$，$v(x,y)$ 都存在偏导数，故

$$\lim_{\Delta x\to 0}\frac{\Delta u}{\Delta x}=\frac{\partial u}{\partial x},\quad \lim_{\Delta x\to 0}\frac{\Delta v}{\Delta x}=\frac{\partial v}{\partial x}.$$

又 $\frac{o(\rho)}{\Delta x}=\frac{o(\rho)}{\rho}\frac{\rho}{\Delta x}$，而

$$\lim_{\Delta x\to 0}\frac{\rho}{|\Delta x|}=\lim_{\Delta x\to 0}\frac{\sqrt{(\Delta u)^2+(\Delta v)^2}}{|\Delta x|}=\lim_{\Delta x\to 0}\sqrt{\left(\frac{\Delta u}{\Delta x}\right)^2+\left(\frac{\Delta v}{\Delta x}\right)^2}$$

$$=\sqrt{\left(\frac{\partial u}{\partial x}\right)^2+\left(\frac{\partial v}{\partial x}\right)^2}.$$

故当 $\Delta x\to 0$ 时，$\frac{\rho}{|\Delta x|}$ 是一个有界变量；另一处，$\Delta x\to 0$ 时，$\Delta u\to 0$，$\Delta v\to 0$.

故 $\rho\to 0$，从而 $\frac{o(\rho)}{\rho}\to 0$，由无穷小量的性质知

$$\lim_{\Delta x\to 0}\frac{o(\rho)}{\Delta x}=\lim_{\Delta x\to 0}\frac{o(\rho)}{\rho}\frac{\rho}{\Delta x}=0,$$

所以

$$\lim_{\Delta x\to 0}\frac{\Delta z}{\Delta x}=\frac{\partial z}{\partial u}\frac{\partial u}{\partial x}+\frac{\partial z}{\partial v}\frac{\partial v}{\partial x},$$

即

$$\frac{\partial z}{\partial x}=\frac{\partial z}{\partial u}\frac{\partial u}{\partial x}+\frac{\partial z}{\partial v}\frac{\partial v}{\partial x}.$$

使用链式法则求偏导数时,要注意以下几点:

(1) 首先分清自变量与中间变量,以及它们的关系;

(2) 求函数 z 对某个自变量的偏导数时,必须由 z 逐个对中间变量求偏导数并乘相应的中间变量对自变量的偏导数(即由外向内求导),然后把所有乘积项相加;

(3) 一般地说,有几个中间变量,求导公式右端就应含有几项,把这几项作和;有几次复合,每一项就有几个因子相乘.

链式法则式(7.4)可以推广到多于两个自变量的情形,这里不作介绍.链式法则(7.4)还适用于其他很多情形.例如,

情形Ⅰ 自变量只有一个的情形.

设 $z=f(u,v),u=u(x),v=v(x)$,则 $z=f[u(x),v(x)]$ 有链式法则

$$\frac{\mathrm{d}z}{\mathrm{d}x}=\frac{\partial z}{\partial u}\frac{\mathrm{d}u}{\mathrm{d}x}+\frac{\partial z}{\partial v}\frac{\mathrm{d}v}{\mathrm{d}x}, \tag{7.6}$$

其中 $\frac{\mathrm{d}z}{\mathrm{d}x}$ 称为**全导数**.

情形Ⅱ 中间变量只有一个的情形.

设 $z=f(u),u=u(x,y)$,则 $z=f[u(x,y)]$ 有链式法则

$$\frac{\partial z}{\partial x}=\frac{\mathrm{d}z}{\mathrm{d}u}\frac{\partial u}{\partial x},$$

$$\frac{\partial z}{\partial y}=\frac{\mathrm{d}z}{\mathrm{d}u}\frac{\partial u}{\partial y}. \tag{7.7}$$

情形Ⅲ 含有既是中间变量又是自变量的情形.

设 $z=f(x,v),v=v(x,y)$,则 $z=f[x,v(x,y)]$ 有链式法则

$$\frac{\partial z}{\partial x}=\frac{\partial f}{\partial x}+\frac{\partial f}{\partial v}\frac{\partial v}{\partial x},$$

$$\frac{\partial z}{\partial y}=\frac{\partial f}{\partial v}\frac{\partial v}{\partial y}. \tag{7.8}$$

注意 $\frac{\partial z}{\partial x}$ 与 $\frac{\partial f}{\partial x}$ 含意是不同的,$\frac{\partial z}{\partial x}$ 中的 x 是自变量,是把 $z=f[x,v(x,y)]$ 中的 y 看作不变,而对 x 求偏导;$\frac{\partial f}{\partial x}$ 中的 x 为中间变量,是把 $z=f(x,v)$ 中的 v 看作不变,而对 x 求偏导.

例 7.17 设 $z=u^v,u=x^2+y^2,v=x^2y^2$,求 $\frac{\partial z}{\partial x},\frac{\partial z}{\partial y}$.

解 这是两个中间变量,两个自变量的复合函数.由链式法则有

$$\begin{aligned}\frac{\partial z}{\partial x}&=\frac{\partial z}{\partial u}\frac{\partial u}{\partial x}+\frac{\partial z}{\partial v}\frac{\partial v}{\partial x}\\&=vu^{v-1}\cdot 2x+u^v\ln u\cdot 2xy^2\\&=(x^2+y^2)^{x^2y^2}\left[2xy^2\ln(x^2+y^2)+\frac{2x^3+y^2}{x^2+y^2}\right],\end{aligned}$$

$$\begin{aligned}\frac{\partial z}{\partial y}&=\frac{\partial z}{\partial u}\frac{\partial u}{\partial y}+\frac{\partial z}{\partial v}\frac{\partial v}{\partial y}\\&=vu^{v-1}\cdot 2y+u^v\ln u\cdot 2x^2y\end{aligned}$$

$$=(x^2+y^2)^{x^2y^2}\left[2x^2y\ln(x^2+y^2)+\frac{2x^2+y^3}{x^2+y^2}\right].$$

例 7.18 设 $u=\frac{x}{y}$，$x=\sqrt{t}$，$y=\cos 2t$，$z=\mathrm{e}^{-3t}$，求 $\frac{\mathrm{d}u}{\mathrm{d}t}$.

解 这是三个中间变量，一个自变量的复合函数. 由链式法则有

$$\frac{\mathrm{d}u}{\mathrm{d}t}=\frac{\partial u}{\partial z}\frac{\mathrm{d}z}{\mathrm{d}t}+\frac{\partial u}{\partial y}\frac{\mathrm{d}y}{\mathrm{d}t}+\frac{\partial u}{\partial x}\frac{\mathrm{d}x}{\mathrm{d}t}$$

$$=\frac{1}{y}\cdot\frac{1}{2\sqrt{t}}+(-\frac{x}{y^2}+\frac{1}{z})\cdot[-2\sin(2t)]+(-\frac{y}{z^2})\cdot(-3\mathrm{e}^{-3t})$$

$$=\frac{1}{2\sqrt{ty}}+2(\frac{x}{y^2}-\frac{1}{z})\cdot\sin(2t)+\frac{3y}{z^2}\cdot\mathrm{e}^{-3t}.$$

例 7.19 设 $z=\varphi(x+x^2y^2)$，且 $\varphi(u)$ 可微，求 $\frac{\partial z}{\partial x}$，$\frac{\partial z}{\partial y}$.

解 令 $u=x+x^2y^2$，由链式法则有

$$\frac{\partial z}{\partial x}=\frac{\mathrm{d}\varphi}{\mathrm{d}u}\frac{\partial u}{\partial x}$$

$$=\varphi'(u)\cdot(1+2xy^2)$$

$$=\varphi'(x+x^2y^2)\cdot(1+2xy^2),$$

$$\frac{\partial z}{\partial y}=\frac{\mathrm{d}\varphi}{\mathrm{d}u}\frac{\partial u}{\partial y}$$

$$=\varphi'(u)\cdot(2x^2y)$$

$$=\varphi'(x+x^2y^2)\cdot(2x^2y).$$

例 7.20 设 $u=f(x,y,z)=\mathrm{e}^{x^2+y^2+z^2}$，而 $z=x^2\sin y$，求 $\frac{\partial u}{\partial x}$ 和 $\frac{\partial u}{\partial y}$.

解 $$\frac{\partial u}{\partial x}=\frac{\partial f}{\partial x}+\frac{\partial f}{\partial z}\frac{\partial z}{\partial x}$$

$$=2x\mathrm{e}^{x^2+y^2+z^2}+2z\mathrm{e}^{x^2+y^2+z^2}\cdot 2x\sin y$$

$$=2x(1+2x^2\sin^2 y)\mathrm{e}^{x^2+y^2+x^4\sin^2 y},$$

$$\frac{\partial u}{\partial y}=\frac{\partial f}{\partial y}+\frac{\partial f}{\partial z}\frac{\partial z}{\partial y}$$

$$=2y\mathrm{e}^{x^2+y^2+z^2}+2z\mathrm{e}^{x^2+y^2+z^2}\cdot x^2\cos y$$

$$=2(y+x^4\sin y\cos y)\mathrm{e}^{x^2+y^2+x^4\sin^2 y}.$$

例 7.21 设 $z=\frac{y}{f(x^2-y^2)}$，其中 $f(u)$ 可微，求证：$\frac{1}{x}\frac{\partial z}{\partial x}+\frac{1}{y}\frac{\partial z}{\partial y}=\frac{z}{y^2}$.

解 $$\frac{\partial z}{\partial x}=-\frac{y}{f^2(x^2-y^2)}\cdot f'(x^2-y^2)\cdot 2x=-\frac{2xyf'(x^2-y^2)}{f^2(x^2-y^2)},$$

$$\frac{\partial z}{\partial y}=\frac{1\cdot f(x^2-y^2)+yf'(x^2-y^2)\cdot 2y}{f^2(x^2-y^2)}=\frac{f(x^2-y^2)+2y^2f'(x^2-y^2)}{f^2(x^2-y^2)},$$

$$\frac{1}{x}\frac{\partial z}{\partial x}+\frac{1}{y}\frac{\partial z}{\partial y}=\frac{1}{x}\cdot\frac{-2xyf'(x^2-y^2)}{f^2(x^2-y^2)}+\frac{1}{y}\cdot\frac{f(x^2-y^2)+2y^2f'(x^2-y^2)}{f^2(x^2-y^2)}$$

$$=\frac{z}{y^2}.$$

例 7.22 设 $z=f(x,y,u)=xy+xF(u)$，其中 $F(u)$ 可微，且 $u=\frac{y}{x}$，试证 $x\frac{\partial z}{\partial x}+y\frac{\partial z}{\partial y}=z+xy$.

证明

$$\begin{aligned}\frac{\partial z}{\partial x}&=\frac{\partial f}{\partial x}+\frac{\partial f}{\partial u}\frac{\partial u}{\partial x}\\&=y+F(u)+xF'(u)\left(-\frac{y}{x^2}\right)\\&=y+F(u)-\frac{y}{x}F'(u),\end{aligned}$$

$$\frac{\partial z}{\partial y}=\frac{\partial f}{\partial y}+\frac{\partial f}{\partial u}\frac{\partial u}{\partial y}=x+xF'(u)\frac{1}{x}=x+F'(u),$$

故

$$\begin{aligned}x\frac{\partial z}{\partial x}+y\frac{\partial z}{\partial y}&=x\left[y+F(u)-\frac{y}{x}F'(u)\right]+y[x+F'(u)]\\&=xy+xF(u)+xy\\&=z+xy.\end{aligned}$$

二、全微分形式不变性

与一元函数微分形式不变性类似，二元函数也有相同的性质.

设函数 $z=f(x,y)$ 可微，当 x,y 为自变量时，有全微分公式

$$\mathrm{d}z=\frac{\partial z}{\partial x}\mathrm{d}x+\frac{\partial z}{\partial y}\mathrm{d}y.$$

当 $x=x(s,t),y=y(s,t)$ 为可微函数时，即 x,y 为中间变量，s,t 为最终自变量，于是构成复合函数 $z=f[x(s,t),y(s,t)]$，这时仍有全微分公式

$$\mathrm{d}z=\frac{\partial z}{\partial x}\mathrm{d}x+\frac{\partial z}{\partial y}\mathrm{d}y.$$

事实上，由链式法则有

$$\frac{\partial z}{\partial s}=\frac{\partial z}{\partial x}\frac{\partial x}{\partial s}+\frac{\partial z}{\partial y}\frac{\partial y}{\partial s},$$

$$\frac{\partial z}{\partial t}=\frac{\partial z}{\partial x}\frac{\partial x}{\partial t}+\frac{\partial z}{\partial y}\frac{\partial y}{\partial t}.$$

于是由全微分的计算公式，有

$$\begin{aligned}\mathrm{d}z&=\frac{\partial z}{\partial s}\mathrm{d}s+\frac{\partial z}{\partial t}\mathrm{d}t\\&=\left(\frac{\partial z}{\partial x}\frac{\partial x}{\partial s}+\frac{\partial z}{\partial y}\frac{\partial y}{\partial s}\right)\mathrm{d}s+\left(\frac{\partial z}{\partial x}\frac{\partial x}{\partial t}+\frac{\partial z}{\partial y}\frac{\partial y}{\partial t}\right)\mathrm{d}t\\&=\frac{\partial z}{\partial x}\left(\frac{\partial x}{\partial s}\mathrm{d}s+\frac{\partial x}{\partial t}\mathrm{d}t\right)+\frac{\partial z}{\partial y}\left(\frac{\partial y}{\partial s}\mathrm{d}s+\frac{\partial y}{\partial t}\mathrm{d}t\right)\\&=\frac{\partial z}{\partial x}\mathrm{d}x+\frac{\partial z}{\partial y}\mathrm{d}y.\end{aligned}$$

由此可见，在二元函数 $z=f(x,y)$ 中，无论 x,y 是自变量还是中间变量，全微分的形式是一样的，这个性质称为**全微分形式不变性**. 当然对于三元及三元以上的多元函数，结论仍然成立.

例 7.23 设 $z=x(1+xy)^y$，求 $\mathrm{d}z$.

解 **方法一**

$$\frac{\partial z}{\partial x}=y^2(1+xy)^{y-1},$$

$$\frac{\partial z}{\partial y}=\frac{\partial}{\partial y}[\mathrm{e}^{y\ln(1+xy)}]=(1+xy)^y\ln(1+xy)+xy(1+xy)^{y-1},$$

则

$$\mathrm{d}z=y^2(1+xy)^{y-1}\mathrm{d}x+[(1+xy)^y\ln(1+xy)+xy(1+xy)^{y-1}]\mathrm{d}y.$$

解 **方法二** 令 $u=1+xy,v=y$，则 $z=u^v$. 于是

$$\begin{aligned}\mathrm{d}z&=\frac{\partial z}{\partial u}\cdot\mathrm{d}u+\frac{\partial z}{\partial v}\cdot\mathrm{d}v=vu^{v-1}\mathrm{d}u+u^v\ln u\,\mathrm{d}v\\&=y(1+xy)^{y-1}\mathrm{d}(1+xy)+(1+xy)^y\ln(1+xy)\mathrm{d}y\\&=y^2(1+xy)^{y-1}\mathrm{d}x+[(1+xy)^y\ln(1+xy)+xy(1+xy)^{y-1}]\mathrm{d}y.\end{aligned}$$

§7.6 多元隐函数的求导法则

与一元函数类似，对于二元函数，以 $z=f(x,y)$ 等形式给出的为显函数；而由方程 $F(x,y,z)=0$ 所确定的函数 $z=f(x,y)$ 为隐函数. 在一元函数微分学中，对于由方程 $F(x,y)=0$ 所确定的隐函数 $y=f(x)$，不经过显化，直接由方程 $F(x,y)=0$ 利用复合函数求导法则，求出它所确定的隐函数的导数 $\frac{\mathrm{d}y}{\mathrm{d}x}$，下面给出另外一种方法.

定理 7.5 设方程 $F(x,y)=0$ 确定隐函数 $y=f(x)$，且函数 $F(x,y)$ 存在连续偏导数，则当 $\frac{\partial F}{\partial y}\neq 0$ 时，有

$$\frac{\mathrm{d}y}{\mathrm{d}x}=-\frac{F'_x}{F'_y}=-\frac{\partial F}{\partial x}\Big/\frac{\partial F}{\partial y}. \tag{7.9}$$

证明 因为 $y=f(x)$ 是由 $F(x,y)=0$ 确定的隐函数，故有恒等式

$$F(x,f(x))=0,$$

对上式两边对 x 求导，可得

$$\frac{\partial F}{\partial x}+\frac{\partial F}{\partial y}\frac{\mathrm{d}y}{\mathrm{d}x}=0.$$

由于 $\frac{\partial F}{\partial y}\neq 0$，所以

$$\frac{\mathrm{d}y}{\mathrm{d}x}=-\frac{F'_x}{F'_y}=-\frac{\partial F}{\partial x}\Big/\frac{\partial F}{\partial y}.$$

例 7.24 设 $\sin xy+e^{xy}=y^2$，求$\frac{dy}{dx}$.

解 设 $F(x,y)=\sin xy+e^{xy}-y^2$，则

$$F'_x=y\cos xy+ye^{xy},F'_y=x\cos xy-2y,$$

因此

$$\frac{dy}{dx}=-\frac{F'_x}{F'_y}=-\frac{y\cos xy+ye^{xy}}{x\cos xy-2y}.$$

与定理7.5类似，对于由方程 $F(x,y,z)=0$ 所确定的二元隐函数 $z=f(x,y)$ 有下述定理.

定理 7.6 设方程 $F(x,y,z)=0$ 确定隐函数 $z=f(x,y)$，且函数 $F(x,y,z)$ 存在连续偏导数，则当$\frac{\partial F}{\partial z}\neq 0$ 时，有

$$\frac{\partial z}{\partial x}=-\frac{F'_x}{F'_z}=-\frac{\partial F}{\partial x}\Big/\frac{\partial F}{\partial z},$$

$$\frac{\partial z}{\partial y}=-\frac{F'_y}{F'_z}=-\frac{\partial F}{\partial y}\Big/\frac{\partial F}{\partial z}. \tag{7.10}$$

证明略.

注意 式(7.10)中，F'_x，F'_y，F'_z 是将 x，y，z 看成自变量时 F 的偏导数.

例 7.25 设函数 $z=f(x,y)$ 由方程 $\ln z=xyz$ 确定，求$\frac{\partial z}{\partial x},\frac{\partial z}{\partial y}$.

解 **方法一** 设 $F(x,y,z)=\ln z-xyz$，则有

$$\frac{\partial F}{\partial x}=-yz,$$

$$\frac{\partial F}{\partial y}=-xz,$$

$$\frac{\partial F}{\partial z}=\frac{1}{z}-xy.$$

于是有

$$\frac{\partial z}{\partial x}=-\frac{\partial F}{\partial x}\Big/\frac{\partial F}{\partial z}=\frac{yz^2}{1-xyz},$$

$$\frac{\partial z}{\partial y}=-\frac{\partial F}{\partial y}\Big/\frac{\partial F}{\partial z}=\frac{xz^2}{1-xyz}.$$

方法二 对方程 $\ln z=xyz$ 两边直接求导. 对 x 求偏导，有

$$\frac{1}{z}\frac{\partial z}{\partial x}=yz+xy\frac{\partial z}{\partial x},$$

解出$\frac{\partial z}{\partial x}$，得

$$\frac{\partial z}{\partial x}=\frac{yz^2}{1-xyz}.$$

同理可得

$$\frac{\partial z}{\partial y}=\frac{xz^2}{1-xyz}.$$

方法三 由全微分形式不变性，$\mathrm{d}\ln z=\mathrm{d}(xyz)$ 即

$$\frac{1}{z}\mathrm{d}z=xy\mathrm{d}z+yz\mathrm{d}x+xz\mathrm{d}y,$$

视 z 为 x,y 的函数，则有

$$\mathrm{d}z=\frac{yz^2}{1-xyz}\mathrm{d}x+\frac{xz^2}{1-xyz}\mathrm{d}y,$$

于是，由全微分公式，可得

$$\frac{\partial z}{\partial x}=\frac{yz^2}{1-xyz},\quad \frac{\partial z}{\partial y}=\frac{xz^2}{1-xyz}.$$

注意 二元隐函数的偏导数可以含有 z.

例 7.26 设方程 $x^2+y^2+z^2=y\varphi\left(\frac{z}{y}\right)$ 确定的 $z=z(x,y)$，其中函数 φ 可微，求$\frac{\partial z}{\partial x},\frac{\partial z}{\partial y}$.

解 设 $F(x,y,z)=x^2+y^2+z^2-y\varphi\left(\frac{z}{y}\right)$，

$$\frac{\partial F}{\partial x}=2x,$$

$$\frac{\partial F}{\partial y}=2y-\varphi\left(\frac{z}{y}\right)-y\varphi'\left(\frac{z}{y}\right)\left(-\frac{z}{y^2}\right)=2y-\varphi\left(\frac{z}{y}\right)+\frac{z}{y}\varphi'\left(\frac{z}{y}\right),$$

$$\frac{\partial F}{\partial z}=2z-y\varphi'\left(\frac{z}{y}\right)\cdot\frac{1}{y}=2z-\varphi'\left(\frac{z}{y}\right).$$

所以

$$\frac{\partial z}{\partial x}=-\frac{F_x'}{F_z'}=\frac{2x}{\varphi'\left(\frac{z}{y}\right)-2z},$$

$$\frac{\partial z}{\partial y}=-\frac{F_y'}{F_z'}=-\frac{2y-\varphi\left(\frac{z}{y}\right)+\frac{z}{y}\varphi'\left(\frac{z}{y}\right)}{2z-\varphi'\left(\frac{z}{y}\right)}=\frac{2y^2-y\varphi\left(\frac{z}{y}\right)+z\varphi'\left(\frac{z}{y}\right)}{y\left[\varphi'\left(\frac{z}{y}\right)-2z\right]}.$$

例 7.27 设 $z=z(x,y)$ 由方程 $F(x^yz,z\sin x)=0$ 确定，其中函数 F 具有连续偏导数，求 $\frac{\partial z}{\partial x},\frac{\partial z}{\partial y}$.

解 由隐函数偏导数公式，方程两边分别对 x 和 y 求偏导数.

$$\left(x^{y-1}yz+x^y\frac{\partial z}{\partial x}\right)F_1'+\left(\sin x\frac{\partial z}{\partial x}+z\cos x\right)F_2'=0,$$

$$\left(zx^y\ln x+x^y\frac{\partial z}{\partial y}\right)F_1'+\sin x\frac{\partial z}{\partial y}F_2'=0.$$

于是

$$\frac{\partial z}{\partial x}=-\frac{x^{y-1}yzF_1'+z\cos xF_2'}{x^yF_1'+\sin xF_2'},$$

$$\frac{\partial z}{\partial y}=-\frac{zx^y\ln xF_1'}{x^yF_1'+\sin xF_2'}.$$

§7.7　高阶偏导数

如果在区域 D 内偏导数 $f_x'(x,y),f_y'(x,y)$ 处处存在,那么它们是 D 内的关于 x 和 y 的函数.这时继续考察它们的偏导数,就产生了高阶偏导数.

定义 7.6　设函数 $z=f(x,y)$ 在区域 D 内有偏导数

$$z_x'=f_x'(x,y),z_y'=f_y'(x,y).$$

如果这些函数的偏导数仍然存在,则称为 $z=f(x,y)$ 的**二阶偏导数**.按照对自变量求导的先后顺序的差异,共有四个二阶偏导数:

$$\frac{\partial}{\partial x}\left(\frac{\partial z}{\partial x}\right)=\frac{\partial^2 z}{\partial x^2}=z_{xx}''=f_{xx}'',$$

$$\frac{\partial}{\partial y}\left(\frac{\partial z}{\partial x}\right)=\frac{\partial^2 z}{\partial x\partial y}=z_{xy}''=f_{xy}'',$$

$$\frac{\partial}{\partial x}\left(\frac{\partial z}{\partial y}\right)=\frac{\partial^2 z}{\partial y\partial x}=z_{yx}''=f_{yx}'',$$

$$\frac{\partial}{\partial y}\left(\frac{\partial z}{\partial y}\right)=\frac{\partial^2 z}{\partial y^2}=z_{yy}''=f_{yy}'',$$

z_{xy}'' 和 z_{yx}'' 称为**二阶混合偏导数**.

注意　一般情况下 z_{xy}'' 和 z_{yx}'' 是不相等的,但是可以证明:当 z_{xy}'' 和 z_{yx}'' 连续时,$z_{xy}''=z_{yx}''$.此结论对更高阶的混合偏导数也成立.

类似地可以定义三阶、四阶等高阶偏导数,二阶和二阶以上的偏导数统称为**高阶偏导数**.

例 7.28　求函数 $z=x^3y^2-2xy^3-xy-3$ 的二阶偏导数.

解　先求一阶偏导数

$$\frac{\partial z}{\partial x}=3x^2y^2-2y^3-y,\quad \frac{\partial z}{\partial y}=2x^3y-6xy^2-x,$$

所以有

$$\frac{\partial^2 z}{\partial x^2}=6xy^2,\quad \frac{\partial^2 z}{\partial x\partial y}=\frac{\partial^2 z}{\partial y\partial x}=6x^2y-6y^2-1,$$

$$\frac{\partial^2 z}{\partial y^2}=2x^3-12xy.$$

例 7.29　设 $z=f(x^2+y^2)$,其中 f 有二阶导数,求$\frac{\partial^2 z}{\partial x^2},\frac{\partial^2 z}{\partial x\partial y}$.

解　令 $u=x^2+y^2$,则 $z=f(u)$,于是有

$$\frac{\partial z}{\partial x}=\frac{\mathrm{d}f}{\mathrm{d}u}\frac{\partial u}{\partial x}=f'\cdot 2x,$$

$$\frac{\partial^2 z}{\partial x^2}=\frac{\partial}{\partial x}\left(\frac{\partial z}{\partial x}\right)=\frac{\partial}{\partial x}(f'\cdot 2x)=4x^2 f''+2f',$$

$$\frac{\partial^2 z}{\partial x\partial y}=\frac{\partial}{\partial y}\left(\frac{\partial z}{\partial x}\right)=\frac{\partial}{\partial y}(f'\cdot 2x)=4xyf''.$$

例 7.30 设 $z=f\left(xy,\frac{x}{y}\right)$，且 f 具有二阶连续偏导数，求$\frac{\partial z}{\partial x}$，$\frac{\partial^2 z}{\partial x\partial y}$.

解 令 $u=xy$，$v=\frac{x}{y}$，则 $z=f(u,v)$，于是有

$$\frac{\partial z}{\partial x}=\frac{\partial f}{\partial u}\frac{\partial u}{\partial x}+\frac{\partial f}{\partial v}\frac{\partial v}{\partial x}=f_1'\cdot y+f_2'\cdot\frac{1}{y},$$

$$\frac{\partial f_1'}{\partial y}=\frac{\partial f_1'}{\partial u}\frac{\partial u}{\partial y}+\frac{\partial f_1'}{\partial v}\frac{\partial v}{\partial y}=f_{11}''\cdot x+f_{12}''\cdot\left(-\frac{x}{y^2}\right),$$

$$\frac{\partial f_2'}{\partial y}=\frac{\partial f_2'}{\partial u}\frac{\partial u}{\partial y}+\frac{\partial f_2'}{\partial v}\frac{\partial v}{\partial y}=f_{21}''\cdot x+f_{22}''\cdot\left(-\frac{x}{y^2}\right),$$

$$\begin{aligned}\frac{\partial^2 z}{\partial x\partial y}&=\frac{\partial f}{\partial y}\left(\frac{\partial z}{\partial x}\right)=\frac{\partial}{\partial y}\left(f_1'\cdot y+f_2'\cdot\frac{1}{y}\right)\\&=\frac{\partial f_1'}{\partial y}\cdot y+f_1'+\frac{\partial f_2'}{\partial y}\cdot\frac{1}{y}-f_2'\cdot\frac{1}{y^2}\\&=\left(f_{11}''\cdot x-f_{12}''\cdot\frac{x}{y^2}\right)\cdot y+\left(f_{21}''\cdot x-f_{22}''\cdot\frac{x}{y^2}\right)\cdot\frac{1}{y}+f_1'-f_2'\cdot\frac{1}{y^2}\\&=f_{11}''\cdot x-f_{22}''\cdot\frac{x}{y^3}+f_1'-f_2'\cdot\frac{1}{y^2}.\end{aligned}$$

例 7.31 已知 $x+2y+z=\mathrm{e}^{x-y-z}$ 确定隐函数 $z=z(x,y)$，求$\frac{\partial^2 z}{\partial x\partial y}$.

解 设 $F(x,y,z)=x+2y+z-\mathrm{e}^{x-y-z}$

$$F_x'=1-\mathrm{e}^{x-y-z},\quad F_y'=2+\mathrm{e}^{x-y-z},\quad F_z'=1+\mathrm{e}^{x-y-z},$$

所以

$$\frac{\partial z}{\partial x}=-\frac{F_x'}{F_z'}=-\frac{1-\mathrm{e}^{x-y-z}}{1+\mathrm{e}^{x-y-z}}=1-\frac{2}{1+x+2y+z},$$

$$\frac{\partial z}{\partial y}=-\frac{F_y'}{F_z'}=-\frac{2+\mathrm{e}^{x-y-z}}{1+\mathrm{e}^{x-y-z}}=-1-\frac{1}{1+x+2y+z},$$

$$\frac{\partial^2 z}{\partial x\partial y}=\frac{\partial}{\partial y}\left(\frac{\partial z}{\partial x}\right)=\frac{\partial}{\partial y}\left(1-\frac{2}{1+x+2y+z}\right)=\frac{2\left(2+\frac{\partial z}{\partial y}\right)}{(1+x+2y+z)^2},$$

$$\frac{\partial^2 z}{\partial x\partial y}=\frac{2(x+2y+z)}{(1+x+2y+z)^3}.$$

§7.8 多元函数的极值与最值

一、无条件极值

多元函数的极值问题,是多元函数微分学的重要应用.在许多实际问题中,需要求多元函数的极值和最值问题.以二元函数为例,先讨论二元函数的极值,并确定函数取得极值的条件.下面引入二元函数的极值概念.

1.极值的概念

定义 7.7 设函数 $z=f(x,y)$ 在点 (x_0,y_0) 的某邻域内有定义,如果对于该邻域内任意异于 (x_0,y_0) 的点 (x,y),恒有不等式

$$f(x_0,y_0)>f(x,y)\quad(\text{或 } f(x_0,y_0)<f(x,y))$$

成立,则称 $f(x_0,y_0)$ 是 $f(x,y)$ 的一个**极大值(极小值)**,并称 (x_0,y_0) 是 $f(x,y)$ 的一个**极大值点(极小值点)**.极大值和极小值统称为**极值**.极大值点和极小值点统称为**极值点**.

注意 (1) 二元函数极值也是一种局部性质.即 $z=f(x,y)$ 在点 (x_0,y_0) 是否有极值,只与该点临近处的函数值有关,而与远离该点的函数值无关.

(2) 极值只能在定义域内部取到,不能在定义域的边界取到.

例 7.32 函数 $f(x,y)=8-\sqrt{x^2+y^2}$ 在 $(0,0)$ 点取到极大值 8,这是因为在任何点处都有 $8-\sqrt{x^2+y^2}\leqslant f(0,0)=8$ 成立.

例 7.33 函数 $f(x,y)=xy$ 在 $(0,0)$ 点处既取不到极大值,也取不到极小值.因为 $f(0,0)=0$,而在 $(0,0)$ 点的任何邻域上,总是有使 f 的函数值为正的点,也有使 f 的函数值为负的点.

2.极值的必要条件

当二元函数 $z=f(x,y)$ 在 $P_0(x_0,y_0)$ 点取到极值时,一元函数 $f(x,y_0)$ 在 $x=x_0$ 处也取到极值.于是由一元函数极值的必要条件,有 $f'_x(x_0,y_0)=0$ 或在该点处对 x 的偏导数不存在,对 y 有同样的情形,所以有下面的定理.

定理 7.7(极值存在的必要条件) 设函数 $z=f(x,y)$ 在点 (x_0,y_0) 处的一阶偏导数存在,若点 (x_0,y_0) 是 $z=f(x,y)$ 的极值点,则必有

$$f'_x(x_0,y_0)=0,\quad f'_y(x_0,y_0)=0.$$

其中,称满足条件

$$\begin{cases}f'_x(x,y)=0,\\ f'_y(x,y)=0\end{cases}$$

的点 (x,y) 为 $z=f(x,y)$ 的**驻点**.

证明 不妨设 $z=f(x,y)$ 在点 (x_0,y_0) 处取到极大值,即对点 (x_0,y_0) 的某邻域内异于 (x_0,y_0) 的任何点,都适合以下不等式

$$f(x,y)<f(x_0,y_0),$$

特别地,在该邻域内的点 $(x,y_0)\neq(x_0,y_0)$,也有

$$f(x,y_0)<f(x_0,y_0),$$

这表明一元函数 $f(x,y_0)$ 在 $x=x_0$ 处取到极大值,因此必有

$$f'_x(x_0,y_0)=0,$$

类似地可证 $f'_y(x_0,y_0)=0$.

由上述定理可知具有一阶偏导数的函数 $z=f(x,y)$ 的极值点必定是驻点,但函数的驻点未必一定是极值点,如例 7.32 中,点 $(0,0)$ 是函数的驻点,但不是函数的极值点. 偏导数不存在的点也可能是极值点. 如例 7.31 中,点 $(0,0)$ 是函数的极值点,但在该点处函数的偏导数不存在.

3. 极值的充分条件

函数的极值点一定包含在驻点或偏导数不存在的点之中. 若是偏导数不存在的点 (x_0,y_0),可用函数值不等式来检验点 (x_0,y_0) 是否为极值点;对于驻点,依据下面极值点的充分条件来判别.

定理 7.8(极值点的充分条件) 设 $z=f(x,y)$ 在点 (x_0,y_0) 的某邻域内有二阶连续偏导数,且 (x_0,y_0) 是 $z=f(x,y)$ 的驻点. 记

$$A=f''_{xx}(x_0,y_0),\quad B=f''_{xy}(x_0,y_0),\quad C=f''_{yy}(x_0,y_0),\quad \Delta=B^2-AC,$$

则有下列结论成立:

(1) 当 $\Delta<0$ 时,(x_0,y_0) 是 $f(x,y)$ 的极值点,且 $A>0$(或 $C>0$) 时,$f(x_0,y_0)$ 是极小值,$A<0$(或 $C<0$) 时,$f(x_0,y_0)$ 是极大值.

(2) 当 $\Delta>0$ 时,(x_0,y_0) 不是 $f(x,y)$ 的极值点.

证明略.

注意 当 $\Delta=B^2-AC=0$ 时,根据定理 7.8 无法判别 (x_0,y_0) 是否为极值点,需进一步讨论才能确定,这里不作介绍.

具有二阶连续偏导数的函数 $z=f(x,y)$ 求极值点的步骤总结如下:

(1) 解一阶偏导数方程组

$$\begin{cases} f'_x(x,y)=0, \\ f'_y(x,y)=0, \end{cases}$$

得全部驻点;

(2) 求二阶偏导数 f''_{xx},f''_{xy},f''_{yy},得到每一个驻点相应的表达式 A,B,C;

(3) 确定每一个驻点相应的 $\Delta=B^2-AC$ 的符号,并由定理 7.8 判定每一个驻点是否为极值点,若是极值点,由 A 的符号判定是极大值点还是极小值点.

例 7.34 求函数 $f(x,y)=x^3+y^3-3xy$ 的极值.

解 解方程组

$$\begin{cases} f'_x(x,y)=3(x^2-y)=0, \\ f'_y(x,y)=3(y^2-x)=0, \end{cases}$$

得出驻点为 $(0,0)$ 和 $(1,1)$.

由于

$$f''_{xx}(x,y)=6x,\quad f''_{xy}(x,y)=-3,\quad f''_{yy}(x,y)=6y.$$

对于点 $(0,0)$,$A=f''_{xx}(0,0)=0$,$B=f''_{xy}(0,0)=-3$,$C=f''_{yy}(0,0)=0$,从而

$$\Delta=B^2-AC=9>0,$$

故点 $(0,0)$ 不是极值点;

对于点(1,1)，$A=f''_{xx}(1,1)=6$，$B=f''_{xy}(1,1)=-3$，$C=f''_{yy}(1,1)=6$，从而

$$\Delta=B^2-AC=-27<0,$$

故点(1,1)是极值点，又有 $A>0$，所以是极小值点，极小值 $f(1,1)=-1$.

例 7.35 求 $f(x,y)=x^3-y^3+3x^2+3y^2-9x$ 的极值.

解 解方程组

$$\begin{cases}f'_x(x,y)=3x^2+6x-9=0,\\ f'_y(x,y)=-3y^2+6y=0,\end{cases}$$

得出驻点为(1,0)，(1,2)，(−3,0)和(−3,2).

由于

$$f''_{xx}(x,y)=6x+6,\quad f''_{xy}(x,y)=0,\quad f''_{yy}(x,y)=-6y+6,$$

对于点(1,0)，$\Delta=B^2-AC<0$ 且 $A>0$，故点(1,0)是极小值点，极小值为 $f(1,0)=-5$；

对于点(1,2)，$\Delta=B^2-AC>0$，故点(1,2)不是极值点；

对于点(−3,0)，$\Delta=B^2-AC>0$，故点(−3,0)不是极值点；

对于点(−3,2)，$\Delta=B^2-AC<0$ 且 $A<0$，故点(−3,2)是极大值点，极大值为 $f(-3,2)=31$.

4. 有界闭区域上的最值

定义 7.8 设函数 $z=f(x,y)$ 是定义域 D 上的二元连续函数，点 $(x_0,y_0)\in D$，如果对于任意的点 $(x,y)\in D$，恒有不等式

$$f(x_0,y_0)\geqslant f(x,y)\quad(\text{或 } f(x_0,y_0)\leqslant f(x,y))$$

成立，则称 $f(x_0,y_0)$ 是 $f(x,y)$ 在区域 D 上的一个**最大值(最小值)**，并称 (x_0,y_0) 是 $f(x,y)$ 的一个**最大值点(最小值点)**. 最大值和最小值统称为**最值**. 最大值点和最小值点统称为**最值点**.

注意 二元函数最值是一种整体性质，是通过比较整个定义域上函数值的大小来确定函数最值.

设 $f(x,y)$ 在某一个有界闭区域 D 上连续，那么 $f(x,y)$ 在 D 上必定能取到最大值和最小值. 只要求出函数在区域 D 内的全部可能极值点，再将这些对应的函数值与函数在区域 D 的边界上的函数值相比较，就可以确定函数在区域 D 的最值.

对于实际问题，如果从问题的实际意义知道所求函数的最值存在，且在定义域内只有一个驻点，则该驻点就是所求函数的最值点，可以不再判别.

例 7.36 某企业生产两种商品的产量分别为 x 单位和 y 单位，利润函数为 $L=64x-2x^2+4xy-4y^2+32y-14$，求最大利润.

解 令

$$\begin{cases}L'_x=64-4x+4y=0,\\ L'_y=32-8y+4x=0,\end{cases}$$

解得唯一驻点(40,24)，因驻点唯一，且实际问题中一定存在最大利润，可知点(40,24)是最大值点，最大值为 $L(40,24)=1650$.

例 7.37 如图 7.26 所示，某快递公司对长方体的包裹规定其长与围长的和不超过 120cm，才能代为传递，求这样的包裹的最大体积.

解 设 x,y 分别为包裹围长的高与宽，z 为包裹的长度，V 为包裹的体积. 由题意得，$V=xyz$ 且 $2x+2y+z\leqslant120$，其中 $x>0$，$y>0$，$z>0$，因为所要求的是可能的最大体积，所以可设 $2x+2y+z=120$，解出 z，并代入 V 的方程，得

$$V=xy(120-2x-2y)=120xy-2x^2y-2xy^2,$$

$$\begin{cases}\dfrac{\partial V}{\partial x}=120y-4xy-2y^2=2y(60-2x-y)=0,\\ \dfrac{\partial V}{\partial y}=120x-2x^2-4xy=2y(60-x-2y)=0.\end{cases}$$

由 $x>0, y>0$，解得 $x=20$，$y=20$.

根据实际问题，这样的包裹的最大体积一定存在，并在区域 $D=\{(x,y)\mid x>0,y>0\}$ 内取得. 又函数在 D 内有唯一驻点(20,20)，当 $x=y=20$ 时，V 取得最大值. 所以可传递包裹的最大体积为

$$V=20\times20\times40=16000(\text{cm}^3).$$

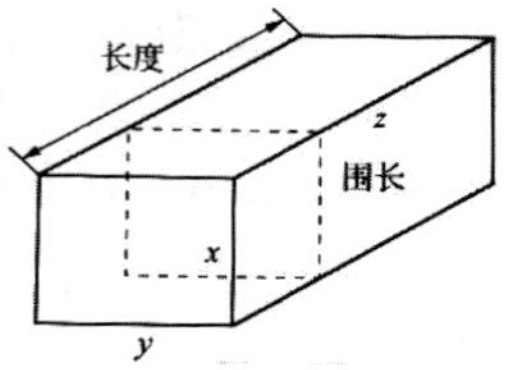

图 7.26

二、条件极值

在实际问题中我们常常遇到这样的极值问题：求 $z=f(x,y)$ 在条件 $\varphi(x,y)=0$ 下的极值，这种有条件的极值称为**条件极值**. 一般情况下称 $z=f(x,y)$ 为**目标函数**，$\varphi(x,y)=0$ 为**约束条件**. 而称以前的极值问题为**无条件极值**问题.

求解条件极值问题一般有两种方法：一种方法是：若从 $\varphi(x,y)=0$ 中能解出 $y=y(x)$（或 $x=x(y)$），将其代入 $f(x,y)$ 中，就变成一元函数 $z=f(x,y(x))$（或 $z=f(x(y),y)$），从而化解成求解一元函数极值问题. 例如，求 $f(x,y)=xy$ 在条件 $x+y=1$ 下的极值. 我们可以由条件 $x+y=1$，解得 $y=1-x$，于是得 $f(x)=x(1-x)$，只需求 f 的无条件极值问题.

然而在很多情形下，将一元隐函数从方程中显化出来，得到显函数的表达式是极其困难，有时甚至是不可能的. 这时需要另一种方法，这就是**拉格朗日乘数法**.

设 $f(x,y)$，$\varphi(x,y)$ 在区域 D 内有连续的一阶连续偏导数，利用拉格朗日乘数法求 $z=f(x,y)$ 在约束条件 $\varphi(x,y)=0$ 下的极值，可按下述步骤进行.

(1) 构造一个辅助函数

$$F(x,y,\lambda)=f(x,y)+\lambda\varphi(x,y),$$

此辅助函数称为**拉格朗日函数**，λ 称为**拉格朗日常数**.

(2) 求 $F(x,y,\lambda)$ 对 x，y，λ 的偏导数并建立方程组

$$\begin{cases}F'_x(x,y,\lambda)=f'_x(x,y)+\lambda\varphi'_x(x,y)=0,\\ F'_y(x,y,\lambda)=f'_y(x,y)+\lambda\varphi'_y(x,y)=0,\\ F'_\lambda(x,y,\lambda)=\varphi(x,y)=0.\end{cases}$$

(3) 解方程组得到可能极值点. 一般解法是消去 λ，解出 x_0 和 y_0，则点 (x_0,y_0) 就是条件

极值的可能极值点.

(4) 在实际问题中,由实际意义来判断(x_0,y_0)是否为所求的极值点.

注意 条件极值问题并没有完全转化为拉格朗日函数的无条件极值问题,在判别该可能极值点是否为真正的极值点时,不能用无条件极值问题的判别方法,而需要根据实际问题的性质确定.这种求条件极值的方法可以推广到三元和三元以上函数的情形.

例如,求函数$u=f(x,y,z)$在条件$\varphi(x,y,z)=0,\psi(x,y,z)=0$下的极值.

令拉格朗日函数为

$$F(x,y,z,\lambda_1,\lambda_2)=f(x,y,z)+\lambda_1\varphi(x,y,z)+\lambda_2\psi(x,y,z),$$

解方程组

$$\begin{cases}F'_x=f'_x+\lambda_1\varphi'_x+\lambda_2\psi'_x=0,\\F'_y=f'_y+\lambda_1\varphi'_y+\lambda_2\psi'_y=0,\\F'_z=f'_z+\lambda_1\varphi'_z+\lambda_2\psi'_z=0,\\F'_{\lambda_1}=\varphi(x,y,z)=0,\\F'_{\lambda_2}=\psi(x,y,z)=0\end{cases}$$

得可能的极值点,然后根据实际问题判别是否为极值点.

例 7.38 设某工厂生产A_1和A_2两种产品,产量分别为x和y(单位:千件),总利润函数为

$$L(x,y)=6x-x^2+16y-4y^2-2\ (\text{单位:万元}),$$

已知生产这两种产品时,每千件产品均需消耗某种原料2000千克,现有该原料5000千克,问两种产品各生产多少千件时,总利润最大?最大利润为多少?

解 约束条件为

$$2000x+2000y=5000,\text{即 } x+y=2.5.$$

因此,问题是在$x+y=2.5$的条件下,求总利润函数$L(x,y)$的最大值.

设拉格朗日函数为

$$F(x,y,\lambda)=6x-x^2+16y-4y^2-2+\lambda(x+y-2.5),$$

令

$$\begin{cases}F'_x(x,y,\lambda)=6-2x+\lambda=0,\\F'_y(x,y,\lambda)=16-8y+\lambda=0,\\F'_\lambda(x,y,\lambda)=x+y-2.5=0,\end{cases}$$

消去λ,得方程组

$$\begin{cases}-x+4y=5,\\x+y=2.5,\end{cases}$$

解得$x=1,y=1.5$.

因为只有唯一一个驻点$(1,1.5)$,且实际问题的最大值是存在的,所以驻点$(1,1.5)$是$L(x,y)$的最大值点,其最大值为$L(1,1.5)=18$(万元).即当A_1种产品的产量为1千件,A_2种产品的产量为1.5千件时,总利润最大,最大利润为18万元.

例 7.39 求二元函数$z=f(x,y)=x^2+y^2-x-y$在闭区域$x^2+y^2\leqslant 1$上的最大值.

解 (1) 先求$f(x,y)$在开区域$x^2+y^2<1$内的可能最值点.

$$\text{令}\begin{cases}\dfrac{\partial f}{\partial x}=2x-1=0,\\\dfrac{\partial f}{\partial y}=2y-1=0,\end{cases}$$

得驻点为$(\frac{1}{2},\frac{1}{2})$.

(2)再求 $f(x,y)$ 在边界 $x^2+y^2=1$ 上的可能最值点.

设拉格朗日函数为

$$F(x,y,\lambda)=x^2+y^2-x-y+\lambda(x^2+y^2-1)$$

$$\text{令}\begin{cases}F'_x(x,y,\lambda)=2x-1+2\lambda x=0,\\F'_y(x,y,\lambda)=2y-1+2\lambda y=0,\\F'_\lambda(x,y,\lambda)=x^2+y^2-1=0,\end{cases}$$

消去 λ,解得可能极值点为$(\frac{\sqrt{2}}{2},\frac{\sqrt{2}}{2})$,$(-\frac{\sqrt{2}}{2},-\frac{\sqrt{2}}{2})$.

又 $f(\frac{1}{2},\frac{1}{2})=-\frac{1}{2}$,$f(\frac{\sqrt{2}}{2},\frac{\sqrt{2}}{2})=1-\sqrt{2}$,$f(-\frac{\sqrt{2}}{2},-\frac{\sqrt{2}}{2})=1+\sqrt{2}$.所以,二元函数 $z=f(x,y)$ 在闭区域 $x^2+y^2\leqslant 1$ 上的最大值为 $1+\sqrt{2}$,最小值为 $-\frac{1}{2}$.

习　题　七

(A)

1.求下列函数的定义域.

(1)$z=\frac{1}{\sqrt{x+y}}+\frac{1}{\sqrt{x-y}}$;

(2)$z=\arcsin(x-y^2)+\ln[\ln(10-x^2-4y^2)]$;

(3)$z=\ln[x\ln(y-x)]$;

(4)$z=\frac{1}{\sqrt{x^2+y^2}-4}$.

2.设函数 $f(x+y,x^2+y^2)=2xy$,求 $f(x-y,x^2+y^2)$.

3.设 $f\left(x+y,\frac{y}{x}\right)=x^2-y^2$,求 $f(x-y,xy)$.

4.若函数 $z=f(x,y)$ 恒满足 $f(tx,ty)=t^kf(x,y)$,则称该函数为 k 次齐次函数.证明下列函数为齐次函数,并说明是几次齐次函数.

(1)$f(x,y)=x^2+xy+y^2$;　　(2) $f(x,y)=x^5e^{-\frac{y}{x}}$.

5.求下列函数在给定点处的偏导数.

(1)$z=\frac{x+y}{x-y}$,求 $z'_x(1,2)$,$z'_y(1,2)$;

(2)$z=e^{x^2+y^2}$,求 $z'_x(1,1)$,$z'_y(1,1)$;

(3)$z=\arctan\frac{y}{x}$,求 $z'_x(1,1)$,$z'_y(-1,-1)$;

(4)$z=\ln(\sqrt{x}+\sqrt{y})$,求 $z'_x(1,1)$,$z'_y(1,1)$.

6. 设 $f(x,y)=\begin{cases}\dfrac{x^3y}{x^4+y^4}, & (x,y)\neq(0,0),\\ 0, & (x,y)=(0,0),\end{cases}$ 问 $\lim\limits_{\substack{x\to0\\y\to0}}f(x,y)$ 是否存在?

7. 求下列函数的一阶偏导数.

(1) $z=\arctan\dfrac{y}{x}$；

(2) $z=\ln(x+\ln y)$；

(3) $z=\sqrt{\ln(xy)}$；

(4) $z=x\ln(xy)$；

(5) $z=(1+x^2y)^y$；

(6) $z=\ln(x+\sqrt{x^2+y^2})$；

(7) $z=\dfrac{1}{x^2+y^2}e^{xy}$；

(8) $u=e^{xy^2z^3}$.

8. 证明下列各题.

(1) 若 $z=f(ax+by)$，则 $b\dfrac{\partial z}{\partial x}-a\dfrac{\partial z}{\partial y}=0$.

(2) 设函数 $z=2\cos^2\left(x-\dfrac{y}{2}\right)$，证明：$\dfrac{\partial^2 z}{\partial x\partial y}+2\dfrac{\partial^2 z}{\partial y^2}=0$.

(3) 函数 $z=\ln\sqrt{x^2+y^2}$ 满足方程 $\dfrac{\partial^2 z}{\partial x^2}+\dfrac{\partial^2 z}{\partial y^2}=0$.

(4) 函数 $u=\dfrac{1}{r}$ 满足方程 $\dfrac{\partial^2 u}{\partial x^2}+\dfrac{\partial^2 u}{\partial y^2}+\dfrac{\partial^2 u}{\partial z^2}=0$，其中 $r=\sqrt{x^2+y^2+z^2}$.

9. 求下列函数的全微分.

(1) $z=\sin(xy)+\cos^2(xy)$；

(2) $z=\arctan\dfrac{x+y}{x-y}$；

(3) $z=(1+xy)^y$；

(4) $z=x^2+xy^2+\sin(xy)$；

(5) $z=e^{-k^2n^2y}\cos(nx)$；

(6) $z=(x^2+y^2)e^{\frac{x^2+y^2}{xy}}$；

(7) $u=xy+yz+zx$；

(8) $u=\left(\dfrac{x}{y}\right)^z$.

10. 求下列函数在给定条件下的全微分之值.

(1) $z=x^2y^3$；$x=2,y=-1,\Delta x=0.02,\Delta y=-0.01$；

(2) $z=x^y$；$x=1,y=4,\Delta x=0.08,\Delta y=-0.04$.

11. 计算下列各题的近似值.

(1) $\ln\dfrac{1+\tan(-0.01)}{1-\sin(0.02)}$；

(2) $\sqrt{(1.04)^{1.99}+\ln1.02}$.

12. 求下列复合函数的全导数或偏导数.

(1) $z=uv$，$u=e^t$，$v=\cos t$，求 $\dfrac{dz}{dt}$；

(2) $z=\sin\dfrac{x}{y}$，$x=e^t$，$y=t^2$，求 $\dfrac{dz}{dt}$；

(3) $z=u^2\ln v$，$u=\dfrac{x}{y}$，$v=3x-2y$，求 $\dfrac{\partial z}{\partial x}$，$\dfrac{\partial z}{\partial y}$；

(4) $z=e^{uv}$，$u=\ln\sqrt{x^2+y^2}$，$v=\arctan\dfrac{y}{x}$，求 $\dfrac{\partial z}{\partial x}$，$\dfrac{\partial z}{\partial y}$；

(5) $z=\arctan u$，$u=\dfrac{x}{y}$，求 $\dfrac{\partial z}{\partial x}$，$\dfrac{\partial z}{\partial y}$；

(6)$u=\frac{y-z}{1+a^2}\mathrm{e}^{ax}$，$z=\cos x+a\sin y$，求$\frac{\partial u}{\partial x}$，$\frac{\partial u}{\partial y}$.

13. 求下列方程所确定的隐函数的微分或全微分.

(1)$x^2+3y^2=5xy$；

(2)$y\mathrm{e}^x+\sin(xy)=0$；

(3)$\ln(x^2+y)=x^2y-x+y$；

(4)$y^x=x^y$；

(5)$\frac{x}{z}=\ln\frac{z}{y}$；

(6)$x^2+y^2+z^2-4z=0$.

14. 求下列函数的二阶偏导数 z''_{xx}，z''_{xy}，z''_{yy}.

(1)$z=(\cos x+y\sin x)\mathrm{e}^{xy}$；

(2)$z=\frac{x}{x^2+y^2}$；

(3)$z==2xy\ln(1+x^2)$；

(4)$z=x^2\operatorname{arccot}\frac{y}{x}$.

15. 设 $z=\arctan\frac{x}{y}$，而 $x=u+v$，$y=u-v$，验证：$\frac{\partial z}{\partial u}+\frac{\partial z}{\partial v}=\frac{u-v}{u^2+v^2}$.

16. 设 $z=\frac{y^2}{3x}+f(xy)$，f 为可导函数，证明：$x^2\frac{\partial z}{\partial x}-xy\frac{\partial z}{\partial y}+y^2=0$.

17. 设 $z=\frac{y}{f(x^2-y^2)}$，其中 $f(u)$ 为可导函数，验证：$\frac{1}{x}\frac{\partial z}{\partial x}+\frac{1}{y}\frac{\partial z}{\partial y}=\frac{z}{y^2}$.

18. 设 $\Phi(u,v)$ 具有连续偏导数，证明由方程 $\Phi(cx-az,cy-bz)=0$ 所确定的函数 $z=f(x,y)$，满足 $a\frac{\partial z}{\partial x}+b\frac{\partial z}{\partial y}=c$.

19. 设 $z=f(x,y)$ 是由方程 $\mathrm{e}^z-z+xy^3=0$ 确定的隐函数，求$\frac{\partial z}{\partial x}$，$\frac{\partial z}{\partial y}$，$\frac{\partial^2 z}{\partial x\partial y}$.

20. 设 $y=\mathrm{e}^{-kn^2t}\sin nx$，其中 k 为常数，证明：$\frac{\partial y}{\partial t}=k\frac{\partial^2 y}{\partial x^2}$.

21. 设 $u=z\arctan\frac{x}{y}$，证明：$\frac{\partial^2 u}{\partial x^2}+\frac{\partial^2 u}{\partial y^2}+\frac{\partial^2 u}{\partial z^2}=0$.

22. 设 $u=f(x,y)$ 的所有二阶偏导数连续，而 $x=\frac{s-\sqrt{3}\,t}{2}$，$y=\frac{\sqrt{3}\,s+t}{2}$，证明：$\left(\frac{\partial u}{\partial x}\right)^2+\left(\frac{\partial u}{\partial y}\right)^2=\left(\frac{\partial u}{\partial s}\right)^2+\left(\frac{\partial u}{\partial t}\right)^2$ 及$\frac{\partial^2 u}{\partial x^2}+\frac{\partial^2 u}{\partial y^2}=\frac{\partial^2 u}{\partial s^2}+\frac{\partial^2 u}{\partial t^2}$.

23. 求下列函数的极值，并判定是极大值还是极小值.

(1)$z=x^3+y^2-6xy$；

(2)$z=xy+\frac{1}{x}+\frac{1}{y}-3$；

(3)$z=\mathrm{e}^{2x}(x+2y+y^2)$；

(4)$z=x^3+3xy^2-15x-12y$.

24. 某公司通过电台和报纸两种方式做销售其产品的广告，根据统计资料分析可知，销售收入 R（万元）与电台广告费 x（万元），报纸广告费 y（万元）有如下的经验公式：$R=15+14x+32y-8xy-2x^2-10y^2$.

(1) 在广告费用不限的情况下，求总利润最大的广告策略.

(2) 若提供的广告费用为 1.5 万元，求相应的最优广告策略.

25. 某厂家生产的一种产品同时在两个市场销售，售价分别为 P_1 和 P_2，销售量分别为 Q_1 和 Q_2，需求函数分别为 $Q_1 = 24 - 0.2P_1$，$Q_2 = 10 - 0.05P_2$，总成本函数为 $C = 35 + 40(Q_1 + Q_2)$. 试问：厂家如何确定两个市场的产品售价，使其获得的总利润最大？最大总利润是多少？

26. 设生产某种产品的数量与所用两种原料 A，B 的数量 x，y 之间有关系式 $P(x,y) = 0.005x^2y$，欲用 150 元购料，已知 A，B 原料的单价分别为 1 元、2 元，问购进两种原料各多少可使生产的产品数量最多？

27. 在平面 $3x - 2z = 0$ 上求一点，使它与点 $A(1,1,1)$ 和点 $B(2,3,4)$ 的距离平方和最小.

(B)

1. 求下列函数的定义域：

(1) $z = \sqrt{x - \sqrt{y}}$；　　(2) $z = \sqrt{\dfrac{x^2 + y^2 - 1}{4 - x^2 - y^2}}$.

2. 设二元函数 f 具有连续的偏导数，且 $f(1,1) = 1$，$f'_x(1,1) = 2$，$f'_y(1,1) = 3$. 如果 $\varphi(x) = f(x, f(x,x))$，求 $\varphi'(1)$.

3. 设 $z = f(x,y)$ 是由方程 $f(x - z, yz) = 0$ 所确定的隐函数，其中 f 具有连续的偏导数，求 $\mathrm{d}z$，并由此求 $\dfrac{\partial z}{\partial x}$ 和 $\dfrac{\partial z}{\partial y}$.

4. 设 $z = z(x,y)$ 由 $z + \ln z - \int_y^x \mathrm{e}^{-t^2}\,\mathrm{d}t = 0$ 确定，求 $\dfrac{\partial^2 z}{\partial x \partial y}$.

5. 求函数 $z = x^3 + y^3 - 3xy$ 在 $x^2 + y^2 \leqslant 4$ 上的最大值与最小值.

6. 求表面积为 a^2 而体积最大的长方体的体积.

7. 设 $u = f(x,y,z)$ 有连续的偏导数，$y = y(x)$ 和 $z = z(x)$ 分别由方程 $\mathrm{e}^{xy} - y = 0$ 和 $\mathrm{e}^z - xz = 0$ 所确定，求 $\dfrac{\mathrm{d}u}{\mathrm{d}x}$.

第8章　二重积分

前面讨论了多元函数的微分学，这一章将讨论多元函数的积分学. 由于问题的背景和提法的不同，多元函数有各种不同的积分概念，因而多元函数积分学具有十分丰富的内容. 在本章中，将一元函数的定积分推广到多元函数的重积分. 为了叙述方便，仍然以二元函数为主，主要讨论二元函数的二重积分的概念、性质、计算方法以及它们的一些简单的应用.

§8.1　二重积分的概念

一、引例

为了了解二重积分的数学思想，先看下面具体的实例.

设二元函数 $z=f(x,y)\geqslant 0$ 是定义在有界闭区域 D 上的连续函数，其图形为 xOy 面上方的连续曲面. 以平面区域 D 为底，以空间曲面 $z=f(x,y)$ 为顶，以区域 D 的边界为准线，母线平行于 z 轴形成一个立体图形，如图 8.1 所示，称为**曲顶柱体**.

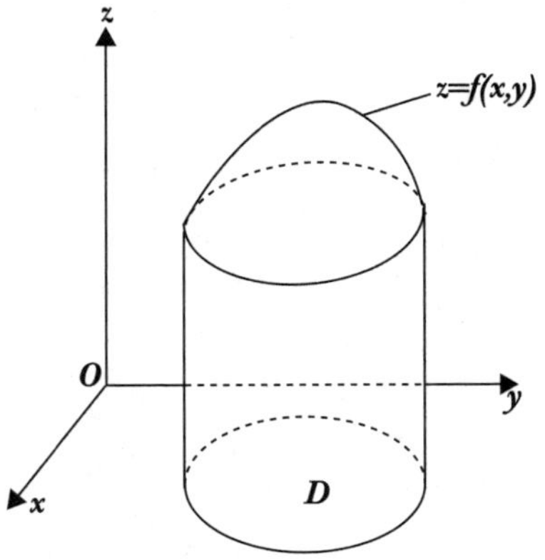

图 8.1

下面来讨论曲顶柱体的体积.

如果柱体是顶与底面平行的平顶柱体,即柱体的高是常数,它的体积可以用公式

$$体积=底面积\times高$$

来计算.对于曲顶柱体,当点(x,y)在区域D上变动时,其高$f(x,y)$是个变量,因此不能直接用上述公式计算体积.如何处理曲顶成为解决问题的关键.

为此,采用类似于求曲边梯形面积的方法.

(1) **分割** 用任意一组网格线把区域D任意划分为n个小闭区域

$$\Delta\sigma_1,\Delta\sigma_2,\cdots,\Delta\sigma_n,$$

且以$\Delta\sigma_i$表示第i个小区域的面积,如图8.2所示.d_i表示第i个小区域的直径,并记

$$\mathrm{d}=\max\{d_1,d_2,\cdots,d_n\}.$$

分别以这些小闭区域的边界曲线为准线,作母线平行于z轴的柱面,这些柱面把原来的曲顶柱体分为n个小曲顶柱体.以V表示整个曲顶柱体,ΔV_i表示以$\Delta\sigma_i$为底的第i个小曲顶柱体的体积,则有

$$V=\sum_{i=1}^{n}\Delta V_i.$$

(2) **近似代替** 当分割很细密、使d充分小时,可将小曲顶柱体近似地看成平顶柱体(因$f(x,y)$连续).这时,在每个小区域$\Delta\sigma_i(i=1,2,\cdots,n)$内任取一点$(x_i,y_i)$,把以$f(x_i,y_i)$为高、$\Delta\sigma_i$为底的平顶柱体的体积$f(x_i,y_i)\Delta\sigma_i$作为$\Delta V_i$的近似值,如图8.3所示,即

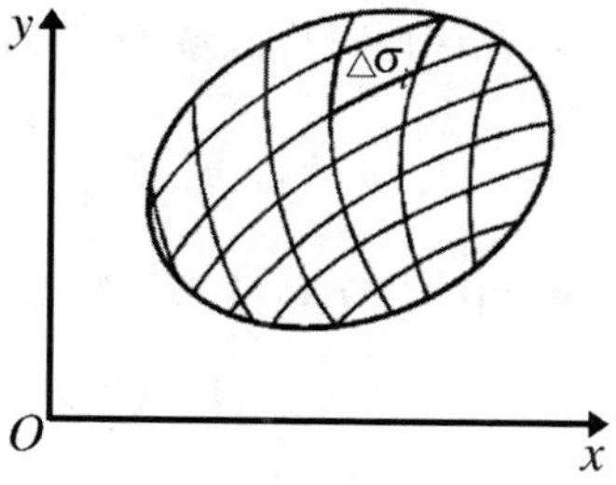

图8.2

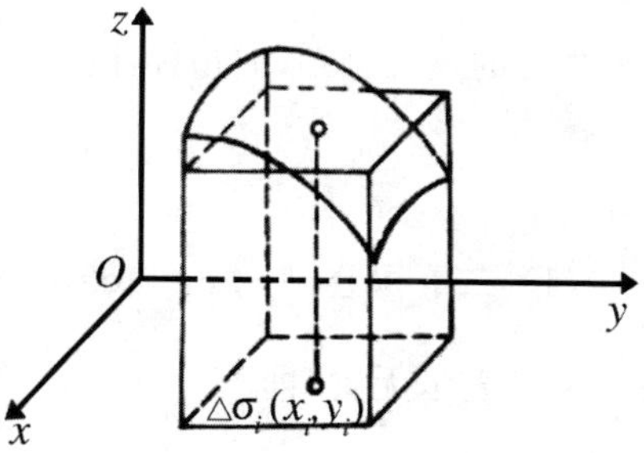

图8.3

$$\Delta V_i\approx f(x_i,y_i)\Delta\sigma_i(i=1,2,\cdots,n).$$

(3) **求和** 令$V_n=\sum_{i=1}^{n}f(x_i,y_i)\Delta\sigma_i$,则$V\approx V_n$.

(4) **取极限** 当区域D的分割充分细密时,V_n将充分接近V,特别地,当$d\to0$时有$V_n\to V$,即有

$$V=\lim_{\mathrm{d}\to0}V_n=\lim_{\mathrm{d}\to0}\sum_{i=1}^{n}f(x_i,y_i)\Delta\sigma_i.$$

处理上述问题的方法为通过分割、近似、求和及取极限这四步把所求的问题归结为求具有一种特定和式的极限.在物理、力学、几何以及自然界中还有众多的量都可以归结为求这种特定的和的极限.抛开问题的具体意义,抽象出它们的数量关系上的共同的本质,下面给出二重积分的定义.

二、二重积分的定义

定义 8.1　设函数 $f(x,y)$ 是定义在有界闭区域 D 上有界的二元函数，将 D 任意分割成 n 个小区域

$$\Delta\sigma_1,\ \Delta\sigma_2,\ \cdots,\ \Delta\sigma_n,$$

并以 $\Delta\sigma_i$ 和 d_i 分别表示第 i 个小区域的面积和直径，$d=\max\{d_1,d_2,\cdots,d_n\}$. 在每个小区域 $\Delta\sigma_i(i=1,2,\cdots,n)$ 内任取一点 (x_i,y_i)，并作和

$$\sum_{i=1}^{n} f(x_i,y_i)\Delta\sigma_i,$$

当 $d\to 0$ 时，如果极限

$$\lim_{d\to 0}\sum_{i=1}^{n} f(x_i,y_i)\Delta\sigma_i$$

存在，则称此极限为函数 $f(x,y)$ 在区域 D 中的**二重积分**，或者称 $f(x,y)$ 在区域 D 上**可积**，记作 $\iint\limits_D f(x,y)\mathrm{d}\sigma$，即

$$\iint\limits_D f(x,y)\mathrm{d}\sigma=\lim_{d\to 0}\sum_{i=1}^{n} f(x_i,y_i)\Delta\sigma_i. \tag{8.1}$$

其中 $f(x,y)$ 称为**被积函数**，D 称为**积分区域**，$\mathrm{d}\sigma$ 称为**面积元素**，x 与 y 称为**积分变量**，$\sum\limits_{i=1}^{n} f(x_i,y_i)\Delta\sigma_i$ 称为**积分和**，$f(x,y)\mathrm{d}\sigma$ 称为**被积表达式**.

由二重积分的定义可知，曲顶柱体的体积是曲面 $f(x,y)$ 在底面对应区域 D 上的二重积分

$$V=\iint\limits_D f(x,y)\mathrm{d}\sigma.$$

注意　(1) 二重积分 $\iint\limits_D f(x,y)\mathrm{d}\sigma$ 是一个数值，只与积分区域 D 和被积函数有关，而与积分变量用的字母表示无关，即

$$\iint\limits_D f(x,y)\mathrm{d}\sigma=\iint\limits_D f(u,v)\mathrm{d}\sigma.$$

(2) 二重积分 $\iint\limits_D f(x,y)\mathrm{d}\sigma$ 与积分区域 D 的分割方法及点 (x_i,y_i) 的取法无关.

(3) 当 $f(x,y)$ 连续，且 $f(x,y)\geqslant 0$ 时，$\iint\limits_D f(x,y)\mathrm{d}\sigma$ 表示曲顶柱体的体积(这是**二重积分的几何意义**).

(4) 如果 $f(x,y)$ 在 D 上可积，则二重积分的值与 D 的分割方法无关，因此，在直角坐标系中常用平行于 x 轴和 y 轴的两组直线分割积分区域 D，此时除了包含边界点的一些小闭区域外(可以证明这些小区域上的对应面积和的极限为零，故可略去不予考虑)，其余的小闭区域都是矩形，其面积为 $\Delta\sigma_i=\Delta x_i\Delta y_i(i=1,2,\cdots,n)$. 可以证明，取极限后面积元素 $\mathrm{d}\sigma=\mathrm{d}x\mathrm{d}y$，所以，在直角坐标系中，二重积分可记为

$$\iint\limits_D f(x,y)\mathrm{d}\sigma=\iint\limits_D f(x,y)\mathrm{d}x\mathrm{d}y.$$

关于二元函数 $f(x,y)$ 的可积性,有以下结论成立:

(1) 若函数 $z=f(x,y)$ 在有界闭区域 D 上连续,则 $f(x,y)$ 在 D 上可积(以后的讨论如无特别说明,总是假定被积函数在积分区域上是连续的).

(2) 若 $z=f(x,y)$ 在有界闭区域 D 上可积,则 $f(x,y)$ 在 D 上有界.

§8.2 二重积分的性质

比较二重积分与定积分的定义,它们的数学本质极为相似,所以二重积分与定积分具有类似的性质.现叙述如下,证明从略.

性质1 如果在区域 D 上恒有 $f(x,y)=1$,区域 D 的面积为 S_D,则

$$\iint_D \mathrm{d}\sigma = S_D.$$

该性质的几何意义是高为1的平顶柱体的体积等于柱体的底面积.

性质2 被积函数的常数因子可以提到积分号外.

$$\iint_D kf(x,y)\mathrm{d}\sigma = k\iint_D f(x,y)\mathrm{d}\sigma \quad (k\text{ 为常数}).$$

性质3 两个函数和(或差)的二重积分等于两个函数二重积分的和(或差).

$$\iint_D [f(x,y)\pm g(x,y)]\mathrm{d}\sigma = \iint_D f(x,y)\mathrm{d}\sigma \pm \iint_D g(x,y)\mathrm{d}\sigma.$$

性质2和性质3可以推广到任意有限多个函数的线性组合的情况,即

$$\iint_D [k_1f_1(x,y)+k_2f_2(x,y)+\cdots+k_nf_n(x,y)]\mathrm{d}\sigma$$
$$=k_1\iint_D f_1(x,y)\mathrm{d}\sigma + k_2\iint_D f_2(x,y)\mathrm{d}\sigma+\cdots+k_n\iint_D f_n(x,y)\mathrm{d}\sigma.$$

性质4(区域可加性) 如果积分区域 D 被一曲线分割成两个区域 D_1 和 D_2(D_1 和 D_2 除分界线外无公共点),如图8.4所示,则

$$\iint_D f(x,y)\mathrm{d}\sigma = \iint_{D_1} f(x,y)\mathrm{d}\sigma + \iint_{D_2} f(x,y)\mathrm{d}\sigma.$$

这一性质可推广到把 D 分成有限个小闭区域的情形.

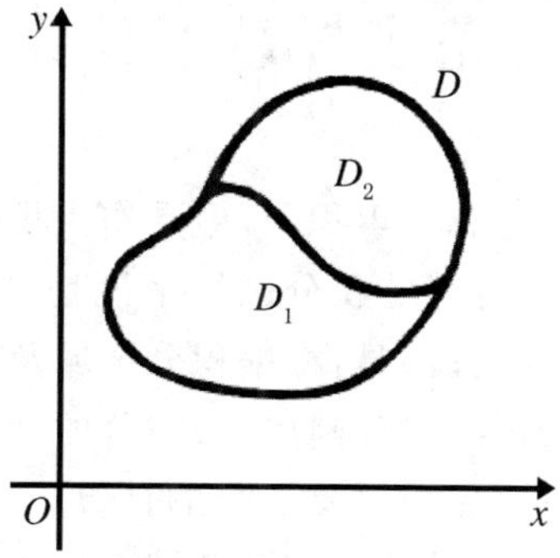

图8.4

性质 5(比较定理) 如果在区域 D 上恒有 $f(x,y) \leqslant g(x,y)$，则

$$\iint_D f(x,y)\mathrm{d}\sigma \leqslant \iint_D g(x,y)\mathrm{d}\sigma.$$

推论 $\left|\iint_D f(x,y)\mathrm{d}\sigma\right| \leqslant \iint_D |f(x,y)|\mathrm{d}\sigma.$

性质 6(估值定理) 设 M 与 m 分别是函数 $z=f(x,y)$ 在有界闭区域 D 上的最大值和最小值，S_D 表示区域 D 的面积，则

$$mS_D \leqslant \iint_D f(x,y)\mathrm{d}\sigma \leqslant MS_D.$$

性质 7(积分中值定理) 设函数 $z=f(x,y)$ 在有界闭区域 D 上连续，S_D 表示区域 D 的面积，则至少存在一点 $(\xi,\eta)\in D$，使得

$$\iint_D f(x,y)\mathrm{d}\sigma = f(\xi,\eta)S_D.$$

中值定理的几何意义是在 D 上以曲面 $f(x,y)$ 为顶的曲顶柱体的体积等于 D 上以某点 (ξ,η) 的函数值 $f(\xi,\eta)$ 为高的平顶柱体的体积.

例 8.1 设区域 $D=\{(x,y)\mid 1\leqslant x^2+y^2\leqslant 4\}$，计算二重积分 $\iint_D 1\mathrm{d}\sigma$.

解 区域 $D=\{(x,y)\mid 1\leqslant x^2+y^2\leqslant 4\}$ 的面积为 $S_D=4\pi-\pi=3\pi$，于是，由性质 1 及性质 5 可得

$$\iint_D 1\mathrm{d}\sigma = S_D = 3\pi.$$

例 8.2 设区域 $D=\{(x,y)\mid 1\leqslant x^2+y^2\leqslant 4\}$，证明

$$3\pi\mathrm{e} \leqslant \iint_D \mathrm{e}^{x^2+y^2}\mathrm{d}\sigma \leqslant 3\pi\mathrm{e}^4.$$

证明 在 D 上，$f(x,y)=\mathrm{e}^{x^2+y^2}$，其最小值为 $m=\mathrm{e}$，最大值为 $M=\mathrm{e}^4$，而 $S_D=4\pi-\pi=3\pi$，则由估值定理有

$$3\pi\mathrm{e} \leqslant \iint_D \mathrm{e}^{x^2+y^2}\mathrm{d}\sigma \leqslant 3\pi\mathrm{e}^4.$$

§8.3 在直角坐标系下计算二重积分

虽然二重积分的定义可以用来计算二重积分，但是作为积分和的极限来说，计算过程是繁杂的，对少数特别简单的被积函数和特殊的积分区域来说是可行的，但是局限性也十分明显. 对于二重积分的计算比较切实可行的方法是：根据积分区域及被积函数的特点，二重积分的计算分为直角坐标系和极坐标系两种情况，接着将二重积分的计算化成两次定积分(称为**累次积分**)的计算，只需计算累次积分就可以完成二重积分的计算. 这一节介绍在直角坐标系下二重积分的计算. 直角坐标系下二重积分的计算与积分区域边界曲线的形状有密切的关系，下面将积分区域分几种情况来讨论.

一、积分区域 D 为 X 型区域

设函数 $y=\varphi_1(x)$，$y=\varphi_2(x)$ 在区间 $[a,b]$ 上连续，由曲线 $y=\varphi_1(x)$，$y=\varphi_2(x)$ $(\varphi_1(x)\leqslant\varphi_2(x))$ 及直线 $x=a$，$x=b(a<b)$ 所围成的平面区域 D，称为 **X 型区域**，记为 $D=\{(x,y)\,|\,a\leqslant x\leqslant b,\ \varphi_1(x)\leqslant y\leqslant\varphi_2(x)\}$，如图 8.5 所示.

设 $f(x,y)\geqslant 0$，由二重积分的几何意义可知，$\iint\limits_D f(x,y)\mathrm{d}x\mathrm{d}y$ 表示以区域 D 为底，曲面 $z=f(x,y)$ 为顶的曲顶柱体的体积 V，如图 8.6 所示. 下面通过计算体积 V 说明区域 D 为 X 型区域时二重积分的计算方法.

利用定积分中求"平行截面面积为已知的立体的体积"的方法，计算该曲顶柱体的体积. 任意取定的 $x\in[a,b]$，过点 $(x,0,0)$ 作垂直于 x 轴的平面，该平面截曲顶柱体得一截面，设该截面的面积为 $S(x)$，则曲顶柱体的体积

$$V=\iint\limits_D f(x,y)\mathrm{d}x\mathrm{d}y=\int_a^b S(x)\mathrm{d}x. \tag{8.2}$$

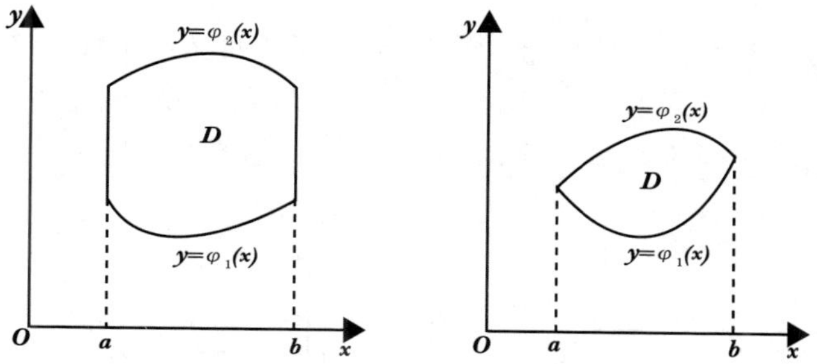

图 8.5

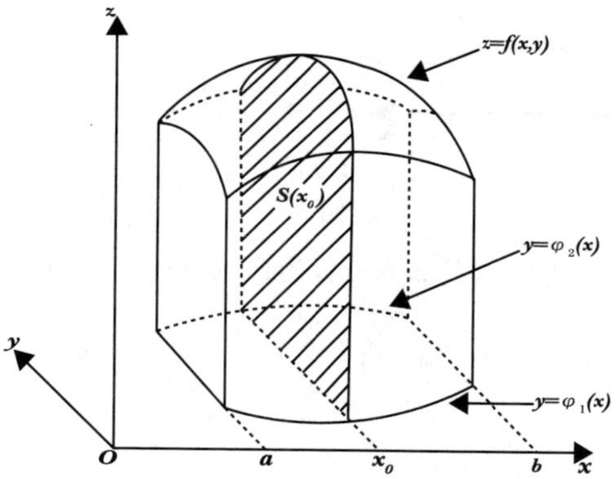

图 8.6

由图 8.6 可知，$S(x)$ 是一个曲边梯形的面积，对于固定的 $x\in[a,b]$，此曲边梯形的曲边是由方程 $z=f(x,y)$ 确定的 y 的一元函数的曲线，而底边沿着 y 轴方向从 $\varphi_1(x)$ 变到 $\varphi_2(x)$，因此，曲边梯形的面积

$$S(x)=\int_{\varphi_1(x)}^{\varphi_2(x)} f(x,y)\mathrm{d}y.$$

代入式(8.2)中得

$$\iint_D f(x,y)\mathrm{d}x\mathrm{d}y=\int_a^b\left[\int_{\varphi_1(x)}^{\varphi_2(x)}f(x,y)\mathrm{d}y\right]\mathrm{d}x \tag{8.3}$$

也可记成

$$\iint_D f(x,y)\mathrm{d}x\mathrm{d}y=\int_a^b\mathrm{d}x\int_{\varphi_1(x)}^{\varphi_2(x)}f(x,y)\mathrm{d}y. \tag{8.4}$$

上面将二重积分的计算化成先对 y,后对 x 的两次定积分的计算就称为**累次积分**或**二次积分**.

具体计算步骤如下:先把 x 看成常数,将 $f(x,y)$ 只看成 y 的函数,并对 y 计算从 $\varphi_1(x)$ 到 $\varphi_2(x)$ 的定积分,用算出所得的结果再对 x 计算在区间$[a,b]$上的定积分.

虽然推导上述公式时假定 $f(x,y)$ 在 D 上非负,但是按此方法不难证明上述公式并不受此条件限制,可推广到一般的二元函数.

二、积分区域 D 为 Y 型区域

设函数 $x=\psi_1(y)$,$x=\psi_2(y)(\psi_1(y)\leqslant\psi_2(y))$ 在区间$[c,d]$上连续,由曲线 $x=\psi_1(y)$,$x=\psi_2(y)(\psi_1(y)\leqslant\psi_2(y))$ 及直线 $y=c$,$y=d(c<d)$ 所围成的平面区域 D 称为 **Y 型区域**,记为 $D=\{(x,y)\mid\psi_1(y)\leqslant x\leqslant\psi_2(y),\ c\leqslant y\leqslant d\}$,如图 8.7 所示.

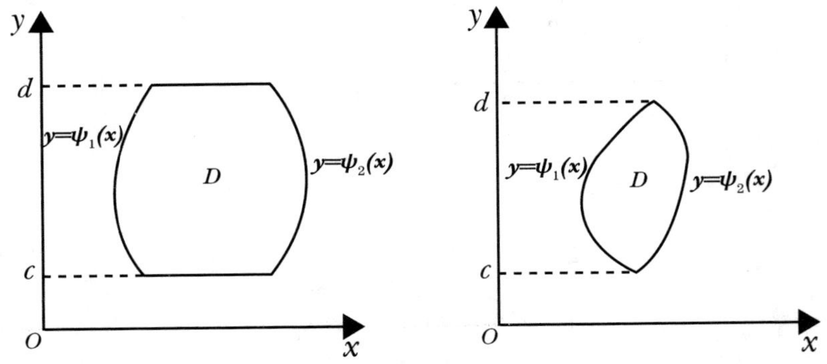

图 8.7

与 X 型区域时二重积分的计算公式类似,当区域 D 为 Y 型区域时

$$\iint_D f(x,y)\mathrm{d}x\mathrm{d}y=\int_c^d\left[\int_{\psi_1(y)}^{\psi_2(y)}f(x,y)\mathrm{d}x\right]\mathrm{d}y \tag{8.5}$$

或

$$\iint_D f(x,y)\mathrm{d}x\mathrm{d}y=\int_c^d\mathrm{d}y\int_{\psi_1(y)}^{\psi_2(y)}f(x,y)\mathrm{d}x, \tag{8.6}$$

即将二重积分化成先对 x,后对 y 的累次积分.具体计算步骤如下:先把 y 看成常数,将 $f(x,y)$ 只看成 x 的函数,并对 x 计算从 $\psi_1(y)$ 到 $\psi_2(y)$ 的定积分,然后用算出的结果再对 y 计算在区间$[c,d]$上的定积分.

三、积分区域 D 为 X—Y 型区域

如果区域 D 既是 X 型区域，又是 Y 型区域称为 **X—Y 型区域**. 例如，由曲线 $xy=1$ 及直线 $x=2$，$y=2$ 所围成的区域如图 8.8 所示. 则有

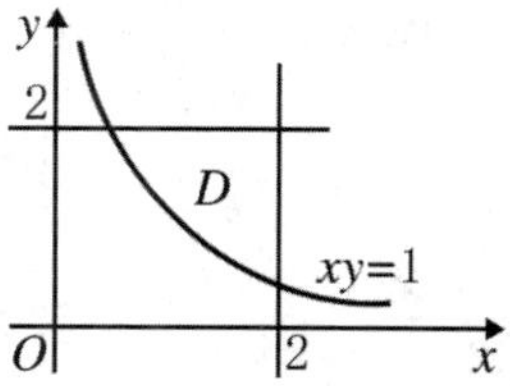

图 8.8

$$\iint_D f(x,y)\mathrm{d}x\mathrm{d}y=\int_a^b \mathrm{d}x\int_{\varphi_1(x)}^{\varphi_2(x)} f(x,y)\mathrm{d}y=\int_c^d \mathrm{d}y\int_{\psi_1(y)}^{\psi_2(y)} f(x,y)\mathrm{d}x, \tag{8.7}$$

此式说明两个不同顺序的累次积分都等于二重积分的值. 理论上既可以化成先对 y，后对 x 的累次积分，又可以化成先对 x，后对 y 的累次积分. 但是，往往被积函数 $f(x,y)$ 仅对 x 积分才可以求出原函数或仅对 y 积分才可以求出原函数，因此，此时累次积分的积分顺序要由被积函数确定.

四、积分区域 D 既不是 X 型区域又不是 Y 型区域

如果区域 D 既不是 X 型区域，又不是 Y 型区域，这时我们可以用平行于坐标轴的直线将此区域分成若干个除了边界点外无公共内点的 X 型区域和 Y 型区域来计算. 显然根据二重积分区域可加性得，在这些小的 X 型区域或者 Y 型区域上的二重积分之和等于整个区域 D 上的二重积分，如图 8.9 所示.

例 8.3 计算 $\iint_D (x^2+y)\mathrm{d}x\mathrm{d}y$，其中 D 是由曲线 $xy=1$ 及直线 $y=x$，$x=2$ 围成的.

解 画出区域 D 的图形如图 8.10 所示，由图形可知

$$D=\{(x,y)\mid 1\leqslant x\leqslant 2,\ \frac{1}{x}\leqslant y\leqslant x\}\text{ 为 } X \text{ 型区域，所以}$$

$$\iint_D (x^2+y)\mathrm{d}x\mathrm{d}y=\int_1^2\mathrm{d}x\int_{\frac{1}{x}}^{x}(x^2+y)\mathrm{d}y=\int_1^2\left(x^3+\frac{1}{2}x^2-x-\frac{1}{2x^2}\right)\mathrm{d}x=\frac{19}{6}.$$

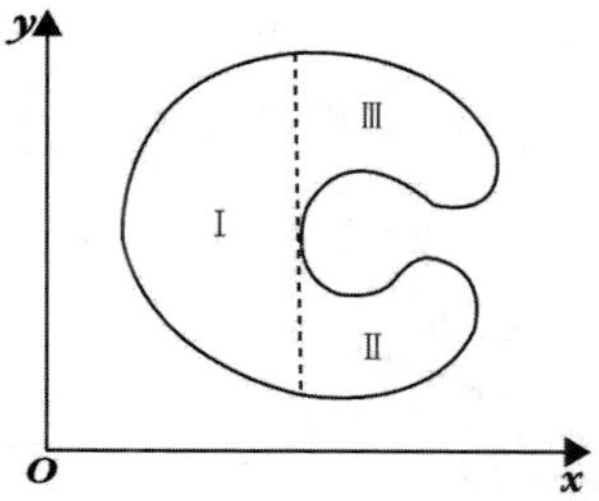

图 8.9

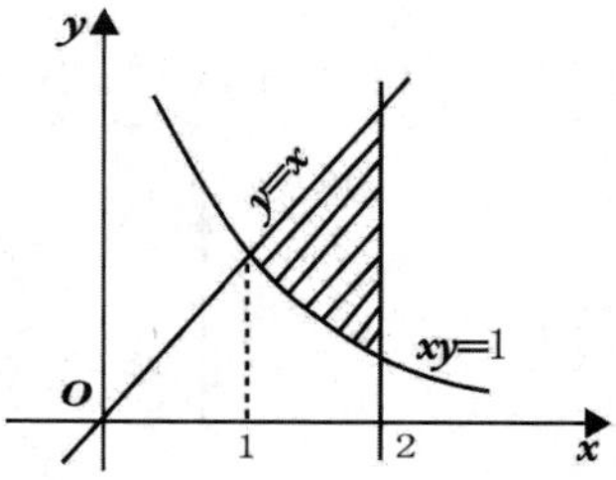

图 8.10

例 8.4 计算 $\iint_D (x^2-y^2)\mathrm{d}x\mathrm{d}y$，其中 D 是由直线 $y=x$，$y=-x$，$y=1$ 围成的，如图 8.11 所示.

解 画出区域 D 的图形，如图 8.12 所示，由图形可知

$D=\{(x,y)\mid -y\leqslant x\leqslant y,\ 0\leqslant y\leqslant 1\}$ 为 Y 型区域，所以

$$\iint_D (x^2-y^2)\mathrm{d}x\mathrm{d}y=\int_0^1\mathrm{d}y\int_{-y}^{y}(x^2-y^2)\mathrm{d}x$$

$$=\int_0^1\left(\frac{1}{3}x^3-xy^2\right)\Bigg|_{-y}^{y}\mathrm{d}y=\int_0^1-\frac{4}{3}y^3\mathrm{d}y=-\frac{1}{3}y^4\Bigg|_0^1=-\frac{1}{3}.$$

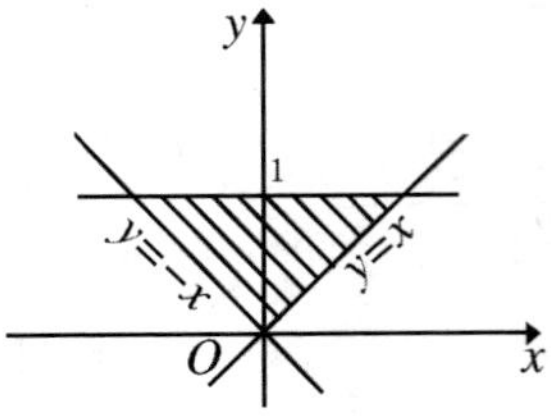

图 8.11

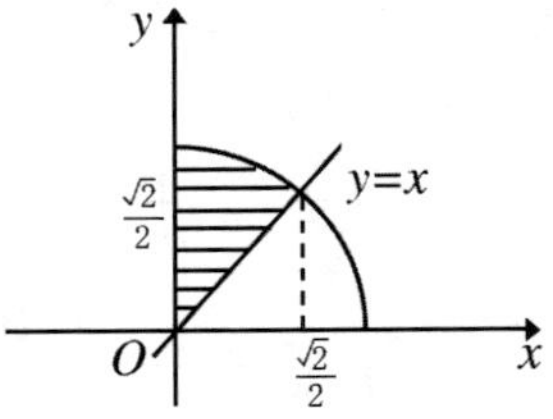

图 8.12

例 8.5 计算 $\iint_D\frac{1}{(x+y)^2}\mathrm{d}x\mathrm{d}y$， $D=\{(x,y)\mid 3\leqslant x\leqslant 4,\ 1\leqslant y\leqslant 2\}$.

解 因 $D=\{(x,y)\mid 3\leqslant x\leqslant 4,\ 1\leqslant y\leqslant 2\}$ 为 $X—Y$ 型区域，所以

$$\iint_D\frac{1}{(x+y)^2}\mathrm{d}x\mathrm{d}y=\int_3^4\mathrm{d}x\int_1^2\frac{1}{(x+y)^2}\mathrm{d}y$$

$$=\int_3^4\left(-\frac{1}{x+y}\right)\Bigg|_1^2\mathrm{d}x$$

$$=\int_3^4\left(\frac{1}{x+1}-\frac{1}{x+2}\right)\mathrm{d}x$$

$$=\ln\frac{25}{24}.$$

例 8.6 交换累次积分 $\int_1^{\mathrm{e}}\mathrm{d}x\int_0^{\ln x}f(x,y)\mathrm{d}y$ 的积分顺序.

解 由二重积分的上下限知积分区域 D 的图形是 $y=0$ 与 $y=\ln x$ 在 $[1,\mathrm{e}]$ 之间的部分如图 8.13 所示. 当 D 表示成 X 型区域

$$D=\{(x,y)\mid 1\leqslant x\leqslant \mathrm{e},\ 0\leqslant y\leqslant \ln x.\}$$

当 D 表示成 Y 型区域

$$D=\{(x,y)\mid 0\leqslant y\leqslant 1,\ \mathrm{e}^y\leqslant x\leqslant \mathrm{e},\}$$

因此

$$\iint_D f(x,y)\mathrm{d}x\mathrm{d}y=\int_0^1\mathrm{d}y\int_{\mathrm{e}}^{\mathrm{e}^y}f(x,y)\mathrm{d}x.$$

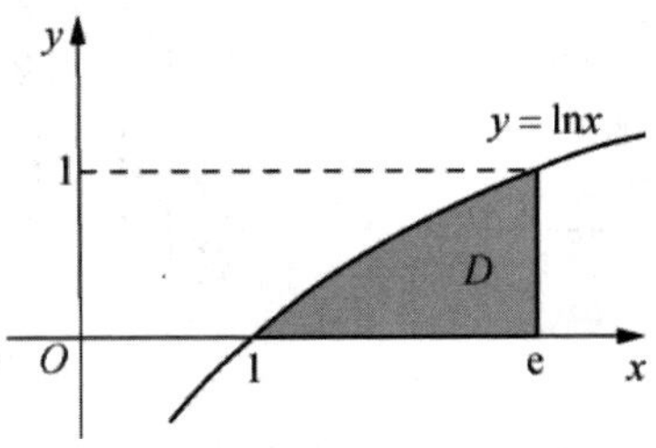

图 8.13

例 8.7 计算二重积分$\iint\limits_D \frac{\sin y}{y}\mathrm{d}y$，其中积分区域 D 是由直线 $y=1,y=x$ 及 $x=0$ 围成.

解 画出区域 D 的图形，如图 8.14 所示，D 可以表示为 $D=\{(x,y)\mid 0\leqslant x\leqslant 1,x\leqslant y\leqslant 1\}$ 或 $D=\{(x,y)\mid 0\leqslant y\leqslant 1,0\leqslant x\leqslant y\}$.

若把$\iint\limits_D \frac{\sin y}{y}\mathrm{d}x\mathrm{d}y$ 按照先 x 后 y 的积分顺序化成累次积分$\int_0^1\mathrm{d}x\int_x^1 \frac{\sin y}{y}\mathrm{d}y$，其中$\frac{\sin y}{y}$的原函数不能用初等函数表示，因此积分$\int_x^1 \frac{\sin y}{y}\mathrm{d}y$ 无法计算出来，所以采取先 x 后 y 的积分顺序，有

$$\iint\limits_D \frac{\sin y}{y}\mathrm{d}x\mathrm{d}y=\int_0^1\mathrm{d}y\int_0^y \frac{\sin y}{y}\mathrm{d}x=\int_0^1 \sin y\mathrm{d}y= 1-\cos 1.$$

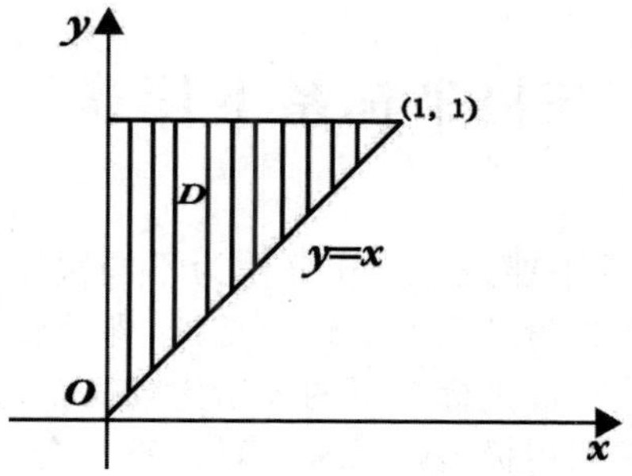

图 8.14

例 8.8 计算二重积分$\iint\limits_D x\mathrm{d}x\mathrm{d}y$，其中积分区域 D 是由直线 $y=2x$，$y=\frac{1}{2}x$ 和 $y=12-x$ 所围成的区域.

解 画出区域 D 的图形，如图 8.15 所示，积分区域 D 不是 X 型或 Y 型. 首先求得 $y=2x$ 与 $y=12-x$ 的交点 $M_1(4,8)$，以及直线 $y=\frac{1}{2}x$ 和直线 $y=12-x$ 的交点 $M_2(8,4)$. 其次用直线 $x=4$ 将区域 D 分成区域 D_1 和 D_2，其中

$$D_1=\left\{(x,y)\mid 0\leqslant x\leqslant 4,\ \frac{1}{2}x\leqslant y\leqslant 2x\right\},$$

$$D_2=\left\{(x,y)\mid 4\leqslant x\leqslant 8,\ \frac{1}{2}x\leqslant y\leqslant 12-x\right\},$$

它们都是 X 型区域.

$$\iint\limits_{D_1} x\mathrm{d}x\mathrm{d}y=\int_0^4\mathrm{d}x\int_{\frac{1}{2}x}^{2x} x\mathrm{d}y=\int_0^4 \frac{3}{2}x^2\mathrm{d}x=\frac{1}{2}x^3\Big|_0^4=32,$$

$$\iint\limits_{D_2} x\mathrm{d}x\mathrm{d}y=\int_4^8\mathrm{d}x\int_{\frac{1}{2}x}^{12-x} x\mathrm{d}y=\int_4^8\left(12x-\frac{3}{2}x^2\right)\mathrm{d}x=\left(6x^2-\frac{1}{2}x^3\right)\Big|_4^8=64,$$

于是

$$\iint\limits_D x\mathrm{d}x\mathrm{d}y=\iint\limits_{D_1} x\mathrm{d}x\mathrm{d}y+\iint\limits_{D_2} x\mathrm{d}x\mathrm{d}y=32+64=96.$$

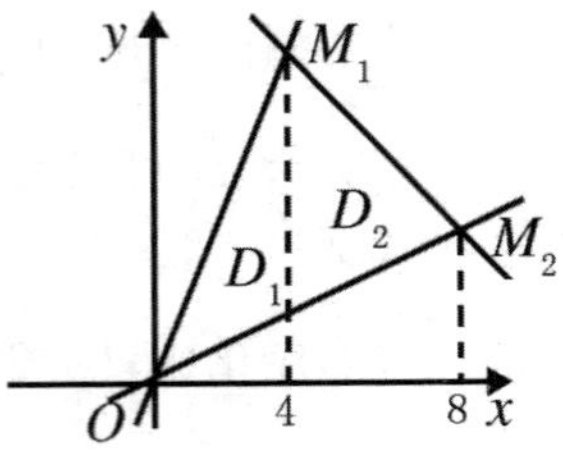

图 8.15

§8.4 在极坐标系下计算二重积分

上一节介绍了在直角坐标系下能把二重积分化为不同次序的累次积分来计算.而有些二重积分,积分区域的边界曲线在直角坐标系下较为复杂,即使化成了累次积分,计算过程也比较困难,但是如果这些边界曲线在极坐标系下的表示比较简单,且被积函数转化为极坐标表示形式上也较简单时,就可以考虑利用极坐标系来计算二重积分.例如,当积分区域为圆、圆环、扇形等,或被积函数形如 $f(x^2+y^2)$, $f\left(\frac{x}{y}\right)$ 等时,利用极坐标系来计算二重积分会更方便.

一、极坐标系

1.极坐标系

在平面内取定一点 O,称为**极点**.从极点出发,引一条射线 Ox 称为**极轴**,再选取一个单位长度和角的正方向(一般选逆时针方向),这样就建立了**极坐标系**.在极坐标系中,点 P 的位置则用该点到极点的距离 r 及该点与极点的连线与极轴的夹角 θ 来表示,记为 $P(r,\theta)$,如图 8.16 所示.

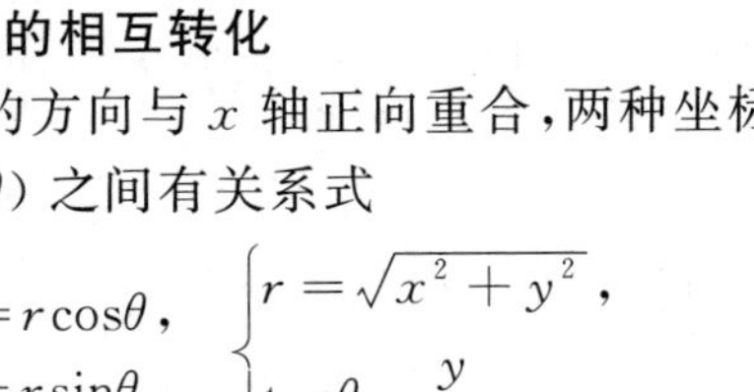

图 8.16

2.直角坐标系与极坐标系的相互转化

若原点与极点重合,极轴的方向与 x 轴正向重合,两种坐标系的单位长度一致,则点 P 的直角坐标(x,y) 与极坐标(r,θ) 之间有关系式

$$\begin{cases} x=r\cos\theta, \\ y=r\sin\theta, \end{cases} \quad \begin{cases} r=\sqrt{x^2+y^2}, \\ \tan\theta=\dfrac{y}{x}. \end{cases} \tag{8.8}$$

因此,直角坐标系中的曲线方程 $y=f(x)$ 可以转换成极坐标系中的曲线方程 $r=r(\theta)$,即将 $x=r\cos\theta$, $y=r\sin\theta$ 代入 $y=f(x)$ 中整理即得;反之,极坐标系中的曲线方程 $r=r(\theta)$ 也

可以转换成直角坐标系中的曲线方程 $y=f(x)$，即将 $r=\sqrt{x^2+y^2}$，$\tan\theta=\dfrac{y}{x}$ 代入 $r=r(\theta)$ 中整理即得.

例 8.9 写出圆 $x^2+y^2-2Rx=0\ (R>0)$ 的极坐标方程.

解 将关系式 $x=r\cos\theta$，$y=r\sin\theta$ 直接代入圆方程得

$$r^2=2Rr\cos\theta,$$

因为 $r\geqslant 0$，所以圆的极坐标方程为

$$r=2R\cos\theta,\quad -\frac{\pi}{2}\leqslant\theta\leqslant\frac{\pi}{2}.$$

例 8.10 用极坐标来表示区域 $D=\{(x,y)\,|\,1\leqslant x^2+y^2\leqslant 4\}$.

解 将关系式 $x=r\cos\theta$，$y=r\sin\theta$ 直接代入 $1\leqslant x^2+y^2\leqslant 4$ 得，$1\leqslant r^2\leqslant 4$. 由于 D 表示圆环，所以 $D=\{(r,\theta)\,|\,1\leqslant r\leqslant 2,\ 0\leqslant\theta\leqslant 2\pi\}$.

二、直角坐标系下二重积分转换为极坐标系下的二重积分

把直角坐标系下的二重积分 $\iint\limits_D f(x,y)\mathrm{d}x\mathrm{d}y$ 转化为极坐标系下的二重积分，首先把 $x=r\cos\theta$ 和 $y=r\sin\theta$ 代入被积函数得 $f(x,y)=f(r\cos\theta,r\sin\theta)$，其次要将面积元素 $\mathrm{d}\sigma=\mathrm{d}x\mathrm{d}y$ 进行转换.

在二重积分的定义中，对区域 D 的划分是任意的. 因此为了得到极坐标系下的面积元素 $\mathrm{d}\sigma$，我们用极坐标中表示式很简单的两种线去分割区域 D，即用 $r=$ 常数（以 O 为圆心的同心圆）和 $\theta=$ 常数（以 O 为起点的一簇射线）去分割 D. 设 $\Delta\sigma$ 是从 r 到 $r+\mathrm{d}r$ 和从 θ 到 $\theta+\mathrm{d}\theta$ 之间的小区域（图 8.17 中阴影部分），其面积为

$$\Delta\sigma=\frac{1}{2}(r+\mathrm{d}r)^2\mathrm{d}\theta-\frac{1}{2}r^2\mathrm{d}\theta=r\mathrm{d}r\mathrm{d}\theta+\frac{1}{2}(\mathrm{d}r)^2\mathrm{d}\theta.$$

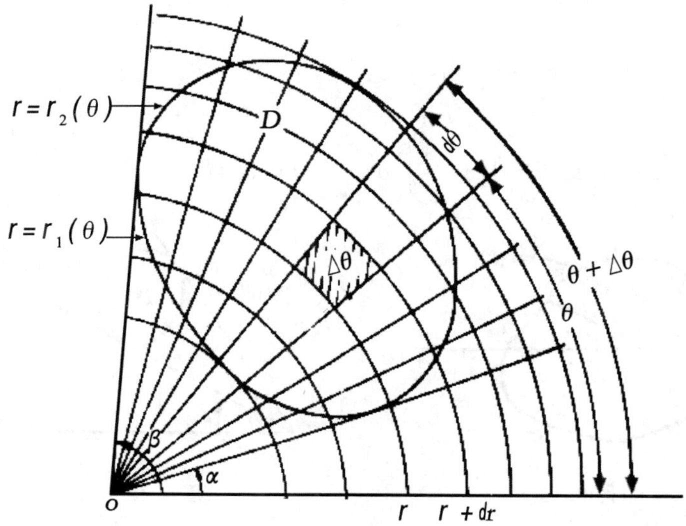

图 8.17

当 $\mathrm{d}r$ 和 $\mathrm{d}\theta$ 都充分小时，$\dfrac{1}{2}(\mathrm{d}r)^2\mathrm{d}\theta$ 是比 $\mathrm{d}r\mathrm{d}\theta$ 更高阶的无穷小量，从而得到 $\Delta\sigma$ 的近似

公式

$$\Delta\sigma \approx r\,\mathrm{d}r\,\mathrm{d}\theta,$$

于是得到极坐标系下的面积元素

$$\mathrm{d}\sigma = r\,\mathrm{d}r\,\mathrm{d}\theta,$$

故直角坐标系下的二重积分转化为极坐标系下的二重积分

$$\iint_D f(x,y)\,\mathrm{d}x\,\mathrm{d}y = \iint_D f(r\cos\theta, r\sin\theta)\,r\,\mathrm{d}r\,\mathrm{d}\theta. \tag{8.9}$$

三、极坐标系下二重积分的计算

计算极坐标系下的二重积分

$$\iint_D f(r\cos\theta, r\sin\theta)\,r\,\mathrm{d}r\,\mathrm{d}\theta,$$

关键是积分区域在极坐标系下如何表示？如果能表示出积分区域，就可以仿照直角坐标系下的方式将它化为累次积分来计算. 下面把积分区域 D 分成以下三种情况说明.

1. 极点在区域 D 之内

如果极点在积分区域 D 内，且 D 的边界是连续封闭曲线 $r=r(\theta)$，$0\leqslant\theta\leqslant 2\pi$，如图 8.18 所示，区域 D 可表示为

$$D=\{(r,\theta)\,|\,0\leqslant r\leqslant r(\theta),\ 0\leqslant\theta\leqslant 2\pi\},$$

从而有

$$\iint_D f(r\cos\theta, r\sin\theta)\,r\,\mathrm{d}r\,\mathrm{d}\theta = \int_0^{2\pi}\mathrm{d}\theta\int_0^{r(\theta)} f(r\cos\theta, r\sin\theta)\,r\,\mathrm{d}r. \tag{8.10}$$

2. 极点在区域 D 之外

如果区域 D 在 $\theta=\alpha$ 与 $\theta=\beta$ 两条射线之间，这两条射线与区域 D 的边界的交点把区域边界分成两部分，如图 8.19 所示，它们的极坐标方程分别为

$$r=r_1(\theta),\ \alpha\leqslant\theta\leqslant\beta \text{ 和 } r=r_2(\theta),\ \alpha\leqslant\theta\leqslant\beta,$$

区域 D 可表示为

$$D=\{(r,\theta)\,|\,r_1(\theta)\leqslant r\leqslant r_2(\theta),\ \alpha\leqslant\theta\leqslant\beta\},$$

从而有

$$\iint_D f(r\cos\theta, r\sin\theta)\,r\,\mathrm{d}r\,\mathrm{d}\theta = \int_\alpha^{\beta}\mathrm{d}\theta\int_{r_1(\theta)}^{r_2(\theta)} f(r\cos\theta, r\sin\theta)\,r\,\mathrm{d}r. \tag{8.11}$$

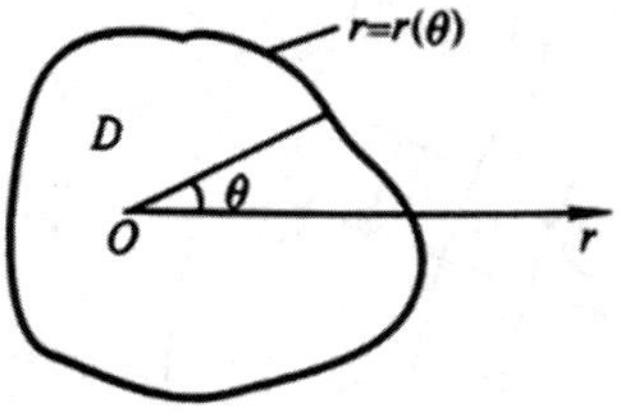

图 8.18

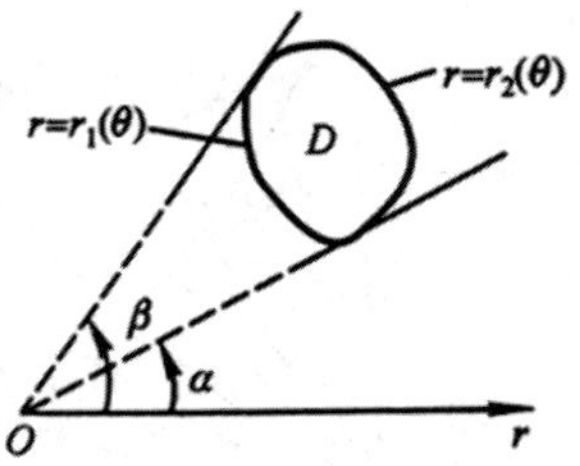

图 8.19

3. 极点在区域 D 的边界上

如果极点在积分区域 D 的边界上，且 D 由射线 $\theta=\alpha$ 与 $\theta=\beta$ 与连续的曲线方程 $r=r(\theta)$ 所围成，如图 8.20 所示，区域 D 可表示为

$$D=\{(r,\theta)\,|\,0\leqslant r\leqslant r(\theta),\ \alpha\leqslant\theta\leqslant\beta\},$$

从而有

$$\iint_D f(r\cos\theta, r\sin\theta) r\,\mathrm{d}r\,\mathrm{d}\theta = \int_\alpha^\beta \mathrm{d}\theta \int_0^{r(\theta)} f(r\cos\theta, r\sin\theta) r\,\mathrm{d}r. \tag{8.12}$$

例 8.11　计算 $\iint_D \sin(\pi\sqrt{x^2+y^2})\,\mathrm{d}x\,\mathrm{d}y$，其中

$$D = \{(x,y) \mid x^2+y^2 \leqslant 4\}.$$

解　如图 8.21 所示，积分区域 D 在极坐标系下可表示为

$$D = \{(r,\theta) \mid 0 \leqslant r \leqslant 2,\ 0 \leqslant \theta \leqslant 2\pi\},$$

$$\iint_D \sin(\pi\sqrt{x^2+y^2})\,\mathrm{d}x\,\mathrm{d}y = \int_0^{2\pi} \mathrm{d}\theta \int_0^2 \sin(\pi r) \cdot r\,\mathrm{d}r = -4.$$

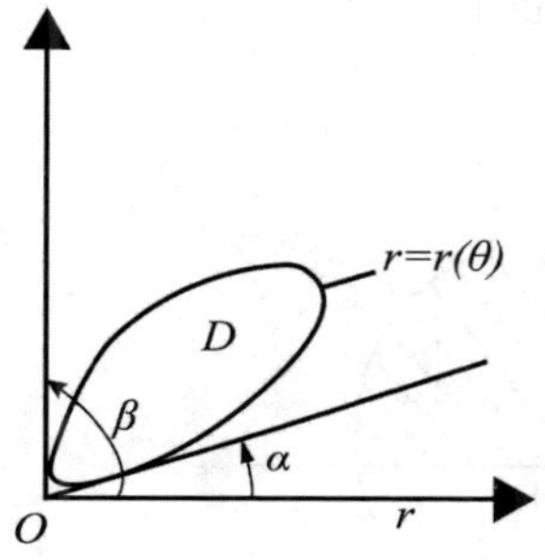

图 8.20

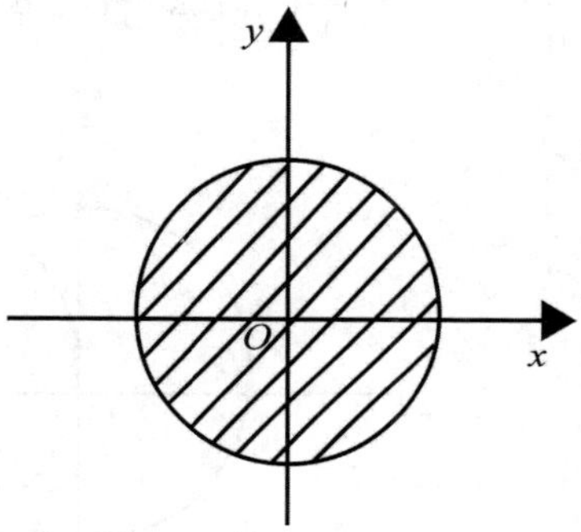

图 8.21

例 8.12　计算 $\iint_D (x^2+y^2)\mathrm{d}\sigma$，其中 D 是由圆 $x^2+y^2=2y$，$x^2+y^2=4y$ 与直线 $x-\sqrt{3}y=0$，$y-\sqrt{3}x=0$ 所围成的封闭区域.

解　积分区域 D 在极坐标系下可表示为

$$D = \left\{(r,\theta) \,\middle|\, 2\sin\theta \leqslant r \leqslant 4\sin\theta,\ \frac{\pi}{6} \leqslant \theta \leqslant \frac{\pi}{3}\right\},$$

于是

$$\begin{aligned}\iint_D (x^2+y^2)\mathrm{d}\sigma &= \int_{\frac{\pi}{6}}^{\frac{\pi}{3}} \mathrm{d}\theta \int_{2\sin\theta}^{4\sin\theta} r^2 \cdot r\,\mathrm{d}r \\ &= \int_{\frac{\pi}{6}}^{\frac{\pi}{3}} \left[\frac{r^4}{4} \Big|_{2\sin\theta}^{4\sin\theta}\right]\mathrm{d}\theta \\ &= 60\int_{\frac{\pi}{6}}^{\frac{\pi}{3}} \sin^4\theta\,\mathrm{d}\theta \\ &= 60\int_{\frac{\pi}{6}}^{\frac{\pi}{3}} \left(\frac{1-\cos 2\theta}{2}\right)^2 \mathrm{d}\theta \\ &= 15\left(\frac{\pi}{4} - \frac{\sqrt{3}}{8}\right).\end{aligned}$$

例 8.13　计算二重积分 $I = \iint_D xy\,\mathrm{d}x\,\mathrm{d}y$，其中

$$D = \{(x,y) \mid y \geqslant 0, x^2+y^2 \geqslant 1, x^2+y^2-2x \leqslant 0\}.$$

解 先画出积分区域D的图形,如图8.22所示,因为D是由两个单位圆围成的,所以,可以用极坐标作为二重积分.两个圆的极坐标分别为

$$L_1: r=1, 0\leqslant\theta\leqslant 2\pi,$$

$$L_2: r=2\cos\theta, -\frac{\pi}{2}\leqslant\theta\leqslant\frac{\pi}{2}.$$

由题意得

$$D=\{(r,\theta)\mid 1\leqslant r\leqslant 2\cos\theta, 0\leqslant\theta\leqslant\frac{\pi}{3}\},$$

所以

$$\iint\limits_D xy\,dx\,dy=\int_0^{\frac{\pi}{3}}d\theta\int_1^{2\cos\theta}r^2\sin\theta\cdot\cos\theta\cdot r\,dr=\frac{1}{4}\int_0^{\frac{\pi}{3}}r^4\sin\theta\Big|_1^{2\cos\theta}d\theta$$

$$=\frac{1}{4}\int_0^{\frac{\pi}{3}}(16\sin\theta\cos^5\theta-\sin\theta\cos\theta)d\theta=\frac{9}{16}.$$

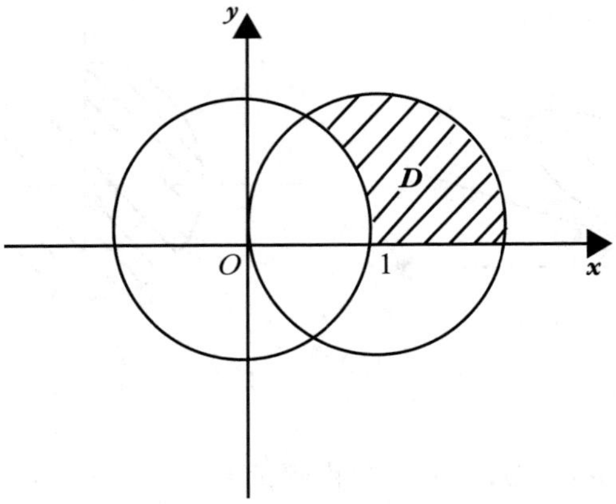

图 8.22

例 8.14 计算$\iint\limits_D xy^2 d\sigma$,其中$D$是圆$x^2+y^2\leqslant 1$在第一象限的区域.

解 如图8.23所示,积分区域D在极坐标系下可表示为

$$D=\left\{(r,\theta)\middle| 0\leqslant r\leqslant 1,\ 0\leqslant\theta\leqslant\frac{\pi}{2}\right\},$$

于是

$$\iint\limits_D xy^2 d\sigma=\int_0^{\frac{\pi}{2}}d\theta\int_0^1\cos\theta\sin^2\theta\cdot r^4\,dr=\frac{1}{15}.$$

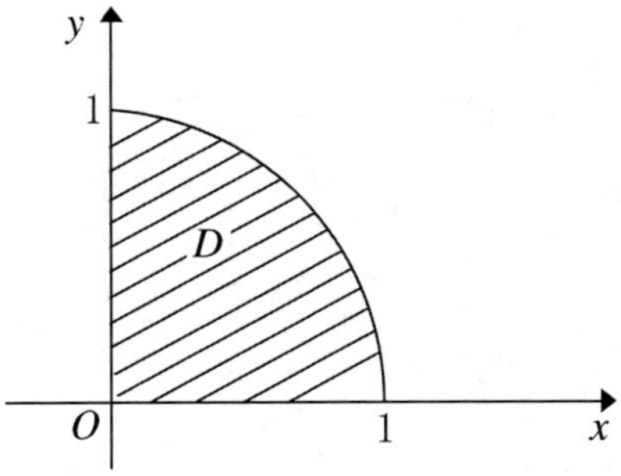

图 8.23

例 8.15　求二重积分$\iint\limits_D \sqrt{x^2+y^2}\,\mathrm{d}\sigma$，其中 D 是由圆 $x^2+y^2=4$ 和 $(x+1)^2+y^2=1$ 所围成的平面区域.

解　如图 8.24 所示，积分区域是圆的一部分，而且被积函数中有 x^2+y^2 形式，所以该二重积分适合用极坐标计算，根据积分区域的特点，可变成两个积分之差计算，这是一种很重要的积分技巧.

$$\iint\limits_D \sqrt{x^2+y^2}\,\mathrm{d}\sigma=\iint\limits_{D_{大圆}} \sqrt{x^2+y^2}\,\mathrm{d}\sigma-\iint\limits_{D_{小圆}} \sqrt{x^2+y^2}\,\mathrm{d}\sigma,$$

其中积分区域 $D_{大圆}$ 和 $D_{小圆}$ 在极坐标系下可分别表示为

$$D_{大圆}=\{(r,\theta)\mid 0\leqslant\theta\leqslant 2\pi,0\leqslant r\leqslant\sqrt{2}\},$$

$$D_{小圆}=\left\{(r,\theta)\mid \frac{\pi}{2}\leqslant\theta\leqslant\frac{3\pi}{2},0\leqslant r\leqslant-2\cos\theta\right\},$$

于是

$$\iint\limits_{D_{大圆}} \sqrt{x^2+y^2}\,\mathrm{d}\sigma=\int_0^{2\pi}\mathrm{d}\theta\int_0^2 r^2\,\mathrm{d}r=\frac{16}{3}\pi,$$

$$\iint\limits_{D_{小圆}} \sqrt{x^2+y^2}\,\mathrm{d}\sigma=\int_{\frac{\pi}{2}}^{\frac{3\pi}{2}}\mathrm{d}\theta\int_0^{-2\cos\theta} r^2\,\mathrm{d}r=\frac{32}{9},$$

所以

$$\iint\limits_D \sqrt{x^2+y^2}\,\mathrm{d}\sigma=\frac{16}{9}(3\pi-2).$$

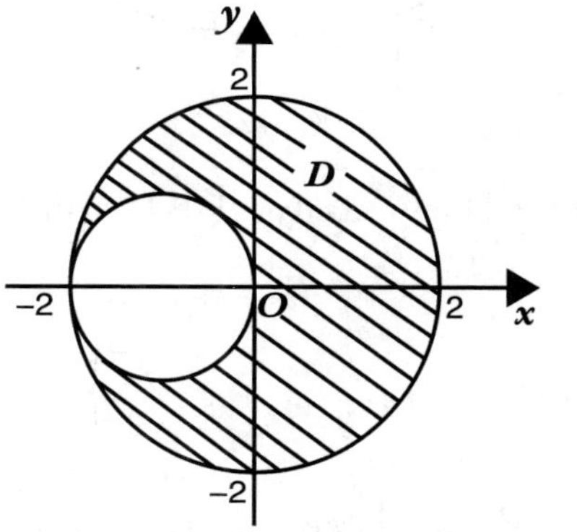

图 8.24

§8.5　广义二重积分

在一元函数的定积分中，先在有限区间求定积分，然后让区间端点趋于无穷来计算极限，得到了在无界区间上的广义积分. 类似地，我们可以先计算有界区域上的二重积分，然后让有界区域趋于无界区域，通过极限来把二重积分应用到无界区域上，得到广义二重积分. 当然和前面一样，如果极限存在，就称为广义二重积分收敛，且广义二重积分值就是所求的极限. 如果极限不存在，称为广义二重积分发散.

定义 8.2　设 D 是平面上一无界区域，函数 $f(x,y)$ 在 D 上有定义，用任意光滑或分段光滑曲线 C 在 D 中画出有界区域 D_C，如图 8.25 所示．若二重积分 $\iint\limits_{D_C} f(x,y)\mathrm{d}\sigma$ 存在，且当曲线 C 连续变动，使区域 D_C 以任意过程无限扩展而趋于区域 D 时，不论曲线 C 的形状如何，也不论曲线 C 的扩展过程如何，极限

$$\lim_{D_C \to D}\iint\limits_{D_C} f(x,y)\mathrm{d}\sigma$$

都存在且取相同的值 I，则称 I 为函数 $f(x,y)$ 在无界区域 D 上的**广义二重积分**，记为 $\iint\limits_{D} f(x,y)\mathrm{d}\sigma$，即

$$\iint\limits_{D} f(x,y)\mathrm{d}\sigma = \lim_{D_C \to D}\iint\limits_{D_C} f(x,y)\mathrm{d}\sigma = I,$$

这时也称 $\iint\limits_{D} f(x,y)\mathrm{d}\sigma$ **收敛**或称 $f(x,y)$ 在 D 上 **广义可积**．否则，称 $\iint\limits_{D} f(x,y)\mathrm{d}\sigma$ **发散**．

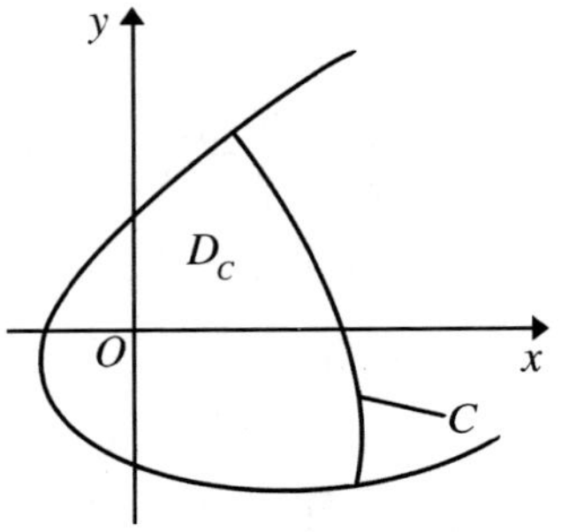

图 8.25

例 8.16　计算广义二重积分 $\iint\limits_{D} x\mathrm{e}^{-y^2}\mathrm{d}x\mathrm{d}y$，其中 D 是由 $y=4x^2$ 和 $y=9x^2$ 在第一象限所围成的区域．

解　取 $D_c=\left\{(x,y)\mid 0\leqslant y\leqslant c,\dfrac{\sqrt{y}}{3}\leqslant x\leqslant\dfrac{\sqrt{y}}{2}\right\}$，则当 $c\to+\infty$ 时，$D_c\to D$，于是有

$$\begin{aligned}\iint\limits_{D} x\mathrm{e}^{-y^2}\mathrm{d}x\mathrm{d}y &= \lim_{c\to+\infty}\iint\limits_{D_c} x\mathrm{e}^{-y^2}\mathrm{d}x\mathrm{d}y = \lim_{c\to+\infty}\int_{\frac{\sqrt{y}}{3}}^{\frac{\sqrt{y}}{2}} x\mathrm{e}-y^2\mathrm{d}x \\ &= \lim_{c\to+\infty}\frac{5}{72}\int_0^c y\mathrm{e}^{-y^2}\mathrm{d}y \\ &= \lim_{c\to+\infty}\frac{5}{72}\left(\frac{1}{2}-\frac{1}{2}\mathrm{e}^{-c^2}\right) \\ &= \frac{5}{144}.\end{aligned}$$

例 8.17　设 D 为全平面，计算 $\iint\limits_{D}\mathrm{e}^{-(x^2+y^2)}\mathrm{d}\sigma$．

解　设 D_R 是以原点为圆心，半径为 R 的圆域，则有

$$\iint_D e^{-(x^2+y^2)}d\sigma=\lim_{R\to+\infty}\iint_{D_R}e^{-(x^2+y^2)}d\sigma=\lim_{R\to+\infty}\int_0^{2\pi}d\theta\int_0^R e^{-r^2}r\,dr$$

$$=\lim_{R\to+\infty}\pi(1-e^{-R^2})=\pi.$$

例 8.18 计算$\int_{-\infty}^{+\infty}e^{-x^2}dx$.

解 $$\int_{-\infty}^{+\infty}e^{-x^2}dx=\sqrt{\int_{-\infty}^{+\infty}e^{-x^2}dx\int_{-\infty}^{+\infty}e^{-y^2}dy}=\sqrt{\int_{-\infty}^{+\infty}\int_{-\infty}^{+\infty}e^{-(x^2+y^2)}dx\,dy}$$

$$=\sqrt{\iint_D e^{-(x^2+y^2)}d\sigma}=\sqrt{\pi}.$$

注意 从这个例题可得在概率论中一种重要的广义积分——**泊松积分**$\int_{-\infty}^{+\infty}e^{-x^2}dx$的值为$\sqrt{\pi}$，即$\int_{-\infty}^{+\infty}e^{-x^2}dx=\sqrt{\pi}$.

习 题 八

(A)

1. 比较$\iint_D(x+y)^2d\sigma$与$\iint_D(x+y)^3d\sigma$的大小，其中D是由x轴，y轴以及$x+y=1$围成的三角形区域.

2. 利用二重积分的性质估计下列积分值：

(1)$I=\iint_D(x^2+4y^2+9)d\sigma$，其中$D=\{(x,y)\mid x^2+y^2\leqslant 4\}$；

(2)$I=\iint_D\dfrac{d\sigma}{\sqrt{x^2+2xy+y^2+16}}$，其中$D=\{(x,y)\mid 0\leqslant x\leqslant 1,0\leqslant y\leqslant 2\}$.

3. 将二重积分$\iint_D f(x,y)dx\,dy$按两种次序化为累次积分，积分区域D是由下列曲线或直线围成的：

(1)D是由直线$x=1$，$x=2$，$y=2$，$y=3$围成的区域；

(2)D是由y轴，$y=1$，$y=x$围成的区域；

(3)D是由x轴，$y=\ln x$，$x=e$围成的区域；

(4)D是以$(0,0)$，$(1,0)$，$(0,1)$为顶点的三角形围成的区域；

(5)D是由直线$y=x$及抛物线$y^2=4x$围成的区域；

(6)D是由$y=x^2$，$y=4-x^2$围成的区域；

(7)D是由x轴，圆$x^2+y^2-2x=0$在第一象限的部分及直线$x+y=2$围成的区域；

(8)D是由直线$y=x$，$x=2$及双曲线$y=\dfrac{1}{x}$ $(x>0)$围成的区域；

(9)D是由直线$y=x^2$和$y=1$围成的区域；

(10)D在第一象限且是由直线$y=\dfrac{1}{2}x$，$y=2x$及$xy=2$围成的区域.

4. 交换下列累次积分的积分顺序：

(1) $\int_0^1 dx\int_x^{2-x} f(x,y)dy$；

(2) $\int_0^1 dy\int_0^y f(x,y)dx$；

(3) $\int_0^1 dx\int_x^{1+\sqrt{1-x^2}} f(x,y)dy$；

(4) $\int_1^{2\sqrt{2}} dx\int_x^{x^2} f(x,y)dy+\int_{2\sqrt{2}}^8 dx\int_x^8 f(x,y)dy$；

(5) $\int_0^1 dx\int_0^{x^2} f(x,y)dy+\int_1^2 dx\int_0^{\sqrt{2x-x^2}} f(x,y)dy$；

(6) $\int_0^1 dy\int_{-\sqrt{y}}^{\sqrt{y}} f(x,y)dx+\int_1^4 dy\int_{-\sqrt{y}}^{2-y} f(x,y)dx$.

5. 计算下列二重积分：

(1) $\iint\limits_D (x^2-y^2)dxdy$，其中 D 是由直线 $y=x$，$y=2x$ 以及 $x=1$ 围成的；

(2) $\iint\limits_D xy\,dxdy$，其中 D 是由曲线 $y^2=x$ 及直线 $y=x-2$ 围成的；

(3) $\iint\limits_D x^2y\,dxdy$，其中 D 为单位圆在第一象限的区域；

(4) $\iint\limits_D e^{x+y}dxdy$，其中 D 是由直线 $x=1$，$y=1$，x 轴与 y 轴围成的；

(5) $\iint\limits_D xy^2dxdy$，其中 D 由曲线 $y^2=4x$ 与 $x=1$ 围成；

(6) $\iint\limits_D (x^2+y^2)dxdy$，其中 D 是由直线 $y=x+a$，$y=a$，$y=3a(a>0)$，$y=x$ 围成的；

(7) $\iint\limits_D xe^{xy}dxdy$，其中 D 是由直线 $x=1$，$y=1$，x 轴与 y 轴围成的；

(8) $\iint\limits_D \frac{\sin x}{x}dxdy$，其中 D 由曲线 $y=x$，$y=x^2$ 围成.

6. 画出积分区域草图，并把下列二重积分表示为极坐标形式的累次积分：

(1) $\iint\limits_D f(x^2+y^2)dxdy$，其中 D 是由曲线 $x^2+y^2=4$ 及坐标轴围成的在第一象限内的区域；

(2) $\iint\limits_D f(x,y)dxdy$，其中 $D=\{(x,y)\mid x^2+y^2\leqslant 4\}$；

(3) $\iint\limits_D f(\sqrt{x^2+y^2})dxdy$，其中 D 是由不等式 $x\leqslant x^2+y^2\leqslant 2x$ 及 $y\geqslant 0$ 确定的区域；

(4) $\iint\limits_D f(\sqrt{x^2+y^2})dxdy$，其中 $D=\{(x,y)\mid x^2+y^2\leqslant 2ax\}$，$a>0$；

(5) $\iint\limits_D f\left(\frac{y}{x}\right)dxdy$，其中 $D=\{(x,y)\mid x^2+y^2\leqslant 2Ry\}$，$R>0$；

(6) $\iint\limits_D f(\sqrt{x^2+y^2})dxdy$，其中 $D=\{(x,y)\mid a^2\leqslant x^2+y^2\leqslant b^2\}$，$0<a<b$.

7.在极坐标系中计算下列二重积分：

(1)$\iint\limits_D e^{-(x^2+y^2)}\,d\sigma$，其中 D 是由圆周 $x^2+y^2=1$ 和 $x^2+y^2=4$ 围成的环形区域；

(2)$\iint\limits_D \frac{\sin\sqrt{x^2+y^2}}{\sqrt{x^2+y^2}}\,d\sigma$，其中 D 为圆环 $\frac{\pi^2}{9}\leqslant x^2+y^2\leqslant \pi^2$；

(3)$\iint\limits_D \ln(1+x^2+y^2)d\sigma$，其中 D 是由圆周 $x^2+y^2=1$ 及坐标轴所围成的第一象限内的区域；

(4)$\iint\limits_D \sqrt{R^2-x^2-y^2}\,d\sigma$，其中 D 为圆域 $x^2+y^2\leqslant Rx$；

(5)$\iint\limits_D \sqrt{x^2+y^2}\,d\sigma$，其中 D 是由圆周 $x^2+y^2\leqslant 2x$ 围成的区域；

(6)$\iint\limits_D \arctan\frac{y}{x}dxdy$，其中 D 为由不等式 $1\leqslant x^2+y^2\leqslant 4$，$y\geqslant 0$ 及 $y\leqslant x$ 所确定的区域.

8.选择适当的坐标系计算下列二重积分：

(1)$\iint\limits_D (x^2+y^2-x)dxdy$，其中 D 是由直线 $y=2$，$y=x$，$y=2x$ 所围成的区域；

(2)$\iint\limits_D \frac{x+y}{x^2+y^2}dxdy$，其中 D 是由 $(x-1)^2+y^2=1$ 与 x 轴所围成的在第一象限的区域；

(3)$\iint\limits_D xy^2dxdy$，其中 D 是由 $x^2+y^2\leqslant 4$ 与 $x\geqslant 0$ 围成的；

(4)$\iint\limits_D xdxdy$，其中 D 为由不等式 $x^2+y^2\geqslant 2$ 和 $x^2+y^2\leqslant 2x$ 所确定的区域；

(5)$\iint\limits_D x\sqrt{y}\,dxdy$，其中 D 是由两条抛物线 $y=\sqrt{x}$，$y=x^2$ 围成的区域；

(6)$\iint\limits_D ydxdy$，其中 D 是由圆 $x=-\sqrt{2y-y^2}$ 及直线 $y=0$，$y=2$，$x=-2$ 围成的区域；

(7)$\iint\limits_D \left(\frac{y}{x}\right)^2 dxdy$，其中 D 是由直线 $y=2$，$y=x$，$xy=1$ 所围成的区域；

(8)$\iint\limits_D e^{y^2}dxdy$，其中 D 是由 y 轴及直线 $y=2,x=2y$ 所围成的区域；

(9)$\iint\limits_D \frac{1}{(1+x^2+y^2)^2}dxdy$，其中 $D=\{(x,y)\,|\,1\leqslant x^2+y^2\leqslant 4\}$；

(10)$\iint\limits_D \sqrt{|y-x^2|}\,dxdy$，其中 $D=\{(x,y)\,|-1\leqslant x\leqslant 1,\ 0\leqslant y\leqslant 2\}$.

9.利用二重积分求下列的图形体积：

(1)$z=x+y$，$z=xy$，$x+y=1$，$x=0$，$y=0$；

(2)$z=y^2,x^2+y^2=a^2(a>0),z=0$.

10.利用二重积分求下列的图形面积：

(1)$y^2=2x+1$，$y^2=-4x+4$；

(2) $y=x^2$，$x=y^2$.

11.计算下列二重积分：

(1)$\iint\limits_D \frac{1}{2\pi}e^{-\left(\frac{x^2}{2}+\frac{y^2}{2}\right)}\,dxdy$，其中 $D=\{(x,y)\,|\,0\leqslant y<+\infty,\ 0\leqslant x<+\infty\}$；

(2)$\iint\limits_D x\mathrm{e}^{-y^2}\,\mathrm{d}x\mathrm{d}y$，其中 D 是由曲线 $y=9x^2$ 和 $y=4x^2$ 围成的属于第一象限的无界区域.

12. 将二次积分 $\int_{-1}^{1}\mathrm{d}y\int_0^{\sqrt{1-y^2}}x^2f(x^2+y^2)\mathrm{d}x$ 化为定积分.

13. 证明：$\int_0^a\mathrm{d}y\int_0^y f(x)\mathrm{d}x=\int_0^a(a-x)f(x)\mathrm{d}x$.

(B)

1. 计算二重积分 $\iint\limits_D x\mathrm{d}x\mathrm{d}y$，其中 D 是以 $O(0,0)$，$A(1,2)$，$B(2,1)$ 为顶点的三角形的区域.

2. 计算二重积分 $\iint\limits_D y\left[1+x\mathrm{e}^{\frac{1}{2}(x^2+y^2)}\right]\mathrm{d}x\mathrm{d}y$，其中 D 是由 x 轴和直线 $y=x$，$x=-1$ 及 $x=1$ 围成的.

3. 计算 $\iint\limits_D |x^2+y^2-1|\,\mathrm{d}x\mathrm{d}y$，其中 $D=\{(x,y)\mid 0\leqslant x\leqslant 1,\ 0\leqslant y\leqslant 1\}$.

4. 计算 $\iint\limits_D \dfrac{\sqrt{x^2+y^2}}{\sqrt{4a^2-x^2-y^2}}\mathrm{d}x\mathrm{d}y$，其中 D 是由 $y=-a+\sqrt{a^2-x^2}$ $(a>0)$ 和 $y=-x$ 围成的.

5. 设函数 $f(x)$ 在 $[0,a]$ 上连续，证明：

$$2\left[\int_0^a f(x)\mathrm{d}x\int_x^a f(y)\mathrm{d}y\right]=\left[\int_0^a f(x)\mathrm{d}x\right]^2.$$

6. 计算二重积分 $\iint\limits_D(\sqrt{x^2+y^2}+y)\mathrm{d}x\mathrm{d}y$，其中 D 是由直线 $x^2+y^2=4$ 和 $(x+1)^2+y^2=1$ 围成的.

7. 求证：$\iint\limits_D f(x+y)\mathrm{d}x\mathrm{d}y=\int_{-2a}^{2a}(2a-|t|)f(t)\mathrm{d}t$，其中 $D=\{(x,y)\mid |x|\leqslant a,\ |y|\leqslant a\}$.

8. 证明：$\int_0^a\mathrm{d}y\int_0^y \mathrm{e}^{a-x}f(x)\mathrm{d}x=\int_0^a x\mathrm{e}^x f(a-x)\mathrm{d}x$.

9. 设函数 $f(x)$ 可导，$f(0)=1$，令 $F(s)=\iint\limits_{x^2+y^2\leqslant s^2}f(x^2+y^2)\mathrm{d}x\mathrm{d}y\ (s\geqslant 0)$，求 $F_{ss}''(0)$.

10. 计算二重积分 $\int_0^1\int_0^1 f''(a+x+y)\mathrm{d}x\mathrm{d}y$，其中 f 二阶连续可微.

11. 计算 $\int_0^1\int_0^1 f_{xy}''(x,y)\mathrm{d}x\mathrm{d}y$，其中 $f(x,y)$ 具有二阶连续偏导数.

第9章　无穷级数

无穷级数是微积分学的一个重要组成部分，本质上是一种特殊数列的极限。因为它在结构上的特殊形式，通常是表示函数、研究函数性质和进行函数值近似计算的最有力工具。它在解决自然科学、经济、工程技术等各种实际问题中，有着广泛的应用。本章重点介绍常数项级数的基本概念及计算，然后讨论幂级数及其应用。

§9.1　常数项级数的概念和性质

一、常数项级数的概念

人们在研究事物数量方面的特性和某些数值计算时，往往要经历一个由近似到精确的逼近过程，其中会涉及有限到无限个数量相加的问题。

例如，我国古代数学家刘徽已经利用无穷级数的思想来计算圆的面积。

在半径为1的圆内作内接正六边形，其面积记为 $S_1 = A_1$，它是圆面积 S 的一个近似值。再以这正六边形的每一边为底边分别作一个顶点在圆周上的等腰三角形，如图9.1所示，算出这六个等腰三角形的面积之和 A_2。那么 $S_2 = A_1 + A_2$（即内接正十二边形的面积）也是 S 的一个近似值，其近似程度比正六边形的好。同样地，在这正十二边形的每一边上分别作一个顶点在圆周上的等腰三角形，算出这十二个等腰三角形的面积之和 A_3。那么 $S_3 = A_1 + A_2 + A_3$（即内接正二十四边形的面积）是 S 的一个更好的近似值。如此继续进行 n 次，当 n 是较大的整数时，得到的正多边形的面积 $S_n = A_1 + A_2 + \cdots + A_n$ 就很接近 S 的值了。古代数学家刘徽所在时代，人们只懂求有限个量之和，没有极限的概念，仅能把求圆面积的步骤和准确性停留在有限数 n 上。随着科学的进步，人们认识的提高，人们自然认为，当 n 无限增大时，则 $S_n = A_1 + A_2 + \cdots + A_n$ 的极限就是圆的面积 S，即

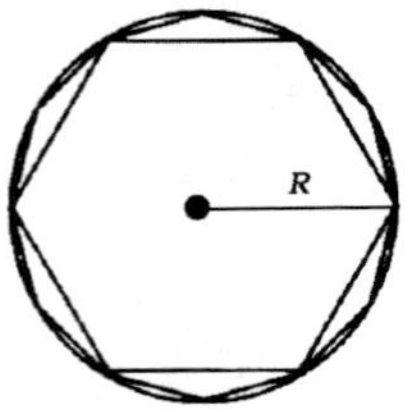

图 9.1

$$S=\lim_{n\to\infty}S_n=\lim_{n\to\infty}(A_1+A_2+\cdots+A_n). \tag{9.1}$$

这时，上式右边括号中的项数无限增多，出现了无穷个数量作和的式子. 这就是下面要介绍的无穷级数的概念.

设给定数列$\{u_n\}$：$u_1,\ u_2,\ u_3,\ \cdots,\ u_n,\ \cdots$，则

$$u_1+u_2+u_3+\cdots+u_n+\cdots$$

称为**(常数项)无穷级数**，简称**(常数项)级数**，记为$\sum\limits_{n=1}^{\infty}u_n$. 即

$$\sum_{n=1}^{\infty}u_n=u_1+u_2+u_3+\cdots+u_n+\cdots,$$

其中 u_n 叫作级数的**通项**或**一般项**. 级数前 n 项之和 $u_1+u_2+\cdots+u_n$ 称为级数的**部分和**，记作 S_n，即

$$S_n=u_1+u_2+u_3+\cdots+u_n.$$

由部分和构成一个新的数列：

$$S_1=u_1,\ S_2=u_1+u_2,\ S_3=u_1+u_2+u_3,\ \cdots,\ S_n=u_1+u_2+u_3+\cdots+u_n,\ \cdots$$

称为级数$\sum\limits_{n=1}^{\infty}u_n$ 的**部分和数列**.

上述级数的定义只是一个形式的定义，怎样理解无穷级数中无穷多个数量相加呢？联系上面计算圆的面积的例子，即(9.1)式，用有限项的和 S_n 的极限来定义无穷多个数量相加的"和"，对一般的级数也可以这样做.

定义 9.1　如果级数$\sum\limits_{n=1}^{\infty}u_n$ 的部分和数列$\{S_n\}$有极限S，即$\lim\limits_{n\to\infty}S_n=S$，则称级数$\sum\limits_{n=1}^{\infty}u_n$ **收敛**，这时极限 S 称为这个级数的**和**，记为$\sum\limits_{n=1}^{\infty}u_n=S$.

如果$\{S_n\}$没有极限，则称级数$\sum\limits_{n=1}^{\infty}u_n$ **发散**.

从级数的收敛定义可知，级数$\sum\limits_{n=1}^{\infty}u_n$ 的收敛性，实质上是其部分和数列$\{S_n\}$的收敛性问题，两者之间可以相互转化.

例 9.1　判别级数

$$\sum_{n=1}^{\infty}\frac{1}{(2n-1)(2n+1)}=\frac{1}{1\cdot 3}+\frac{1}{3\cdot 5}+\frac{1}{5\cdot 7}+\cdots+\frac{1}{(2n-1)(2n+1)}+\cdots$$

的敛散性. 若级数收敛，求此级数的和.

解　由$\dfrac{1}{(2n-1)(2n+1)}=\dfrac{1}{2}\left(\dfrac{1}{2n-1}-\dfrac{1}{2n+1}\right)$　$(n=1,2,\cdots)$，有

$$S_n=\frac{1}{1\cdot 3}+\frac{1}{3\cdot 5}+\frac{1}{5\cdot 7}+\cdots+\frac{1}{(2n-1)(2n+1)}$$
$$=\frac{1}{2}\left[\left(1-\frac{1}{3}\right)+\left(\frac{1}{3}-\frac{1}{5}\right)+\left(\frac{1}{2n-1}-\frac{1}{2n+1}\right)\right]$$
$$=\frac{1}{2}\left(1-\frac{1}{2n+1}\right),$$

从而
$$\lim_{n\to\infty}S_n=\lim_{n\to\infty}\frac{1}{2}\left(1-\frac{1}{2n+1}\right)=\frac{1}{2},$$

所以级数$\sum_{n=1}^{\infty}\frac{1}{(2n-1)(2n+1)}$收敛,其和为$\frac{1}{2}$,即$\sum_{n=1}^{\infty}\frac{1}{(2n-1)(2n+1)}=\frac{1}{2}$.

例 9.2 讨论如下公比为 q 的**等比级数**(也称**几何级数**)的敛散性:

$$\sum_{n=0}^{\infty}aq^n=a+aq+aq^2+\cdots+aq^n+\cdots\quad(a\neq 0).$$

解 当$|q|\neq 1$时,其前 n 项部分和

$$S_n=a+aq+aq^2+\cdots+aq^{n-1}=\frac{a(1-q^n)}{1-q};$$

当$|q|<1$,则$\lim\limits_{n\to\infty}q^n=0$,于是$\lim\limits_{n\to\infty}S_n=\lim\limits_{n\to\infty}a\,\frac{1-q^n}{1-q}=\frac{a}{1-q}$,即当$|q|<1$时,等比级数收敛,且其和为$\frac{a}{1-q}$;

当$|q|>1$时,则$\lim\limits_{n\to\infty}|q|^n=\infty$,于是$\lim\limits_{n\to\infty}S_n=\infty$, 所以级数发散;

当$q=1$,则级数成为$a+a+a+\cdots$,于是$S_n=na$,$\lim\limits_{n\to\infty}S_n=\infty$, 级数发散;

当$q=-1$,则级数成为$a-a+a-a+\cdots$,当 n 为奇数时,$S_n=a$,而当 n 为偶数时,$S_n=0$. 从而,当$n\to\infty$时,S_n无极限,所以级数发散.

综上所述可知,几何级数$\sum_{n=1}^{\infty}aq^{n-1}$,当$|q|<1$时,级数收敛,且其和为$\frac{a}{1-q}$;当$|q|\geqslant 1$时,级数发散.

例如,$\sum_{n=1}^{\infty}\frac{(-1)^{n-1}}{2^{n-1}}$、$\sum_{n=0}^{\infty}\frac{(\ln 3)^n}{2^n}$收敛,$\sum_{n=1}^{\infty}e^n$发散.

例 9.3 判别级数

$$\sum_{n=1}^{\infty}n=1+2+3+\cdots+n+\cdots$$

的敛散性.

解 由

$$S_n=1+2+3+\cdots+n=\frac{n(n+1)}{2},$$

$$\lim_{n\to\infty}S_n=\lim_{n\to\infty}\frac{n(n+1)}{2}=+\infty,$$

所以级数发散.

例 9.4 证明:**调和级数**$\sum_{n=1}^{\infty}\frac{1}{n}$发散.

证明 由拉格朗日中值定理知

$$\ln(n+1)-\ln n=\frac{1}{n+\theta}<\frac{1}{n}+\cdots \quad (0<\theta<1),$$

所以有

$$\begin{aligned} S_n &= 1+\frac{1}{2}+\cdots+\frac{1}{n} \\ &> (\ln 2-\ln 1)+(\ln 3-\ln 2)+\cdots+[\ln(n+1)-\ln n] \\ &= \ln(n+1). \end{aligned}$$

$$\lim_{n\to\infty} S_n=+\infty,$$

从而调和级数 $\sum_{n=1}^{\infty}\frac{1}{n}$ 发散.

二、常数项级数的性质

根据级数收敛、发散的定义,可以得出级数的以下几个基本性质.

定理 9.1 **(级数收敛的必要条件)** 如果级数 $\sum_{n=1}^{\infty}u_n$ 收敛，则它的一般项 u_n 趋于零，即 $\lim_{n\to\infty}u_n=0$.

证明 设级数 $\sum_{n=1}^{\infty}u_n$ 的部分和为 S_n，且 $\lim_{n\to\infty}S_n=S$，则

$$\lim_{n\to\infty}u_n=\lim_{n\to\infty}(S_n-S_{n-1})=\lim_{n\to\infty}S_n-\lim_{n\to\infty}S_{n-1}=S-S=0.$$

注意 (1) 由定理可知,如果级数 $\lim_{n\to\infty}u_n\neq 0$,则此级数必发散;

(2) 级数的一般项趋于零是级数收敛的必要条件,而不是充分条件. 有些级数虽然一般项趋于零，但仍然是发散的，如例 9.4,调和级数的一般项趋于零,即 $\lim_{n\to\infty}\frac{1}{n}=0$,但是调和级数 $\sum_{n=1}^{\infty}\frac{1}{n}=1+\frac{1}{2}+\frac{1}{3}+\cdots+\frac{1}{n}\cdots$ 发散.

定理 9.2 若级数 $\sum_{n=1}^{\infty}u_n$ 收敛于 S,则它的每一项同乘一个不为零的常数 k 得到的级数 $\sum_{n=1}^{\infty}ku_n$ 也收敛,且其和为 kS.

证明

$$S_n=u_1+u_2+\cdots+u_n, W_n=ku_1+ku_2+\cdots+ku_n,\text{则}$$

$$W_n=ku_1+ku_2+\cdots+ku_n=k(u_1+u_2+\cdots+u_n)=kS_n.$$

由于 $k\neq 0$，所以可知 $\{W_n\}$ 与 $\{S_n\}$ 有相同的敛散性，这表明级数 $\sum_{n=1}^{\infty}u_n$ 与 $\sum_{n=1}^{\infty}ku_n$ 有相同的敛散性. 且当 $\sum_{n=1}^{\infty}u_n=S$ 时，

$$\lim_{n\to\infty}W_n=\lim_{n\to\infty}kS_n=k\lim_{n\to\infty}S_n=kS,$$

即 $\sum_{n=1}^{\infty}ku_n$ 收敛于 kS，证毕.

注意 由于 $\lim\limits_{n\to\infty}W_n=\lim\limits_{n\to\infty}kS_n=k\lim\limits_{n\to\infty}S_n$，所以当 $k\neq 0$ 时，若 $\lim\limits_{n\to\infty}S_n$ 不存在，则 $\lim\limits_{n\to\infty}W_n$ 也不存在. 即当级数 $\sum\limits_{n=1}^{\infty}u_n$ 发散时，级数 $\sum\limits_{n=1}^{\infty}ku_n$ 也发散.

推论 级数 $\sum\limits_{n=1}^{\infty}u_n$ 与级数 $\sum\limits_{n=1}^{\infty}ku_n(k\neq 0)$ 的敛散性相同.

定理 9.3 若级数 $\sum\limits_{n=1}^{\infty}u_n$ 与 $\sum\limits_{n=1}^{\infty}v_n$ 均收敛，且和分别为 S 和 W，则级数

$$\sum_{n=1}^{\infty}(u_n\pm v_n)=(u_1\pm v_1)+(u_2\pm v_2)+\cdots+(u_n\pm v_n)$$

也收敛，其和为 $S\pm W$.

证明 设级数 $\sum\limits_{n=1}^{\infty}u_n$、$\sum\limits_{n=1}^{\infty}v_n$ 与 $\sum\limits_{n=1}^{\infty}(u_n\pm v_n)$ 的部分和分别为 S_n、W_n 与 T_n，则

$$\begin{aligned}T_n&=(u_1\pm v_1)+(u_2\pm v_2)+\cdots+(u_n\pm v_n)\\&=(u_1+u_2+\cdots+u_n)\pm(v_1+v_2+\cdots+v_n)\\&=S_n\pm W_n.\end{aligned}$$

因为级数 $\sum\limits_{n=1}^{\infty}u_n$ 与 $\sum\limits_{n=1}^{\infty}v_n$ 均收敛，所以有

$$\lim_{n\to\infty}S_n=S,\quad \lim_{n\to\infty}W_n=W,$$

从而

$$\lim_{n\to\infty}T_n=\lim_{n\to\infty}(S_n\pm W_n)=\lim_{n\to\infty}S_n\pm\lim_{n\to\infty}W_n=S\pm W,$$

即级数 $\sum\limits_{n=1}^{\infty}(u_n\pm v_n)$ 收敛，且和为 $S\pm W$.

推论 (1)如果 $\sum\limits_{n=1}^{\infty}u_n$ 收敛，而 $\sum\limits_{n=1}^{\infty}v_n$ 发散，则 $\sum\limits_{n=1}^{\infty}(u_n\pm v_n)$ 发散；

(2) 对于收敛级数 $\sum\limits_{n=1}^{\infty}u_n$ 与 $\sum\limits_{n=1}^{\infty}v_n$，以及任意常数 a，b，$\sum\limits_{n=1}^{\infty}(au_n\pm bv_n)$ 也收敛，且有

$$\sum_{n=1}^{\infty}(au_n\pm bv_n)=a\sum_{n=1}^{\infty}u_n\pm b\sum_{n=1}^{\infty}v_n.$$

定理 9.4 在级数中加上、去掉或者改变有限项，不改变级数的敛散性.

证明 设级数

$$u_1+u_2+\cdots+u_k+u_{k+1}+u_{k+2}+\cdots+u_{k+m}+\cdots, \tag{9.2}$$

$$u_{k+1}+u_{k+2}+\cdots+u_{k+m}+\cdots, \tag{9.3}$$

则级数(9.2)是级数(9.3)的前面加上 k 项(或级数(9.3)是级数(9.2)的前面去掉 k 项)后形成的级数. 记

$$C=u_1+u_2+\cdots+u_k.$$

级数(9.3)的前 m 项与级数(9.2)的前 $k+m$ 项部分和分别记为

$$W_m=u_{k+1}+u_{k+2}+\cdots+u_{k+m},$$

$$S_{k+m}=u_1+u_2+\cdots+u_k+u_{k+1}+u_{k+2}+\cdots+u_{k+m}=C+W_m.$$

由此可知，当 $m\to\infty$ 时，数列 S_{k+m} 与数列 W_m 有相同的敛散性. 因此级数(9.2)与级数

(9.3) 同时收敛或发散.

同理可证,改变级数的有限项,也不改变级数的敛散性.

例如,$\frac{1}{5\times 6}+\frac{1}{6\times 7}+\cdots=\sum\limits_{n=5}^{\infty}\frac{1}{n(n+1)}$ 与 $\sum\limits_{n=1}^{\infty}\frac{1}{n(n+1)}$ 的敛散性相同,是收敛的;$\frac{1}{5}+\frac{1}{6}+\cdots=\sum\limits_{n=5}^{\infty}\frac{1}{n}$、$10000+\sum\limits_{n=1}^{\infty}\frac{1}{n}$ 与 $\sum\limits_{n=1}^{\infty}\frac{1}{n}$ 的敛散性相同,是发散的.

定理 9.5　如果一个级数收敛,则对该级数的项任意加括号后所成的级数也收敛,且与原级数有相同的和.

证明　设级数 $\sum\limits_{n=1}^{\infty}u_n$ 的部分和数列为 $\{S_n\}$,按照某一规律加括号后所成的级数为

$$(u_1+\cdots+u_{i_1})+(u_{i_1+1}+\cdots+u_{i_2})+\cdots+(u_{i_{n-1}+1}+\cdots+u_{i_n}). \tag{9.4}$$

其部分和序列为 $\{A_n\}$,则

$$A_n=S_{i_n}.$$

可见,数列 $\{A_n\}$ 是数列 $\{S_n\}$ 的一个子数列. 由数列 $\{S_n\}$ 的收敛性以及收敛数列与其子数列的关系可知,数列 $\{A_n\}$ 必收敛,且有

$$\lim_{n\to\infty}A_n=\lim_{n\to\infty}S_{i_n}=\lim_{i_n\to\infty}S_{i_n}=\lim_{n\to\infty}S_n.$$

注意　定理 9.5 的逆命题不成立,即如果加括号后所成的级数收敛, 则不能断定去括号后原来的级数也收敛.

如发散级数

$$1-1+1-1+1-1+\cdots+(-1)^{n-1}+\cdots,$$

将其相邻两项加括号,得

$$(1-1)+(1-1)+(1-1)+\cdots$$

收敛,其和为零.

例 9.5　判别级数 $\sum\limits_{n=1}^{\infty}(-1)^{n-1}\frac{n}{n+1}$ 的敛散性.

解　由于 $\lim\limits_{n\to\infty}u_n$ 极限不存在,所以级数发散.

例 9.6　判别级数 $\sum\limits_{n=1}^{\infty}\frac{3n^n}{(1+n)^n}$ 的敛散性.

解　因为 $\lim\limits_{n\to\infty}\frac{3n^n}{(1+n)^n}=3\lim\limits_{n\to\infty}\frac{1}{\left(1+\frac{1}{n}\right)^n}=\frac{3}{\mathrm{e}}\neq 0$,所以级数发散.

例 9.7　求级数 $\sum\limits_{n=1}^{\infty}\left[\frac{1}{n(n+2)}+\frac{1}{2^n}\right]$ 的和.

解　由等比级数得

$$\sum_{n=1}^{\infty}\frac{1}{2^n}=1.$$

又因级数 $\sum\limits_{n=1}^{\infty}\frac{1}{n(n+2)}$ 的部分和数列

$$S_n=\frac{1}{1\times 3}+\frac{1}{2\times 4}+\cdots+\frac{1}{n\times(n+2)}$$

$$=\frac{1}{2}\left[\left(1-\frac{1}{3}\right)+\left(\frac{1}{2}-\frac{1}{4}\right)+\left(\frac{1}{3}-\frac{1}{5}\right)+\cdots+\left(\frac{1}{n-1}-\frac{1}{n+1}\right)+\left(\frac{1}{n}-\frac{1}{n+2}\right)\right]$$
$$=\frac{1}{2}\left(1+\frac{1}{2}-\frac{1}{n+1}-\frac{1}{n+2}\right)$$
$$=\frac{3}{4}-\frac{1}{2(n+1)}-\frac{1}{2(n+2)},$$

故

$$\lim_{n\to\infty}S_n=\frac{3}{4}.$$

于是，级数 $\sum_{n=1}^{\infty}\frac{1}{n(n+2)}=\frac{3}{4}$. 所以，

$$\sum_{n=1}^{\infty}\left[\frac{1}{n(n+2)}+\frac{1}{2^n}\right]=1+\frac{3}{4}=\frac{7}{4}.$$

§9.2 正项级数

上一节讨论了都是一般的常数项级数，其特点是级数中各项可以是正数、负数或零. 本节讨论一类特殊的级数，即如果级数 $\sum_{n=1}^{\infty}u_n$ 满足条件 $u_n\geqslant 0\ (n=1,2,\cdots)$，则称该级数为**正项级数**. 正项级数是级数中最简单而且最重要的一类级数，许多级数的敛散性的判别都归结为正项级数的敛散性的判别. 下面我们介绍判别正项级数敛散性的几个常用的判别方法.

定理 9.6 正项级数 $\sum_{n=1}^{\infty}u_n$ 收敛的充分必要条件是它的部分和数列 $\{S_n\}$ 有上界.

证明 **充分性** 由 $u_n\geqslant 0\ (n=1,2,\cdots)$ 可知，

$$S_{n+1}=S_n+u_{n+1}\geqslant S_n\geqslant 0\quad(n=1,2,\cdots),$$

可见 $\{S_n\}$ 是单调增加数列. 由数列极限的存在准则可知，若 $\{S_n\}$ 有上界，则极限 $\lim\limits_{n\to\infty}S_n$ 存在，从而级数 $\sum_{n=1}^{\infty}u_n$ 收敛；

必要性 反证法假设 $\{S_n\}$ 无上界，则 $\lim\limits_{n\to\infty}S_n=+\infty$，从而级数 $\sum_{n=1}^{\infty}u_n$ 发散，与已知矛盾.

推论 正项级数 $\sum_{n=1}^{\infty}u_n$ 发散的充分必要条件是它的部分和数列 $\{S_n\}$ 无上界.

定理 9.7(比较判别法) 如果正项级数 $\sum_{n=1}^{\infty}u_n$ 和 $\sum_{n=1}^{\infty}v_n$ 满足

$$u_n\leqslant v_n\quad(n=1,2,3,\cdots),$$

则有

(1) 如果级数 $\sum_{n=1}^{\infty}v_n$ 收敛，则级数 $\sum_{n=1}^{\infty}u_n$ 也收敛；

(2) 如果级数 $\sum_{n=1}^{\infty} u_n$ 发散，则级数 $\sum_{n=1}^{\infty} v_n$ 也发散.

证明 设级数 $\sum_{n=1}^{\infty} u_n$ 和 $\sum_{n=1}^{\infty} v_n$ 的部分和分别为 S_n 和 W_n，即

$$S_n = u_1 + u_2 + u_3 + \cdots + u_n,$$
$$W_n = v_1 + v_2 + v_3 + \cdots + v_n.$$

因为 $u_n \leqslant v_n$，所以 $S_n \leqslant W_n$.

由定理 9.6 及其推论可知：

(1) 如果级数 $\sum_{n=1}^{\infty} v_n$ 收敛，令 $\sigma = \sum_{n=1}^{\infty} v_n$，则 $S_n \leqslant W_n \leqslant \sigma$，从而 S_n 也有上界，所以级数 $\sum_{n=1}^{\infty} u_n$ 收敛；

(2) 如果级数 $\sum_{n=1}^{\infty} u_n$ 发散，则 $S_n \to \infty (n \to \infty)$，从而 $W_n \geqslant S_n \to \infty$，所以级数 $\sum_{n=1}^{\infty} v_n$ 发散.

推论 设 $\sum_{n=1}^{\infty} u_n$ 和 $\sum_{n=1}^{\infty} v_n$ 为正项级数，且存在常数 $\mu > 0$ 和自然数 N，使当 $n \geqslant N$ 时，有

$$u_n \leqslant \mu v_n,$$

则有

(1) 如果级数 $\sum_{n=1}^{\infty} v_n$ 收敛，则级数 $\sum_{n=1}^{\infty} u_n$ 也收敛；

(2) 如果级数 $\sum_{n=1}^{\infty} u_n$ 发散，则级数 $\sum_{n=1}^{\infty} v_n$ 也发散.

证明略.

例 9.8 讨论 p － **级数**

$$1 + \frac{1}{2^p} + \frac{1}{3^p} + \cdots + \frac{1}{n^p} + \cdots$$

的敛散性.

解 (1) 若 $p \leqslant 1$，由于 $\frac{1}{n^p} \geqslant \frac{1}{n}$，因此 p － 级数发散.

(2) 若 $p > 1$，由于 $\frac{1}{n^p} = \int_{n-1}^{n} \frac{\mathrm{d}x}{n^p} \leqslant \int_{n-1}^{n} \frac{\mathrm{d}x}{x^p}$，那么

$$S_n = 1 + \frac{1}{2^p} + \frac{1}{3^p} + \cdots + \frac{1}{n^p} \leqslant 1 + \int_1^2 \frac{\mathrm{d}x}{x^p} + \int_2^3 \frac{\mathrm{d}x}{x^p} + \cdots + \int_{n-1}^{n} \frac{\mathrm{d}x}{x^p}$$
$$= 1 + \int_1^n \frac{\mathrm{d}x}{x^p} \leqslant 1 + \int_1^{+\infty} \frac{\mathrm{d}x}{x^p} = 1 + \left[\frac{1}{1-p} \frac{1}{x^{p-1}}\right]\Bigg|_1^{+\infty} = 1 + \frac{1}{p-1} = \frac{p}{p-1},$$

可见 $\{S_n\}$ 有界，因此 p － 级数收敛.

综上所述，p － 级数 $\sum_{n=1}^{\infty} \frac{1}{n^p}$，当 $p \leqslant 1$ 时，发散；当 $p > 1$ 时，收敛.

注意 在应用正项级数比较判别法判断级数敛散性时，常常需要将级数的通项进行放大或缩小，以得到适当的不等式关系. 常常将级数与几何级数和 p － 级数进行比较. 因此，希望读者能够熟记几何级数和 p － 级数敛散性的结论.

例 9.9 判别级数 $\sum_{n=1}^{\infty}\frac{1}{\sqrt{n^2+2n}}$ 的敛散性.

解 因为 $n^2+2n<n^2+2n+1=(n+1)^2$,所以 $\frac{1}{\sqrt{n^2+2n}}>\frac{1}{\sqrt{n+1}}$,而级数 $\sum_{n=1}^{\infty}\frac{1}{n+1}$ 发散,所以级数 $\sum_{n=1}^{\infty}\frac{1}{\sqrt{n^2+2n}}$ 发散.

例 9.10 判别级数 $\sum_{n=1}^{\infty}e^n\sin\frac{\pi}{3^n}$ 的敛散性.

解 由于 $x>0$ 时,$0<\sin x<x$,所以有

$$0<e^n\sin\frac{\pi}{3^n}<e^n\cdot\frac{\pi}{3^n}=\pi\left(\frac{e}{3}\right)^n\quad(n=1,2,3,\cdots),$$

而几何级数 $\sum_{n=1}^{\infty}\pi\left(\frac{e}{3}\right)^n$ 的公比 $q=\frac{e}{3}<1$,所以该几何级数收敛. 于是,由正项级数比较判别法可知,级数 $\sum_{n=1}^{\infty}e^n\sin\frac{\pi}{3^n}$ 收敛.

例 9.11 证明级数 $\sum_{n=1}^{\infty}\frac{1}{n^n}$ 收敛.

证明 因为当 $n\geqslant1$ 时,$\frac{1}{n^n}\leqslant\frac{1}{n^2}$,而级数 $\sum_{n=1}^{\infty}\frac{1}{n^2}$ 收敛,所以级数 $\sum_{n=1}^{\infty}\frac{1}{n^n}$ 收敛.

在实际使用时,下面给出的比较判别法的极限形式往往更为方便.

定理 9.8(**比较判别法的极限形式**) 设 $\sum_{n=1}^{\infty}u_n$ 和 $\sum_{n=1}^{\infty}v_n$ 是正项级数,且

$$\lim_{n\to\infty}\frac{u_n}{v_n}=A,$$

则有

(1) 若 $0\leqslant A<+\infty$,$\sum_{n=1}^{\infty}u_n$ 与 $\sum_{n=1}^{\infty}v_n$ 同时收敛或同时发散;

(2) 若 $A=0$,$\sum_{n=1}^{\infty}v_n$ 收敛,则 $\sum_{n=1}^{\infty}u_n$ 收敛;

(3) 若 $A=+\infty$,$\sum_{n=1}^{\infty}v_n$ 发散,则 $\sum_{n=1}^{\infty}u_n$ 发散;

证明略.

例 9.12 判别级数 $\sum_{n=1}^{\infty}\tan\frac{1}{n}$ 的敛散性.

解 因为 $\lim_{n\to\infty}\frac{\tan\frac{1}{n}}{\frac{1}{n}}=1$,而级数 $\sum_{n=1}^{\infty}\frac{1}{n}$ 发散,所以由定理 9.8 得,级数 $\sum_{n=1}^{\infty}\tan\frac{1}{n}$ 发散.

例 9.13 判别级数 $\sum_{n=1}^{\infty}\frac{1}{(n^2+2n+3)^2}$ 的敛散性.

解 由于

$$\lim_{n\to\infty}\frac{\frac{1}{(n^2+2n+3)^2}}{\frac{1}{n^4}}=1,$$

而级数 $\sum_{n=1}^{\infty}\frac{1}{n^4}$ 收敛，所以级数 $\sum_{n=1}^{\infty}\frac{1}{(n^2+2n+3)^2}$ 收敛.

例 9.14 $\sum_{n=1}^{\infty}\frac{1}{\ln(n+1)}$ 的敛散性.

解 因为

$$\lim_{n\to\infty}\frac{\frac{1}{\ln(n+1)}}{\frac{1}{n}}=\lim_{n\to\infty}\frac{n}{\ln(n+1)}=\lim_{x\to\infty}\frac{x}{\ln(x+1)}$$

$$=\lim_{x\to\infty}\frac{1}{\frac{1}{x+1}}=+\infty,$$

而级数 $\sum_{n=1}^{\infty}\frac{1}{n}$ 发散，所以级数 $\sum_{n=1}^{\infty}\frac{1}{\ln(n+1)}$ 发散.

例 9.15 判别级数 $\sum_{n=1}^{\infty}\frac{1}{2^n\cdot n}$ 的敛散性.

解 因为

$$\lim_{n\to\infty}\frac{\frac{1}{2^n\cdot n}}{\frac{1}{2^n}}=\lim_{n\to\infty}\frac{1}{n}=0,$$

而级数 $\sum_{n=1}^{\infty}\frac{1}{2^n}$ 收敛，所以级数 $\sum_{n=1}^{\infty}\frac{1}{2^n\cdot n}$ 收敛.

定理 9.9**(比值判别法，达朗贝尔判别法)** 设 $\sum_{n=1}^{\infty}u_n$ 为正项级数，且

$$\lim_{n\to\infty}\frac{u_{n+1}}{u_n}=l,$$

则有

(1) 若 $l<1$，则级数 $\sum_{n=1}^{\infty}u_n$ 收敛；

(2) 若 $l>1$，则级数 $\sum_{n=1}^{\infty}u_n$ 发散.

证明 (1) 若 $\lim_{n\to\infty}\frac{u_{n+1}}{u_n}=l<1$，则对给定的 $\varepsilon_0=\frac{1-l}{2}>0$，根据极限定义，存在正整数 N，使 $n\geqslant N$ 时，有

$$\left|\frac{u_{n+1}}{u_n}-l\right|<\varepsilon_0=\frac{1-l}{2}.$$

于是有

$$\frac{u_{n+1}}{u_n} < l + \varepsilon_0 = \frac{1+l}{2} = q < 1 \quad (n \geqslant N)$$

因此

$$u_{N+1} < qu_N\text{，}u_{N+2} < qu_{N+1} < q^2 u_N\text{，}u_{N+3} < qu_{N+2} < q^3 u_N\text{，}\cdots$$

这样，级数 $u_{N+1} + u_{N+2} + u_{N+3} + \cdots$ 各项小于收敛的等比级数

$$qu_N + q^2 u_N + q^3 u_N + \cdots \quad (q < 1)$$

的各对应项，所以 $\sum_{m=1}^{\infty} u_{N+m}$ 收敛. 从而，由定理 9.4 知 $\sum_{n=1}^{\infty} u_n$ 也收敛.

（2）若 $\lim_{n\to\infty} \frac{u_{n+1}}{u_n} = l > 1$，则对给定的 $\varepsilon_0 = \frac{l-1}{2} > 0$，依极限定义，存在正整数 N，使 $n \geqslant N$ 时，有

$$\left|\frac{u_{n+1}}{u_n} - l\right| < \varepsilon_0 = \frac{1-l}{2},$$

于是有

$$\frac{u_{n+1}}{u_n} > l - \varepsilon_0 = \frac{1+l}{2} = q > 1 \quad (n \geqslant N),$$

因此

$$u_{n+1} > qu_n > u_n \quad (n \geqslant N),$$

从而有

$$\lim_{n\to\infty} u_n \neq 0.$$

因此，级数 $\sum_{n=1}^{\infty} u_n$ 发散.

注意　当 $\lim_{n\to\infty} \frac{u_{n+1}}{u_n} = l = 1$ 时，级数 $\sum_{n=1}^{\infty} u_n$ 可能收敛也可能发散. 例如：级数 $\sum_{n=1}^{\infty} \frac{1}{n}$ 发散，而级数 $\sum_{n=1}^{\infty} \frac{1}{n^2}$ 收敛. 而这两个级数均有 $l = 1$.

例 9.16　判别级数 $\sum_{n=1}^{\infty} \frac{1}{(2n+1)\cdot 3^{2n+1}}$ 的敛散性.

解　$$\lim_{n\to\infty} \frac{u_{n+1}}{u_n} = \lim_{n\to\infty} \frac{\frac{1}{(2n+3)\cdot 3^{2n+3}}}{\frac{1}{(2n+1)\cdot 3^{2n+1}}} = \lim_{n\to\infty} \frac{(2n+1)\cdot 3^{2n+1}}{(2n+3)\cdot 3^{2n+3}} = \frac{1}{9} < 1,$$

从而级数 $\sum_{n=1}^{\infty} \frac{1}{(2n+1)\cdot 3^{2n+1}}$ 收敛.

例 9.17　判别级数 $\sum_{n=1}^{\infty} \frac{5^n n!}{n^n}$ 的敛散性.

解　因为

$$\lim_{n\to\infty}\frac{u_{n+1}}{u_n}=\lim_{n\to\infty}\frac{\dfrac{5^{n+1}(n+1)!}{(n+1)^{n+1}}}{\dfrac{5^n n!}{n^n}}=\lim_{n\to\infty}\frac{5}{\left(\dfrac{n+1}{n}\right)^n}=\lim_{n\to\infty}\frac{5}{\left(1+\dfrac{1}{n}\right)^n}=\frac{5}{\mathrm{e}}>1,$$

从而级数 $\sum_{n=1}^{\infty}\frac{5^n n!}{n^n}$ 收敛.

例 9.18　判别级数 $\sum_{n=1}^{\infty}\frac{1}{2n(2n-1)}$ 的敛散性.

解　因为 $\lim_{n\to\infty}\frac{u_{n+1}}{u_n}=\lim_{n\to\infty}\frac{\dfrac{1}{(2n+2)(2n+1)}}{\dfrac{1}{2n(2n-1)}}=\lim_{n\to\infty}\frac{2n(2n-1)}{(2n+2)(2n+1)}=1$,

所以根据定理 9.9 无法判别级数的敛散性,只能用其他的方法来判别.

由于

$$2n>2n-1\geqslant n\quad(n=1,2,\cdots),$$

所以有

$$u_n=\frac{1}{2n(2n-1)}<\frac{1}{n^2}.$$

因为级数 $\sum_{n=1}^{\infty}\frac{1}{n^2}$ 收敛,所以级数 $\sum_{n=1}^{\infty}\frac{1}{2n(2n-1)}$ 收敛.

定理 9.10**(根式判别法,柯西判别法)**　设 $\sum_{n=1}^{\infty}u_n$ 为正项级数,如果

$$\lim_{n\to\infty}\sqrt[n]{u_n}=l,$$

则有

(1) 若 $l<1$,则级数 $\sum_{n=1}^{\infty}u_n$ 收敛;

(2) 若 $l>1$,则级数 $\sum_{n=1}^{\infty}u_n$ 发散.

证明略.

注意　当 $\lim_{n\to\infty}\sqrt[n]{u_n}=l=1$ 时,级数 $\sum_{n=1}^{\infty}u_n$ 可能收敛也可能发散.

例 9.19　判别级数 $\sum_{n=1}^{\infty}\left(\frac{n+1}{2n+1}\right)^n$ 的敛散性.

解　因为

$$\lim_{n\to\infty}\sqrt[n]{u_n}=\lim_{n\to\infty}\frac{n+1}{2n+1}=\frac{1}{2}<1,$$

根据根值判别法,级数收敛.

例 9.20　判别级数 $\sum_{n=1}^{\infty}\frac{(\ln n)^{2n}}{n^n}$ 的敛散性.

$$\lim_{n\to\infty}\sqrt[n]{u_n}=\lim_{n\to\infty}\frac{(\ln n)^2}{n}=\lim_{x\to+\infty}\frac{(\ln x)^2}{x}=0<1,$$

根据根值判别法,级数收敛.

以上介绍了判别正项级数敛散性的几种常用方法. 比较例 9.16、例 9.17 和例 9.18,不难找到使用比值判别法和根式判别法的级数类型. 另外,一般情况下,先检查一下一般项的极限是否为零;若一般项的极限为零,再根据级数一般项的特点,选择适当的判别方法判别其敛散性.

§9.3 任意项级数

所有项的符号不完全相同的常数项级数 $\sum_{n=1}^{\infty} u_n$,称为**任意项级数**. 本节将讨论这类级数的敛散性的判别. 首先讨论一类符号正负交错的特殊形式的级数.

一、交错级数敛散性的判别

正负项相间的级数称为**交错级数**. 即

$$\sum_{n=1}^{\infty}(-1)^{n-1}u_n = u_1 - u_2 + u_3 - u_4 + \cdots + (-1)^{n-1}u_n + \cdots, \tag{9.5}$$

或

$$\sum_{n=1}^{\infty}(-1)^{n}u_n = -u_1 + u_2 - u_3 + \cdots + (-1)^{n}u_n + \cdots, \tag{9.6}$$

其中 $u_n > 0(n = 1, 2, \cdots)$.

由于级数(9.5)与级数(9.6)相差一个符号,所以级数(9.5)与级数(9.6)的敛散性相同,下面只讨论形如级数(9.5)的交错级数.

关于交错级数敛散性的判别,有下面的定理.

定理 9.11(莱布尼茨判别法) 如果交错级数

$$\sum_{n=1}^{\infty}(-1)^{n-1}u_n = u_1 - u_2 + u_3 - u_4 + \cdots + (-1)^{n-1}u_n + \cdots$$

满足条件:

(1) $u_n \geqslant u_{n+1} \quad (n = 1, 2, \cdots)$,

(2) $\lim\limits_{n\to\infty} u_n = 0$,

则级数 $\sum_{n=1}^{\infty}(-1)^{n-1}u_n$ 收敛,且和 $S \leqslant u_1$.

证明 设级数的前 $2k$ 项为

$$S_{2k} = (u_1 - u_2) + (u_3 - u_4) + \cdots + (u_{2k-1} - u_{2k}) \geqslant 0,$$

因为 $u_n - u_{n+1} \geqslant 0$,所以,数列 $\{S_{2k}\}$ 是单调增加的.

又 $$S_{2k} = u_1 - (u_2 - u_3) - (u_4 - u_5) - \cdots - (u_{2k-2} - u_{2k-1}) - u_{2k} \leqslant u_1,$$

从而,数列 $\{S_{2k}\}$ 单调增加且有界,故极限 $\lim\limits_{k\to\infty} S_{2k}$ 存在,设

$$\lim_{k\to\infty} S_{2k} = S,$$

由于 $\lim\limits_{k\to\infty} u_{2k+1} = 0$,从而

$$\lim_{k\to\infty} S_{2k+1}=\lim_{k\to\infty}(S_{2k}+u_{2k+1})=\lim_{k\to\infty} S_{2k}=S,$$

由此可知

$$\lim_{n\to\infty} S_n=S,$$

所以,级数 $\sum_{n=1}^{\infty}(-1)^{n-1}u_n$ 收敛.

最后,由 $S_{2k}\leqslant u_1$ 和 $\lim_{n\to\infty} S_n=\lim_{k\to\infty} S_{2k}=S$,可知 $\sum_{n=1}^{\infty}(-1)^{n-1}u_n=S\leqslant u_1$.

例 9.21　判别级数 $\sum_{n=1}^{\infty}(-1)^n\tan\frac{\pi}{3n}$ 的敛散性.

解　由于对于 $n\geqslant 1$,恒有 $0\leqslant\frac{\pi}{3n}\leqslant\frac{\pi}{2}$,故

$$u_n=\tan\frac{\pi}{3n}>0\quad(n=1,2,\cdots),$$

所以级数 $\sum_{n=1}^{\infty}(-1)^n\tan\frac{\pi}{3n}$ 为交错级数,并满足

$$u_n=\tan\frac{\pi}{3n}>u_{n+1}=\tan\frac{\pi}{3(n+1)}\quad(n=1,2,\cdots),$$

及 $\lim_{n\to\infty}\tan\frac{\pi}{3n}=0$,由莱布尼茨判别法知,级数 $\sum_{n=1}^{\infty}(-1)^n\tan\frac{\pi}{3n}$ 收敛.

例 9.22　证明交错级数 $\sum_{n=1}^{\infty}(-1)^{n-1}\frac{1}{n}$ 收敛.

证明　由于

$$u_n=\frac{1}{n}>\frac{1}{n+1}=u_{n+1}\quad(n=1,2,\cdots),$$

及

$$\lim_{n\to\infty}u_n=\lim_{n\to\infty}\frac{1}{n}=0,$$

由莱布尼茨判别法知,交错级数 $\sum_{n=1}^{\infty}(-1)^{n-1}\frac{1}{n}$ 收敛.

例 9.23　判别交错级数 $\sum_{n=1}^{\infty}(-1)^{n-1}\frac{n}{3^n}$ 的敛散性.

解　由于

$$u_n-u_{n+1}=\frac{n}{3^n}-\frac{n+1}{3^{n+1}}=\frac{2n-1}{3^{n+1}}\geqslant 0\quad(n=1,2,3\cdots),$$

即

$$u_n\geqslant u_{n+1}\quad(n=1,2,3\cdots),$$

且

$$\lim_{n\to\infty}u_n=\lim_{n\to\infty}\frac{n}{3^n}=0,$$

由莱布尼茨判别法知,交错级数 $\sum_{n=1}^{\infty}(-1)^{n-1}\frac{n}{3^n}$ 收敛.

二、任意项级数敛散性的判别

对任意项级数 $\sum_{n=1}^{\infty}u_n$ 敛散性的判别,主要是将其转化为正项级数 $\sum_{n=1}^{\infty}|u_n|$ 敛散性的判别.

首先我们给出下面的定义.

定义 9.2 如果级数 $\sum_{n=1}^{\infty}|u_n|$ 收敛,则称级数 $\sum_{n=1}^{\infty}u_n$ 为**绝对收敛**;如果级数 $\sum_{n=1}^{\infty}|u_n|$ 发散,而 $\sum_{n=1}^{\infty}u_n$ 收敛,则称级数 $\sum_{n=1}^{\infty}u_n$ 为**条件收敛**.

定理 9.12 如果正项级数 $\sum_{n=1}^{\infty}|u_n|$ 收敛,则级数 $\sum_{n=1}^{\infty}u_n$ 也收敛.

证明 令 $v_n=\frac{1}{2}(|u_n|+u_n)$,则

$$0\leqslant v_n\leqslant|u_n|,$$

即 $\sum_{n=1}^{\infty}v_n$ 是正项级数.

又由于级数 $\sum_{n=1}^{\infty}|u_n|$ 收敛,则由正项级数比较判别法知,$\sum_{n=1}^{\infty}v_n$ 也收敛;而 $u_n=2v_n-|u_n|$,由无穷级数的性质知,级数 $\sum_{n=1}^{\infty}u_n$ 收敛.

例如,级数 $\sum_{n=1}^{\infty}(-1)^{n-1}\frac{1}{n^2}$ 绝对收敛,而级数 $\sum_{n=1}^{\infty}(-1)^{n-1}\frac{1}{n}$ 是条件收敛的.

例 9.24 证明级数 $\sum_{n=1}^{\infty}\frac{\sin na}{n^2+1}$ 绝对收敛.

证明 由于 $|u_n|=\left|\frac{\sin na}{n^2+1}\right|\leqslant\frac{1}{n^2}$,且 $\sum_{n=1}^{\infty}\frac{1}{n^2}$ 收敛,所以 $\sum_{n=1}^{\infty}\left|\frac{\sin na}{n^2+1}\right|$ 收敛. 从而级数 $\sum_{n=1}^{\infty}\frac{\sin na}{n^2+1}$ 收敛,且为绝对收敛.

例 9.25 判别级数 $\sum_{n=1}^{\infty}\frac{(-1)^n}{n^p}$ 的敛散性.

解 当 $p\leqslant 0$ 时,因为 $\lim\limits_{n\to\infty}\frac{(-1)^n}{n^p}\neq 0$,故级数 $\sum_{n=1}^{\infty}\frac{(-1)^n}{n^p}$ 发散.

当 $0<p\leqslant 1$ 时,因为

$$\left|\frac{(-1)^n}{n^p}\right|=\frac{1}{n^p}\geqslant\frac{1}{n}\quad(n=1,2,\cdots),$$

而调和级数 $\sum_{n=1}^{\infty}\frac{1}{n}$ 发散,所以 $\sum_{n=1}^{\infty}\left|\frac{(-1)^n}{n^p}\right|$ 发散. 另外,

$$u_n=\frac{1}{n^p}>\frac{1}{(n+1)^p}=u_{n+1}\quad(n=1,2,\cdots),$$

及 $\lim\limits_{n\to\infty}\frac{1}{n^p}=0$,由莱布尼茨判别法可知,级数 $\sum_{n=1}^{\infty}\frac{(-1)^n}{n^p}$ 是条件收敛的.

当 $p>1$ 时,因为 $\left|\frac{(-1)^n}{n^p}\right|=\frac{1}{n^p}$,由 p 级数的结论可知,级数 $\sum_{n=1}^{\infty}\frac{1}{n^p}$ 是收敛的,所以级数 $\sum_{n=1}^{\infty}\frac{(-1)^n}{n^p}$ 是绝对收敛的. 从而有

$$
\text{级数}\sum_{n=1}^{\infty}\frac{(-1)^n}{n^p}\begin{cases}\text{发散}, & p\leqslant 0,\\ \text{条件收敛}, & 0<p\leqslant 1,\\ \text{绝对收敛}, & p>1.\end{cases}
$$

例 9.26　判别级数 $\sum\limits_{n=2}^{\infty}(-1)^n\sin\frac{2}{n}$ 的敛散性,若收敛,说明是绝对收敛还是条件收敛.

解　因为 $n\geqslant 2$ 时,$\frac{2}{n}\in\left(0,\frac{\pi}{2}\right)$,从而 $\sum\limits_{n=2}^{\infty}(-1)^n\sin\frac{2}{n}$ 为交错级数. 由于 $\sum\limits_{n=2}^{\infty}|u_n|=\sum\limits_{n=2}^{\infty}\sin\frac{2}{n}$ 发散,即原级数不是绝对收敛.

另外,

$$
u_n\sin\frac{2}{n}>\sin\frac{2}{n+1}=u_{n+1},
$$

且 $u_n\sin\frac{2}{n}=0$. 由莱布尼茨判别法可知,级数 $\sum\limits_{n=2}^{\infty}(-1)^n\sin\frac{2}{n}$ 为条件收敛.

注意　一般地,当级数 $\sum\limits_{n=1}^{\infty}|u_n|$ 发散时,级数 $\sum\limits_{n=1}^{\infty}u_n$ 不一定发散. 例如级数 $\sum\limits_{n=1}^{\infty}(-1)^{n-1}\frac{1}{n}$. 但是,可以证明,**如果根据比值判别法或根式判别法判别得到级数 $\sum\limits_{n=1}^{\infty}|u_n|$ 发散,则必有 $\sum\limits_{n=1}^{\infty}u_n$ 发散.**

综上所述,对于任意项级数 $\sum\limits_{n=1}^{\infty}u_n$ 的敛散性的判别可按照以下的步骤:

(1) 检查 $\lim\limits_{n\to\infty}u_n=0$ 是否成立,若不成立,则该级数发散;若成立,转入下一步.

(2) 对于保号级数,可采用正项级数敛散性判别法判别;对于任意项级数,首先利用正项级数判别法,判别级数 $\sum\limits_{n=1}^{\infty}|u_n|$ 的敛散性. 若 $\sum\limits_{n=1}^{\infty}|u_n|$ 收敛,则 $\sum\limits_{n=1}^{\infty}u_n$ 绝对收敛;若 $\sum\limits_{n=1}^{\infty}|u_n|$ 发散,则转入下一步.

(3) 若 $\sum\limits_{n=1}^{\infty}|u_n|$ 发散,且此结论是由比值判别法或根式判别法得出的,则 $\sum\limits_{n=1}^{\infty}u_n$ 发散;若 $\sum\limits_{n=1}^{\infty}|u_n|$ 发散不是上述方法得出的,则需直接判别 $\sum\limits_{n=1}^{\infty}u_n$ 的敛散性,若收敛则为条件收敛.

§9.4　幂级数

一、函数项级数的概念

定义 9.3　设 $u_1(x),u_2(x),u_3(x),\cdots,u_n(x),\cdots$ 是定义在区间 I 上的函数序列,则称由这函数列构成的表达式

$$
\sum_{n=1}^{\infty}u_n(x)=u_1(x)+u_2(x)+u_3(x)+\cdots+u_n(x)+\cdots \tag{9.7}
$$

为定义在 I 上的**函数项无穷级数**,简称**函数项级数**或**函数级数**.

对于每一个确定的值 $x_0 \in I$,函数项级数 $\sum\limits_{n=1}^{\infty} u_n(x)$ 成为常数项级数

$$u_1(x_0) + u_2(x_0) + u_3(x_0) + \cdots + u_n(x_0) + \cdots.$$

如果该常数项级数收敛,就称点 x_0 是函数项级数(9.7)的**收敛点**;如果该常数项级数发散,就称点 x_0 是**发散点**.函数项级数(9.7)的收敛点的全体称为**收敛域**,发散点的全体称为**发散域**.对应于收敛域内的任意一个点 x,函数项级数(9.7)成为一个收敛的常数项级数,因而有一确定的和 S.这样,在收敛域上,函数项级数(9.7)的和是 x 的函数 $S(x)$,通常称 $S(x)$ 为函数项级数(9.7)的**和函数**,这个函数的定义域就是级数的收敛域,并写成

$$S(x) = u_1(x) + u_2(x) + u_3(x) + \cdots + u_n(x) + \cdots \quad (x \text{ 属于收敛域}).$$

并称

$$S_n(x) = u_1(x) + u_2(x) + u_3(x) + \cdots + u_n(x) = \sum_{i=1}^{n} u_i(x)$$

为函数项级数(9.7)的**部分和函数**.于是,当 x 属于函数项级数(9.7)的收敛域时,有

$$\lim_{n\to\infty} S_n(x) = S(x).$$

例如,我们知道,当 $|q| < 1$ 时,几何级数 $\sum\limits_{n=0}^{\infty} q^n$ 收敛,且有

$$\sum_{n=0}^{\infty} q^n = \frac{1}{1-q}, \quad |q| < 1.$$

于是,若令 $q = x$,则函数项级数 $\sum\limits_{n=0}^{\infty} x^n$ 的收敛域为 $(-1,1)$,和函数为

$$S(x) = \sum_{n=0}^{\infty} x^n = \frac{1}{1-x}, \quad |x| < 1.$$

二、幂级数

形如

$$\sum_{n=0}^{\infty} a_n (x-x_0)^n = a_0 + a_1(x-x_0) + a_2(x-x_0)^2 + \cdots + a_n(x-x_0)^n + \cdots \tag{9.8}$$

的级数称为 $x - x_0$ 的**幂级数**,其中,$a_0, a_1, a_2, \cdots, a_n, \cdots$ 均为常数,称为**幂级数的系数**.

当 $x_0 = 0$ 时,上述级数成为

$$\sum_{n=0}^{\infty} a_n x^n = a_0 + a_1 x + a_2 x^2 + \cdots + a_n x^n + \cdots \tag{9.9}$$

称为 x 的**幂级数**,它的每一项都是 x 的幂函数.

幂级数是最常见、最简单的一类函数项级数,下面主要讨论形如 $\sum\limits_{n=0}^{\infty} a_n x^n$ 的幂级数.因为将级数 $\sum\limits_{n=0}^{\infty} a_n (x-x_0)^n$ 作代换:令 $t = x - x_0$,则它就化为级数 $\sum\limits_{n=0}^{\infty} a_n t^n$ 的形式.

首先讨论幂级数的收敛域的问题.因为幂级数 $\sum\limits_{n=0}^{\infty} a_n x^n$ 在 $x=0$ 点总是收敛的.它在其他点的收敛情形有下面定理.

定理 9.13(**阿贝尔定理**) 如果幂级数 $\sum_{n=0}^{\infty} a_n x^n$ 在 $x_0 \neq 0$ 处收敛，则在满足不等式 $|x| < |x_0|$ 的一切点 x 处绝对收敛；如果幂级数 $\sum_{n=0}^{\infty} a_n x^n$ 在 x_1 处发散，则在满足不等式 $|x| > |x_1|$ 的一切点 x 处发散.

证明 设幂级数 $\sum_{n=0}^{\infty} a_n x^n$ 在 $x_0 \neq 0$ 处收敛，根据级数收敛的必要条件，有

$$\lim_{n \to \infty} a_n x_0^n = 0,$$

从而数列 $\{a_n x_0^n\}$ 有界，即存在正数 M，使得

$$|a_n x_0^n| \leqslant M \quad (n = 0, 1, 2, \cdots),$$

于是，对于满足不等式 $|x| < |x_0|$ 的所有 x，都有

$$|a_n x^n| = |a_n x_0^n| \left| \frac{x}{x_0} \right|^n \leqslant M q^n \quad (n = 0, 1, 2, \cdots),$$

其中 $q = \left| \frac{x}{x_0} \right| < 1$. 由于几何级数 $\sum_{n=0}^{\infty} M q^n (q < 1)$ 收敛，故级数 $\sum_{n=0}^{\infty} a_n x^n$ 绝对收敛.

如果幂级数 $\sum_{n=0}^{\infty} a_n x^n$ 在 x_1 处发散，假设有一个 x_2，满足 $|x_2| > |x_1|$，且 $\sum_{n=0}^{\infty} a_n x_2^n$ 收敛，则由上面的讨论知，级数 $\sum_{n=0}^{\infty} a_n x_1^n$ 必收敛，这与假设矛盾.

推论 如果幂级数 $\sum_{n=0}^{\infty} a_n x^n$ 不是仅在 $x = 0$ 一点收敛，也不是在整个数轴上收敛，则必有一个完全确定的正数 R 存在，它具有下列性质：

(1) 当 $|x| < R$ 时，幂级数绝对收敛；

(2) 当 $|x| > R$ 时，幂级数发散.

注意 当 $x = R$ 与 $x = -R$ 时，幂级数可能收敛也可能发散. 此时我们称这个 R 为幂级数的**收敛半径**，称 $(-R, R)$ 为幂级数的**收敛区间**.

规定 当幂级数 $\sum_{n=0}^{\infty} a_n x^n$ 在一切 $x \neq 0$ 处皆发散时，$R = 0$，此时幂级数仅在 $x = 0$ 处收敛；当幂级数 $\sum_{n=0}^{\infty} a_n x^n$ 对一切 x 皆收敛时，$R = +\infty$，这时收敛区间为 $(-\infty, +\infty)$，收敛域也为 $(-\infty, +\infty)$. 当幂级数的收敛半径 $0 < R < +\infty$ 时，只能得出幂级数的收敛区间为 $(-R, R)$，这时还需另行判别 $x = \pm R$ 时幂级数的敛散性，最终得出幂级数的收敛域. 所以，为了确定收敛域，我们需求出收敛半径. 如下定理给出了求收敛半径的方法.

定理 9.14 设幂级数 $\sum_{n=0}^{\infty} a_n x^n$ 满足

$$\lim_{n \to \infty} \left| \frac{a_{n+1}}{a_n} \right| = \rho \quad \text{或} \quad \lim_{n \to \infty} \sqrt[n]{|a_n|} = \rho,$$

则有

(1) 若 $0 < \rho < +\infty$，则 $R = \frac{1}{\rho}$；

(2) 若 $\rho=0$,则 $R=+\infty$;

(3) 若 $\rho=+\infty$,则 $R=0$.

证明 将幂级数 $\sum_{n=0}^{\infty}a_nx^n$ 的各项取绝对值得 $\sum_{n=0}^{\infty}|a_nx^n|$,则

$$\lim_{n\to\infty}\frac{|a_{n+1}x^{n+1}|}{|a_nx^n|}=\lim_{n\to\infty}\left|\frac{a_{n+1}}{a_n}\right||x|=\rho|x|$$

或

$$\lim_{n\to\infty}\sqrt[n]{|a_nx^n|}=\lim_{n\to\infty}\sqrt[n]{|a_n|}\ |x|=\rho|x|.$$

(1) 若 $0<\rho<+\infty$,由比值或者根值判别法知,当 $\rho|x|<1$,即 $|x|<\frac{1}{\rho}$ 时,幂级数 $\sum_{n=0}^{\infty}a_nx^n$ 绝对收敛;当 $\rho|x|>1$,即 $|x|>\frac{1}{\rho}$ 时,幂级数 $\sum_{n=0}^{\infty}a_nx^n$ 发散. 因此 $R=\frac{1}{\rho}$.

(2) 当 $\rho=0$ 时,对任意 $x\neq 0$,上面两式的极限均为零,故级数绝对收敛,所以 $R=+\infty$.

(3) 若 $\rho=+\infty$,则对任意 $x\neq 0$,上式极限均为 $+\infty$(即大于 1),故级数发散. 因此 $R=0$.

综上所述,可给出求幂级数 $\sum_{n=0}^{\infty}a_nx^n$ 收敛域的一般步骤:

(1) 计算 $\lim_{n\to\infty}\left|\frac{a_{n+1}}{a_n}\right|=\rho$ 或 $\lim_{n\to\infty}\sqrt[n]{|a_n|}=\rho$,$R=\frac{1}{\rho}$;

(2) 讨论级数 $\sum_{n=0}^{\infty}a_nR^n$ 与级数 $\sum_{n=0}^{\infty}a_n(-R)^n$ 的敛散性;

(3) 写出幂级数的收敛域.

例 9.27 求下列幂级数的收敛半径与收敛域.

(1) $\sum_{n=1}^{\infty}(-1)^{n-1}\frac{x^n}{n}$; (2) $\sum_{n=0}^{\infty}\frac{(-1)^nx^n}{(n+1)3^n}$; (3) $\sum_{n=1}^{\infty}n^nx^n$.

解 (1) $\rho=\lim_{n\to\infty}\left|\frac{a_{n+1}}{a_n}\right|=\lim_{n\to\infty}\frac{n}{n+1}=1$.

当 $x=1$ 时,级数为 $\sum_{n=1}^{\infty}\frac{(-1)^{n-1}}{n}$ 收敛;当 $x=-1$ 时,级数为 $\sum_{n=1}^{\infty}-\frac{1}{n}$ 发散. 故收敛域是 $(-1,1]$.

(2) 由于

$$\rho=\lim_{n\to\infty}\left|\frac{a_{n+1}}{a_n}\right|=\frac{1}{3}\lim_{n\to\infty}\frac{n+1}{n+2}=\frac{1}{3},$$

所以收敛半径为 $R=3$,收敛区间为 $(-3,3)$;

当 $x=-3$ 时,级数为 $\sum_{n=0}^{\infty}\frac{1}{n+1}=\sum_{n=1}^{\infty}\frac{1}{n}$ 发散;当 $x=3$ 时,级数为 $\sum_{n=0}^{\infty}\frac{(-1)^n}{n+1}=\sum_{n=1}^{\infty}\frac{(-1)^{n-1}}{n}$ 收敛,从而收敛域为 $(-3,3]$.

(3) 由于

$$\rho=\lim_{n\to\infty}\left|\frac{a_{n+1}}{a_n}\right|=\lim_{n\to\infty}\frac{(n+1)^{n+1}}{n^n}=\lim_{n\to\infty}(n+1)\left(1+\frac{1}{n}\right)^n=+\infty,$$

于是,收敛半径 $R=0$,收敛域为$\{0\}$.

例 9.28　求幂级数 $\sum\limits_{n=1}^{\infty}\frac{(x-a)^n}{n}$ 的收敛域.

解　因为

$$\lim_{n\to\infty}\left|\frac{a_{n+1}}{a_n}\right|=\lim_{n\to\infty}\left|\frac{(x-a)^{n+1}}{n+1}\cdot\frac{n}{(x-a)^n}\right|=|x-a|.$$

当 $|x-a|<1$ 时,幂级数收敛.从而幂级数的收敛区间为$(a-1,a+1)$.

当 $x=a+1$ 时,级数为 $\sum\limits_{n=1}^{\infty}\frac{1}{n}$ 发散;当 $x=a-1$ 时,级数为 $\sum\limits_{n=1}^{\infty}(-1)^n\frac{1}{n}$ 收敛,从而 $\sum\limits_{n=1}^{\infty}\frac{(x-a)^n}{n}$ 的收敛域是$[a-1,a+1)$.

当幂级数只有奇数次幂或偶数次幂时,不能直接使用定理 9.14 求收敛半径 R,而是使用比值判别法来求 R.

例 9.29　求幂级数 $\sum\limits_{n=0}^{\infty}\frac{x^{2n+1}}{3^n}$ 的收敛域.

解　因为

$$\lim_{n\to\infty}\left|\frac{x^{2n+1}}{3^{n+1}}\cdot\frac{3^n}{x^{2n+1}}\right|=\frac{1}{3}|x|^2.$$

当$\frac{1}{3}|x|^2<1$ 时,即 $|x|<\sqrt{3}$ 时,级数绝对收敛;当$\frac{1}{3}|x|^2>1$ 时,即 $|x|>\sqrt{3}$ 时,级数发散,所以收敛半径 $R=\sqrt{3}$.

当 $x=\sqrt{3}$ 时,级数为 $\sum\limits_{n=0}^{\infty}\sqrt{3}$ 发散;当 $x=-\sqrt{3}$ 时,级数为 $\sum\limits_{n=0}^{\infty}(-\sqrt{3})$ 发散,故 $\sum\limits_{n=0}^{\infty}\frac{x^{2n+1}}{3^n}$ 的收敛域为$(-\sqrt{3},\sqrt{3})$.

例 9.30　求幂级数 $\sum\limits_{n=0}^{\infty}\frac{(2n)!}{(n!)^2}x^{2n}$ 的收敛半径.

解　令 $t=x^2$,幂级数变形为 $\sum\limits_{n=0}^{\infty}\frac{(2n)!}{(n!)^2}t^n$,因为

$$\rho=\lim_{n\to\infty}\left|\frac{a_{n+1}}{a_n}\right|=\lim_{n\to\infty}\frac{(2n+2)!\,(n!)^2}{(n+1)!\,(n+1)!\,(2n)!}=\lim_{n\to\infty}\frac{(2n+2)(2n+1)}{(n+1)(n+1)}=4,$$

所以级数 $\sum\limits_{n=0}^{\infty}\frac{(2n)!}{(n!)^2}t^n$ 在 $-\frac{1}{4}<t<\frac{1}{4}$ 时收敛,原级数 $\sum\limits_{n=0}^{\infty}\frac{(2n)!}{(n!)^2}x^{2n}$ 在 $0<x^2<\frac{1}{4}$ 时收敛,故其收敛半径 $R=\frac{1}{2}$.

三、幂级数的基本性质

幂级数 $\sum\limits_{n=0}^{\infty}a_nx^n$ 在其收敛域内表示一个和函数.下面给出和函数的一些重要的性质,其证明过程比较复杂,我们将其略去.

设幂级数 $\sum_{n=0}^{\infty} a_n x^n$ 的收敛半径为 $R > 0$,和函数为 $S(x)$,则有:

性质 1 和函数 $S(x)$ 在 $(-R,R)$ 内连续;如果幂级数 $\sum_{n=0}^{\infty} a_n x^n$ 在 $x=R(x=-R)$ 处收敛,则 $S(x)$ 在 $x=R$ 处左连续(在 $x=-R$ 处右连续).

性质 2 和函数 $S(x)$ 在 $(-R,R)$ 内可导,且有逐项求导公式:

$$S'(x)=\left(\sum_{n=0}^{\infty} a_n x^n\right)'=\sum_{n=0}^{\infty}(a_n x^n)'=\sum_{n=0}^{\infty} n a_n x^{n-1},\quad x\in(-R,R).$$

性质 3 和函数 $S(x)$ 在 $(-R,R)$ 内可积,且有逐项积分公式:

$$\int_0^x S(t)\mathrm{d}t=\int_0^x\left(\sum_{n=0}^{\infty} a_n t^n\right)\mathrm{d}t=\sum_{n=0}^{\infty}\int_0^x a_n t^n\mathrm{d}t=\sum_{n=0}^{\infty}\frac{a_n}{n+1}x^{n+1},\quad x\in(-R,R).$$

推论 幂级数 $\sum_{n=0}^{\infty} a_n x^n$,$\sum_{n=1}^{\infty} n a_n x^{n-1}$ 和 $\sum_{n=0}^{\infty}\frac{a_n}{n+1}x^{n+1}$ 有相同的收敛半径.

幂级数的这些性质很重要.利用这些性质可以求一些幂级数的和函数.

例 9.31 求幂级数 $\sum_{n=1}^{\infty}\frac{(-1)^{n-1}}{n}x^n$ 的和函数 $S(x)$.

解 首先,该级数的收敛半径 $R=1$,收敛域为 $(-1,1]$.

又由于

$$S(x)=\sum_{n=1}^{\infty}\frac{(-1)^{n-1}}{n}x^n,$$

两边对 x 求导,得

$$S'(x)=\sum_{n=1}^{\infty}(-1)^{n-1}x^{n-1}=\frac{1}{1+x},\qquad(|x|<1),$$

两边从 0 到 x 积分,得

$$S(x)=\ln(1+x).$$

由幂级数性质 1 知,$x\in(-1,1]$,有

$$\sum_{n=1}^{\infty}\frac{(-1)^{n-1}}{n}x^n=\ln(1+x).$$

例 9.32 求幂级数 $\sum_{n=1}^{\infty} n x^{n-1}$ 的和函数 $S(x)$.

解 首先,该级数的收敛半径 $R=1$,收敛域为 $(-1,1)$.

又由于

$$S(x)=\sum_{n=1}^{\infty} n x^{n-1},$$

两边从 0 到 x 积分,得

$$\int_0^x S(t)\mathrm{d}t=x+x^2+x^3+\cdots+x^n+\cdots=\frac{x}{1-x},$$

两边对 x 求导,即得

$$S(x)=\frac{\mathrm{d}}{\mathrm{d}x}\left(\int_0^x S(t)\mathrm{d}t\right)=\left(\frac{x}{1-x}\right)'=\frac{1}{(1-x)^2}.$$

所以

$$S(x)=\sum_{n=1}^{\infty}nx^{n-1}=\frac{1}{(1-x)^2},x\in(-1,1).$$

例 9.33　求幂级数$\sum_{n=0}^{\infty}\frac{x^n}{n+1}$的收敛域及和函数,并求级数$\sum_{n=0}^{\infty}\frac{(-1)^n}{n+1}$的和.

解　(1)$\rho=\lim_{n\to\infty}\left|\frac{a_{n+1}}{a_n}\right|=\lim_{n\to\infty}\frac{n+1}{n+2}=1.$

(2) 当$x=-1$时，级数为$\sum_{n=0}^{\infty}\frac{(-1)^n}{n+1}$收敛;当$x=1$时，级数为$\sum_{n=0}^{\infty}\frac{1}{n+1}$发散. 故收敛域是$[-1,1)$.

(3) 当$0<|x|<1$时,有$[xS(x)]'=\left(\sum_{n=0}^{\infty}\frac{x^{n+1}}{n+1}\right)'=\sum_{n=0}^{\infty}x^n=\frac{1}{1-x}$.

于是

$$xS(x)=\int_0^x[tS(t)]'\mathrm{d}t=\int_0^x\frac{1}{1-t}\mathrm{d}t=-\ln(1-x).$$

(4) 由于$S(0)=1$,又幂级数在其收敛区间上是连续的，故

$$S(x)=\begin{cases}-\frac{1}{x}\ln(1-x), & -1\leqslant x<0,\text{或 }0<x<1;\\ 1, & x=0.\end{cases}$$

由此可得,$\sum_{n=0}^{\infty}\frac{(-1)^n}{n+1}=S(-1)=\ln2.$

根据以上例题可知,幂级数和函数的求法(“先导后积”或“先积后导”),即当幂级数的一般项形如$\frac{x^n}{n}$时,可用先求导后求积分的方法求其和函数;当幂级数的一般项形如$(2n+1)x^{2n}$,nx^{n-1}等形式,可用先求积分后求导的方法求其和函数.

§9.5　函数的幂级数展开式

由9.4节知,一个幂级数在其收敛域内表示一个函数.本节讨论与此相反的问题:给定一个函数后,能否在某个区域内将其用一个幂级数表示呢? 如果能,应如何表示? 一般来说,将一个函数表示成幂级数,称为**函数的幂级数展开**. 如果函数$f(x)$能展开成幂级数

$$f(x)=\sum_{n=0}^{\infty}a_n(x-x_0)^n,\quad x\in D,$$

则上式称为函数$f(x)$在点x_0处的**幂级数展开式**,其中D为上式右边**幂级数的收敛域**.

一、泰勒(Taylor)级数

在介绍函数幂级数展开方法之前,先介绍如下定理.

定理 9.15　设函数 $f(x)$ 在点 x_0 的某邻域内有直至 $n+1$ 阶的连续导数. 令

$$f(x)=\sum_{k=0}^{n}\frac{f^{(k)}(x_0)}{k!}(x-x_0)^k+R_n(x),\tag{9.10}$$

则对该邻域内任意一点 x,有

$$R_n(x)=\frac{f^{(n+1)}(\xi)}{(n+1)!}(x-x_0)^{n+1}\quad(\xi\text{ 在 }x\text{ 与 }x_0\text{ 之间}).\tag{9.11}$$

注意　规定 $0!=1$, $f^{(0)}(x)=f(x)$.

证明　设

$$F(t)=f(x)-\sum_{k=0}^{n}\frac{f^{(k)}(t)}{k!}(x-t)^k,$$

$$G(t)=(x-t)^{n+1},$$

容易验证 $F(t)$ 和 $G(t)$ 在$[x_0,x]$或$[x,x_0]$上满足柯西中值定理的条件,且有

$$F(x_0)=R_n(x),\quad F(x)=0,$$

$$\begin{aligned}F'(t)&=-\sum_{k=0}^{n}\frac{1}{k!}[f^{(k+1)}(t)(x-t)^k-kf^{(k)}(t)(x-t)^{k-1}]\\&=-\sum_{k=0}^{n}\frac{1}{k!}f^{(k+1)}(t)(x-t)^k+\sum_{k=1}^{n}\frac{1}{(k-1)!}f^{(k)}(t)(x-t)^{k-1}\\&=-\frac{1}{n!}f^{(n+1)}(t)(x-t)^n,\end{aligned}$$

$$G(x_0)=(x-x_0)^{n+1},\quad G(x)=0,\quad G'(t)=-(n+1)(x-t)^n,$$

故在 x 与 x_0 之间至少存在一点 ξ,使得下式成立:

$$\begin{aligned}\frac{F(x)-F(x_0)}{G(x)-G(x_0)}&=\frac{F'(\xi)}{G'(\xi)}=\frac{1}{n!}f^{(n+1)}(\xi)(x-\xi)^n\cdot\frac{1}{(n+1)(x-\xi)^n}\\&=\frac{1}{(n+1)!}f^{(n+1)}(\xi).\end{aligned}$$

从而有

$$R_n(x)=\frac{f^{(n+1)}(\xi)}{(n+1)!}(x-x_0)^{n+1}\quad(\xi\text{ 在 }x_0\text{ 与 }x\text{ 之间}).$$

式(9.10)称为函数 $f(x)$ 在点 x_0 处的 n 阶**泰勒公式**,简称为 n **阶泰勒公式**. 其中由式(9.11)确定的 $R_n(x)$ 称为**拉格朗日余项**.

注意　当 $n=0$ 时,泰勒公式(9.10)就成为拉格朗日中值公式:

$$f(x)=f(x_0)+f'(\xi)(x-x_0),$$

所以,泰勒公式是拉格朗日中值定理的推广.

特别地,当 $x_0=0$ 时,泰勒公式(9.10)化为

$$f(x)=\sum_{k=0}^{n}\frac{f^{(k)}(0)}{k!}x^k+R_n(x),\tag{9.12}$$

其中余项化为

$$R_n(x)=\frac{f^{(n+1)}(\xi)}{(n+1)!}x^{n+1},(\xi\text{ 在 }0\text{ 与 }x\text{ 之间}),\tag{9.13}$$

式(9.12)称为**麦克劳林公式**.

函数 $f(x)$ 满足什么条件下才能在点 x_0 处展开成幂级数？关于这个问题有如下定理.

定理 9.16　设 $f(x)$ 在点 x_0 的某邻域内具有任意阶导数,则在点 x_0 的某邻域内,

$$f(x)=\sum_{n=0}^{\infty}\frac{f^{(n)}(x_0)}{n!}(x-x_0)^n$$

充分必要条件是对该邻域内任意一点 x,有

$$\lim_{n\to\infty}R_n(x)=0,$$

其中 $R_n(x)$ 为拉格朗日余项 $R_n(x)=\frac{f^{(n+1)}(\xi)}{(n+1)!}(x-x_0)^{n+1}$($\xi$ 在 x_0 与 x 之间).

证明略.

根据定理 9.16 知,当函数 $f(x)$ 满足定理 9.16 的条件时,函数 $f(x)$ 可以写成

$$f(x)=\sum_{n=0}^{\infty}\frac{f^{(n)}(x_0)}{n!}(x-x_0)^n,\tag{9.14}$$

式(9.14)称为函数 $f(x)$ 的**泰勒级数**.

特别地,当 $x_0=0$ 时,式(9.14)成为

$$f(x)=\sum_{n=0}^{\infty}\frac{f^{(n)}(0)}{n!}x^n,\tag{9.15}$$

式(9.15)称为函数 $f(x)$ 的**麦克劳林级数**.

定理 9.17**(唯一性定理)**　如果函数 $f(x)$ 在点 x_0 的某邻域内能够展开成泰勒级数

$$f(x)=\sum_{n=0}^{\infty}\frac{f^{(n)}(x_0)}{n!}(x-x_0)^n,$$

则右端的泰勒级数是唯一的.

证明略.

二、函数的幂级数展开方法

对于函数 $f(x)$,欲展成幂级数(即麦克劳林级数),可以利用以下的直接法.

1. **直接法**

利用直接法将函数 $f(x)$ 展成幂级数可按照以下的步骤进行:

(1) 求 $f(x)$ 在点 $x=0$ 的各阶导数值 $f^{(n)}(0)$;

(2) 写出幂级数 $\sum_{n=0}^{\infty}\frac{f^{(n)}(0)}{n!}x^n$,并求出其收敛域;

(3) 验证在收敛域内余项 R_n 的极限

$$\lim_{n\to\infty}\frac{f^{(n+1)}(\xi)}{(n+1)!}x^{n+1}\quad(\xi\text{ 介于 }0\text{ 和 }x\text{ 之间}),$$

是否为 0.如果为 0,则函数 $f(x)$ 可以展开成幂级数

$$f(x)=\sum_{n=0}^{\infty}\frac{f^{(n)}(0)}{n!}x^n.$$

例 9.34 将函数 $f(x)=\mathrm{e}^x$ 展开成 x 的幂级数.

解 因为 $f^{(n)}(x)=\mathrm{e}^x(n=1,2,\cdots)$,所以

$$f(0)=f'(0)=f''(0)=\cdots=f^{(n)}(0)=1.$$

从而有

$$\sum_{n=0}^{\infty}\frac{f^{(n)}(0)}{n!}x^n=\sum_{n=0}^{\infty}\frac{x^n}{n!}=1+x+\frac{x^2}{2!}+\cdots+\frac{x^n}{n!},$$

该级数的收敛域为$(-\infty,+\infty)$.

对于任意有限的数 x,ξ(ξ 介于 0 和 x 之间),有

$$\lim_{n\to\infty}|R_n(x)|=\lim_{n\to\infty}\left|\frac{x^{n+1}}{(n+1)!}\mathrm{e}^{\xi}\right|<\lim_{n\to\infty}\frac{|x|^{n+1}}{(n+1)!}\mathrm{e}^{|x|},$$

因 $\mathrm{e}^{|x|}$ 有限,而$\dfrac{|x|^{n+1}}{(n+1)!}$ 是收敛级数$\displaystyle\sum_{n=0}^{\infty}\frac{|x|^{n+1}}{(n+1)!}$,$x\in(-\infty,+\infty)$ 的通项,所以

$$\frac{|x|^{n+1}}{(n+1)!}\to 0,\quad n\to\infty,$$

即有对任意 x,$\lim\limits_{n\to\infty}|R_n(x)|=0$ 都成立,于是

$$\mathrm{e}^x=\sum_{n=0}^{\infty}\frac{x^n}{n!}=1+x+\frac{x^2}{2!}+\cdots+\frac{x^n}{n!}+\cdots\quad(-\infty<x<+\infty).$$

例 9.35 将函数 $f(x)=\sin x$ 展开成 x 的幂级数.

解 因为 $f^{(n)}(x)=\sin\left(x+\dfrac{n\pi}{2}\right)\quad(n=0,1,2,\cdots)$,

$f^{(n)}(0)$ 按顺序循环地取 0,1,0,-1,$\cdots$ $(n=0,1,2,\cdots)$,于是得级数

$$\sum_{n=0}^{\infty}\frac{f^{(n)}(0)}{n!}x^n=x-\frac{x^3}{3!}+\frac{x^5}{5!}-\cdots+(-1)^n\frac{x^{2n+1}}{(2n+1)!}+\cdots,$$

该级数的收敛域为$(-\infty,+\infty)$.

对于任意有限的数 x,ξ(ξ 介于 0 和 x 之间),有

$$|R_n(x)|=\left|\frac{x^{n+1}}{(n+1)!}\sin\left[\xi+\frac{(n+1)\pi}{2}\right]\right|$$
$$\leqslant\frac{|x|^{n+1}}{(n+1)!}\to 0,\quad n\to\infty.$$

所以

$$\sin x=x-\frac{x^3}{3!}+\frac{x^5}{5!}-\cdots+(-1)^n\frac{x^{2n+1}}{(2n+1)!}+\cdots\ (-\infty<x<+\infty).$$

2. 间接法

一般情况下,只有少数简单函数的幂级数展开式能够利用直接法得到.更多的函数是根据唯一性定理,利用已知函数的幂级数展开式 ,通过线性运算法则或者变量代换、恒等变形、逐

项可导或者逐项积分等手段可得到其他一些函数的展开式,这种方法称为**间接法**.

例 9.36　将函数 $f(x)=\cos x$ 展开成麦克劳林级数.

解　由 $(\sin x)'=\cos x$ 与

$$\sin x = x-\frac{x^3}{3!}+\frac{x^5}{5!}-\cdots+(-1)^n\frac{x^{2n+1}}{(2n+1)!}+\cdots \quad (-\infty<x<+\infty),$$

所以

$$\cos x=(\sin x)'=\left[x-\frac{x^3}{3!}+\frac{x^5}{5!}-\cdots+(-1)^n\frac{x^{2n+1}}{(2n+1)!}+\cdots\right]'$$

$$=1-\frac{1}{2!}x^2+\frac{1}{4!}x^4-\cdots+(-1)^n\frac{1}{(2n)!}x^{2n}+\cdots \quad (-\infty<x<+\infty).$$

例 9.37　将函数 $f(x)=e^{-x^2}$ 展开成 x 的幂级数.

解　因为

$$e^t=\sum_{n=0}^{\infty}\frac{t^n}{n!}=1+t+\frac{t^2}{2!}+\cdots+\frac{t^n}{n!}+\cdots \quad (-\infty<t<+\infty),$$

将 t 换成 $-x^2$,得

$$e^{-x^2}=\sum_{n=0}^{\infty}(-1)^n\frac{1}{n!}(x^2)^n$$

$$=1-x^2+\frac{1}{2!}x^4-\cdots+(-1)^n\frac{1}{n!}x^{2n}+\cdots \quad (-\infty<x<+\infty).$$

下面是几个常用函数的**幂级数**(即**麦克劳林级数**)**展开式**:

(1) $e^x=\sum_{n=0}^{\infty}\frac{x^n}{n!}=1+x+\frac{x^2}{2!}+\cdots+\frac{x^n}{n!}+\cdots,\quad x\in(-\infty,+\infty);$

(2) $\frac{1}{1+x}=\sum_{n=0}^{\infty}(-1)^n x^n=1-x+x^2-\cdots+(-1)^n x^n+\cdots,\quad x\in(-1,1);$

(3) $\frac{1}{1-x}=\sum_{n=0}^{\infty}x^n=1+x+x^2+x^3+\cdots+x^n+\cdots,\quad x\in(-1,1);$

(4) $\sin x=x-\frac{x^3}{3!}+\frac{x^5}{5!}-\cdots+(-1)^n\frac{x^{2n+1}}{(2n+1)!}+\cdots,\quad x\in(-\infty,+\infty);$

(5) $\cos x=1-\frac{1}{2!}x^2+\frac{1}{4!}x^4-\cdots+(-1)^n\frac{1}{(2n)!}x^{2n}+\cdots,\quad (-\infty<x<+\infty);$

(6) $(1+x)^\alpha=1+\alpha x+\frac{\alpha(\alpha-1)}{2!}x^2+\cdots+\frac{\alpha(\alpha-1)\cdots(\alpha-n+1)}{n!}x^n+\cdots$

$$=1+\sum_{n=1}^{\infty}\frac{\alpha(\alpha-1)\cdots(\alpha-n+1)}{n!}x^n,\quad x\in(-1,1).$$

习 题 九

(A)

1. 写出下列级数的一般项：

(1) $\frac{1}{2}+\frac{1}{4}+\frac{1}{6}+\cdots$；

(2) $\frac{1}{2}+\frac{2}{5}+\frac{3}{10}+\frac{4}{17}+\cdots$；

(3) $-\frac{3}{1}+\frac{5}{4}-\frac{7}{9}+\frac{9}{16}-\frac{11}{25}+\frac{13}{36}-\cdots$；

(4) $\frac{\sqrt{x}}{2}+\frac{x}{2\cdot 4}+\frac{x\sqrt{x}}{2\cdot 4\cdot 6}+\frac{x^2}{2\cdot 4\cdot 6\cdot 8}+\cdots\ (x>0)$.

2. 若级数 $\sum_{n=1}^{\infty}u_n$ 与 $\sum_{n=1}^{\infty}v_n$ 都发散时，级数 $\sum_{n=1}^{\infty}(u_n\pm v_n)$ 的收敛性如何？若其中一个收敛，一个发散，那么，级数 $\sum_{n=1}^{\infty}(u_n\pm v_n)$ 的收敛性又如何？

3. 判断下列级数是否收敛，若收敛，求其和.

(1) $\sum_{n=1}^{\infty}\frac{1}{(3n-2)\cdot(3n+1)}$；

(2) $\sum_{n=1}^{\infty}(\sqrt{n+1}-\sqrt{n})$；

(3) $\sum_{n=1}^{\infty}\ln\frac{n+3}{n+4}$；

(4) $\sum_{n=1}^{\infty}\frac{1}{n(n+1)}$.

4. 利用无穷级数的性质判别下列级数的敛散性：

(1) $2+\frac{1}{5}+\sum_{n=1}^{\infty}\frac{1}{4^n}$；

(2) $\sum_{n=1}^{\infty}\frac{n}{n+1}$；

(3) $\sin\frac{\pi}{6}+\sin\frac{2\pi}{6}+\cdots+\sin\frac{n\pi}{6}+\cdots$；

(4) $(\sin 1+1)+(\sin^2 1+\frac{1}{2})+(\sin^3 1+\frac{1}{3})+\cdots$；

(5) $\sum_{n=10}^{\infty}(-1)^{n-1}\cdot\frac{6^{n-1}}{7^{n-1}}$；

(6) $\frac{1}{3}+\frac{3}{5}+\frac{5}{7}+\frac{7}{9}+\cdots+\frac{2n-1}{2n+1}+\cdots$；

(7) $(\frac{1}{3}+\frac{6}{7})+(\frac{1}{3^2}+\frac{6^2}{7^2})+(\frac{1}{3^3}+\frac{6^3}{7^3})+\cdots$；

(8) $\frac{1}{1+\frac{1}{1}}+\frac{1}{(1+\frac{1}{2})^2}+\frac{1}{(1+\frac{1}{3})^3}+\cdots+\frac{1}{(1+\frac{1}{n})^n}+\cdots.$

5. 利用正项级数比较判别法或其极限形式，判别下列级数的敛散性：

(1) $\frac{1}{2\cdot 5}+\frac{1}{3\cdot 6}+\frac{1}{4\cdot 7}+\cdots+\frac{1}{(n+1)\cdot(n+4)}+\cdots$；

(2) $\frac{(\sin 2)^2}{6}+\frac{(\sin 4)^2}{6^2}+\cdots+\frac{(\sin 2n)^2}{6^n}+\cdots$；

(3) $\frac{1}{1}+\frac{1}{3^2}+\frac{1}{5^2}+\cdots+\frac{1}{(2n-1)^2}+\cdots$；

(4) $\sin\frac{\pi}{2}+\sin\frac{\pi}{4}+\sin\frac{\pi}{8}+\cdots+\sin\frac{\pi}{2^n}+\cdots$；

(5) $\sum\limits_{n=1}^{\infty}\sin\frac{1}{\sqrt{n}}$；

(6) $\sum\limits_{n=1}^{\infty}\ln(1+\frac{1}{n})$；

(7) $\sum\limits_{n=1}^{\infty}\frac{6^n-5^n}{7^n-6^n}$；

(8) $\sum\limits_{n=1}^{\infty}\frac{3^n}{1+e^n}$；

(9) $\sum\limits_{n=1}^{\infty}\frac{n+1}{n^3+1}$；

(10) $\sum\limits_{n=1}^{\infty}\frac{n}{2^n(n+1)}$.

6. 利用比值判别法或根值判别法判别下列级数的敛散性：

(1) $1+\frac{4}{3^2}+\frac{5}{3^3}+\cdots+\frac{n+2}{3^n}+\cdots$；

(2) $\sum\limits_{n=1}^{\infty}\left(\frac{n}{5n+2}\right)^n$；

(3) $3+\frac{3^2\cdot 2!}{2^2}+\frac{3^3\cdot 3!}{3^3}+\cdots+\frac{3^n\cdot n!}{n^n}+\cdots$；

(4) $\sum\limits_{n=1}^{\infty}\left(1+\frac{1}{n}\right)^{n^2}$；

(5) $\sum\limits_{n=1}^{\infty}\frac{(n!)^2}{(3n)!}$；

(6) $\sum\limits_{n=1}^{\infty}\frac{\left(\frac{n+2}{n}\right)^{n^2}}{2^n}$；

(7) $\sum\limits_{n=1}^{\infty}\frac{\ln n}{\sqrt{n}\ 2^n}$；

(8) $\sum\limits_{n=1}^{\infty}\left(\frac{n}{2n+1}\right)^n$；

(9) $\sum\limits_{n=1}^{\infty}\frac{n^n}{n!}$；

(10) $\sum\limits_{n=1}^{\infty}\frac{a^n}{n^s}\ (s>0,\quad a>0)$.

7. 判别下列级数是绝对收敛、条件收敛，还是发散？

(1) $\sin\frac{1}{1^2}-\sin\frac{1}{2^2}+\sin\frac{1}{3^2}-\sin\frac{1}{4^2}+\cdots$；

(2) $1-\frac{1}{\sqrt{2}}+\frac{1}{\sqrt{3}}-\frac{1}{\sqrt{4}}+\cdots$；

(3) $\frac{1}{\pi^2}\sin\frac{\pi}{2}-\frac{1}{\pi^3}\sin\frac{\pi}{3}+\frac{1}{\pi^4}\sin\frac{\pi}{4}-\cdots$；

(4) $\frac{1}{\ln 2}-\frac{1}{\ln 3}+\frac{1}{\ln 4}-\frac{1}{\ln 5}+\cdots$；

(5) $\sum_{n=1}^{\infty}(-1)^{n-1}\frac{1}{\sqrt[3]{n}}$；

(6) $\sum_{n=1}^{\infty}(-1)^{n}\frac{2n}{2n+1}$；

(7) $\sum_{n=1}^{\infty}(-1)^{n-1}\frac{1}{n8^{n}}$；

(8) $\sum_{n=2}^{\infty}(-1)^{n}\frac{e^{n}}{n^{2}}$；

(9) $\sum_{n=1}^{\infty}(-1)^{n-1}\sin\frac{1}{n^{3}}$；

(10) $\sum_{n=1}^{\infty}\frac{1}{n^{2}}\sin\frac{n^{2}+1}{n}$.

8. 求下列幂级数的收敛域：

(1) $x+2x^{2}+3x^{3}+\cdots$；

(2) $-\frac{x}{1}+\frac{x^{2}}{2^{2}}-\frac{x^{3}}{3^{2}}+\frac{x^{4}}{4^{2}}-\cdots$；

(3) $\frac{x}{2}+\frac{x^{2}}{2\cdot 4}+\frac{x^{3}}{2\cdot 4\cdot 6}+\cdots$；

(4) $\frac{2}{1^{2}+1}x+\frac{2^{2}}{2^{2}+1}x^{2}+\frac{2^{3}}{3^{2}+1}x^{3}+\cdots$；

(5) $\sum_{n=1}^{\infty}\frac{x^{n-1}}{3^{n-1}n}$；

(6) $\sum_{n=1}^{\infty}(-1)^{\frac{n(n-1)}{2}}\frac{n^{2}}{2^{n}}x^{n}$；

(7) $\sum_{n=1}^{\infty}(-1)^{n+1}\frac{x^{2n-1}}{(2n-1)!}$；

(8) $\sum_{n=0}^{\infty}\frac{1}{1+n^{2}}(3x)^{n}$；

(9) $\sum_{n=1}^{\infty}\frac{(x-5)^{n}}{\sqrt{n}}$；

(10) $\sum_{n=1}^{\infty}\frac{1}{n(n+1)}(2x-1)^{n}$.

9. 利用逐项求导或逐项积分，求下列级数在收敛区间内的和函数：

(1) $1+2x+3x^{2}+4x^{3}+\cdots$；

(2) $\sum_{n=1}^{\infty}(-1)^{n-1}nx^{n-1}$；

(3) $\sum_{n=1}^{\infty}\frac{x^{4n+1}}{4n+1}$；

(4) $x+\frac{x^{3}}{3}+\frac{x^{5}}{5}+\cdots$，并求 $\sum_{n=1}^{\infty}\frac{1}{(2n-1)2^{n}}$ 的和.

10. 将下列函数展开成麦克劳林级数，并求其收敛域：

(1) $f(x)=x^{3}e^{-x}$；

(2) $f(x)=a^{x}(a>0$，且 $a\neq 1)$；

(3) $f(x)=\sin^{2}x$；

(4) $f(x)=\frac{1}{x^{2}+3x+2}$.

(B)

1. 判别下列级数的敛散性：

(1) $\frac{3}{4}+2\left(\frac{3}{4}\right)^{2}+3\left(\frac{3}{4}\right)^{3}+4\left(\frac{3}{4}\right)^{4}+\cdots$；

(2) $\sum_{n=1}^{\infty}(n+1)^{n}\sin\frac{\pi}{2^{n}}$；

(3) $(1-\sin 1)+\left(\frac{1}{2}+\sin\frac{1}{2}\right)+\cdots+\left(\frac{1}{n}+(-1)^n\sin\frac{1}{n}\right)+\cdots$；

(4) $\ln\left(1+\frac{2}{1^2}\right)+\ln\left(1+\frac{2}{2^2}\right)+\ln\left(1+\frac{2}{3^2}\right)+\cdots$；

(5) $2\cdot\sin\frac{\pi}{3}+2^2\cdot\sin\frac{\pi}{3^2}+\cdots+2^n\cdot\sin\frac{\pi}{3^n}+\cdots$；

(6) $\sum\limits_{n=1}^{\infty}\frac{n\cos^2\frac{n\pi}{3}}{2^n}$.

2. 设级数 $\sum\limits_{n=1}^{\infty}|a_n|$ 收敛，且 $\lim\limits_{n\to\infty}b_n=1$，证明级数 $\sum\limits_{n=1}^{\infty}a_nb_n$ 绝对收敛.

3. 设级数 $\sum\limits_{n=1}^{\infty}a_n^{\ 2}$ 及 $\sum\limits_{n=1}^{\infty}b_n^{\ 2}$ 都收敛，证明 $\sum\limits_{n=1}^{\infty}(a_n-b_n)^2$ 也收敛.

4. 求下列级数的收敛域：

(1) $\sum\limits_{n=1}^{\infty}(-1)^n\frac{2^n}{\sqrt{n}}x^n$；

(2) $\sum\limits_{n=1}^{\infty}10^{2n}(2x-3)^{2n-1}$；

(3) $\sum\limits_{n=1}^{\infty}(-nx)^n$；

(4) $\sum\limits_{n=1}^{\infty}\frac{1}{2^n\cdot n}(x+1)^n$.

5. 求级数 $\sum\limits_{n=1}^{\infty}\frac{x^n}{3^n\cdot n}$ 的收敛域及和函数；并求常数项级数 $\sum\limits_{n=1}^{\infty}\frac{(-1)^n}{n\cdot 3^n}$ 的和.

6. 设函数 $f(x)=\begin{cases}\frac{1+x^2}{x}\arctan x, & -1\leqslant x<0 \text{ 或 } 0<x\leqslant 1,\\ 1, & x=0,\end{cases}$ 试将 $f(x)$ 展成 x 的幂级数.

7. 讨论下列交错级数的敛散性：

(1) $1-\frac{1}{\sqrt{2}}+\frac{1}{\sqrt{3}}-\frac{1}{\sqrt{4}}+\cdots$；

(2) $1-\frac{1}{2!}+\frac{1}{3!}-\frac{1}{4!}+\cdots$；

(3) $1-\frac{2}{3}+\frac{3}{5}-\frac{4}{7}+\cdots$；

(4) $\sum\limits_{n=1}^{\infty}(-1)^{n-1}\frac{n}{3^{n-1}}$.

8. 讨论级数 $\sum\limits_{n=1}^{\infty}\int_0^{\frac{1}{n}}\frac{x}{1+x^2}\mathrm{d}x$ 的敛散性.

9. 设 $f(x)=\sum\limits_{n=1}^{\infty}(-1)^n\frac{x^{2n}}{2n}$，

(1) 求 $f(x)$ 的初等函数表达式；

(2) 求 $f(x)$ 的极值.

第10章 微分方程与差分方程

对科学实验，经济活动及日常生活中的许多问题的研究，都归结为利用函数关系对客观事物的规律性进行研究，因此，如何寻求函数关系，在实践中具有重要意义．但是变量之间的函数关系大多数不能由实际问题直接得到，而是要通过建立实际问题的数学模型并对模型求解才能得到．微分方程与差分方程是实际问题中经常遇到的数学模型．

本章介绍微分方程与差分方程的基本概念、求解方法以及在经济管理科学中的简单应用．

§10.1 微分方程的基本概念

定义 10.1 含有自变量、未知函数以及未知函数的导数(或微分)的函数方程称为**微分方程**．未知函数为一元函数的微分方程称为**常微分方程**，未知函数为多元函数，从而出现偏导数的微分方程称为**偏微分方程**．

本章只讨论常微分方程．为了叙述简单，常微分方程也简称为**微分方程**．

定义 10.2 微分方程中导数的最高阶数称为**微分方程的阶**．

定义 10.3 代入微分方程中使得微分方程成为恒等式的函数称为微分方程的**解**．如果微分方程的解中含有的任意常数的个数与微分方程的阶数相同，则称此解为微分方程的**通解**，在通解中给任意常数一组确定值而得到的解，称为微分方程的**特解**．

定义 10.4 为得到微分方程的特解而对微分方程给定的附加条件称为**定解条件**．一般地，确定 n 阶微分方程的某个特解应有 n 个定解条件，常见形式为

$$y(x_0)=y_0,y'(x_0)=y_1,\cdots,y^{n-1}(x_0)=y_{n-1},$$

称为**初始条件**．

求微分方程满足某个定解条件或初始条件的特解的问题，称为微分方程的**定解问题**或**初值问题**．

例 10.1　求过点(1,3)且切线斜率为 $2x$ 的曲线方程.

解　设所求曲线方程为 $y=y(x)$，则由题设条件应满足下面的关系：

$$\begin{cases}\dfrac{dy}{dx}=2x,\\ y(1)=3,\end{cases} \tag{10.1}$$

这是一个一阶微分方程，$y(1)=3$ 是它的初始条件，所求曲线方程即为微分方程 $\dfrac{dy}{dx}=2x$ 满足初始条件 $y(1)=3$ 的特解.

对微分方程两端求积分可得到微分方程的通解为

$$y=x^2+C \quad (C\text{ 为任意常数}),$$

这是切线斜率为 $2x$ 的一族曲线，将初始条件 $y(1)=3$ 代入上式可得 $C=2$，所以，满足初始条件的特解为

$$y=x^2+2,$$

即过点(1,3)且切线斜率为 $2x$ 的曲线方程.

例 10.2　著名科学家伽利略当年研究自由落体运动时发现，如果自由落体在 t 时刻下落的距离为 x，则加速度 $\dfrac{d^2x}{dt^2}$ 是一个常数 g，即有微分方程

$$\frac{d^2x}{dt^2}=g. \tag{10.2}$$

设下落物体的起始位置为 $x=0$，起始速度为 $v=0$，求自由落体运动的下落距离 x 与所用时间 t 的函数关系.

解　这是一个二阶微分方程的初值问题，微分方程为 $\dfrac{d^2x}{dt^2}=g$，初始条件为

$$x(0)=0,\left.\frac{dx}{dt}\right|_{t=0}=0. \tag{10.3}$$

对方程 $\dfrac{d^2x}{dt^2}=g$ 作一次积分得

$$\frac{dx}{dt}=gt+C_1, \tag{10.4}$$

继续积分得

$$x=\frac{1}{2}gt^2+C_1t+C_2, \tag{10.5}$$

这是原微分方程的通解，将两个初始条件分别代入式(10.4)和式(10.5)得

$$C_1=C_2=0,$$

从而得 x 与 t 的函数关系为

$$x=\frac{1}{2}gt^2. \tag{10.6}$$

§10.2 一阶微分方程

一阶微分方程是微分方程中最基本的一类方程，在经济管理科学中也最为常见，其一般形式为

$$F(x,y,y')=0, \tag{10.7}$$

其中 $F(x,y,y')$ 是 x,y,y' 的已知函数. 本节将一阶微分方程的解法分类讨论.

一、可分离变量微分方程

形如

$$f(y)\mathrm{d}y=g(x)\mathrm{d}x \tag{10.8}$$

的一阶微分方程称为**可分离变量微分方程**.

对方程(10.8)两边积分就得到了方程(10.8)的通解为

$$\int f(y)\mathrm{d}y=\int g(x)\mathrm{d}x+C, \tag{10.9}$$

其中$\int f(y)\mathrm{d}y$, $\int g(x)\mathrm{d}x$ 分别表示函数 $f(y)$, $g(x)$ 的一个具体(不含任意常数)原函数，C 为任意常数.

凡是能通过运算化为(10.8)式形式的一阶微分方程均称为**可分离变量微分方程**.

例 10.3 求微分方程 $\dfrac{\mathrm{d}y}{\mathrm{d}x}=2(x-1)^2(1+y^2)$ 的通解.

解 分离变量得

$$\frac{1}{1+y^2}\mathrm{d}y=2(x-1)^2\mathrm{d}x,$$

两边积分得

$$\int\frac{1}{1+y^2}\mathrm{d}y=2\int(x-1)^2\mathrm{d}x,$$

即得通解为

$$\arctan y=\frac{2}{3}(x-1)^3+C \quad (C\text{ 为任意常数}).$$

例 10.4 求微分方程 $2y\mathrm{e}^{2x}\mathrm{d}x-(5+\mathrm{e}^{2x})\mathrm{d}y=0$ 的通解及满足 $y(0)=1$ 的特解.

解 分离变量得

$$\frac{1}{y}\mathrm{d}y=\frac{2\mathrm{e}^{2x}}{5+\mathrm{e}^{2x}}\mathrm{d}x,$$

两边积分得

$$\ln|y|=\ln(5+\mathrm{e}^{2x})+\ln|C|,$$

于是通解为

$$y=C(5+\mathrm{e}^{2x}) \quad (C\text{ 为任意常数}).$$

将初始条件 $y(0)=1$ 代入通解得 $C=\dfrac{1}{6}$，所以，所求特解为

$$y=\frac{1}{6}(5+e^{2x}).$$

二、齐次微分方程

齐次微分方程形如

$$\frac{dy}{dx}=f\left(\frac{y}{x}\right) \tag{10.10}$$

的一阶微分方程称为**齐次微分方程**,简称为**齐次方程**.

求解齐次方程的常用方法是**变量替换法**.通过变量替换将其化为可分离变量的微分方程,然后再求解.令

$$u=\frac{y}{x} \text{ 或 } y=xu, \tag{10.11}$$

其中 u 是新的未知函数 $u=u(x)$,对 $y=xu$ 求导数有

$$\frac{dy}{dx}=u+x\frac{du}{dx}.$$

代入方程(10.10)中就得到可分离变量的微分方程

$$u+x\frac{du}{dx}=f(u),$$

分离变量并积分得

$$\int\frac{1}{f(u)-u}du=\int\frac{1}{x}dx+C. \tag{10.12}$$

求出式(10.12)中的原函数后将 $u=\frac{y}{x}$ 回代,即得原方程(10.10)的通解.

例 10.5 求微分方程 $y^2+x^2\frac{dy}{dx}=xy\frac{dy}{dx}$ 的通解.

解 原方程可变为

$$\frac{dy}{dx}=\frac{\left(\frac{y}{x}\right)^2}{\frac{y}{x}-1},$$

这是一个齐次方程.令 $u=\frac{y}{x}$,则方程变为

$$u+x\frac{du}{dx}=\frac{u^2}{u-1},$$

化简并分离变量得

$$\left(1-\frac{1}{u}\right)du=\frac{1}{x}dx,$$

两边积分得

$$u-\ln|u|=\ln|x|+C \quad (C\text{ 为任意常数}),$$

即

$$u=\ln|xu|+C\ (C\text{ 为任意常数}).$$

将 $u=\frac{y}{x}$ 回代即得原方程的通解为

$$\frac{y}{x}=\ln|y|+C \quad (C\text{ 为任意常数}).$$

例 10.6 求微分方程 $\frac{dy}{dx}=\frac{y}{x}+2\tan\frac{y}{x}$ 的通解及满足 $y(1)=\frac{\pi}{2}$ 的特解.

解 令 $u=\frac{y}{x}$，则方程变为

$$u+x\frac{du}{dx}=u+2\tan u,$$

化简并分离变量得

$$\cot u\,du=\frac{2}{x}dx,$$

两边积分得

$$\ln|\sin u|=\ln x^2+\ln|C|,$$

即

$$\sin u=Cx^2 \quad (C\text{ 为任意常数}).$$

将 $u=\frac{y}{x}$ 回代即得原方程的通解为

$$\sin\frac{y}{x}=Cx^2 \quad (C\text{ 为任意常数}),$$

或

$$y=x\arcsin(Cx^2) \quad (C\text{ 为任意常数}).$$

由 $y(1)=\frac{\pi}{2}$ 得 $C=1$. 于是，所求特解为

$$\sin\frac{y}{x}=x^2,$$

或

$$y=x\arcsin x^2.$$

三、一阶线性微分方程

一阶线性微分方程形如

$$\frac{dy}{dx}+P(x)y=Q(x) \tag{10.13}$$

的微分方程称为**一阶线性微分方程**. 如果 $Q(x)\equiv 0$，则称方程

$$\frac{dy}{dx}+P(x)y=0 \tag{10.14}$$

为**一阶线性齐次微分方程**，如果 $Q(x)$ 不恒等于零，则称方程(10.13)为**一阶线性非齐次微分方程**，也称方程(10.14)为方程(10.13)**对应的齐次线性方程**.

一阶线性齐次微分方程(10.14)是可分离变量微分方程. 将其分离变量得

$$\frac{1}{y}dy=-P(x)dx,$$

两边积分得

$$\ln|y|=-\int P(x)\,dx+\ln|C|,$$

由此得方程(10.14)的通解为

$$y=Ce^{-\int P(x)dx}(C\text{ 为任意常数}). \tag{10.15}$$

下面用**常数变易法**求非齐次方程(10.13)的通解.

将齐次线性方程(10.14)的通解中的任意常数 C 换成 x 的未知函数 $u(x)$，即令

$$y=ue^{-\int P(x)dx}, \tag{10.16}$$

于是

$$\frac{dy}{dx}=u'e^{-\int P(x)dx}-uP(x)\,e^{-\int P(x)dx}. \tag{10.17}$$

将(10.16)和(10.17)两式代入方程(10.13)中得

$$u'e^{-\int P(x)dx}-uP(x)e^{-\int P(x)dx}+P(x)\,ue^{-\int P(x)dx}=Q(x),$$

即

$$u'e^{-\int P(x)dx}=Q(x)\text{ 或 }u'=Q(x)e^{\int P(x)dx}.$$

两边积分得

$$u=\int Q(x)e^{\int P(x)dx}dx+C.$$

将上式代入式(10.17)便得非齐次微分方程(10.14)的通解为

$$y=e^{-\int P(x)dx}\left[\int Q(x)e^{\int P(x)dx}dx+C\right]. \tag{10.18}$$

将式(10.18) 改写成两项之和

$$y=Ce^{-\int P(x)dx}+e^{-\int P(x)dx}\int Q(x)e^{\int P(x)dx}dx.$$

上式右端第一项是对应的齐次线性方程(10.14)的通解，第二项是非齐次线性方程(10.13)的一个特解.由此可知，非齐次线性方程的通解等于对应的齐次线性方程的通解与非齐次线性方程的一个特解之和.

例 10.7　求微分方程 $\frac{dy}{dx}-\frac{2y}{x+1}=(x+1)^{\frac{5}{2}}$ 的通解.

解　方法一　常数变易法

这是一个非齐次线性微分方程，对应的齐次线性微分方程为

$$\frac{dy}{dx}-\frac{2y}{x+1}=0,$$

分离变量得

$$\frac{1}{y}dy=\frac{2}{x+1}dx,$$

两边积分得

$$\ln|y|=2\ln(x+1)+\ln|C|,$$

即

$$y=C(x+1)^2.$$

用常数变易法，令

$$y=u(x+1)^2,$$

则

$$\frac{dy}{dx}=u'(x+1)^2+2u(x+1),$$

代入原方程得

$$u'=(x+1)^{\frac{1}{2}},$$

两端积分得

$$u=\frac{2}{3}(x+1)^{\frac{3}{2}}+C,$$

将其代入 $y=u(x+1)^2$，即得原方程的通解为

$$y=(x+1)^2\left[\frac{2}{3}(x+1)^{\frac{3}{2}}+C\right].$$

方法二　公式法

由所给方程知 $P(x)=-\frac{2}{x+1}$，$Q(x)=(x+1)^{\frac{5}{2}}$，将其代入通解公式(10.18)得

$$\begin{aligned}y&=e^{\int\frac{2}{x+1}dx}\left[\int(x+1)^{\frac{5}{2}}e^{-\int\frac{2}{x+1}dx}dx+C\right]\\&=(x+1)^2\left[\frac{2}{3}(x+1)^{\frac{3}{2}}+C\right].\end{aligned}$$

例 10.8　求微分方程 $y^3dx+(2xy^2-1)dy=0$ 的通解.

解　若将方程变为

$$\frac{dy}{dx}=\frac{y^3}{1-2xy^2},$$

则此方程不是一阶线性微分方程，也不是齐次方程和可分离变量微分方程，不便求解. 若将 x 看成 y 的函数，方程可改写为

$$\frac{dx}{dy}+\frac{2}{y}x=\frac{1}{y^3},$$

这是以 y 为自变量的函数 $x(y)$ 的一阶线性非齐次微分方程. 将 $P(y)=\frac{2}{y}$，$Q(y)=\frac{1}{y^3}$ 代入通解公式

$$x=e^{-\int P(y)dy}\left[\int Q(y)e^{\int P(y)dy}dy+C\right],$$

得

$$\begin{aligned}x&=e^{-\int\frac{2}{y}dy}\left(\int\frac{1}{y^3}e^{\int\frac{2}{y}dy}dy+C\right)\\&=\frac{1}{y^2}(\ln|y|+C)\quad(C\text{ 为任意常数}).\end{aligned}$$

§10.3 二阶常系数线性微分方程

二阶常系数线性微分方程的一般形式为

$$y''+ay'+by=f(x)\,, \tag{10.19}$$

及

$$y''+ay'+by=0\,, \tag{10.20}$$

其中 a,b 为已知常数，$f(x)$ 为已知函数，$f(x)\neq 0$，方程(10.19) 称为**二阶常系数线性非齐次微分方程**，方程(10.20) 称为**二阶常系数线性齐次微分方程**，也称为方程(10.19) **对应的齐次方程**.

一、二阶常系数齐次线性微分方程的通解

定义 10.5 设 $y_1(x),y_2(x)$ 是定义在(a,b) 内的两个函数，如果存在非零常数 k，使得 $y_1(x)\equiv ky_2(x)$，则称 $y_1(x)$，$y_2(x)$ **线性相关**，否则，称 $y_1(x),y_2(x)$ **线性无关**.

例如，函数 e^x 与 xe^x，$\sin x$ 与 $\cos x$，1 与 x 线性无关，而函数 $\sin^2 x$ 与 $1-\cos^2 x$，x^2 与 $2x^2$ 线性相关.

关于方程(10.20) 的通解结构，有如下结论.

定理 10.1 设 $y_1(x),y_2(x)$ 是方程(10.20) 的两个线性无关解，则

$$y_c(x)=C_1y_1(x)+C_2y_2(x) \tag{10.21}$$

是方程(10.20) 的通解，其中 C_1,C_2 为任意常数.

定理 10.1 表明，求方程(10.20)的通解关键是设法找到方程(10.20)的两个线性无关解. 注意到方程(10.20)的系数是常数，可以设想方程(10.20)的解 $y(x)$ 的导数 y' 和 y'' 应是 $y(x)$ 的常数倍，而函数 $y=e^{\lambda x}$ 恰好具备这一性质，于是可设方程(10.20) 的解为 $y=e^{\lambda x}$，其中 λ 为待定常数.

将 $y=e^{\lambda x}$，$y'=\lambda e^{\lambda x}$，$y''=\lambda^2e^{\lambda x}$ 代入方程(10.20) 有

$$(\lambda^2+a\lambda+b)e^{\lambda x}=0,$$

即有

$$\lambda^2+a\lambda+b=0, \tag{10.22}$$

称(10.22) 为方程(10.20) 的**特征方程**，特征方程的根 λ_1,λ_2 称为方程(10.20) 的**特征根**或**特征值**.

显然，函数 $y=e^{\lambda x}$ 是方程(10.20) 的解的充分必要条件是 λ 为特征方程(10.22) 的根. 由于特征方程(10.22) 是一元二次代数方程，所以，可以根据判别式 $\Delta=a^2-4b$ 的三种情况分别进行讨论.

(1) $\Delta>0$ 时，特征根为相异实根 $\lambda_1\neq\lambda_2$，这时方程(10.20) 有两个特解

$$y_1=e^{\lambda_1 x},\ y_2=e^{\lambda_2 x},$$

因为 $\dfrac{y_1}{y_2}=e^{(\lambda_1-\lambda_2)x}\neq$ 常数，故 $y_1=e^{\lambda_1 x}$，$y=e^{\lambda_2 x}$ 线性无关，因此，方程(10.20) 的通解为

$$y_c(x)=C_1e^{\lambda_1 x}+C_2e^{\lambda_2 x}\quad (C_1,C_2 \text{ 为任意常数}).$$

(2)$\Delta=0$ 时,特征根为重根 $\lambda_1=\lambda_2=\lambda$,这时方程(10.20)有一个特解 $y_1=e^{\lambda x}$,直接验证可知 $y_2=xe^{\lambda x}$ 是方程(10.20)的另一个特解,且 $y_1=e^{\lambda x}$ 与 $y_2=xe^{\lambda x}$ 显然线性无关,因此,方程(10.20)的通解为

$$y_c(x)=(C_1+C_2x)e^{\lambda x}\quad(C_1,C_2\text{ 为任意常数}).$$

(3)$\Delta<0$ 时,特征根为共轭复根

$$\lambda_1=\alpha+i\beta,\lambda_2=\alpha-i\beta.$$

通过直接验证可知,方程(10.20)有两个特解

$$y_1=e^{\alpha x}\cos\beta x,y_2=e^{\alpha x}\sin\beta x,$$

且 $y_1=e^{\alpha x}\cos\beta x$,$y_2=e^{\alpha x}\sin\beta x$ 显然线性无关,因此,方程(10.20)的通解为

$$y_c(x)=(C_1\cos\beta x+C_2\sin\beta x)e^{\alpha x}\quad(C_1,C_2\text{ 为任意常数}).$$

例 10.9　求微分方程 $y''+y'-2y=0$ 的通解.

解　特征方程为

$$\lambda^2+\lambda-2=0,$$

特征根为 $\lambda_1=1,\lambda_2=-2$,所以微分方程的通解为

$$y_c(x)=C_1e^x+C_2e^{-2x}\quad(C_1,C_2\text{ 为任意常数}).$$

例 10.10　求微分方程 $y''+2y'+y=0$ 的通解.

解　特征方程为

$$\lambda^2+2\lambda+1=0,$$

特征根为 $\lambda_1=\lambda_2=-1$,所以微分方程的通解为

$$y_c(x)=(C_1+C_2x)e^{-x}\quad(C_1,C_2\text{ 为任意常数}).$$

例 10.11　求微分方程 $y''-4y'+13y=0$ 的通解.

解　特征方程为

$$\lambda^2-4\lambda+13=0,$$

特征根为共轭复根 $\lambda_1=2+3i,\lambda_2=2-3i$,因此,微分方程的通解为

$$y_c(x)=(C_1\cos3x+C_2\sin3x)e^{2x}\quad(C_1,C_2\text{ 为任意常数}).$$

二、二阶常系数非齐次线性微分方程的通解

定理 10.2　如果 $y_*(x)$ 是非齐次方程(10.19)的一个特解,$y_c(x)$ 是对应的齐次方程(10.20)的通解,则

$$y(x)=y_*(x)+y_c(x)\tag{10.23}$$

是非齐次方程(10.19)的通解.

由解的定义很容易证明此定理.

前面已经解决了求齐次方程(10.20)通解的问题,所以,只需再求出非齐次方程(10.19)的一个特解,就能求出非齐次方程(10.19)的通解.

求非齐次方程(10.19)特解的一个常用方法是**待定系数法**.其基本思想是,用与非齐次方程(10.19)右端函数 $f(x)$ 形式相同但含有待定系数的函数作为方程(10.19)的特解,称此函数为**试解函数**,然后将试解函数代入非齐次方程(10.19)确定其中的待定系数,从而求出方程(10.19)的特解.

对方程(10.19)右端函数 $f(x)$ 的常见形式及设试解函数的原则如表 10.1 所列.

表 10.1

$f(x)$ 的形式	特征根的情形	待定特解 $y_*(x)$ 的形式
m 次多项式 $P_m(x)$ ：$a_0+a_1x+\cdots+a_mx^m$	零不是特征根	m 次多项式 $Q_m(x)$：$b_0+b_1x+\cdots+b_mx^m$
	零是单特征根	$xQ_m(x)$
	零是重特征根	$x^2Q_m(x)$
$P_m(x)e^{\lambda x}$	λ 不是特征根	$Q_m(x)e^{\lambda x}$
	λ 是单特征根	$xQ_m(x)e^{\lambda x}$
	λ 是重特征根	$x^2Q_m(x)e^{\lambda x}$
$(M\cos\omega x+N\sin\omega x)e^{\lambda x}$	$\lambda\pm i\omega$ 不是特征根	$(A\cos\omega x+B\sin\omega x)e^{\lambda x}$
	$\lambda\pm i\omega$ 是特征根	$x(A\cos\omega x+B\sin\omega x)e^{\lambda x}$

例 10.12　求微分方程 $y''+y'-2y=3x+1$ 的通解.

解　例 10.9 已经求出了对应齐次微分方程的通解为

$$y_c(x)=C_1e^x+C_2e^{-2x}\quad(C_1,C_2\text{ 为任意常数}).$$

因为 $f(x)=3x+1$，$\lambda=0$ 不是特征根，所以应设特解为

$$y_*(x)=b_0+b_1x,$$

将其代入所给方程得

$$-2b_1x+b_1-2b_0=3x+1,$$

比较两端同次幂系数得

$$-2b_1=3,b_1-2b_0=1,$$

由此解得 $b_0=-\dfrac{5}{4}$，$b_1=-\dfrac{3}{2}$，于是所给方程的特解为

$$y_*(x)=-\frac{3}{2}x-\frac{5}{4},$$

所给方程的通解为

$$y=y_*(x)+y_c(x)=-\frac{3}{2}x-\frac{5}{4}+C_1e^x+C_2e^{-2x}(C_1,C_2\text{ 为任意常数}).$$

例 10.13　求微分方程 $y''+y'+y=xe^{-2x}$ 的通解.

解　例 10.10 中已经求出对应齐次微分方程的通解为

$$y_c(x)=(C_1+C_2x)\ e^{-x}\quad(C_1,C_2\text{ 为任意常数}).$$

因为 $f(x)=xe^{-2x}$，$\lambda=-2$ 不是特征根，所以，设所给方程的特解为

$$y_*(x)=(b_0+b_1x)e^{-2x},$$

将其代入所给方程得

$$b_0-2b_1+b_1x=x,$$

比较两端同次幂系数得 $b_0-2b_1=0$,$b_1=1$,即 $b_0=2$,$b_1=1$,于是所给方程的特解为

$$y_*(x)=(2+x)\,e^{-2x},$$

所给方程的通解为

$$y=y_*(x)+y_c(x)=(2+x)e^{-2x}+(C_1+C_2x)\,e^{-x}\quad (C_1,C_2\text{ 为任意常数}).$$

例 10.14 求微分方程 $y''-4y'+13y=145\sin2x$ 的通解.

解 例 10.11 中已经求出对应齐次微分方程的一对共轭复根

$$\lambda_1=2+3i,\lambda_2=2-3i,$$

通解为

$$y_c(x)=(C_1\cos3x+C_2\sin3x)e^{2x}\quad (C_1,C_2\text{ 为任意常数}).$$

因为 $f(x)=145\sin2x$,对照表 10.1 可知 $\lambda=0$,$\omega=2$,而 $\pm2i$ 不是特征根,所以,设所给方程的特解为

$$y_*(x)=A\cos2x+B\sin2x,$$

将其代入所给方程得

$$(9A-8B)\cos2x+(8A+9B)\sin2x=145\sin2x,$$

上式对任意 x 恒成立,故有

$$9A-8B=0\ ,8A+9B=145,$$

解得 $A=8,B=9$,于是所给方程的特解为

$$y_*(x)=8\cos2x+9\sin2x,$$

所给方程的通解为

$$y=y_*(x)+y_c(x)=8\cos2x+9\sin2x+(C_1\cos3x+C_2\sin3x)e^{2x}\quad (C_1,C_2\text{ 为任意常数}).$$

三、关于二阶常系数线性微分方程的几个重要结论

(1)非齐次线性方程解的叠加原理:如果 $y_1(x)$ 和 $y_2(x)$ 分别为二阶常系数非齐次线性微分方程

$$y''+ay'+by=f_1(x)\text{ 和 }y''+ay'+by=f_2(x)$$

的解,则 $y_1(x)+y_2(x)$ 是二阶常系数非齐次线性微分方程

$$y''+ay'+by=f_1(x)+f_2(x)$$

的解.

(2)如果 $y_1(x)$,$y_2(x)$ 是非齐次方程

$$y''+ay'+by=f(x)$$

的两个解,则 $y_1(x)-y_2(x)$ 是对应的齐次方程

$$y''+ay'+by=0$$

的解.

(3) 关于二阶常系数线性微分方程的解结论对高于二阶的 n 阶常系数线性微分方程同样成立.

(4)以上结论对于后面几节讨论的常系数线性差分方程也同样成立.

§10.4 微分方程在经济学中的应用举例

例 10.15(**经济增长模型**) 在市场经济条件下,某种商品价格 p 的变化主要与该商品的供给量S 和需求量D 有关系.需求量D 与供给量S 受价格的影响,价格 p 上涨(下跌)时,需求量 D 减少(增加),而供给量 S 则增加(减少).为简单起见,设需求函数和供给函数分别为

$$D=a-bp,S=-c+\mathrm{d}p \tag{10.24}$$

其中 a,b,c,d 均为正的常数.

当供需平衡时,由(10.24)式可得**均衡价格**

$$p_{\mathrm{e}}=\frac{c+a}{\mathrm{d}+b}, \tag{10.25}$$

但是供需平衡状态总是暂时的,一般地,当商品供不应求($S<D$)时该商品的价格要涨,当供大于求时($S>D$)时该商品的价格要跌,因此,商品的价格 p 是时间t 的函数.假设t 时刻价格 p 的变化率与超额需求量 $D-S$ 成正比,于是有

$$\frac{\mathrm{d}p}{\mathrm{d}t}=k(D-S), \tag{10.26}$$

其中 $k>0$ 用来反映价格的调整速度.

将式(10.24)代入式(10.26)得

$$\frac{\mathrm{d}p}{\mathrm{d}t}=k\left[(a-bp)-(-c+\mathrm{d}p)\right]=\lambda(p_{\mathrm{e}}-p), \tag{10.27}$$

其中 p_{e} 为均衡价格,$\lambda=k(b+d)>0$.

方程(10.27)为一阶线性非齐次微分方程,其通解为

$$p=p(t)=C\mathrm{e}^{-\lambda t}+p_{\mathrm{e}}.$$

设初始价格 $p(0)=p_0$,代入上式得 $C=p_0-p_{\mathrm{e}}$,于是

$$p(t)=(p_0-p_{\mathrm{e}})\mathrm{e}^{-\lambda t}+p_{\mathrm{e}}.$$

由 $\lambda>0$ 可知,$\lim\limits_{t\to\infty}p(t)=p_{\mathrm{e}}$.这表明,实际价格 $p(t)$ 最终将趋向于均衡价格 p_{e}.

例 10.16(**新产品推广模型**) 设某种新产品要推向市场,t 时刻的销量为 $x(t)$.由于产品性能良好,每个产品都是一个宣传品,因此,t 时刻产品销售的增长率$\frac{\mathrm{d}x}{\mathrm{d}t}$与$x(t)$成正比.同时,考虑到产品销售存在一定的市场容量 N,统计表明,$\frac{\mathrm{d}x}{\mathrm{d}t}$ 与尚未购买该商品的顾客潜在的销售数量 N-$x(t)$ 也成正比,于是有

$$\frac{\mathrm{d}x}{\mathrm{d}t}=kx(N-x), \tag{10.28}$$

其中常数 $k>0$ 为比例系数.这是一个可分离变量微分方程,其通解为

$$x(t)=\frac{N}{1+C\mathrm{e}^{-kNt}}. \tag{10.29}$$

由通解表达式(10.29)再求导数得

$$\frac{\mathrm{d}x}{\mathrm{d}t}=\frac{CN^2k\mathrm{e}^{-kNt}}{(1+C\mathrm{e}^{-kNt})^2},\frac{\mathrm{d}^2x}{\mathrm{d}t^2}=\frac{CN^3k^2\mathrm{e}^{-kNt}(C\mathrm{e}^{-kNt}-1)}{(1+C\mathrm{e}^{-kNt})^3},$$

当 $0<x(t)<N$ 时,由(10.28)式知 $\frac{\mathrm{d}x}{\mathrm{d}t}>0$,即销售量单调增加.当 $C\mathrm{e}^{-kNt}-1=0$,即 $x(t)=\frac{N}{2}$ 时,$\frac{\mathrm{d}^2x}{\mathrm{d}t^2}=0$;当 $x(t)<\frac{N}{2}$ 时,$\frac{\mathrm{d}^2x}{\mathrm{d}t}>0$;当 $x(t)>\frac{N}{2}$ 时,$\frac{\mathrm{d}^2x}{\mathrm{d}t^2}<0$,即当销售量 x 达到最大需求量 N 的一半时,$\frac{\mathrm{d}x}{\mathrm{d}t}$ 达到最大,产品最为畅销,当销售量不足 N 的一半时,销售速度不断增大,销售量超过 N 的一半时,销售速度逐渐减少.

例 10.17(多马经济增长模型) 经济学家多马(E. D. Domar)曾提出如下简单的宏观经济增长模型:

$$\begin{cases}S(t)=sY(t),\\ I(t)=k\ \frac{\mathrm{d}Y}{\mathrm{d}t},\\ S(t)=I(t),\end{cases}\tag{10.30}$$

其中第一个方程表示储蓄 $S(t)$ 占国民收入的比例 s,其中 s 一般为常数,称 s 为储蓄率($s>0$);第二个方程表示投资 $I(t)$ 与国民收入变化率 $\frac{\mathrm{d}Y}{\mathrm{d}t}$ 成正比,比例系数 k 称为加速数($k>0$);第三个方程为均衡条件,即储蓄等于投资.

由方程组(10.30)整理可得关于 $Y(t)$ 的微分方程

$$\frac{\mathrm{d}Y}{\mathrm{d}t}=\mu Y,\mu=\frac{s}{k}>0,$$

此方程的通解为

$$Y=Y(t)=C\mathrm{e}^{\mu t}\quad(C\text{ 为任意常数}).$$

设初始条件为 $Y(0)=Y_0$,则 $C=Y_0$,于是得

$$Y=Y(t)=Y_0\mathrm{e}^{\mu t},$$

由此式及方程组(10.30)得

$$I(t)=S(t)=sY_0\mathrm{e}^{\mu t}.$$

由 $\mu>0$ 可知,$Y(t)$,$I(t)$,$S(t)$ 均为 t 的单调增加函数.

§10.5 差分方程的基本概念

在经济科学、管理科学以及其他许多实际问题中,变量往往是以定义在整数集上的数列形式变化的.例如,国内生产总值、定期存款的计息、企业的利润等,都是按年、季、月、周等时间间隔进行计算或统计的.所以,在研究分析实际经济管理问题时,各有关经济变量的取值是随时间离散变化的,描述各经济变量之间变化规律的数学模型是离散型的数学模型.

后面几节将介绍在经济科学和管理科学中最常见的一种以整数列为自变量的函数以及相关的离散型数学模型——差分方程.

一、差分

设自变量 t 的取值为离散的等间隔整数值，即 $t=\cdots,-2,-1,0,1,2,\cdots$，$y_t=f(t)$ 为 t 的函数.

函数 $y_t=f(t)$ 在 t 时刻的**一阶差分**定义为

$$\Delta y_t=y_{t+1}-y_t=f(t+1)-f(t)\quad(t=0,\pm1,\pm2,\cdots).$$

函数 $y_t=f(t)$ 在 t 时刻的**二阶差分**定义为

$$\Delta^2 y_t=\Delta y_{t+1}-\Delta y_t=(y_{t+2}-y_{t+1})-(y_{t+1}-y_t)=y_{t+2}-2y_{t+1}+y_t.$$

例 10.18　设 $y_t=t^2-3t$，求一阶差分 Δy_t 及二阶差分 $\Delta^2 y_t$.

解　$\Delta y_t=[(t+1)^2-3(t+1)]-(t^2-3t)=2t-2.$

$\Delta^2 y_t=\Delta(\Delta y_t)=[2(t+1)-2]-(2t-2)=2.$

类似二阶差分的概念，将二阶差分的差分定义为**三阶差分**，即

$$\Delta^3 y_t=\Delta^2 y_{t+1}-\Delta^2 y_t=y_{t+3}-3y_{t+2}+3y_{t+1}-y_t.$$

一般地，k **阶差分**定义为

$$\Delta^k y_t=\Delta^{k-1}y_{t+1}-\Delta^{k-1}y_t=\sum_{i=0}^{k}(-1)^i C_k^i y_{n+k-i}\quad(k=1,2,\cdots).$$

二、差分方程

定义 10.6　含有自变量 t，未知函数 y_t，以及 y_t 的差分 Δy_t、$\Delta^2 y_t$、… 的函数方程称为**常差分方程**，简称为**差分方程**. 出现在差分方程中的差分的最高阶数称为**差分方程的阶**.

n 阶差分方程的一般形式为

$$F(t,y_t,\Delta y_t,\cdots,\Delta^n y_t)=0,\tag{10.31}$$

其中 $F(t,y_t,\Delta y_t,\cdots,\Delta^n y_t)$ 为 $t,y_t,\Delta y_t,\cdots,\Delta^n y_t$ 的已知函数，且 $\Delta^n y_t$ 必须出现在式中.

利用差分公式，差分方程(10.31)可转化为函数 y_t 在不同时刻的取值的关系式，因此，差分方程也可以用如下定义.

定义 10.7　含有自变量 t 及两个或两个以上函数值 $y_t,y_{t+1},\cdots$ 的函数方程称为**常差分方程**，简称为**差分方程**. 出现在差分方程中未知函数下标的最大差数称为**差分方程的阶**.

按此定义，n 阶差分方程的一般形式为

$$F(t,y_t,y_{t+1},\cdots,y_{t+n})=0,\tag{10.32}$$

其中 $F(t,y_t,y_{t+1},\cdots,y_{t+n})$ 为 $t,y_t,y_{t+1},\cdots,y_{t+n}$ 的已知函数，且 y_t 与 y_{t+n} 必须出现在式中.

注意　差分方程的两种定义不是完全等价的. 例如方程

$$\Delta^2 y_t-y_t=0,$$

按定义 10.6 是二阶差分方程，若改写成

$$\Delta^2 y_t-y_t=y_{t+2}-2y_{t+1}+y_t-y_t=y_{t+2}-y_{t+1}=0,$$

按照定义 10.7，则应为一阶差分方程.

由于经济科学、管理科学中遇到的差分方程都是按定义 10.7 给出的，因此，下面仅讨论形如方程(10.32)的差分方程.

三、差分方程的解

定义 10.8　如果将已知函数 $y_t=\varphi(t)$ 代入方程(10.32)，使其对 $t=0,1,2,\cdots$ 恒成立，则

称 $y_t=\varphi(t)$ 为方程(10.32)的**解**.如果解中含有 n 个独立的任意常数 $C_1,C_2,\cdots,C_n$,则称为方程(10.32)的**通解**.在通解中给任意常数 $C_1,C_2,\cdots,C_n$ 一组确定的值而得到的解称为方程(10.32)的**特解**.

例 10.19 设差分方程 $y_{t+1}-2y_t=3t^2$,验证 $y_t=C2^t-9-6t-3t^2$ 是否为差分方程的通解,并求满足 $y_0=1$ 的特解.

解 将 $y_t=C2^t-9-6t-3t^2$ 代入方程得

左边 $=C2^{t+1}-9-6(t+1)-3(t+1)^2-2C2^t+18+12t+6t^2=3t^2=$ 右边

所以,$y_t=C2^t-9-6t-3t^2$ 是方程的解,且含有任意常数 C,故为通解.

将 $y_0=1$ 代入通解得 $C=10$,于是所求特解为 $y_t=102^t-9-6t-3t^2$.

由例 10.19 可知,与微分方程类似,为了由差分方程的通解确定某个特解,需要给出确定特解的条件,称为**定解条件**.对 n 阶差分方程,由于其通解中含有 n 个任意常数,为了确定这 n 个任意常数,应有 n 个条件,常见的定解条件是**初始条件**:

$$y_0=a_0,y_1=a_1,\cdots,y_{n-1}=a_{n-1},$$

其中 $a_0,a_1,\cdots,a_{n-1}$ 为 n 个已知常数.

注意 如果将例 10.19 的差分方程改为 $y_{t+3}-2y_{t+2}=3(t+2)^2$,可以验证 $y_t=C2^t-9-6t-3t^2$ 仍是变形后的差分方程的通解.这是因为方程在变形过程中各项之间的时间差没有改变,也即差分方程的时滞结构没有改变.

一般而言,如果保持差分方程左端函数的结构不变,而将各未知量的下标 t 向前或向后移动相同的时间间隔,所得到的新差分方程与原差分方程将是等价的,即二者之间有相同的解.

§10.6 常系数线性差分方程

形如

$$y_{t+n}+a_1(t)y_{t+n-1}+\cdots+a_{n-1}(t)y_{t+1}+a_n(t)y_t=f(t) \tag{10.33}$$

和

$$y_{t+n}+a_1(t)y_{t+n-1}+\cdots+a_{n-1}(t)y_{t+1}+a_n(t)y_t=0 \tag{10.34}$$

的差分方程,分别称为 n **阶非齐次线性差分方程**和 n **阶齐次线性差分方程**,统称为 n **阶线性差分方程**,也称方程(10.34)为方程(10.33)**对应的齐次差分方程**,其中 $a_1(t),\cdots,a_{n-1}(t)$,$a_n(t)$ 和 $f(t)$ 为 t 的已知函数,且 $a_n(t)\neq 0$.

特别地,如果 $a_1(t)=a_1,\cdots,a_{n-1}(t)=a_{n-1},a_n(t)=a_n\neq 0$ 均为常数,则

$$y_{t+n}+a_1y_{t+n-1}+\cdots+a_{n-1}y_{t+1}+a_ny_t=f(t) \tag{10.35}$$

和

$$y_{t+n}+a_1y_{t+n-1}+\cdots+a_{n-1}y_{t+1}+a_ny_t=0 \tag{10.36}$$

分别称为 n **阶常系数非齐次线性差分方程**和 n **阶常系数齐次线性差分方程**,统称为 n **阶常系数线性差分方程**,也称方程(10.36)为方程(10.35)**对应的齐次差分方程**.

一、一阶常系数线性差分方程

当方程(10.35)及(10.36)中的 $n=1$ 时得

$$y_{t+1}+ay_t=f(t) \quad (t=0,1,2,\cdots), \tag{10.37}$$

$$y_{t+1}+ay_t=0 \quad (t=0,1,2,\cdots), \tag{10.38}$$

分别称为**一阶常系数非齐次线性差分方程**和**一阶常系数齐次线性差分方程**,统称为**一阶常系数线性差分方程**,也称方程(10.38)为方程(10.37)**对应的常系数齐次差分方程**.

1. **一阶常系数齐次线性差分方程的通解**

方程(10.38)变形后改写为

$$y_{t+1}=-ay_t \quad (t=0,1,2,\cdots),$$

这是等比数列所满足的关系式,由等比数列通项公式可以得到

$$y_t=(-a)^t y_0 \quad (t=0,1,2,\cdots),$$

从而得到方程(10.38)的通解为

$$y_t=C(-a)^t \quad (t=0,1,2,\cdots), \tag{10.39}$$

其中初值 $y_0=C$.

2. **一阶常系数非齐次线性差分方程的特解与通解**

与微分方程相同,一阶常系数非齐次线性差分方程(10.37)的通解 $y(t)$ 等于方程(10.37)的一个特解 $y_*(t)$ 与对应的齐次方程(10.38)的通解 $y_e(t)$ 之和 $y(t)=y_*(t)+y_e(t)$.

求解方程(10.37)的特解的常用方法是待定系数法,其具体做法与微分方程的待定系数法相同,即先设一个与非齐次项 $f(t)$ 形式相同但是含有待定系数的函数 $y_*(t)$ 为特解(称为**试解函数**),代入方程后再解出待定系数,从而确定所求特解.函数 $f(t)$ 在经济科学、管理科学中的常见类型及试解函数的设法如表10.2所列.

表 10.2

$f(t)$ 的形式	系数 a 的取值	$y_*(t)$ 的形式
$P_m(t)$（m 次多项式）	$a\neq -1$	$Q_m(t)=a_0t^m+a_1t^{m-1}+\cdots+a_{m-1}t+a_m$
	$a=-1$	$tQ_m(t)$
$P_m(t)b^t(b\neq 1)$	$a\neq -b$	$Q_m(t)b^t$
	$a=-b$	$tQ_m(t)b^t$

例 10.20　求差分方程 $y_{t+1}-2y_t=t+5$ 的通解及满足初始条件 $y_0=4$ 的特解.

解　因为 $a=-2$,对应齐次方程的通解为

$$y_e(t)=C\cdot 2^t.$$

设方程的特解为 $y_*(t)=a_0t+a_1$,代入原方程有

$$a_0(t+1)+a_1-2(a_0t+a_1)=t+5,$$

比较系数得 $a_0=-1,a_1=-6$,所以特解 $y_*(t)=-t-6$,故通解为

$$y(t)=y_e(t)+y_*(t)=C\cdot 2^t-t-6(C\text{ 为任意常数}),$$

由 $y_0=4$ 得 $C=10$,所求特解为 $y(t)=10\cdot 2^t-t-6$.

例 10.21　求差分方程 $y_{t+1}-y_t=t+5$ 的通解.

解　因为 $a=-1$,对应齐次方程的通解为

$$y_e(t)=C.$$

设方程的特解为 $y_*(t)=t(a_0t+a_1)=a_0t^2+a_1t$,代入原方程有

$$a_0(t+1)^2+a_1(t+1)-(a_0t^2+a_1t)=t+5,$$

比较系数得 $a_0=\frac{1}{2},a_1=\frac{19}{4}$，所以特解 $y_*(t)=\frac{1}{2}t^2+\frac{19}{4}t$，故通解为

$$y(t)=y_e(t)+y_*(t)=C+\frac{1}{2}t^2+\frac{19}{4}t \quad (C\text{ 为任意常数}).$$

例 10.22 求差分方程 $y_{t+1}+2y_t=3\cdot 2^t$ 的通解.

解 因为 $a=2$，对应齐次方程的通解为

$$y_e(t)=C\cdot(-2)^t.$$

设方程的特解为 $y_*(t)=A\cdot 2^t$，代入原方程有

$$A\cdot 2^{t+1}+2A\cdot 2^t=3\cdot 2^t,$$

比较系数得 $A=\frac{3}{4}$，所以特解 $y_*(t)=\frac{3}{4}\cdot 2^t$，故通解为

$$y(t)=y_e(t)+y_*(t)=C\cdot(-2)^t+\frac{3}{4}\cdot 2^t \quad (C\text{ 为任意常数}).$$

例 10.23 求差分方程 $y_{t+1}-2y_t=3\cdot 2^t$ 的通解.

解 因为 $a=-2$，对应齐次方程的通解为

$$y_e(t)=C\cdot 2^t.$$

设方程的特解为 $y_*(t)=At2^t$，代入原方程有

$$A\cdot(t+1)2^{t+1}+2At2^t=3\cdot 2^t,$$

比较系数得 $A=\frac{3}{2}$，所以特解 $y_*(t)=\frac{3}{2}\cdot t2^t$，故通解为

$$y(t)=y_e(t)+y_*(t)=C\cdot 2^t+\frac{3}{2}\cdot t2^t \quad (C\text{ 为任意常数}).$$

二、二阶常系数线性差分方程

二阶常系数线性差分方程的一般形式为

$$y_{t+2}+ay_{t+1}+by_t=f(t) \quad (t=0,1,2,\cdots), \tag{10.40}$$

其中 a,b 为已知常数，且 $b\neq 0$，$f(t)$ 为已知函数. 方程(10.40)对应的齐次方程为

$$y_{t+2}+ay_{t+1}+by_t=0 \quad (t=0,1,2,\cdots). \tag{10.41}$$

与一阶常系数线性差分方程相同，非齐次方程(10.40)的通解 $y(t)$ 等于非齐次方程(10.40)的一个特解 $y_*(t)$ 与对应的齐次方程(10.41)的通解 $y_e(t)$ 之和，即 $y(t)=y_*(t)+y_e(t)$.

1. 二阶常系数齐次线性差分方程的通解

与二阶常系数齐次线性微分方程相同，求二阶常系数齐次线性差分方程的通解，只需先求出它的两个线性无关特解，然后用两个相互独立的任意常数将两个特解线性组合即得方程(10.40)的通解.

考虑到方程的系数均为常数，只要找到一类函数，使得 y_{t+2} 与 y_{t+1} 均为 y_t 的常数倍即可解决求特解的问题，显然幂函数 λ^t 符合这种特征. 因此，不妨设方程(10.41)的特解为 $y_*(t)=\lambda^t$，其中 $\lambda\neq 0$ 为待定常数，代入方程(10.41)后得

$$\lambda^t(\lambda^2+a\lambda+b)=0.$$

因 $\lambda^t\neq 0$，故 $y_*(t)=\lambda^t$ 是方程(10.41)的特解的充分必要条件是

$$\lambda^2+a\lambda+b=0. \tag{10.42}$$

方程(10.42)称为方程(10.41)或方程(10.40)的**特征方程**，特征方程的解称为**特征根**或**特征值**. 仿照二阶常系数齐次线性微分方程，根据特征方程解的三种不同情况可以得到方程(10.41)的通解.

(1) 特征方程有两个相异实根 $\lambda_1 \neq \lambda_2$，方程(10.41)的两个线性无关的特解为 $y_1(t)=\lambda_1^t, y_2(t)=\lambda_2^t$，方程(10.41)的通解为

$$y_e(t)=C_1\lambda_1^t+C_2\lambda_2^t \quad (C_1,C_2\text{ 为任意常数})；$$

(2) 特征方程有两个相同实根 $\lambda_1=\lambda_2=\lambda$，可以验证，方程(10.41)的两个线性无关的特解为 $y_1(t)=\lambda^t, y_2(t)=t\cdot\lambda^t$，方程(10.41)的通解为

$$y_e(t)=(C_1+C_2t)\lambda^t \quad (C_1,C_2\text{ 为任意常数})；$$

(3) 特征方程有两个共轭复根 $\lambda_1=a+bi, \lambda_2=a-bi$，可以验证，方程(10.41)的两个线性无关的特解为 $y_1(t)=r^t\cos\beta t, y_2(t)=r^t\sin\beta t$，其中 $r=\sqrt{b}$，$\tan\beta=-\dfrac{1}{a}\sqrt{4b-a^2}$，$\beta\in(0,\pi)$，方程(10.41)的通解为

$$y_e(t)=r^t(C_1\cos\beta t+C_2\sin\beta t) \quad (C_1,C_2\text{ 为任意常数}).$$

2. 二阶常系数非齐次线性差分方程的特解

求二阶非齐次差分方程(10.40)的特解 $y_*(t)$，常用方法与求二阶非齐次微分方程特解的待定系数法类似，首先根据方程(10.40)中 $f(t)$ 的形式及特征方程的结论设出含有待定常数的特解 $y_*(t)$，然后将试解函数 $y_*(t)$ 代入方程(10.40)中，比较两端同类项系数即可确定待定常数，从而得到特解.

表 10.3 列出 $f(t)$ 取某些特殊形式的函数时方程(10.40)的特解形式.

表 10.3

$f(t)$ 的形式	确定特解的条件	待定特解 $y_*(t)$ 的形式
m 次多项式 $P_m(t)$：$a_0+a_1t+\cdots+a_mt^m$	$a+b+1\neq 0$	m 次多项式 $Q_m(t)$：$b_0+b_1t+\cdots+b_mt^m$
	$a+b+1=0$ 且 $a\neq -2$	$tQ_m(t)$
	$a=-2, b=1$	$t^2Q_m(t)$
cd^t	d 不是特征根	Ad^t
	d 是单特征根	Atd^t
	d 是重特征根	At^2d^t
$a_1\cos\beta t+a_2\sin\beta t$ a_1,a_2 不同时为零	$\cos\beta+i\sin\beta$ 不是特征根	$A\cos\beta t+B\sin\beta t$
	$\cos\beta+i\sin\beta$ 是单特征根	$t(A\cos\beta t+B\sin\beta t)$
	$\cos\beta+i\sin\beta$ 是重特征根	$t^2(A\cos\beta t+B\sin\beta t)$

例 10.24 求差分方程 $y_{t+2}+5y_{t+1}+4y_t=t$ 的通解.

解 先求对应齐次方程的通解.特征方程

$$\lambda^2+5\lambda+4=0,$$

特征根为 $\lambda_1=-1, \lambda_2=-4$，所以，对应齐次方程的通解为

$$y_e(t)=C_1(-1)^t+C_2(-4)^t.$$

再求方程的特解.因为 $a+b+1=5+4+1=10\neq 0$，所以，设特解为

$$y_*(t)=A+Bt,$$

代入方程得

$$A+B(t+2)+5A+5B(t+1)+4A+4Bt=t,$$

比较两端同次项系数有 $10A+7B=0, 10B=1$，解得 $A=-\frac{7}{100}, B=\frac{1}{10}$，所以，特解为

$$y_*(t)=-\frac{7}{100}+\frac{1}{10}t,$$

故通解为

$$y(t)=y_*(t)+y_e(t)=-\frac{7}{100}+\frac{1}{10}t+C_1(-1)^t+C_2(-4)^t \quad (C_1, C_2 \text{ 为任意常数}).$$

例 10.25　求差分方程 $y_{t+2}+3y_{t+1}-4y_t=t$ 的通解.

解　先求对应齐次方程的通解.特征方程

$$\lambda^2+3\lambda-4=0,$$

特征根为 $\lambda_1=1, \lambda_2=-4$，所以，对应齐次方程的通解为

$$y_e(t)=C_1+C_2(-4)^t.$$

再求方程的特解.因为 $a+b+1=3-4+1=0$，且 $a=3\neq-2$，所以，设特解为

$$y_*(t)=t(A+Bt)=At+Bt^2,$$

代入方程得

$$A(t+2)+B(t+2)^2+3A(t+1)+3B(t+1)^2-4At-4Bt^2=t,$$

比较两端同次项系数有 $5A+7B=0, 10B=1$，解得 $A=-\frac{7}{50}, A=\frac{1}{10}$，所以，特解为

$$y_*(t)=t\left(-\frac{7}{50}+\frac{1}{10}t\right),$$

故通解为

$$y(t)=y_*(t)+y_e(t)=t\left(-\frac{7}{50}+\frac{1}{10}t\right)+C_1+C_2(-4)^t \quad (C_1, C_2 \text{ 为任意常数}).$$

例 10.26　求差分方程 $y_{t+2}-10y_{t+1}+25y_t=3^t$ 的通解及满足 $y_0=1, y_1=0$ 的特解.

解　先求对应齐次方程的通解.特征方程

$$\lambda^2-10\lambda+25=0,$$

特征根为 $\lambda_1=\lambda_2=5$，所以，对应齐次方程的通解为

$$y_e(t)=(C_1+C_2t)5^t.$$

再求方程的特解.因为 $b=3$ 不是特征根，所以，设特解为

$$y_*(t)=A\cdot 3^t,$$

代入方程并比较两端同次项系数得 $4A=1$，解得 $A=\frac{1}{4}$，所以，特解为

$$y_*(t)=\frac{1}{4}3^t,$$

故通解为

$$y(t)=y_*(t)+y_e(t)=\frac{1}{4}3^t+(C_1+C_2t)5^t \quad (C_1, C_2 \text{ 为任意常数}),$$

由 $y_0=1, y_1=0$ 有 $C_1+\frac{1}{4}=1, 5(C_1+C_2)+\frac{3}{4}=0$，解得 $C_1=\frac{3}{4}, C_2=-\frac{9}{10}$，因此，方程满足条件的特解为

$$y(t)=\frac{1}{4}3^t+\left(\frac{3}{4}-\frac{9}{10}t\right)5^t.$$

注意 求一阶常系数非齐次线性差分方程(10.40)特解的待定系数法虽然已经用表格的方式给出了设特解的原则,但是,要记住这些原则是困难的.事实上,可以用以下方法确定特解:设特解 $y_*(t)=g(t)$ 与方程(10.40)中的 $f(t)$ 具有相同的结构形式,并将 $g(t)$ 代入方程(10.40)中,若出现矛盾,则改设特解 $y_*(t)=tg(t)$,再代入方程(10.40)中,若仍出现矛盾,则再改设特解 $y_*(t)=t^2g(t)$,再代入方程(10.40)中,必能确定特解.

§10.7 差分方程在经济学中的应用举例

例 10.27(存款模型) 设 S_t 为 t 期期末存款总额,r 为存款利率,则 S_t 与 t 有如下关系式:

$$S_{t+1}=S_t+rS_t=(1+r)S_t \quad (t=0,1,2,\cdots),$$

这是关于 S_t 的一阶常系数齐次线性差分方程,其通解为

$$S_t=C(1+r)^t \quad (t=0,1,2,\cdots).$$

令 $t=0$ 有 $C=S_0$,所以

$$S_t=S_0(1+r)^t \quad (t=0,1,2,\cdots),$$

其中 S_0 为期初存款额.

例 10.28(消费模型) 设 Y_t 为 t 期国民收入,C_t 为 t 期消费,I_t 为 t 期投资,它们之间有如下关系式:

$$\begin{cases}C_t=\alpha Y_t+a,\\ I_t=\beta Y_t+b,\\ Y_t-Y_{t-1}=\theta(Y_{t-1}-C_{t-1}-I_{t-1}),\end{cases}$$

其中 α,β,a,b 及 θ 均为常数,且 $0<\alpha<1,0<\beta<1,0<\alpha+\beta<1,0<\theta<1,a\geqslant 0,b\geqslant 0$.

消去模型中的 C_t 和 I_t 得

$$Y_t=[1+\theta(1-\alpha-\beta)]Y_{t-1}-\theta(a+b) \quad (t=0,1,2,\cdots).$$

这是关于 Y_t 的一阶常系数非齐次线性差分方程,其通解为

$$Y_t=\left(Y_0-\frac{a+b}{1-\alpha-\beta}\right)[1+\theta(1-\alpha-\beta)]^t+\frac{a+b}{1-\alpha-\beta} \quad (t=0,1,2,\cdots),$$

其中 Y_0 为基期的国民收入.

例 10.29(国民收入的稳定分析模型) 设第 t 期内的国民收入 y_t 主要用于该期内的消费 C_t,再生产投资 I_t 和政府用于公共设施的开支 G(定为常数),即有

$$y_t=C_t+I_t+G, \tag{10.43}$$

又设第 t 期的消费水平与前一周期的国民收入水平有关,即

$$C_t=Ay_{t-1}, \tag{10.44}$$

第 t 期的生产投资应取决于消费水平的变化,即有

$$I_t=B(C_t-C_{t-1}), \tag{10.45}$$

将式(10.43),式(10.44),式(10.45)三式合并整理得

$$y_t-A(1+B)y_{t-1}+ABy_{t-2}=G, \tag{10.46}$$

当 A,B,G 为常数时,这是一个二阶常系数非齐次线性差分方程,可以求得其通解.当给定初始条件 $y_0=a_0,y_1=a_1$ 后,即可求出满足初始条件的特解.

习 题 十

(A)

1. 指出下列各题中的函数是否为所给微分方程的解：

(1) $y''+y=0, y=3\sin x-4\cos x$；

(2) $y''-2y'+y=0, y=x^2e^x$；

(3) $y''-7y'+12y=0, y=C_1e^{3x}+C_2e^{4x}$；

(4) $y''-(\lambda_1+\lambda_2)y'+\lambda_1\lambda_2 y=0, y=C_1e^{\lambda_1 x}+C_2e^{\lambda_2 x}$.

2. 求下列微分方程的通解或满足给定初始条件的特解：

(1) $xy'-y\ln y=0$；

(2) $\sqrt{1-x^2}\,y'=\sqrt{1-y^2}$；

(3) $y\mathrm{d}x+(x^2-4x)\mathrm{d}y=0$；

(4) $y'=e^{2x-y}, y(0)=0$；

(5) $xy\mathrm{d}x+\sqrt{1+x^2}\,\mathrm{d}y=0, y(0)=1$；

(6) $yy'+xe^y=0, y(1)=0$.

3. 求下列微分方程的通解或满足给定初始条件的特解：

(1) $xy'-y-\sqrt{y^2-x^2}=0$；

(2) $x\dfrac{\mathrm{d}y}{\mathrm{d}x}=y\ln\dfrac{y}{x}$；

(3) $(x^2+y^2)\mathrm{d}x-xy\mathrm{d}y=0$；

(4) $y'=\dfrac{x}{y}+\dfrac{y}{x}, y(1)=2$；

(5) $(y+xe^{\frac{y}{x}})\mathrm{d}x=x\mathrm{d}y, y(1)=0$；

(6) $(y^2-3x^2)\mathrm{d}y+2xy\mathrm{d}x=0, y(0)=1$.

4. 求下列微分方程的通解或满足给定初始条件的特解：

(1) $y'+y=e^{-x}$；

(2) $xy'+y=x^2+3x+2$；

(3) $y'-\dfrac{2}{1+x}y=(x+1)^3$；

(4) $(x^2+1)\dfrac{\mathrm{d}y}{\mathrm{d}x}+2xy=4x^2$；

(5) $x\dfrac{\mathrm{d}y}{\mathrm{d}x}-2y=x^3e^x, y(1)=0$；

(6) $xy'+y=3, y(1)=0$；

(7) $y'-y\tan x=\sec x, y(0)=0$；

(8) $y'-\dfrac{y}{x}=-\dfrac{\ln x^2}{x}, y(1)=1$.

5. 求下列微分方程的通解或满足给定初始条件的特解：

(1) $y''-4y'+3y=0$；

(2) $y''-4y'+4y=0$；

(3) $y''-4y'+13y=0$；

(4)$y''-5y'+6y=0, y(0)=\frac{1}{2}, y'(0)=1$;

(5)$y''+y'-2y=0, y(0)=3, y'(0)=0$;

(6)$y''+25y=0, y(0)=2, y'(0)=5$.

6. 求下列微分方程的通解或满足给定初始条件的特解：

(1)$y''-2y'-3y=2x+1$;

(2)$y''+2y'-3y=e^{2x}$;

(3)$y''+4y=8\sin 2x$;

(4)$y''+3y'+2y=3xe^{-x}$;

(5) $y''+4y=8x, y(0)=0, y'(0)=4$;

(6)$y''-5y'+6y=3e^{x}, y(0)=1, y'(0)=1$;

(7)$y''-y=4xe^{x}, y(0)=0, y'(0)=1$;

(8)$y''-6y'+25y=2\sin x+3\cos x, y(0)=\frac{1}{2}, y'(0)=1$.

7. 求下列差分方程的通解或满足给定初始条件的特解：

(1)$y_{t+1}-5y_t=8$;

(2)$y_{t+1}+2y_t=t+3$;

(3) $y_{t+1}+y_t=3^t$;

(4)$2y_{t+1}-y_t=t^2+2, y_0=4$;

(5)$y_{t+1}+2y_t=2^t, y_0=\frac{4}{3}$;

(6)$y_{t+1}-y_t=2^t-1, y_0=5$.

8. 求下列差分方程的通解或满足给定初始条件的特解：

(1)$y_{t+2}-7y_{t+1}+12y_t=0$;

(2)$y_{t+2}-y_{t+1}-y_t=0$;

(3)$y_{t+2}-6y_{t+1}+9y_t=0$;

(4)$y_{t+2}-4y_{t+1}+4y_t=2^t$;

(5)$y_{t+2}-y_{t+1}-6y_t=3^t(2t+1)$;

(6) $y_{t+2}-2y_{t+1}+2y_t=0, y_0=2, y_1=2$.

(B)

1. 求下列微分方程的通解：

(1)$\sin x\cos^2 y\,dx+\cos^2 x\,dy=0$;

(2)$y'+2xy=e^{-x^2}x\sin x$;

(3)$y''-2y'+5y=e^{x}\sin x$;

(4)$y''+4y=x\cos x$;

(5)$y''+y=e^{x}+\cos x$;

(6)$y''-y=\sin^2 x$.

2. 求下列微分方程满足给定条件的特解：

(1)$(xy-x^2)\,dy=y^2\,dx, y(1)=1$;

(2)$y'-y=\cos x-\sin x$，当 $x\to+\infty$ 时，y 有界；

(3)$y'-2y=\varphi(x)$，其中 $\varphi(x)=\begin{cases}2, & x<1,\\ 0, & x>1,\end{cases}$ $y=y(x)$ 在$(-\infty,+\infty)$内连续，且

在$(-\infty,1)$，$(1,+\infty)$内满足$y(0)=0$；

(4)$y''-3y'+2y=4+2e^{-x}$，$\lim\limits_{x\to+\infty}y(x)=2$；

(5)$y''-3y'+2y=2e^{-x}$，$y(x)$在$(0,1)$处的切线与曲线$y=x^2-x+1$在该点的切线重合.

3. 设函数$f(x)$二阶可微，且满足下面的方程，求$f(x)$的表达式：

(1)$f(x)=\int_0^{2x}f(\frac{t}{2})\,dt+\ln2$；

(2)$f(x)=\cos2x+\int_0^x f(t)\sin t\,dt$；

(3)$f(x)=e^x-\int_0^x(x-t)f(t)\,dt$.

4. 求满足下列条件的微分方程，并给出通解：

(1) 未知方程为二阶常系数非齐次线性方程，且有三个特解$y_1=xe^x+e^{2x}$，$y_2=xe^x+e^{-x}$，$y_3=xe^x+e^{2x}-e^{-x}$；

(2) 未知方程为二阶常系数非齐次线性方程，且有两个特解$y_1=\cos2x-\frac{1}{4}x\cos2x$，$y_2=\sin2x-\frac{1}{4}x\cos2x$；

(3) 未知方程$y''+\alpha y'+\beta y=\gamma e^x$有特解$y=2e^{2x}+(1+x)e^x$.

5. 设有连接点$O(0,0)$和$A(1,1)$的一段向上凸的曲线弧OA，对于OA上任一点$P(x,y)$，曲线弧OP与直线段OP所围成的图形的面积为x^2，求曲线弧OA的方程.

6. 设曲线L上位于xOy平面第Ⅰ卦限内任意一点M处的切线总与y轴相交，交点为A，已知$|\overline{MA}|=|\overline{OA}|$，且曲线$L$过点$(\frac{3}{2},\frac{3}{2})$，求曲线$L$的方程.

7. 设函数$y=f(x)$在$(1,+\infty)$内连续，若曲线$y=f(x)$，直线$x=1$，$x=t(t>1)$与x轴所围平面图形绕x轴旋转一周而成的旋转体的体积为$V(t)=\frac{\pi}{3}[t^2f(t)-f(1)]$，又$f(2)=\frac{2}{9}$，求$f(x)$.

8. 设$y(x)=\sum\limits_{n=0}^{\infty}\frac{(2x)^{2n}}{(2n)!}$，证明$y(x)$满足方程$y''-4y=0$，并求和函数$y(x)$.

习题参考答案

习 题 一

(A)

1.(1) $(-\infty,-3]\cup[5,+\infty)$； (2) $[-4,4]$； (3) $(1,+\infty)/\{2\}$； (4) $[0,+\infty)$； (5) $(0,e)\cup(e,+\infty)$； (6) $[-1,3]$.

2. $f(x)=3x+\frac{4}{3}$.

3. -3.

4.(1) 单调增加区间$(-\infty,+\infty)$； (2) 单调减少区间$(0,+\infty)$；

5.$[-1,0]$ 为单调递减区间,$[0,1]$ 单调递增区间.

6.(1) 奇函数； (2) 奇函数； (3) 奇函数； (4) 偶函数.

7.略.

8.(1) 周期为$\frac{2\pi}{3}$； (2) 周期为 π ；

(3) 周期为$\frac{\pi}{3}$； (4) 非周期函数.

9.(1)$y=10^{1+x^2}$, $x\in(-\infty,+\infty)$； (2)$y=\sqrt{e^x-1}$, $x\in[0,+\infty)$；

(3)$y=\sin^2\ln x+1$, $x\in(0,+\infty)$； (4)$y=\arctan[\tan^2\sqrt{a^2+x^2}]$,$D_f=\left\{x\middle|x\in R,x^2\neq\left(k\pi+\frac{\pi}{2}\right)^2-a^2,k\in Z\right\}$.

10.$f(x)=a^{\ln x}\cdot[(\ln x)^2-1]$.

11.$f(x+1)=\begin{cases}x^2+2x+3, & x\leqslant-1,\\ x, & x>-1;\end{cases}$ $f(x)+f(-x)=\begin{cases}x^2-x+1, & x<0,\\ 4, & x=0,\\ x^2+x+1, & x>0.\end{cases}$

12.$f[\varphi(x)]=\begin{cases}-(\ln x)^2, & x\geqslant1,\\ x, & 0<x<1,\end{cases}$ $\varphi[f(x)]=x$, $x<0$.

13.(1)$f(x)=x^2-2$； (2)$\varphi(x)=\frac{x+1}{x-1}$.

14.(1) $y=\log_a u,u=\sqrt{x}$； (2)$y=\arctan u,u=e^v,v=x^2$；

(3) $y=u^2, u=\sin v, v=\sqrt{w}, w=1-x-x^2$;

(4) $y=u^2, u=\arcsin v, v=\dfrac{2x}{1-x^2}$.

15. (1) $y=\dfrac{1}{2}(1-10^x)$, $D_{f^{-1}}=(0,+\infty)$; (2) $y=\sqrt{4-x^2}$, $D_{f^{-1}}=[0,2]$;

(3) $f(x)=\begin{cases}2x, & -1<x<\dfrac{1}{2}, \\ \sqrt{x}, & 1\leqslant x\leqslant 4, \\ \log_2 x, & 4<x\leqslant 16,\end{cases}$ $D_{f^{-1}}=\left(-1,\dfrac{1}{2}\right)\cup[1,16]$;

(4) $y=\ln\dfrac{x}{1-x}$, $D_{f^{-1}}=(0,1)$.

16. 固定成本为 180(元/天),可变成本为 2(元/个).

17. $y=10^7+\dfrac{2\times 10^5}{x}+1000x$.

18. (1) $p=\begin{cases}90, & x\leqslant 100, \\ 90-(x-100), & 100<x\leqslant 115, \\ 75, & x>115;\end{cases}$

(2) $q=\begin{cases}90x, & x\leqslant 100, \\ (190-x)x, & 100<x\leqslant 115, \\ 75x, & x>115;\end{cases}$

(3) 15000 元.

19. (1) $P_e=\dfrac{130}{17}$; (2) $P_e=7$.

(B)

1. $f(x)=\dfrac{4(x^2-x+1)}{3-6x}$.

2. $f(x)=\dfrac{1}{x^2-1}, g(x)=\dfrac{x}{x^2-1}$.

3. 略.

4. 略.

5. $f^{-1}_{(3)}=-\sqrt{3}$.

6. 略.

7. 略.

8. $f[f(x)]=x$.

9. $f(x)=\dfrac{c}{b^2-a^2}\left(bx-\dfrac{a}{x}\right)$,为奇函数.

习 题 二

(A)

1.(1) 收敛于 0； (2) 收敛于 1； (3) 收敛于 2； (4) 收敛于 0； (5) 发散；
(6)$a>1$ 时发散；$0<a<1$ 时收敛于 0；$a=1$ 时收敛于 1； (7) 发散；
(8) 收敛于 0.

2.略.

3.(1)0； (2) $\frac{3}{2}$； (3)0； (4) $\frac{\pi}{2}$； (5) $\frac{3}{2}$； (6)4； (7) $\frac{1}{2}$.

4.略.

5.略.

6.(1) 是； (2) 是； (3) 是； (4) 不是.

7.(1) 2； (2) -2； (3)0； (4) 0； (5)0； (6)4； (7) $2x$； (8) $\frac{m}{n}$；
(9) 1；(10) $\frac{n(n+1)}{2}$； (11) -2； (12) $\frac{\mathrm{q}}{\mathrm{p}}$； (13)0； (14) $\frac{2}{3}$； (15) 0；
(16) $-\frac{3}{2}$； (17) $\frac{32}{3}$； (18) $\frac{a-b}{2}$； (19) 1； (20) 0； (21) -1； (22) $\frac{3}{2}$.

8.(1)$a=9,b=-12$； (2) $a=\sqrt{2},b=\sqrt{2}$； (3)$a=1,b=2$； (4)$a=4,b=-5$.

9.(1) $\frac{4}{3}$； (2) $\frac{5}{3}$； (3)9； (4)5； (5) $\frac{25}{2}$； (6) $\frac{1}{2}$； (7) $\frac{1}{4}$； (8) $\frac{1}{4}$；
(9) $\frac{1}{2}$； (10)3； (11)$\cos x$； (12)$\begin{cases}0, & m<n,\\ 1, & m=n,\\ \infty, & m>n.\end{cases}$

10.(1)e^2； (2)e； (3)$\mathrm{e}^{-\frac{3}{2}}$； (4)$\mathrm{e}^{-\frac{1}{2}}$.

11. (1)$-\sqrt{3}$； (2) $\frac{5}{4}$； (3) $\frac{1}{2}$； (4)1； (5)1； (6)-1； (7)e^2； (8)e^2； (9)3；
(10) $\frac{1}{2}$； (11)2； (12)5.

12.略.

13.(1)$x=0$ 为跳跃间断点； (2)$x=0$ 为可去间断点； (3)$x=0$ 为可去间断点；
(4)$x=0$ 为振荡间断点.

14.(1) 连续区间为$(-1,0)\cup(0,1)$； (2) 连续区间为$(-\infty,0)\cup(0,+\infty)$；
(3) 连续区间为$(-\infty,0)\cup(0,+\infty)$.

15.(1)$a=1,b=\mathrm{e}$； (2)$a=2,b=1$； (3)$a=2$, $b=\ln 2$.

16.略.

(B)

1.e^2.

2.设 $A=\max\{a_1,a_2,\cdots a_m\}$，原式$=A$.提示:用夹逼定理.

3.提示:证明$\{u_n\}$单调增加有上界.$\lim\limits_{n\to\infty}u_n=2$.

4. $f(x)=\begin{cases} x & x<0 \\ x^2 & x>0 \end{cases}$，$x=0$ 为可去间断点.

5. 2.

6. a.

7. $\sqrt{6}$.

8. （提示：按 $|x|<1$，$|x|=1$，$|x|>1$ 分别对 $f(x)$ 的表达式求出极限，得到 $f(x)$ 的仅用 x 表达的解析式，然后解答要求的问题）$(-\infty,-1)\cup(-1,1)\cup(1,+\infty)$ 是连续区间，$x=\pm1$ 是 $f(x)$ 的第一类跳跃间断点.

9. $f(x)=\begin{cases} \dfrac{\pi}{2}(x-1), & |x|>1, \\ \dfrac{\pi}{4}(x-1), & |x|=1, \\ 0 & |x|<1, \end{cases}$ $x=-1$ 为跳跃间断点.

10. 略.

11. 提示：考虑函数 $F(x)=f(x)-f\left(x+\dfrac{1}{2}\right)$.

12. 略.

13. $p=-5$，$q=0$ 时，$f(x)$ 为无穷小量.

习　题　三

(A)

1. (1)$20x$； (2)$-\dfrac{1}{x^2}$； (3)$\dfrac{1}{2\sqrt{x}}$； (4)$\begin{cases} -\sin x, & x>0, \\ -1, & x\leqslant 0. \end{cases}$

2. (1)$-f'(x_0)$； (2)$2f'(x_0)$； (3)$2f'(2x_0)$； (4)$-f'(x_0)$.

3. 若 $\varphi(a)\neq 0$，则 $f'(a)$ 不存在；若 $\varphi(a)=0$，则 $f'(a)=0$.

4. 切线方程 $x-y+1=0$；法线方程 $x+y-1=0$.

5. $y=2x-2$；$y=2x+2$.

6. (1) 可导 $f'(0)=0$； (2) 连续但不可导； (3) 连续但不可导；(4)$f'(0)=1$.

7. $a=b=-1$.

8. $A=0$.

9. $f'(0)=\dfrac{1}{2}$.

10. (1)$3\sec x\tan x-\csc^2 x$； (2) $8x^3+\dfrac{6}{x^3}$； (3) $\dfrac{1}{x}\left(1+\dfrac{2}{\ln 10}\right)$； (4)$\sin x(1+\sec^2 x)$；

(5)$e^x(\sin x+\cos x)$； (6)$(x-1)(4x^2+x+1)$； (7) $\dfrac{x\cos x-\sin x}{x^2}$；

(8) $\dfrac{e^x(x-1)}{(1+x)^3}$； (9)$xe^x[(2+x)\cos x-x\sin x]$； (10) $\dfrac{x+1}{x(x+e^x)}-\dfrac{(x+\ln x)(1+e^x)}{(x+e^x)^2}$.

11. (1) $-e^{-\frac{x}{2}}\left(\dfrac{1}{2}\cos 3x+3\sin 3x\right)$； (2) $20x(x^2+1)^9$； (3)$3(x+\sin^2 x)^2(1+\cos x)$；

(4) $3\sin x(4-3x)$； (5) $-6xe^{-3x^2}$； (6) $-\dfrac{x}{\sqrt{a^2-x^2}}$； (7) $2x\sec^2(x^2)$；

(8) $\dfrac{e^x}{1+e^{2x}}$； (9) $-\dfrac{1}{\sqrt{x-x^2}}$； (10) $\dfrac{|x|}{x^2\sqrt{x^2-1}}$； (11) $\sec x$； (12) $\csc x$；

(13) $-\dfrac{3(\arccos x)^2}{\sqrt{1-x^2}}$； (14) $\dfrac{2x}{(x^2+1)\ln a}$； (15) $\dfrac{1}{\sqrt{a^2+x^2}}$；

(16) $\dfrac{2}{a}\left(\sec^2\dfrac{x}{a}\tan\dfrac{x}{a}-\csc^2\dfrac{x}{a}\cot\dfrac{x}{a}\right)$； (17) $\dfrac{1}{\sqrt{x}(1-x)}$； (18) $\csc x$； (19) $\dfrac{1}{x\ln x}$；

(20) $\dfrac{(1-2x^2)\arcsin x}{\sqrt{1-x^2}}+x$； (21) $\dfrac{2\arcsin\dfrac{x}{2}}{\sqrt{4-x^2}}$； (22) $\dfrac{\ln x}{x\sqrt{1+\ln^2 x}}$； (23) $\dfrac{e^{\arctan\sqrt{x}}}{2\sqrt{x}(1+x)}$；

(24) $10^{x\tan x}(\tan x+x\sec^2 x)\ln 10$； (25) $-\dfrac{\sqrt{2x(1-x)}}{2x(1-x^2)}$； (26) $\dfrac{4e^{2x}}{(1+e^{4x})^{\frac{3}{2}}}$.

12. $f'(x)=5(x-3)^4$； $f'(x+3)=5x^4$.

13. (1) $4-\dfrac{1}{x^2}$； (2) $4e^{2x-1}$； (3) $-2\sin x-x\cos x$； (4) $2e^t\cos t$；

(5) $-\dfrac{a^2}{(a^2-x^2)^{\frac{3}{2}}}$； (6) $-\dfrac{2(1+x^2)}{(x^2-1)^2}$； (7) $2\sec^2 x\tan x$； (8) $\dfrac{6x(2x^3-1)}{(x^3+1)^3}$；

(9) $2xe^{x^2}(3+2x^2)$； (10) $2\ln(1+x^2)+\dfrac{4x^2}{1+x^2}+2$.

14. (1) $-xe^{x-1}$； (2) $\dfrac{f'(x)}{f(x)}$； (3) $\dfrac{f'(x)}{1+f^2(x)}$； (4) $f(\dfrac{1}{x})-\dfrac{f'\left(\dfrac{1}{x}\right)}{x}$；

(5) $-e^{-x}\cdot f'(e^{-x})$； (6) $f'[(x^3+3^{3x})^n]\cdot n(x^3+3^{3x})^{n-1}\cdot(3x^2+3^{3x}\cdot\ln 3\cdot 3)$；

(7) $nf(3^{x^3}\cos x)^{n-1}f'(3^{x^3}\cos x)(3^{x^3+1}x^2\cos x\ln 3-3^{x^3}\sin x)$；

(8) $e^{f(x)}[f'(e^x)e^x+f(e^x)f'(x)]$； (9) $f'(e^x+x^e)(e^x+ex^{e-1})$；

(10) $\sin 2x[f'(\sin^2 x)-f'(\cos^2 x)]$.

15. $f[g'(x)]=\arcsin 2x$；$f'[g(x)]=\dfrac{1}{\sqrt{1-x^4}}$；$\{f[g(x)]\}'=\dfrac{2x}{\sqrt{1-x^4}}$.

16. (1) $a^n\cos\left(ax+b+n\dfrac{\pi}{2}\right)$； (2) $(x+n)e^x$； (3) $2^{n-1}\sin[2x+(n-1)\dfrac{\pi}{2}]$；

(4) $y^{(n)}=(-1)^n(n-2)!\dfrac{1}{x^{n-1}}, n>2$； (5) $(-1)^{n-1}(n-1)!\dfrac{a^n}{(ax+b)^n}$； (6) $a^n e^{ax+b}$.

17. (1) $\dfrac{y}{y-x}$； (2) $\dfrac{ay-x^2}{y^2-ax}$； (3) $\dfrac{e^{x+y}-y}{x-e^{x+y}}$； (4) $\dfrac{x+y}{x-y}$.

18. (1) $-\dfrac{b^4}{a^2y^3}$； (2) $\dfrac{(3-y)e^{2y}}{(2-y)^3}$.

19. 略.

20. 207360.

21. $\dfrac{d^2y}{dx^2}=\dfrac{2y(x+e^y)-y^2e^y}{(x+e^y)^3}$.

22. (1) $\left(\dfrac{x}{1+x}\right)^x\left(\ln\dfrac{x}{1+x}+\dfrac{1}{1+x}\right)$； (2) $\dfrac{1}{5}\sqrt[5]{\dfrac{x-5}{\sqrt[5]{x^2+2}}}\left[\dfrac{1}{x-5}-\dfrac{2x}{5(x^2+2)}\right]$；

(3) $\dfrac{\sqrt{x+2}(3-x)^4}{(x+1)^5}\left[\dfrac{1}{2(x+2)}-\dfrac{4}{3-x}-\dfrac{5}{x+1}\right]$;

(4) $y'=\alpha(\sin x)^{\alpha x}(\ln\sin x+x\tan x)$.

23. (1) $\dfrac{x}{x^2-1}dx$; (2) $e^{\sin^2 x}\sin 2x\,dx$; (3) $-e^{-2x}(3\sin 3x+2\cos 3x)\,dx$;

(4) $\left(e^x\arctan x+\dfrac{e^x}{1+x^2}\right)dx$; (5) $[-e^{-x}\sin(3-x)-e^{-x}\cos(3-x)]\,dx$;

(6) $2x\sec^2(1+x^2)\,dx$.

24. (1) $\dfrac{ye^y}{1-xye^y}dx$; (2) $-\dfrac{2xy^2+y\sin(xy)}{x\sin(xy)+2yx^2}dx$; (3) $-\csc^2(x+y)dx$;

(4) $\dfrac{2}{\cos y-2}dx$.

25. $dy=e^{f(x)}\left[f(\ln x)f'(x)+\dfrac{1}{x}f'(\ln x)\right]dx$.

26. 略.

27. (1)0.4849; (2)2.7455; (3)2.0083.

(B)

1. $f'(x)=\begin{cases}2^{x-a}\ln 2, & x>a,\\ -2^{a-x}\ln 2, & x<a.\end{cases}$

2. $\dfrac{-2}{(x+1)^2}$.

3. $(2t+1)e^{2t}$.

4. $f'[\varphi(x)+y^2]\left[\varphi'(x)+\dfrac{2y}{1+e^y}\right]$.

5. e^8.

6. 提示:先确定 $f(x)$. $a=2,b=-1$. $f'(x)=\begin{cases}2, & x\leqslant 1,\\ 2x, & x>1.\end{cases}$

7. $y=2x-12$.

8. $f'(x)=af(x),f(x)=e^{ax}$.

9. $y=\dfrac{1}{3}(x-2)$; $y=-\dfrac{7}{19}\left(x-\dfrac{6}{7}\right)$.

10. e^{-1}.

习 题 四

(A)

1. (1)$\xi=0$; (2)$\xi=\dfrac{25}{4}$; (3)$\xi=\dfrac{14}{9}$.

2. 提示:在[0, 1], [1, 2], [2, 3] 分别满足罗尔中值定理.

3. 略.

4. 略.

5. 略.

6. 略.

7. 设函数 $f(x)=x^n$,在区间$[a,b]$上应用拉格朗日定理,得$\dfrac{b^n-a^n}{b-a}=n\xi^{n-1}$,$\xi\in(a,b)$,因为 $\xi\in(a,b)$,所以 $na^{n-1}<n\xi^{n-1}<nb^{n-1}$,所以 $na^{n-1}<\dfrac{b^n-a^n}{b-a}=nb^{n-1}$,得 $nb^{n-1}(a-b)<a^n-b^n<na^{n-1}(a-b)$.

8. 构造辅助函数 $F(x)=xf(x)$,应用罗尔中值定理.

9. 构造辅助函数 $F(x)=e^{-x}f(x)$,则 $f'(x)=e^{-x}f'(x)-e^{-x}f(x)=0$;$F(x)=e^{-x}f(x)\equiv C=F(0)=1$,得证 $f(x)=e^x$.

10. 多次应用罗尔定理即可.

11. 构造辅助函数 $F(x)=e^{-x}f(x)$,应用罗尔定理.

12. 构造辅助函数 $F(x)=e^{-x^2}f(x)$,应用零值定理与罗尔定理.

13. $f(x)$ 在$[a,b]$上连续,在(a,b)内可导,由拉格朗日中值定理知,至少有一点$c\in(a,b)$,使得 $f'(c)=\dfrac{f(b)-f(a)}{b-a}$,假设另外存在一点 $d\in(a,b)$,使得 $f'(\mathrm{d})=\dfrac{f(b)-f(a)}{b-a}$,由罗尔定理推出矛盾即可.

14. (1)2; (2)$\ln\dfrac{a}{b}$; (3) $\dfrac{4}{e}$; (4) -2; (5)3; (6) $\dfrac{1}{16}$;(7)1; (8)1; (9) $-\dfrac{1}{6}$; (10) $\dfrac{1}{2}$; (11) $\dfrac{1}{2}$; (12)1; (13)1; (14)1; (15)e^a; (16)e^{-2}; (17)1; (18)1.

15. (1)$(-\infty,-1)$,$(3,+\infty)$ 增区间,$(-1,3)$ 减区间; (2)$\left(-\infty,\dfrac{1}{2}\right)$ 减区间,$\left(\dfrac{1}{2},+\infty\right)$ 增区间; (3)$\left(0,\dfrac{1}{2}\right)$ 减区间,$\left(\dfrac{1}{2},+\infty\right)$ 增区间; (4)$(-\infty,0)$ 增区间,$(0,+\infty)$ 减区间.

16. 略.

17. (1) 极小值 $f(0)=1$; (2) 极小值 $f(0)=0$; (3) 极小值 $f(0)=0$,极大值 $f(2)=4e^{-2}$; (4) 极大值 $f\left(\dfrac{3}{4}\right)=\dfrac{5}{4}$.

18. 当 $a=\dfrac{1}{3}$ 时,$x=\dfrac{\pi}{3}$ 是极大值点,极大值为 $f(\dfrac{\pi}{3})=2\sin\dfrac{\pi}{3}+\dfrac{1}{3}\sin\pi=\sqrt{3}$.

19. (1) 最小值 $f(-1)=-5$,最大值 $f(4)=80$; (2) 最大值 $f(e)=e^{\frac{1}{e}}$.

20. $\dfrac{a}{3}$.

21. (1) 函数在$[0,+\infty)$上为凹函数,没有拐点;

(2) 凹区间为$\left(-\infty,\dfrac{1}{2}\right]$,凸区间为$\left[\dfrac{1}{2},+\infty\right)$,拐点为$\left(\dfrac{1}{2},e^{\arctan\frac{1}{2},}\right)$;

(3) 函数在整个定义域上为凹函数,没有拐点;

(4) 函数在整个定义域上为凹函数,没有拐点.

22. (1) 垂直渐近线 $x=0$;水平渐近线 $y=1$;

(2) 垂直渐近线 $x=0$;斜渐近线 $y=ex$;

(3) 水平渐近线 $y=0$;垂直渐近线 $x=0$;

(4) 水平渐近线 $y=2$；垂直渐近线 $x=1$.

23. 略.

24. (1)日产量为 100 件的总成本为 21250 元，平均成本为 212.5 元；

(2)日产量为 200 件时平均成本最低，最低平均成本为 210 元；

(3)日产量为 4000 件时，最大利润为 399000 元，平均成本为 300.25 元.

25. 140.

26. 略.

(B)

1. $e^{-\frac{1}{2}}$.

2. 略.

3. 略.

4. 构造辅助函数 $F(x)=a_0x+\frac{a_1}{2}x^2+\cdots+\frac{a_n}{n+1}x^{n+1}$，由罗尔定理可证.

5. $f(x)$ 在 $x=0$ 处可导，则必有 $f(x)$ 在 $x=0$ 处连续，$a=\lim\limits_{x\to 0}f(x)=\lim\limits_{x\to 0}\frac{g(x)}{x}=\lim\limits_{x\to 0}\frac{g(x)-g(0)}{x-0}=g'(0)$；

由导数定义，$f'(0)=\lim\limits_{x\to 0}\frac{f(x)-f(0)}{x-0}=\lim\limits_{x\to 0}\frac{\frac{g(x)}{x}-g'(0)}{x-0}=\lim\limits_{x\to 0}\frac{g(x)-g'(0)x}{x^2}=\lim\limits_{x\to 0}\frac{g'(x)-g'(0)}{2x}=\frac{1}{2}g''(0)$.

6. 略.

7. (1) $e^{\frac{1}{2}}$；　(2) $\frac{1}{4}$　(3) $e^{\frac{n+1}{2}}$.

8. 略.

9. 略.

10. 略.

11. $ab<b$ 时，$f(x)$ 有极值. 当 $a>0, a^2-b^2>0$ 时，$f\left(\sqrt{-\frac{a}{b}}\right)$ 为极小值，$f\left(-\sqrt{-\frac{a}{b}}\right)$ 为极大值；当 $a<0, a^2-b^2>0$ 时，$f\left(\sqrt{-\frac{a}{b}}\right)$ 为极大值，$f\left(-\sqrt{-\frac{a}{b}}\right)$ 为极小值.

12. 略

习　题　五

(A)

1. $f(x)=\tan x-\cos x+2$.

2. d.

3. d.

4. $s=\frac{3}{2}t^2-2t+5$.

5. $y=\frac{1}{2}x^2+2x-1$.

6. $f(x)=\frac{1}{2}x^2+e^x+1$.

7. $y=x^2+1$.

8. (1) $-\frac{1}{x}+C$; (2) $\tan x+\sec x+C$.

(3) $\frac{1}{3}x^3-2x^2+4x+C$; (4) $x-\arctan x+C$;

(5) $2x-\frac{5(\frac{2}{3})^x}{\ln 2-\ln 3}+C$; (6) $-(\cot x+\tan x)+C$;

(7) $3\arctan x+5\arcsin x+C$; (8) $e^x+2\sqrt{x}+C$;

(9) $-\frac{1}{x}-\arctan x+C$; (10) e^x+x+C.

9. (1) $-\frac{1}{8}(3-2x)^4+C$; (2) $-\frac{1}{2}(2-3x)^{\frac{2}{3}}+C$;

(3) $-2\cos\sqrt{t}+C$; (4) $\frac{1}{2}\sin(x^2)+C$;

(5) $-\frac{3}{4}\ln|1-x^4|+C$; (6) $\frac{1}{2\sqrt{2}}\ln\left|\frac{\sqrt{2}x-1}{\sqrt{2}x+1}\right|+C$;

(7) $\sin x-\frac{2}{3}\sin^3 x+\frac{1}{5}\sin^5 x+C$; (8) $\frac{1}{2}x^2-\frac{9}{2}\ln(9+x^2)+C$;

(9) $\frac{1}{3}\sec^3 x-\sec x+C$; (10) $\frac{1}{3}\sin^3 x-\frac{1}{5}\sin^5 x+C$;

(11) $\frac{1}{2\sqrt{3}}\arctan\frac{2}{\sqrt{3}}\tan x+C$; (12) $(\arctan\sqrt{x})^2+C$;

(13) $e^{\sin x}+C$; (14) $\frac{1}{2}(\ln\tan x)^2+C$;

(15) $-\cot x-\frac{1}{3}\cot^3 x+C$; (16) $\frac{1}{2}\tan^2 x+\ln|\cos x|+C$;

(17) $\ln|\sin x-\cos x|+C$; (18) $2(\arctan x)^2-\frac{1}{2}\ln(1+x^2)+C$;

(19) $\arctan e^t+C$; (20) $-\frac{2}{7}(1-x)^{\frac{7}{2}}+\frac{4}{5}(1-x)^{\frac{5}{2}}-\frac{2}{3}(1-x)^{\frac{3}{2}}+C$;

(21) $\frac{x}{\sqrt{1-x^2}}+C$; (22) $\frac{1}{2}\arctan x+\frac{x}{2(1+x^2)}+C$;

(23) $\ln\left|\frac{\sqrt{1+x^2}}{x}-\frac{1}{x}\right|+C$; (24) $\frac{1}{9}(2x+3)^{\frac{9}{4}}-\frac{3}{5}(2x+3)^{\frac{5}{4}}+C$;

(25) $2(\frac{\sqrt{x^2-4}}{2}-\arccos\frac{2}{x})+C$; (26) $\frac{a^2}{2}(\arcsin\frac{x}{a}-\frac{x}{a^2}\sqrt{a^2-x^2})+C$.

10. (1) $-x\cos x+\sin x+C$; (2) $-e^{-x}(x+1)+C$;

(3) $\frac{1}{4}x^4\ln x-\frac{1}{16}x^4+C$；

(4) $-x^2\cos x+2x\sin x+2\cos x+C$；

(5) $\frac{x^4}{4}\arctan x-\frac{1}{12}x^3+\frac{1}{4}x-\frac{1}{4}\arctan x+C$；

(6) $-\frac{1}{2}x^2+x\tan x+\ln|\cos x|+C$；

(7) $\frac{1}{2}(x^2-1)\ln(x+1)-\frac{1}{4}x^2+\frac{1}{2}x+C$；

(8) $(3\sqrt[3]{x^2}-6\sqrt[3]{x}+6)e^{\sqrt[3]{x}}+C$；

(9) $\frac{1}{3}x^2\sin 3x+\frac{2}{9}x\cos 3x-\frac{2}{27}\sin 3x+C$；

(10) $-\frac{1}{2}e^{-x}(\sin x+\cos x)+C$；

(11) $x(\arcsin x)^2+2\sqrt{1-x^2}\arcsin x-2x+C$；

(12) $\ln\frac{|x|}{\sqrt{1+x^2}}-\frac{1}{x}\arctan x+C$；

(13) $(\ln\ln x-1)\ln x+C$；

(14) $x\arcsin x+\sqrt{1-x^2}+C$；

(15) $x\ln(x+\sqrt{1+x^2})-\sqrt{1+x^2}+C$；

(16) $(4-2x)\cos\sqrt{x}+4\sqrt{x}\sin\sqrt{x}+C$.

11. (1) $-\frac{1}{2}\ln\frac{x^2+1}{x^2+x+1}+\frac{\sqrt{3}}{3}\arctan\frac{2\sqrt{3}}{3}(x+\frac{1}{2})+C$；

(2) $2\ln|x|-\frac{1}{x}+2\ln|2x+1|+C$；

(3) $\ln|x^2+2x-3|+\frac{1}{4}\ln\left|\frac{x-1}{x+3}\right|+C$；

(4) $\ln|x^2-2x-1|+\frac{\sqrt{2}}{4}\ln\left|\frac{x-1-\sqrt{2}}{x-1+\sqrt{2}}\right|+C$.

(B)

1. (1) $x-\ln(1+e^x)+\frac{1}{1+e^x}+C$（提示：设 $e^x=t$）；

(2) $-\frac{1}{2x}(\sin\ln x+\cos\ln x)+C$； (3) $\frac{1}{2}\left(\arctan\frac{1+x}{1-x}\right)^2+C$；

(4) $2\sqrt{x}(\arcsin\sqrt{x}+\ln x)+2\sqrt{1-x}-4\sqrt{x}+C$； (5) $\ln|\ln x|-\frac{1}{2}\ln(\ln^2 x+1)+C$；

(6) $e^x\arcsin\sqrt{1-e^{2x}}-\sqrt{1-e^{2x}}+C$.

2. (1) $\frac{1}{2}(x\sin\ln x-x\cos\ln x)+C$；　(2) $x(\arccos x)^2-2\sqrt{1-x^2}\arccos x-2x+C$.

3. $x+C$；　$\ln|a\sin x+b\cos x|+C$；　$F(x)=\dfrac{ax-b\ln|a\sin x+b\cos x|}{a^2+b^2}+C$；

$G(x)=\dfrac{bx+a\ln|a\sin x+b\cos x|}{a^2+b^2}+C$.

4. $\frac{1}{4}\cos(2x)-\frac{1}{4x}\sin(2x)+C$.

5. (1) $I_n=\dfrac{-\cos x\sin^{n-1}x}{n}+\dfrac{n-1}{n}I_{n-1}$；

(2) $I_n=x(\arcsin x)^n+n\sqrt{1-x^2}(\arcsin x)^{n-1}-n(n-1)I_{n-2}$　$(n=2,3,\cdots)$.

6. 提示：换元 $x=\sin^2 t$，原式 $=2(\sqrt{x}-\sqrt{1-x}\arcsin\sqrt{x})+C$.

7. 提示：先求 $F^2(x)=\dfrac{1}{x+1}e^x$，再求 $f(x)$. $f(x)=f'(x)=\dfrac{x}{2(x+1)^{\frac{3}{2}}}e^{\frac{x}{2}}$.

习　题　六

(A)

1. $\frac{1}{2}$.

2. $\int_0^1\frac{1}{1+x^2}dx$.

3. (1) $>$；　(2) $<$.

4. (1) $+$；　(2) $+$.

5. (1) $2\leqslant\int_0^2 e^{x^2}dx\leqslant 2e^4$；　(2) $\frac{\pi}{9}\leqslant\int_{\frac{1}{\sqrt{3}}}^{\sqrt{3}}x\arctan x\,dx\leqslant\frac{2\pi}{3}$.

6. $f(x)=x-\frac{3}{4}$.

7. 略.

8. (1) $\dfrac{\sin bx-\sin ax}{x}$；　(2) $\ln(1+e^x)$；　(3) $2x\sqrt{1+x^4}$；　(4) $\dfrac{3x^2}{\sqrt{1+x^{12}}}-\dfrac{2x}{\sqrt{1+x^8}}$.

9. (1) 1；　(2) $\frac{1}{2}$；　(3) $\frac{2}{3}$；　(4) 1.

10. $x=1$ 为极大值点，$x=2$ 为极小值点.

11. $f(x)=1-e^{x-1}$，$a=1$.

12. 1.

13. $\frac{8}{3}$.

14. 略.

15. (1) $\frac{57}{44}$； (2)1； (3)$a^3-\frac{a^2}{2}$； (4) $-\frac{7}{6}$； (5) $-\frac{\pi}{6}$； (6) $1+\frac{\pi}{2}$.

16. (1) $\frac{1}{6}$； (2)$7+\ln 4$； (3) $\sqrt{2}(\pi+2)$； (4)$2-\frac{\pi}{2}$； (5) $\frac{51}{512}$； (6) $-\frac{17}{18}$； (7) $\frac{1}{3}$；
(8) $\frac{2\sqrt{2}}{3}$.

17. (1) $-\frac{2}{e}$； (2) $\frac{1}{4}(e^2+1)$； (3) $\frac{1}{2}(e^{\frac{e}{2}}-1)$； (4) $\frac{\pi^3}{6}-\frac{\pi}{4}$； (5) $\frac{1}{2}(e\sin 1-e\cos 1+1)$；
(6)1.

18. 略.

19. (1)0； (2) $\frac{\pi}{3}-\frac{\sqrt{3}}{4}$.

20. $\cos x-\sin x$.

21. (1) $\frac{1}{6}$； (2) $\frac{14}{3}$； (3) $\frac{3}{2}-\ln 2$； (4) $\frac{2}{3}$.

22. (1) $\frac{128}{7}\pi$ $\frac{64}{5}\pi$； (2) $160\pi^2$； (3) $\frac{a^3\pi}{2}$； (4) $\frac{3}{2}\pi$.

23. $k=1$.

24. (1) 切点(1,1), $y=2x-1$； (2)$V_x=\frac{1}{30}\pi$.

25. $L(x)=12x+x^2-10$.

26. 572.8.

27. (1) $\frac{1}{2}$； (2) 发散； (3)1； (4)π； (5) $\frac{8}{3}$ ； (6) $\frac{1}{2}$.

28. (1) $\frac{\pi^2}{4}$； (2)e.

29. (1) $\frac{945\sqrt{\pi}}{32}$； (2)1.

(B)

1. $F(x)=\begin{cases} x^3, & 0\leqslant x<1, \\ -3+5x-x^2, & 1\leqslant x\leqslant 2, \end{cases}$ $F(x)$ 在[0,2]上连续.

2. 提示: $G(x)=x^2f(x)$.

3. 提示: $F(x)=e^{1-x^2}f(x)$.

4. 略.

5. $\int_0^2\max\{x^2,x\}dx=\int_0^1 x\,dx+\int_1^2 x^2dx=\left[\frac{x^2}{2}\right]_0^1+\left[\frac{x^3}{3}\right]_1^2=\frac{1}{2}+\frac{7}{3}=\frac{17}{6}$.

6. 略.

7. $\varphi'(x)=\begin{cases}\dfrac{xf(x)-\int_0^x f(u)\mathrm{d}u}{x^2}, & x\neq 0,\\ \dfrac{A}{2}, & x=0,\end{cases}$ $\varphi'(x)$ 在 $x=0$ 处连续.

8. 略.

9. 略.

10. $a=-\dfrac{5}{3},b=2,c=0$.

11. (1) A 点坐标 $(1,1)$；(2) $V=\dfrac{2}{5}\pi$.

12. 略.

习 题 七

(A)

1. (1) $\{(x,y)\mid x+y>0,x-y>0\}$；

(2) $\left\{(x,y)\,\middle|\, y^2-1\leqslant x\leqslant y^2+1,\dfrac{x^2}{9}+\dfrac{4y^2}{9}<1\right\}$；

(3) $\{(x,y)\mid x>0,y-x>1$ 或 $x<0,0<y-x<1\}$；

(4) $\{(x,y)\mid x^2+y^2\neq 16\}$.

2. $f(x,y)=-2xy$.

3. $f(x-y,xy)=\dfrac{(x-y)^2(1-xy)}{1+xy}$.

4. (1) 2；　(2) 5.

5. (1) $z'_x(1,2)=-4,z'_y(1,2)=2$；　(2) $z'_x(1,1)=2e^2,z'_y(1,1)=2e^2$；

(3) $z'_x(1,1)=-\dfrac{1}{2},z'_y(-1,-1)=-\dfrac{1}{2}$；　(4) $z'_x(1,1)=\dfrac{1}{4},z'_y(1,1)=\dfrac{1}{4}$.

6. 不存在.

7. (1) $z'_x=-\dfrac{y}{x^2+y^2},z'_y=\dfrac{x}{x^2+y^2}$；

(2) $z'_x=\dfrac{1}{x+\ln y},z'_y=\dfrac{1}{y(x+\ln y)}$；

(3) $z'_x=\dfrac{1}{2x\sqrt{\ln xy}},z'_y=\dfrac{1}{2y\sqrt{\ln xy}}$；

(4) $z'_x=\ln(xy)+1,z'_y=\dfrac{x}{y}$；

(5) $z'_x=2xy^2(1+x^2y)^{y-1}$, $z'_y=x^2y(1+x^2y)^{y-1}+(1+x^2y)^y\ln(1+x^2y)$；

(6) $z'_x=\dfrac{1}{\sqrt{x^2+y^2}}$, $z'_y=\dfrac{y}{x^2+y^2+x\sqrt{x^2+y^2}}$；

(7) $z'_x=\dfrac{y(x^2+y^2)-2x}{(x^2+y^2)^2}e^{xy}$, $z'_y=\dfrac{x(x^2+y^2)-2y}{(x^2+y^2)^2}e^{xy}$；

(8) $u'_x=y^2z^3e^{xy^2z^3}$, $u'_y=2xyz^3e^{xy^2z^3}$, $u'_z=3xy^2z^2e^{xy^2z^3}$.

8. 略.

9. (1) $dz=y[\cos(xy)-\sin(2xy)]dx+x[\cos(xy)-\sin(2xy)]dy$；

(2) $dz=\dfrac{-y}{x^2+y^2}dx+\dfrac{x}{x^2+y^2}dy$；

(3) $dz=y^2(1+xy)^{y-1}dx+(1+xy)^y\left[\ln(1+xy)+\dfrac{xy}{1+xy}\right]dy$；

(4) $dz=[2x+y^2+y\cos(xy)]dx+[2xy+x\cos(xy)]dy$；

(5) $dz=-n\sin(nx)e^{-k^2n^2y}dx-k^2n^2\cos(nx)e^{-k^2n^2y}dy$；

(6) $dz=e^{\frac{x^2+y^2}{xy}}\left(2x+\dfrac{(x^2+y^2)(x^2-y^2)}{x^2y}\right)dx+e^{\frac{x^2+y^2}{xy}}\left(2y+\dfrac{(x^2+y^2)(y^2-x^2)}{xy^2}\right)dy$；

(7) $du=(y+z)dx+(x+z)dy+(x+y)dz$；

(8) $du=(\dfrac{x}{y})^z\left[\ln\dfrac{x}{y}\right]dz+z(\dfrac{dx}{x}-\dfrac{dy}{y})$.

10. (1) -0.2；　(2) 0.32.

11. (1) 0.01；　(2) 1.05.

12. (1) $\dfrac{dz}{dt}=e^t(\cos t-\sin t)$；

(2) $\dfrac{dz}{dt}=\dfrac{(t-2)e^t}{t^3}\cos\dfrac{e^t}{t^2}$；

(3) $\dfrac{\partial z}{\partial x}=\dfrac{2x}{y^2}\ln(3x-2y)+\dfrac{3x^2}{(3x-2y)y^2}$，

$\dfrac{\partial z}{\partial y}=-\dfrac{2x^2}{y^3}\ln(3x-2y)-\dfrac{3x^2}{(3x-2y)y^2}$；

(4) $\dfrac{\partial z}{\partial x}=\dfrac{x\arctan\dfrac{y}{x}-y\ln\sqrt{x^2+y^2}}{x^2+y^2}\cdot e^{\ln\sqrt{x^2+y^2}\arctan\frac{y}{x}}$，

$\dfrac{\partial z}{\partial y}=\dfrac{y\arctan\dfrac{y}{x}+x\ln\sqrt{x^2+y^2}}{x^2+y^2}\cdot e^{\ln\sqrt{x^2+y^2}\arctan\frac{y}{x}}$；

(5) $\dfrac{\partial z}{\partial x}=\dfrac{y}{x^2+y^2}$, $\dfrac{\partial z}{\partial y}=-\dfrac{x}{x^2+y^2}$；

(6) $\frac{\partial u}{\partial x}=\left[\frac{\sin x}{1+a^2}+\frac{a(y-z)}{1+a^2}\right]e^{\partial x}$,

$\frac{\partial u}{\partial y}=\left(\frac{1}{1+a^2}-\frac{a\cos y}{1+a^2}\right)e^{ax}$.

13. (1) $dy=\frac{5y-2x}{6y-5x}dx$;　　(2) $dy=-\frac{ye^x+y\cos(xy)}{e^x+x\cos(xy)}dx$;

(3) $dy=\frac{(1-2xy)(x^2+y)+2x}{(1+x^2)(x^2+y)-1}dx$;

(4) $dy=\frac{y^x\ln y-yx^{y-1}}{x^y\ln x-xy^{x-1}}dx$;

(5) $dz=\frac{z}{x+z}dx+\frac{z^2}{y(x+z)}dy$;

(6) $dz=\frac{x}{2-z}dx-\frac{y}{z-2}dy$.

14. (1) $z''_{xx}=e^{xy}(y^3\sin x+3y^2\cos x-3y\sin x-\cos x)$,

$z''_{xy}=e^{xy}(xy^2\sin x+2xy\cos x-x\sin x+2y\sin x+2\cos x)$,

$z''_{yy}=e^{xy}(x^2y\sin x+x^2\cos x+2x\sin x)$

(2) $\frac{\partial^2 z}{\partial x^2}=\frac{2x(x^2-3y^2)}{(x^2+y^2)^3}$,

$\frac{\partial^2 z}{\partial x\partial y}=\frac{2y(3x^2-y^2)}{(x^2+y^2)^3}$,

$\frac{\partial^2 z}{\partial y^2}=\frac{2x(3y^2-x^2)}{(x^2+y^2)^3}$.

(3) $\frac{\partial^2 z}{\partial x^2}=2y[\frac{2x}{1+x^2}+\frac{4x}{(1+x)^2}]$,

$\frac{\partial^2 z}{\partial x\partial y}=2[ln(1+x^2)+\frac{2x^2}{1+x^2}]$,

$\frac{\partial^2 z}{\partial y^2}=0$.

(4) $\frac{\partial^2 z}{\partial x^2}=2\operatorname{arccot}\frac{y}{x}+\frac{2xy}{x^2+y^2}+\frac{2xy^3}{(x^2+y^2)^2}$,

$\frac{\partial^2 z}{\partial x\partial y}=\frac{-x^2(x^2+3y^2)}{(x^2+y^2)^2}$,

$\frac{\partial^2 z}{\partial y^2}=\frac{2x^3y}{(x^2+y^2)^2}$.

15. 16. 17. 18. 略.

19. $\frac{\partial z}{\partial x}=\frac{y^3}{1-e^z}$, $\frac{\partial z}{\partial y}=\frac{3xy^3}{1-e^z}$, $\frac{\partial^2 z}{\partial x\partial y}=\frac{3y^2[(1-e^z)^2+xy^3e^z]}{(1-e^z)^3}$.

20.21.22.略.

23.(1) 极小值 $z(6,18)=-108$；

(2) 极小值 $z(1,1)=0$；

(3) 极小值 $z\left(\frac{1}{2},-1\right)=-\frac{e}{2}$；

(4) 极小值 $z(2,1)=-28$，极大值 $z(-2,-1)=28$.

24.(1)$x=0.75,y=1.25$；　(2)$x=0,y=1.5$.

25.在 $P_1=80,P_2=120$ 时，可获得极大值，也是最大值，故最大利润为 $L(80,120)=605$.

26. 购进原料 A，B 分别为 100，25 个单位时，可使生产数量最多.

27.$\left(\frac{21}{13},2,\frac{63}{26}\right)$.

(B)

1.(1)$\{(x,y)\mid 0\leqslant y\leqslant x^2\}$；　(2)$\{(x,y)\mid 1\leqslant x^2+y^2<4\}$.

2.17.

3.$dz=\frac{f'_1}{f'_1-yf'_2}dx+\frac{zf'_2}{f'_1-yf'_2}dy,\frac{\partial z}{\partial x}=\frac{f'_1}{f'_1-yf'_2},\frac{\partial z}{\partial y}=\frac{zf'_2}{f'_1-yf'_2}$.

4.$\frac{\partial^2 z}{\partial x\partial y}=\frac{-ze^{-(x^2+y^2)}}{(1+z)^3}$.

5.最小值为 $z(1,1)=-1$，最大值为 $z(\sqrt{2},-\sqrt{2})=z(-\sqrt{2},\sqrt{2})=6$.

6.$V=\frac{\sqrt{6}}{36}a^3$.

7.$\frac{du}{dx}=\frac{\partial f}{\partial x}+\frac{y^2}{1-xy}\frac{\partial f}{\partial y}+\frac{z}{xz-x}\frac{\partial f}{\partial z}$.

习　题　八

(A)

1.$\iint\limits_D(x+y)^2d\sigma\geqslant\iint\limits_D(x+y)^3d\sigma$.

2.(1)$52\pi\leqslant I\leqslant 100\pi$；　(2)$0.4\leqslant I\leqslant 0.5$.

3.(1)$\int_1^2dx\int_2^3f(x,y)dy,\int_2^3dy\int_1^2f(x,y)dx$；

(2) $\int_0^1 dy\int_0^y f(x,y)dx$，$\int_0^1 dx\int_x^1 f(x,y)dy$；

(3) $\int_1^e dx\int_0^{\ln x} f(x,y)dy$ ，$\int_0^1 dy\int_{e^y}^e f(x,y)\ dx$；

(4) $\int_0^1 dx\int_0^{1-x} f(x,y)dy$，$\int_0^1 dy\int_0^{1-y} f(x,y)\ dx$；

(5) $\int_0^4 dx\int_x^{2\sqrt{x}} f(x,\ y)dy$，$\int_0^4 dx\int_{\frac{y^2}{4}}^{y^2} f(x,y)dx$；

(6) $\int_{-\sqrt{2}}^{\sqrt{2}} dx\int_{x^2}^{4-x^2} f(x,y)dy$，$\int_0^2 dy\int_{-\sqrt{y}}^{\sqrt{y}} f(x,y)dx+\int_2^4 dy\int_{-\sqrt{4-y}}^{\sqrt{4-y}} f(x,y)dx$；

(7) $\int_0^1 dy\int_{1-\sqrt{1-y^2}}^{2-y} f(x,y)dx$，$\int_0^1 dx\int_0^{\sqrt{2x-x^2}} f(x,y)dy+\int_1^2 dx\int_0^{2-x} f(x,y)dy$；

(8) $\int_1^2 dx\int_{\frac{1}{x}}^{x} f(x,y)dy$，$\int_{\frac{1}{2}}^1 dy\int_{\frac{1}{y}}^2 f(x,y)dx+\int_1^2 dy\int_y^2 f(x,y)dx$；

(9) $\int_{-1}^1 dx\int_{x^2}^1 f(x,y)dy$，$\int_0^1 dy\int_{-\sqrt{y}}^{\sqrt{y}} f(x,y)dx$；

(10) $\int_0^1 dx\int_{\frac{x}{2}}^{2x} f(x,y)dy+\int_1^2 dx\int_{\frac{x}{2}}^{\frac{2}{x}} f(x,y)dy$，$\int_0^1 dy\int_{\frac{y}{2}}^{2y} f(x,y)dx+\int_1^2 dy\int_{\frac{y}{2}}^{\frac{2}{y}} f(x,y)dx$.

4. (1) $\int_0^1 dy\int_0^y f(x,y)dx+\int_1^2 dy\int_0^{2-y} f(x,y)dx$；

(2) $\int_0^1 dx\int_x^1 f(x,y)dy$；

(3) $\int_0^1 dy\int_0^y f(x,y)dx+\int_1^2 dy\int_0^{\sqrt{2y-y^2}} f(x,y)dx$；

(4) $\int_1^8 dy\int_{\sqrt{y}}^y f(x,y)dx$；

(5) $\int_0^1 dy\int_{\sqrt{y}}^{1+\sqrt{1-y^2}} f(x,y)dx$ ；

(6) $\int_{-2}^1 dx\int_{x^2}^{2-x} f(x,y)dy$.

5. (1) $-\frac{1}{3}$；　(2) $5\frac{5}{8}$；　(3) $\frac{1}{15}$；　(4) $(e-1)^2$；　(5) $\frac{32}{21}$；　(6) $14a^4$；　(7) $e-2$；

(8) $1-\sin 1$.

6. (1) $\int_0^{\frac{\pi}{2}} d\theta\int_0^2 f(r^2)rdr$；

(2) $\int_0^{2\pi} d\theta\int_0^1 f(r\cos\theta,r\sin\theta)rdr$；

(3) $\int_0^{\frac{\pi}{2}} d\theta\int_{\cos\theta}^{2\cos\theta} f(r\ )rdr$；

(4) $\int_{-\frac{\pi}{2}}^{\frac{\pi}{2}} d\theta\int_0^{2a\cos\theta} f(r)rdr$；

(5) $\int_0^{\pi}\mathrm{d}\theta\int_0^{2R\sin\theta}f(\tan\theta)\,r\mathrm{d}r$；

(6) $\int_0^{2\pi}\mathrm{d}\theta\int_a^{b}f(r)\,r\mathrm{d}r$.

7. (1) $\pi(\mathrm{e}^{-1}-\mathrm{e}^{-4})$； (2) 3π； (3) $\frac{\pi}{4}(2\ln 2-1)$； (4) $\frac{1}{3}\pi R^3$； (5) $\frac{32}{9}$； (6) $\frac{3}{64}\pi^2$.

8. (1) $\frac{13}{6}$； (2) $\frac{\pi}{2}+1$； (3) $\frac{64}{15}$； (4) $\frac{\pi}{2}$； (5) $\frac{6}{55}$； (6) $4-\frac{\pi}{2}$； (7) $\frac{9}{4}$；

(8) e^4-1； (9) $\frac{3\pi}{10}$； (10) $\frac{4}{3}+\frac{\pi}{2}$.

9. (1) $\frac{7}{24}$； (2) $\frac{1}{4}\pi a^4$.

10. (1) $2\sqrt{2}$； (2) $\frac{1}{3}$.

11. (1) $\frac{1}{4}$； (2) $\frac{5}{144}$.

12. $\frac{\pi}{2}\int_0^1 r^3 f(r^2)\mathrm{d}r$.

13. 略.

(B)

1. $\frac{5}{3}$； 2. $1+\mathrm{e}-2\mathrm{e}^{\frac{1}{2}}$； 3. $\frac{1}{3}+\frac{\pi}{4}$； 4. $a^2\left(\frac{\pi^2}{16}-\frac{1}{2}\right)$.

5. 提示：用直线 $y=x$ 将区域 $D=\{(x,y)\,|\,0\leqslant x\leqslant a,0\leqslant y\leqslant a\}$ 分成两部分，利用 $\iint\limits_D f(x)f(y)\mathrm{d}x\mathrm{d}y$ 进行讨论.

6. $\frac{22\pi}{3}$.

7. 提示：(1) 将给定二重积分化为累次积分；(2) 作适当的变量替换；(3) 交换积分次序.

8. 略.

9. $F''_{ss}(0)=2\pi$.

10. $f(a+2)+f(a)-2f(a+1)$.

11. $f(1,1)+f(0,0)-f(1,0)-f(0,1)$.

习 题 九

(A)

1.(1) $u_n=\frac{1}{2n},(n=1,2,\cdots)$;

(2)$u_n=\frac{n}{n^2+1},(n=1,2,\cdots)$;

(3)$u_n=(-1)^n\frac{(2n+1)}{n^2},(n=1,2,\cdots)$;

(4)$u_n=\frac{x^{\frac{n}{2}}}{2^n n!},(n=1,2,\cdots)$.

2.发散或者收敛;发散.

3.(1) 收敛,$S=\frac{1}{3}$; (2) 发散; (3) 发散; (4) 收敛,$s=1$.

4.(1) 收敛; (2) 发散; (3) 发散; (4) 发散; (5) 收敛; (6) 发散; (7) 收敛;
(8) 发散.

5.(1) 收敛; (2) 收敛; (3) 收敛; (4) 收敛; (5) 发散; (6) 发散; (7) 收敛;
(8) 发散; (9) 收敛; (10) 收敛.

6.(1) 收敛; (2) 收敛; (3) 发散; (4) 发散; (5) 收敛; (6) 发散; (7) 收敛;
(8) 收敛; (9) 发散;

(10)① 当 $a>1$ 时,发散;

② 当 $a<1$ 时,收敛;

③ 当 $a=1$,当 $s>1$ 时,收敛;当 $a=1$,当 $s\leqslant 1$ 时,发散.

7.(1) 绝对收敛; (2) 条件收敛; (3) 绝对收敛; (4) 条件收敛; (5) 条件收敛;
(6) 发散; (7) 绝对收敛; (8) 发散; (9) 绝对收敛;(10) 绝对收敛.

8.(1)$(-1,1)$; (2)$[-1,1]$; (3)$(-\infty,+\infty)$; (4) $\left[-\frac{1}{2},\frac{1}{2}\right]$;

(5)$[-3,3)$; (6)$(-2,2)$; (7)$(-\infty,+\infty)$; (8) $\left[-\frac{1}{3},\frac{1}{3}\right]$;

(9)$[4,6]$; (10)$[0,1]$.

9.(1)$(-1,1),\frac{1}{(1-x)^2}$; (2) $(-1,1),S(x)=-\frac{1}{(1+x)^2}$;

(3)$(-1,1),S(x)=\frac{1}{4}\ln\frac{1+x}{1-x}+\frac{1}{2}\arctan x-x$;

(4) $(-1,1),S(x)=\frac{1}{2}\ln\frac{1+x}{1-x}$;$\sum_{n=1}^{\infty}\frac{1}{(2n-1)2^n}=\frac{\sqrt{2}}{2}\ln(1+\sqrt{2})$.

10.(1) $\sum_{n=0}^{\infty}(-1)^n\frac{x^{n+3}}{n!},x\in(-\infty,+\infty)$;

(2)$a^x=e^{x\ln a}=\sum_{n=0}^{\infty}\frac{(x\ln a)^n}{n!}\quad x\in(-\infty,+\infty)$;

(3) $\sum_{n=1}^{\infty}(-1)^{n+1}\dfrac{2^{2n-1}}{(2n)!}x^{2n} \quad x\in(-\infty,+\infty)$；

(4) $\dfrac{1}{x^2+3x+2}=\dfrac{1}{x+1}-\dfrac{1}{2\left(\dfrac{x}{2}+1\right)}=\sum_{n=0}^{\infty}(-1)^n\left(1-\dfrac{1}{2^{n+1}}\right)x^n,\quad -1<x<1.$

(B)

1.(1) 收敛； (2) 发散； (3) 发散； (4) 收敛； (5) 收敛； (6) 收敛.

2. 证明：因为 $\lim\limits_{n\to\infty}b_n=1$，所以数列 $\{b_n\}$ 有界，即存在 $M>0$，使得对任意的 n，有

$$|b_n|\leqslant M,$$

于是 $|a_nb_n|\leqslant M\ |a_n|$，又级数 $\sum_{n=1}^{\infty}|a_n|$ 收敛，由比较判别法知 $\sum_{n=1}^{\infty}|a_nb_n|$ 收敛，故级数 $\sum_{n=1}^{\infty}a_nb_n$ 绝对收敛.

3. 提示：利用不等式 $|ab|\leqslant\dfrac{1}{2}(a^2+b^2)$.

4.(1) $\left(-\dfrac{1}{2},\dfrac{1}{2}\right]$； (2) $(1.45,1.55)$； (3) $\{0\}$； (4) $[-3,1)$.

5. $S(x)=\ln\dfrac{3}{3-x}(-3\leqslant x<3)$；$S(-1)=\ln\dfrac{3}{4}$.

6. 提示：$(\arctan x)'=\dfrac{1}{1+x^2}=\sum_{n=1}^{\infty}(-1)^n x^{2n} \quad (|x|<1)$，

$f(x)=1+\sum_{n=1}^{\infty}(-1)^n\dfrac{2}{1-4n^2}x^{2n} \quad x\in[-1,1]$.

7.(1) 条件收敛； (2) 绝对收敛； (3) 发散； (4) 绝对收敛.

8. 提示：利用比较判别法得收敛.

9. $f(x)=-\dfrac{1}{2}\ln(1+x^2)$，$x\in[-1,1]$；极大值 $f(x)=0$.

习 题 十

(A)

1.(1) 是； (2) 不是； (3) 是； (4) 是.

2.(1) $y=e^{Cx}$； (2) $\arcsin y=\arcsin x+C$； (3) $(x-4)y^4=Cx$；

(4) $e^y=\dfrac{1}{2}(e^{2x}+1)$； (5) $y=e^{1-\sqrt{1+x^2}}$； (6) $(1+y)e^{-y}=\dfrac{1}{2}(1+x^2)$.

3.(1) $y+\sqrt{y^2-x^2}=Cx^2$； (2) $\ln\dfrac{y}{x}=Cx+1$； (3) $y^2=x^2(2\ln|x|+C)$；

(4)$y^2=2x^2(\ln|x|+2)$； (5)$y=-x\ln(1-\ln|x|)$； (6)$y^3=y^2-x^2$.

4. (1)$y=e^{-x}(x+C)$； (2)$y=\frac{1}{3}x^2+\frac{3}{2}x+2+C\frac{1}{x}$； (3)$y=\frac{1}{2}(x+1)^4+C(x+1)^2$；

(4)$y=\frac{4x^3+3C}{3(1+x^2)}$； (5)$y=x^2(e^x-e)$； (6)$y=3-\frac{3}{x}$； (7)$y=\frac{x}{\cos x}$； (8)$y=\ln x^2-x+2$.

5. (1)$y=C_1e^x+C_2e^{3x}$； (2)$y=(C_1+C_2x)e^{2x}$；

(3)$y=e^{2x}(C_1\cos 3x+C_2\sin 3x)$； (4)$y=\frac{1}{2}e^{2x}$；

(5)$y=2e^x+e^{-2x}$； (6)$y=2\cos 5x+\sin 5x$.

6. (1)$y=C_1e^{3x}+C_2e^{-x}-\frac{2}{3}x+\frac{1}{9}$； (2)$y=C_1e^x+C_2e^{-3x}+\frac{1}{5}e^{2x}$；

(3)$y=C_1\cos 2x+C_2\sin 2x-2x\cos 2x$； (4)$y=C_1e^{-x}+C_2e^{-2x}+(\frac{3}{2}x^2-3x)e^{-x}$；

(5)$y=\sin 2x+2x$； (6)$y=-e^{2x}+\frac{1}{2}e^{3x}+\frac{3}{2}e^x$； (7)$y=e^x-e^{-x}+e^x(x^2-x)$；

(8)$y=(\frac{37}{102}\cos 4x-\frac{7}{204}\sin 4x)e^{3x}+\frac{7}{51}\cos x+\frac{5}{102}\sin x$.

7. (1)$y_t=C5^t-2$； (2)$y_t=C(-2)^t+\frac{1}{9}(3t+8)$； (3)$y_t=C(-1)^t+\frac{1}{4}\cdot 3^t$；

(4)$y_t=-4\cdot(\frac{1}{2})^t+t^2-4t+8$； (5)$y_t=\frac{13}{12}(-2)^t+2^{t-2}$； (6)$y_t=2^t-t+4$.

8. (1)$y_t=C_13^t+C_24^t$； (2)$y_t=C_1(\frac{1-\sqrt{5}}{2})^t+C_2(\frac{1+\sqrt{5}}{2})^t$；

(3)$y_t=(C_1+C_2t)3^t$； (4)$y_t=(C_1+C_2t)2^t+\frac{1}{8}t^22^t$；

(5)$y_t=C_1(-2)^t+C_23^t+\frac{1}{15}(t^2-\frac{18}{15}t)3^t$； (6)$y_t=(\sqrt{2})^t2\cos\frac{\pi}{4}x$.

(B)

1. (1)$\tan y+\sec x=C$； (2)$y=e^{-x^2}(-x\cos x+\sin x+C)$；

(3)$y=e^x(C_1\cos 2x+C_2\sin 2x)-\frac{1}{4}xe^x\cos 2x$；

(4)$y=C_1\cos 2x+C_2\sin 2x+\frac{1}{3}x\cos x+\frac{2}{9}\sin x$；

(5)$y=C_1\cos x+C_2\sin x+\frac{1}{2}e^x+\frac{1}{2}x\sin x$；

(6)$y=C_1e^x+C_2e^{-x}-\frac{1}{2}+\frac{1}{10}\cos 2x$，提示：$\sin^2x=\frac{1}{2}(1-\cos 2x)$.

2. (1)$y=x(1+\ln|y|)$； (2)$y=\sin x$； (3)$y=\begin{cases}e^{2x}-1, & x\leqslant 1,\\(1-e^{-2})e^{2x}, & x>1,\end{cases}$；

(4) $y=2+\frac{1}{3}e^{-x}$；　(5) $y(x)=2e^{x}-\frac{4}{3}e^{2x}+\frac{1}{3}e^{-x}$.

3. (1) $f(x)=e^{2x}\ln 2$；　(2) $f(x)=4(\cos x-1)+e^{1-\cos x}$；

(3) $f(x)=\frac{1}{2}(\sin x+\cos x+e^{x})$.

4. (1) $y''-y'-2y=e^{x}(1-2x)$，$y=C_1e^{-x}+C_2e^{2x}+xe^{x}$；

(2) $y''+4y=\sin 2x$，$y=C_1\cos 2x+C_2\sin 2x-\frac{1}{4}x\cos 2x$；

(3) $y''-3y'+2y=-e^{x}$，$y=C_1e^{x}+C_2e^{2x}+xe^{x}$.

5. $y=x(1-4\ln x)$.

6. $x^2+y^2=3x$.

7. $f(x)=\frac{x}{x^3+1}$.

8. $y(x)=\frac{1}{2}e^{2x}+\frac{1}{2}e^{-2x}$.